河南大学历史文化学院资助出版

全国高校古籍整理项目成果

元代建筑文献考

王运良 编著

中国建筑工业出版社

河南大学考古学研究丛书

目录

○ 宫殿建筑

001 元大都 一九
002 元上都 二二
003 元宫室 二五
004 元宫殿汇考 三七
005 大汗之宫廷 四五
006 大汗太子之宫 四八
007 大明殿口占 五○
008 元宫词 五三
009 宫词八首 五八
010 宫阙制度 六○
011 汴故宫记 六九
012 记宋宫殿 七四
013 凤凰山故宋宫（四首） 七九
014 邺城 八二

○ 祭祀建筑

015 坛壝 九三
016 宗庙 九五
017 社稷 先农 一○○

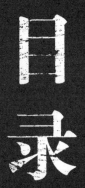

○ 天文建筑

018　圭表　一〇九
019　测影台　一一二

○ 城池设施

020　警巡院廨署记　一二一
021　顺天府营建记　一二三
022　高邮城　一二九
023　高邮城晓望　一三二
024　复隍谣　一三四
025　悬瓠城歌　一三六
026　长城　一三九
027　南浦驿记　一四一
028　荆门谯楼记　一四五
029　谯楼记　一四八
030　重修赣县记　一五一
031　过街塔铭　一五三

○ 河防设施

032　创修汴梁护城堤　一六三
033　河防之制　一六六
034　至正河防记　一七〇

○ 庙学建筑

035 令旨重修真定庙学记
036 东平府新学记
037 博州重修学记
038 赵州学记
039 寿阳县学记
040 河津县儒学记
041 河中府新修庙学碑
042 霍州迁新学记
043 大元国学先圣庙碑
044 南阳书院碑
045 贞文书院记

○ 宫观建筑

046 重修悟真观记
047 重修王屋山阳台宫碑
048 创建重阳观记
049 重修岳云宫记
050 重修太清观记
051 玉虚观记
052 全真观记
053 玉泉院等诗五首
054 明阳观记
055 五峰山重修洞真观记
056 重修天坛碑铭

057 天坛十方大紫微宫结瓦殿记 二七〇
058 滨都重建太虚观记 二七五
059 终南山栖云观碑 二七九
060 洛阳（朱葛村）栖云观碑 二八二
061 高唐重修慧冲道观碑 二八五
062 （屯庄）南昌观碑 二八八
063 咸宁县夏侯村清华观碑 二九一
064 增修长春大元都宫碑 二九四
065 盘山栖云观碑 二九九
066 大元重修古楼观宗圣宫记 三〇三
067 增修华清宫记 三〇九
068 重修玉阳道院记 三一三
069 重修大纯阳万寿宫之碑 三一七
070 大东华宫紫府洞记 三二三
071 十台怀古（并序） 三二七
072 九宫山重建钦天瑞庆宫记 三三七
073 玉隆万寿宫兴修记 三四〇
074 东岳仁圣宫碑 三四五
075 崇寿观碑 三四八
076 重修奉元明道宫记 三五二
077 劳山聚仙宫记 三五五

○ 祠寺建筑

078 阳城县重修圣王庙记 三六三
079 大阳资圣寺记 三六六
080 郓国夫人殿记 三七〇

081 燕京大觉禅寺创建经藏记 三七三
082 叶县中岳庙记 三七七
083 惠远庙新建外门记 三八一
084 竹林禅院记 三八三
085 羑里城 三八六
086 白马寺 三八九
087 丹凤楼 三九三
088 龙泽宗贤祠记 三九五
089 重修敕赐天王寺记 三九七
090 兴圣寺重修宝塔记 三九九
091 余姚州建福院记 四〇二
092 重修玉皇七佛庙记 四〇五
093 大雄寺佛阁记 四〇八
094 重建慧聚寺诸殿记 四一一
095 重修飞英舍利塔记 四一四
096 净慈报恩寺记 四一七
097 重修狄梁公祠记 四二〇
098 重修五龙庙记 四二三
099 应天寺记 四二六
100 重修嘉显侯庙记 四二九
101 重修真泽二真人祠记 四三二
102 鸡鸣山永宁寺记 四三五
103 万寿讲寺记 四三七
104 乾明寺记 四四〇

〇 园林建筑

105 临水殿赋 四四九
106 东游记 四五三
107 游嵩山 四六一
108 临锦堂记 四六四
109 李参军友山亭记 四六六
110 华林苑 四六九
111 康乐园 四七二
112 游钟山记 四七五
113 龙兴路重建滕王阁记 四七八
114 龙门记 四八一
115 平野亭赋 四八五
116 梅公亭记 四八八

〇 桥梁建筑

117 邢州新石桥记 四九五
118 创建灞石桥记 四九九
119 安济桥 五〇三
120 永通桥 五〇五
121 过鲁桥 五〇七
122 题垂虹桥亭 五〇九
123 建昌路重建太平桥记 五一三
124 升平桥记 五一六
125 惠民桥记 五一八
126 吴江重建长桥记 五二一

127 重修通济桥记 五二四
128 安西府咸宁县创建霸桥记 五二七
129 兴云桥记 五三〇
130 道源桥记 五三三
131 敕赐弘济大行禅师创造福州南台石桥碑铭 五三七
132 建灭渡桥记 五四〇
133 彰德路创建鲸背桥记 五四二

○ 技术与管理

134 工部 五五一
135 工典总叙 五六一
136 上梁文六则 五六九
137 白屋 五七五
138 铺首 五七七
139 《梓人遗制》小木作制度 五八〇
140 杵歌 五八八

宫殿建筑

元大都

◎本文选自《新元史》卷四十六・志第十三。

◎元大都是中世纪时世界著名的大城市，也是明清北京城的前身，在中国城市发展史上占据重要的地位。大都城始建于元世祖至元四年（1267年），历时近30年建成，其规划由时任太保的刘秉忠主持，阿拉伯人亦黑迭儿丁等参与营建。元大都的规划与建设独具特色，《马可・波罗游记》曾对其有详细的描述。本文即详载了元大都的建筑布局。

正文

金之中都，曰大兴府[1]。太祖十年，克中都，改燕京路，总管大兴府。世祖中统元年，车驾幸燕京。五年，建为中都，大兴府仍旧。至元四年，始于中都之东北筑新城而迁都焉。京城方六十里，十一门：正南曰丽正，南之右曰顺承，南之左曰文明，北之东曰安贞，北之西曰健德，正东曰崇仁，东之右曰齐化，东之左曰光熙，正西曰和义，西之右曰肃清，西之左曰平则。大内南临丽正门，正衙曰大明殿，曰延春阁。宫城周回九里三十步，分六门，正南曰崇天，崇天之左曰星拱，右曰云从，东曰东华，西曰西华，北曰厚载。崇天门外有石桥三，中为御道，星拱门南有御膳亭，亭东有拱辰堂，为百官会集之所。厚载门北为御苑，外周垣红门十有五，内苑红门五，御苑红门四。大明门在崇天门内，大明殿之正门也。日精门在大明门左，月华门在其右。大明殿为登极、正旦、寿节会朝之正衙。寝殿后连香阁，文思殿在寝殿东，紫檀殿在寝殿西，宝云殿在寝殿后。凤仪门在东庑中，麟瑞门在西庑中。凤仪门外有内藏库二十所。嘉庆门在后庑宝云殿东，景福门在殿西，延春门在殿后；延春阁之正门也。懿范门在延春左，嘉则门在延春右。延春阁寝殿后有香阁。慈福殿又曰东暖殿，在寝殿东。仁明殿又曰西暖殿，在其西。景耀门在左庑中，清灏门在右庑中。玉德殿在清灏门外，有东西香殿。宸庆殿在玉德殿后，有东西更衣殿。隆福殿在大内西兴圣之前。光天门，光天殿正门也，崇华门在光天门左，膺福门在其右。光天殿后有寝殿。青阳门在左庑中，明辉门在右庑中。寿昌殿又曰东暖殿，嘉禧殿又曰西暖殿。文德殿在明辉门外，又曰柟北殿，皆柟木为之。盝顶殿在光天殿西北，后有盝顶小殿。香殿在宫垣西北隅，有前后寝殿。文宸库在宫垣西南隅。酒房在东南隅，内庖在酒房北。兴圣宫在大内西北万寿山正西。后有寝殿。兴圣门，殿之北门。明华门在左，肃章门在右。宏庆门在殿之东庑中，宣则门在西庑中。凝晖楼在宏庆南，延颢楼在宣则南。嘉德殿在寝殿东，宝意殿在其西。山字门在兴圣宫后，延华阁之正门也，东西殿在阁西左右。芳碧亭在延华阁后圆亭东，徽青亭在圆亭西。兴哥儿殿在延华阁右，木香殿在殿后。东盝顶殿在延华阁东版垣外，后有寝殿。盝顶[2]之制，三椽其顶，如笥之平，故名。西盝顶殿在延华阁西版垣外。学士院在延华阁后。万寿山在大内西北太液池之阳，金人名琼华岛，至元八年赐今名。广寒殿在山顶，中有小玉殿。仁智殿在山之半。金露亭在广寒殿东方。壶亭又曰线珠亭，自金露亭前复道登焉。瀛洲亭在温石浴堂后，荷叶殿在方壶亭前。温石浴室在瀛洲亭前。圆亭又曰胭脂亭，在荷叶殿稍西，为后妃添妆之所，八面介福殿在仁智殿东，延和殿在西。更衣殿在山东。太液池在大内西，仪天殿在池中圆坻上。半山台在仪天殿前。御苑在隆福宫西，香殿在石假山上，殿后有石堂。红门外有太子斡耳朵荷叶殿，上有香殿，左有圆殿，在山前圆顶上。歇山殿在圆殿前，东西亭在殿后东西，水心亭在殿池中。棕毛殿在假山东，偏后有盝顶殿。仪鸾局在殿前三红门外西南隅。九年，改为大都。

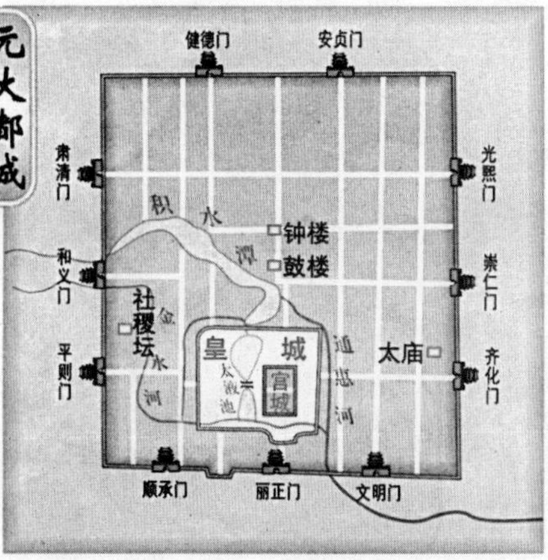

元大都平面图

⊙ **注释**

⊙1　在金代五京中，金中都是最重要的一座，城址在今天北京广安门一带。金天德三年（1151年），海陵王在辽燕京城的基础上进行扩建，贞元元年（1153年）建成，即将首都从上京会宁府迁于此，并定名中都大兴府，这也是古都北京作为首都的起始。

⊙2　盝顶为中国古代建筑的一种屋顶样式，顶部有四个正脊围成平顶，宛若一矩形的（也有其他多边形的）水池，下接庑殿顶。盝顶在金、元时期比较常用，元大都中很多房屋都为盝顶，文中多处可见。明、清两代也有很多盝顶建筑，故宫的钦安殿及一些露天的井亭就属于这种屋顶形式。

□ **说明**

元大都以其三城相套的格局、完整的河湖水系、规整的街巷布局、壮观的建筑形象奠定了今天北京城的城市规模及气势，在世界城市建设史上书写了壮丽篇章，而且其保留金中都旧城，在其东北另建新城，两城并用的做法，也与当代很多城市的发展规划惊人地相似，充分体现了古人的智慧。除大部分为明清北京城沿用外，现存北段、西段城墙遗迹以及护城河，已被开辟为元大都遗址公园。

元上都

◎本文选自《新元史》卷四十六·志第十三。

◎元上都遗址位于内蒙古自治区正蓝旗五一牧场境内、滦河上游的闪电河北岸。始建于元宪宗六年（1256年），中统元年（1260年）名『开平府』，中统五年（1264年）改名『上都』，又名『上京』『滦京』，是帝后避暑的地方。考古发掘证实，元上都全城由宫城、皇城和外城三重城组成。周长约9km，东西2050m，南北2115m，有大明、仪天、宝云、宸丽、慈福、鸿禧、睿思等殿，大安、延春、连香、紫檀、凝晖等阁，绿珠、瀛州两堂以及振堂等重要建筑。

正文

金桓州地。元初为札剌儿、兀鲁特两部分地。宪宗六年，世祖命刘秉忠[1]建城于恒州东、滦水北之龙冈。中统元年，赐名开平府。五年，建为上都。有重城。外城周十六里三百三十四步，南、北各有一门。东、西各二门。内城周六里三百三十步，东、西、南各一门。正南门曰明德门，内有大明殿，门左曰星拱，右曰云从。有仪天殿，门左门曰精，右曰月华。宝云殿侧有东西暖阁。宸丽殿侧有东西香殿。玉德殿后有寿昌堂、慈福殿有紫檀阁、连香阁、延春阁。其前拱辰堂，为百官议政之所。后御膳房。凝晖楼侧有绿珠、瀛洲二亭。有金露台。世祖又迁宋汴京之熙春阁于上都，为大安阁。阁后为鸿禧、睿思二殿。城东南又有东、西凉亭，为驻跸[2]之处。

⊙ 注释

⊙1 刘秉忠（1216—1274），元代政治家、文学家。初名侃，字仲晦，号藏春散人，因信佛教改名子聪，任官后而名秉忠。邢州（今河北省邢台市）人，是一位极具特色的人物，不仅主持了元朝首都大都和陪都上都的规划与营建，而且对元代政治体制、典章制度的建立发挥了重大作用。

⊙2 驻跸：古代帝王出行时，先要派兵沿路戒严，禁止行人经过称为"跸"。"跸，止行者"。后来引申为帝王出行时车驾驻扎的地方或"行幸"到某家的地方，又引申为帝王的车驾。驻跸，即"帝王后妃出行时中途暂住的地方"。

□ 说明

元上都地理位置特殊，"控引西北，东际辽海，南面而临制天下，形势尤重于大都"。上都距原蒙古汗国的政治、军事中心和林较近，是沟通南北东西的重要枢纽。对联络、控制拥有强大势力的漠北蒙古宗亲贵族具有举足轻重的作用。它不仅是对付蒙古宗王反叛势力的前沿阵地，也是便于运筹帷幄的最高决策场所。因而元朝前几位皇帝，如忽必烈、铁穆耳、海山等即位的忽里台都在上都举行，足见其重要的政治、军事地位，也因此在营建过程中备受重视。经考古发掘证实，遗址至今保存较完整，城内外埋藏文物极为丰富，1988 年入列"全国重点文物保护单位"名录，2012 年入列"世界遗产"名录。

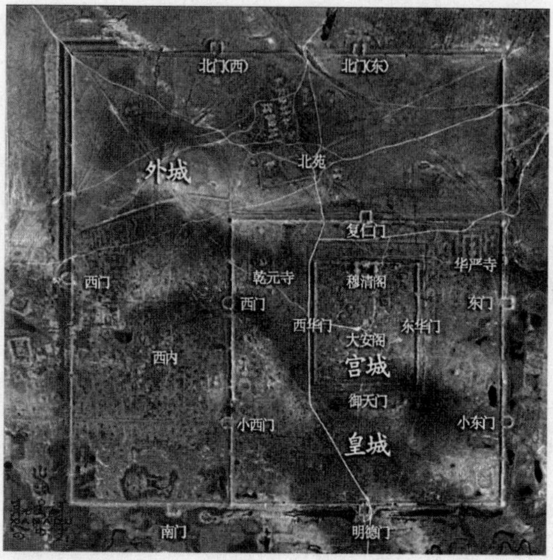

元上都平面

大安阁复原（引自王贵祥《元上都开平宫殿建筑大安阁研究》一文）

元上都局部建筑遗址展示

元宫室

元宫室

◎本文节选自《钦定四库全书·钦定日下旧闻考》卷三十至卷三十二。

◎《钦定日下旧闻考》在清朱彝尊《日下旧闻》的基础上删繁补缺、援古证今、逐一考据而成，是迄今所见清代官修的规模最大、编辑时间最长、内容最丰富、考据最翔实的北京史志文献资料集。始修于乾隆三十八年（1773年），成书于乾隆四十七年（1782年）。全书分为18门，依次为：星土、世纪、形胜、国朝宫室、宫室、京城总记、皇城、城市、官署、国朝苑囿、郊坰、京畿（京畿附编）、户版、风俗、物产、边障、存疑及杂缀。宫室元一、二、三均翔实记载了元代大都城的宫室建设及规模，故予以摘录并合并。

正文

……原大都宫之扁曰庆福、曰兴（以下阙），殿之扁，正曰大明，西曰紫檀，东曰文思，北曰宝云，四殿大内前位也，延春阁东曰慈福，西曰明仁，二殿大内后位也。清灏门西曰玉德，后曰宸庆，二殿大内后位也。兴圣宫正曰兴圣，西曰宝慈，东曰嘉德，隆福宫正曰光天，东曰寿昌，西曰嘉禧，西位曰文德，东位曰睿安，万岁山下曰仁智，山上曰广寒，方壶亭南曰荷叶，仁智东北曰介福，西北曰延和，太液池南，圆殿曰仪天，延春阁后曰咸宁，堂之扁曰芳润，曰拱宸，亭之扁曰碧芳，曰徽清，延华阁曰芳碧，广寒西南曰玉虹，又西南曰瀛洲，广寒东南曰金露，又东南曰方壶，楼之扁兴圣，东厢曰凝晖，西厢曰延颢，东曰骖龙，西曰翥凤，阁之扁大内，后宫正殿曰延春，兴圣殿后曰徽仪，其北曰延华宣，则北门曰奎章，门之扁宫城，正南曰崇天，左曰星拱，右曰云从，东有东华，西有西华，北曰厚载，大内前宫正门曰大明，左曰日精，右曰月华，西有麟瑞，东有凤仪，宝云东北向曰嘉庆，西北向曰景福，大内后宫延春在宝云之后，左曰懿范，南对嘉庆，右曰嘉则，南对景福，东曰景曜，西曰清颢，兴福宫正门曰兴圣，左曰明华，右曰肃章，宣则在延颢之北，弘庆在凝晖之北，隆福宫正门曰光天，左曰崇华，右曰膺福，青阳在翥凤之北，明晖在骖龙之北，山曰万岁，岩曰翠岩，壑曰云龙，峰曰丛玉，在奎章阁前曰仁寿，在万岁山下，石曰瑞云，曰丹霞洞，天曰银汉，飞星池曰太液，禁扁补元，建国曰大元，取大哉乾元之义也，建元曰至元，取至哉坤元之义也，殿曰大明，曰咸宁，门曰文明，曰建德，曰云从，曰顺承，曰安贞，曰厚载，皆取诸乾坤二卦之辞也……

……原宫城，周回九里三十步，东西四百八十步，南北六百十五步，高三十五尺，砖甃，至元八年八月十七日申时动工，明年三月十五日讫工，分六门，正南曰崇天，十二间五门，东西一百八十七尺，深五十五尺，高八十五尺，左右趓楼[1]，二趓楼登门，两斜庑十门，阙上两观，皆三趓楼，连趓楼东西庑各五间，西趓楼之西有涂金铜幡竿，附宫城南面有宿卫直庐，凡诸宫门，金铺，朱户，丹楹[2]，藻绘，彤壁，琉璃瓦，饰檐脊。……至治元年八月，东内皇城，建宿卫屋二十五楹，命五卫内摘军二百五十人居之，以备禁卫，同上，原崇天之左曰星拱，三间一门，东西五十五尺，深四十五尺，高五十尺，崇天之右曰云从，制度如星拱，东曰东华，七间三门，东西一百十尺，深四十五尺，高八十尺，西曰西华，制度如东华，北曰厚载，五间一门，东西八十七尺，深高如西华，角楼四，据宫城之四隅，皆三趓楼，琉璃瓦，饰檐脊，直崇天门有白玉石桥三虹，上分三道，中为御道，镌百花蟠龙，星拱南有御膳亭，亭东有拱宸堂，盖百官会集之所，名曰埽邻，东南角楼东差北有生料库，库东为柴场，夹垣东北隅曰羊圈。……至正元年九月赐文臣宴于拱辰堂，[元史]原生料库在学士院南，又南为鞍辔库，又南为军器库，又南为庖人牧人宿卫之室，藏珍库在宫垣西南隅，制度并如酒室，惟多鹿顶[3]，半屋三间，庖室三间。……原大明殿，乃登极正旦寿节会朝之正衙也，十一间，东西二百尺，深一百二十尺，高九十尺，柱廊七间，深二百四十尺，广四十四尺，高五十尺，寝室五间，东西夹六间，后连香阁，三间，东西一百四十尺，深五十尺，高七十尺，青石花础，白玉石圆碣[4]，文石甃地[5]，上藉重茵，丹楹，金饰龙绕其上，四面朱琐窗，藻井间金绘，饰燕石，重陛朱阑，涂金铜飞雕冒……原大明殿后连为柱廊十二楹，四周金红琐窗，连建后宫，广三十步，殿半之后有寝宫，俗呼为拏[6]头殿，东西相向。至冬，则自殿外一周皆笼皮帐，夏则黄油绢幕，内寝屏幛重复，帷幄而后裹以银鼠，席地皆编细簟，上架深红厚毡，后露茸单，宫后连抱长庑，以通前门，以贮妃嫔，而每院间必建三楹，东西相向，为绣榻，庑后横亘道，以入延春宫，丹墀，皆植青松，即万年枝也，置金酒海，前后列红莲床，其上为延春阁。[大都宫殿考]原宝云殿在寝殿后，五间，东西五十六尺，深六十三尺，高三十尺，凤仪门在东庑中，三间一门，东西一百尺，深六十尺，高如其深，门之外有庖人之室，稍南有酒人之室，麟瑞门在西庑中，制度如凤仪，门之外有内藏库二十所，所为七间，钟楼又名文楼，在凤仪南，鼓楼又名武楼，在麟瑞南，皆五间，高七十五尺，嘉庆门在后庑宝云殿东，景福门在后庑宝云殿西，皆三间一门，周庑一百二十间，高三十五尺，四隅角楼四间，重檐，凡诸宫，周庑，并用丹楹，壁藻绘，琉璃瓦，饰檐脊，延春门在宝云殿后，延春阁之正门也，五间三门，东西七十七尺，重檐。……原懿范门在延春左，嘉则门在延春右，皆三间一门；延春阁，九间，东西一百五十尺，深九十尺，高一百尺，三檐重屋；柱廊七间，广四十五尺，深一百四十尺，高五十尺；寝殿七间，东西夹四间；后香阁一间，东西一百四十尺，深七十五尺，高如其深，重檐，文石甃地，藉花毳裀，檐帷咸备，白玉石重陛，朱阑，铜冒楯，涂金雕翔其上。阁上御榻二，柱廊中设小山屏床，皆楠木为之，而饰以金。寝殿楠木御榻，东夹紫檀御檀，壁皆张素，画飞龙舞凤，西夹事佛像：香阁楠木寝床，金缕褥，黑貂壁幛。……原景耀门在左庑中，三间一门，高三十尺，清灏门在右庑中，制度如景耀，钟楼在景耀南，鼓楼在清灏南，各高七十五尺，周庑一百七十二间，四隅角楼四间。玉德殿在清灏外，七间，东西一百尺，深四十九尺，高四十尺，饰以白玉，甃以文石，中设佛像。……原东香殿在玉德殿东，西香殿在玉德殿西，宸庆殿在玉德殿后，九间，东西一百三十尺，深四十尺，高如其深。中设御榻，帘帷裀褥咸备，前列朱阑，左右辟二红门，后山字门三间。东更衣殿在宸庆殿东，五间，高三十尺，西更衣殿在宸庆殿西，制度如东殿。……

原隆福殿在大内之西，兴圣之前，南红门三，东西红门宫各一，缭以砖垣，南红门一，东红门一，后红门一。……仪天殿西为木桥，长百七十尺，通兴圣宫之夹垣，而隆福宫，光天，寿昌，嘉禧等殿，皆在兴圣之前，奎章，延华等阁，在兴圣之后，其制度亦如大内，其地当并属太液西岸之西。……原崇华门在光天门左，膺福门在光天门右，各三间一门。光天殿七间，东西九十八尺，深五十五尺，高七十尺，柱廊七间，深九十八尺，高五十尺，寝殿五间，两夹四间，东西一百三十尺，高五十八尺五寸，重檐，藻井琐窗，文石甃地，藉花毳裀，悬朱帘，重陛朱阑，涂金雕冒楯，正殿缕金云龙樟木御榻。从臣坐床重列前两傍，寝殿亦设御榻，裀褥咸备。青阳门在左庑中，明晖门在右庑中，各三间一门。……原文宸库、在宫垣西南隅，酒房在宫垣东南隅，内庖在酒房之北，兴圣宫在大内之西北，万寿山之正西，周以砖垣，南辟红门三，东西红门各一，北红门一，南红门外，两傍附垣，有宿卫直庐，凡四十间，东西门外各三间，南门前夹垣内有省院台百司官侍直板屋。北门外有窨花室五间，东夹垣外，有宦人之室十七间，凌室六间。酒房六间，南北西门外，棋置卫士直宿之舍二十一所，所为一间。外夹垣东红门三，直仪天门吊桥。西红门一，达徽政院，门内差北有盝顶房二，各三间，又北有屋二所，各三间，差南有库一所及屋三间，北红门外有临街门一所，三间，此夹垣之北门也。兴圣门，兴圣殿之北门也，五间三门，重檐，东西七十四尺，明华门在兴圣门左，肃章门在兴圣门右，各三间一门，兴圣殿七间，东西一百尺，深九十七尺，柱廊六间，深九十四尺，寝殿五间，两夹各三间，后香阁三间，深七十七尺，正殿四面悬朱帘琐窗，文石甃地，藉以毳裀，中设扆屏榻，张白盖帘帷，皆锦绣为之，诸王百寮宿卫官侍宴，坐床重列左右，其柱廊寝殿亦各设御榻，裀褥咸备，白玉石重陛，朱阑，涂金冒楯，覆以白磁瓦，碧琉璃，饬其檐脊。弘庆门在东庑中，宣则门在西庑中，各三间一门。……原兴圣宫中建小直殿，引邃河分流其下，甃以白石，翼为仙桥，四起琐窗而抱彩楼，楼后东西为日月，殿后又有礼天台，高跨殿上，少东有流杯亭，又少东，出便门。……原凝晖楼在弘庆南，五间，东西六十七尺，延颢楼在宣则南，制度如凝晖。嘉德殿在寝殿东，三间，前后轩各三间，重檐，宝慈殿在寝殿西，制度同嘉德。山字门在兴圣宫后，延华阁之正门也，正一门两夹，各一间，重檐一门，脊置金宝瓶，又独脚门二，周阁以红版垣。延华阁，五间，方七十九尺二寸，重阿十字脊，白琉璃瓦，覆青琉璃瓦，饬其檐脊，立金宝瓶，丹陛御榻，从臣坐床咸具东西，殿在延华阁西，左右各五间，前轩一间，圆亭在延华阁后。芳碧亭在延华阁后圆亭东，三间，重檐十字脊，覆以青琉璃瓦，饰以绿琉璃瓦，脊置金宝瓶，徽清亭在圆亭西，制度同芳碧亭，浴室在延华阁东南隅。东殿后傍有鹿顶井亭二间，又有鹿顶房三间，辉和尔殿在延华阁右，六间，傍有窨花半屋八间，木香亭在辉和尔殿后东，鹿顶殿在延华阁东版垣外，正殿五间，前轩三间，东西六十五尺，深三十九尺，柱廊二间，深二十六尺，寝殿三间，东西四十八尺，前宛转，置花朱阑八十五扇，殿之傍有鹿顶房三间，庖室二间，面阳鹿顶房三间，妃嫔库房一间，缝纫女库房三间，红门一，鹿顶之制，三椽其顶，若笥之平，故名，西鹿顶殿在延华阁西版垣之外，制度同东殿，东殿之傍有庖室三间，好事房二各三间，独脚门二，红门一，妃嫔院四二，在东鹿顶殿后二，在西鹿顶殿后各正室三间，东西夹四间，前轩三间，后有三椽半屋二间，侍女室八十三间半，在东妃嫔院左，西向半在西妃嫔院右，东向室后各有三椽半屋二十五间，东鹿顶殿红门外有屋三间，鹿顶轩一间，后鹿顶房一间，庖室一间在凝晖楼后，正屋五间，前轩一间，后披屋三间，又有鹿顶房一间，鹿顶井亭一间，周以土垣，前辟红门酒，房在宫垣东南隅，庖室南正屋五间，前鹿顶轩三间，南北房各三间，西北隅鹿顶房三间，红门一，土垣四周之，学士院在奎章阁后，四鹿顶殿之西偏三间。……

原万岁山在大内西北太液池之阳，金人名琼花岛，中统三年修缮之，至元八年赐今名，其山皆叠玲珑石为之，峰峦隐映，松桧隆郁，秀若天成，引金水河至其后，转机汲水至山顶，出石龙口，注方池，伏流至仁智殿后，有石刻蟠龙昂首喷水仰出，然后由东西流入于太液池，山前有白玉石桥，长二百余尺，直仪天殿后，桥之北有玲珑石，拥木门五，门皆为石色，内有隙地，对立日月石，西有石棋枰，又有石坐床，左右皆有登山之径，萦纡万石中，洞府出入，宛转相迷，至一殿一亭，各擅一景之妙，山之东有石桥，长七十六尺，阔四十一尺半，为石渠，以载金水而流于山后，以汲于山顶也，又东为灵圃，奇兽珍禽在焉。……

……原广寒殿在山顶，七间，东西一百二十尺，深六十二尺，高五十尺，重阿藻井，文石甃地，四面琐窗板密，其里遍缀金红云，而蟠龙矫蹇于丹楹之上，中有小玉殿，内设金嵌玉龙御榻，左右列从臣坐床，前架黑玉酒瓮一，玉有白章随其形，刻为鱼兽出没于波涛之状，其大可贮酒三十余石，又有玉假山一峰，玉响铁一，悬殿之后，有小石笋二，内出石龙首，以噀所引金水，西北有侧室一间。……原仁智殿在山之半，三间，高三十尺，金露亭在广寒殿东，其制圆，九柱，高二十四尺，尖顶上置琉璃珠，亭后有铜幡竿，玉虹亭在广寒西，制度同金露，方壶亭在荷叶殿后，高三十尺，重屋八面，重屋无梯，自金露亭前复道登焉，又曰线珠亭，瀛洲亭在温石浴室后，制度同方壶，玉虹亭前仍有登重屋复道，亦曰线珠亭，荷叶殿在方壶前仁智西北，三间，高三十尺，方顶中置琉璃珠，温石浴室在瀛洲前仁智西北，三间，高二十三尺，方顶中置涂金宝瓶，圜亭又曰臙粉亭，在荷叶稍西，盖后妃添妆之所也，八面。……原介福殿在仁智东差北，三间，东西四十一尺，高二十五尺，延和殿在仁智西北，制度如介福，马湩室在介福前，三间，牧人之室在延和前，三间，庖室在马湩前，东浴室更衣殿在山东平地，三间两夹。……原仪天殿在池中圆坻上，当万寿山，十一楹，高三十五尺，围七十尺，重檐圆盖顶，圆台址甃以文石，藉以花茵中设御榻，周辟琐窗，东西门各一间，西北厕堂一间，台西向列甃砖龛，以居宿卫之士，东为木桥，长一百二十尺，阔二十二尺，通大内之夹垣，西为木吊桥，长四百七十尺，阔如东桥，中阙之立柱，架梁于二舟，以当其空，至车驾行幸上都，留守官则移舟桥以禁往来，是桥通兴圣宫前之夹垣，后有白玉石桥，乃万寿山之道也，犀山台在仪天殿前水中，上植木芍药，……香殿在石假山上，三间，两夹二间，柱廊三间，龟头屋三间，丹楹琐窗，间金藻绘，玉石础，琉璃瓦，殿后有石台山，后辟红门，门外有侍女之室二所，皆南向，并立，又后直红门，并立红门三，三门之外有太子鄂尔多荷叶殿二，在香殿左右，各三间，圜殿在山前，圆顶上置涂金宝珠，重檐，后有流杯池，池东西流水圆亭二，圆殿，有庑以连之，歇山殿在圆殿前，五间，柱廊二，各三间，东西亭二，在歇山后，左右十字脊，东西水心亭在歇山殿池中，直东西亭之南，九柱，重檐，亭之后各有侍女房三所，所为三间，东房西向，西房东向，前辟红门三，门内立石以屏内外，外筑四垣以周之，池引金水注焉。棕毛殿在假山东偏，三间后，鹿顶殿三间前，启红门，立垣以区分之，仪銮局在三红门外西南隅，正屋三间，东西屋三间，前开一门。……原元肇建内殿，制度精巧，题头刻螭形，以檀香为之，螭头向外，口中衔珠，下垂珠皆五色，用彩金丝贯串，负柱融滚霞纱为猊，怒目张牙，有欲动之状，瓦滑琉璃与天一色，朱砂涂壁，务穷一时之丽，殿上设水晶帘阶，琢龟文绕以曲槛，槛与阶皆白玉石为之。又有紫檀殿，以紫檀香木为之，光天、玉德、七宝、瑶光、通云、凝翠、广寒等殿，不能一一数也，大内有德寿宫、兴圣宫、翠华宫、择胜宫、连天楼、红鸾殿、入霄殿、五华殿，又有迎凉之所曰清林阁，旁上二亭，东曰松声，西曰竹风，又有温室曰春熙堂，曰九引台者，七夕乞巧之所也，曰刺绣亭，缉衮堂者，冬至候日之所也，九龙墀延香亭，春时宫女传杯于此，拱璧亭又名夜光亭，探芳径旁为逍遥市，又有集贤台、集宝台、眺远阁、留连馆、万年宫，并在禁苑。[《元掖庭记》]元至正十四年，顺帝制龙舟于内苑，其船式长一百二十尺，广二十尺，用水手二十四人，皆衣金紫，自后宫至前宫山下海子内，往来游戏，行时龙首眼口爪尾皆动，又自制宫漏，高六七寸，广半之，造木为匮，藏壶其中，运水上下，匮上设三圣殿，匮腰立玉女，捧时刻筹，时至辄浮水而上，左右二金甲神，一悬钟一悬钲，夜则神人自能按更而击，无分毫差，鸣钟钲时狮凤在侧者，皆自翔舞，匮之东西有日月宫，飞仙六人立宫前，遇子午时自能耦进度仙桥，达三圣殿复退立如前，其精巧绝出人意，皆前所未有。……南丽正门内曰千步廊，可七百步建棂星门，门建萧墙，周回可二十里，俗呼红门阑马墙，门内数十步许有河，河上建白石桥三座，名周桥，皆琢龙凤祥云，明莹如玉，桥下有四白石龙，擎戴水中，甚壮，绕桥尽高柳，郁郁万株，远与内城西宫海子相望，度桥可二百步，为崇天门，门分为五，总建阙楼，其上翼为回廊，低连两观，观傍出为十字角楼，高下三级，两傍各去午门百余步，有掖门，皆崇高阁，内城广可六七里，方布四隅，隅上皆建十字角楼，其左有门为东华，右为西华，由午门内可数十步，为大明门，仍傍建掖门，绕为长庑，中抱丹墀之半，左右有文武楼，楼与庑相连，正中为大明殿，殿基高可十尺，前为殿陛，纳为三级，绕以龙凤白石阑，阑下每楯压以鳌头，虚出阑外，四绕于殿，殿楹四向皆方柱，大可五六尺，饰以起花金龙云，楹下皆白石龙云花顶，高可四尺，楹上分间，仰为鹿顶斗拱，攒顶中盘黄金双龙，四面皆绿金红琐窗，间贴金铺，中设山字玲珑金红屏台，台上置金龙床，两傍有二毛皮伏虎，机动如生，殿右连为主廊十二楹，四周金红琐窗，连建后宫，广可三十步，深入半之，不显楹架，四壁高旷，通用绢素，冒之画以龙凤，中设金屏障，障后即寝宫，深止十尺，俗呼为拏头殿，龙床品列为三，亦颇浑朴，殿前宫东西仍相向为寝宫，中仍设金红小屏床，上仰皆实，如方隅缀，以彩云金龙凤通壁，皆冒绢素，画以金碧山水，壁间每有小双扉，内贮裳衣，前皆金红推窗，间贴金花，夹以玉板明花，油纸外笼黄油绢幕，至冬则代以油皮内寝屏障，重覆帷幄而裹以银鼠，席地皆编细簟，上加红黄厚毡，重覆茸单，至寝处，床座每用裀褥必重数叠，然后上盖纳奇锡，再加金花贴，薰异香，始邀临幸宫，后连抱长庑，以通前门，前绕金红阑槛，尽列花卉以处妃嫔，而每院间必建三楹，东西向为床，壁间亦用绢素，冒之画以丹青，庑后横亘长道，中为延春宫，丹墀皆植青松，即万年枝也，门庑殿制大略如前，甃地皆用浚州花板石，甃之磨以核桃，光彩若镜，中置玉台，床前设金酒海，四列金红小连床，其上为延春阁，梯级由东隅而升，长短凡三折而后登，虽至幽暗，阑楯皆涂黄金龙云，冒以丹青绢素，上仰亦皆拱，为攒顶，中盘金龙，四周皆绕金珠琐窗，窗外绕金红阑干，凭望至为雄杰，宫后仍为主廊，后宫寝宫大略如前，廊东有文思小殿，西有紫檀小殿，后东有玉德殿，殿楹栱皆贴白玉龙云花片，中设白玉金花山字屏台，上置玉床，又东为宣文殿，旁有秘密室，西有鹿顶小殿，前后散为便门，高下分引而入，彩阑翠阁，间植花卉松桧，与别殿异飞甍，凡数座又后为清宁宫，宫制大略亦如前，宫后引抱长庑，远连延春宫，其中皆以处嬖幸也，外金红阑各植花卉异石，又后重绕长庑，前虚御道，再雕阑又以处嫔嫱也，又后为厚载门，上建高阁，环以飞桥，舞台于前，回阑引翼，每幸阁上，天魔歌舞于台，繁吹导之，自飞桥而升市，人闻之如在霄汉，台东百步有观星台，台旁有雪柳万株，甚雅，台西为内浴室，有小殿在前，由浴室西出，内城临海子，海广可五六里，驾飞桥于海中，西渡半起瀛洲圆殿，环为石城圈门，散作洲岛，拱门以便龙舟往来，由瀛洲殿后，北引长桥上万岁山，高可数十丈，皆奇石，因形势为岩岳，前拱石门三座，面直瀛洲，东临太液池，西北皆俯瞰海子，由三门分道，东西而升，下有故殿基，金主围基石台，盘山半有方壶殿，四通左右之路，幽芳翠草纷纷，与松桧茂树荫暎上下，隐然仙岛，少西为吕公洞，尤为幽邃洞，上数十步为金露殿，由东而上，为玉虹殿，殿前有石岩如屋，每设宴必温酒其中，更衣玉虹金露交驰，而绕层阑，登广寒殿，殿皆绕金珠琐窗，缀以金铺，内外有一十二楹，皆绕刻龙云，涂以黄金，左右后三面则用香木凿为祥云数千万片，拥结于顶，仍盘金龙，殿有间玉金花玲珑屏台床四列，金红连椅前置螺甸酒桌，高架金酒海，窗外出为露台，绕以白石花阑，旁有铁竿数丈，上置金葫芦三，引铁练以系之，乃金章宗所立，以镇其下龙潭，凭阑四望，空阔前瞻，瀛洲桥与三宫台殿，金碧流辉，后顾西山，云气与城阙翠华高下，而海波迤回天宇，低沉欲不谓之清虚之府不可也，山左数十步万柳，中有浴室，前有小殿，由殿后左右而入为室，凡九皆极明透，交为窟穴，至迷所出路，中穴有盘龙，印首而吐吞一丸，于上注以温泉，九室交涌香雾从龙口中出，奇巧莫辨，自瀛洲西渡飞桥上，回阑巡红墙而西，则为明仁宫，沿海子导金水河步邃河南行，为西前苑，苑前有新殿，半临邃河，河流引自瀛洲西邃地，而绕延华阁，阁后达于兴圣宫，复邃地西折咊嘶后老宫而出，抱前苑复东下于海，约远三四里，龙舟大者长可十丈，绕设红彩阑，前起龙头，机发五窍，皆通余船，三五亦自奇巧，引挽游幸，或隐或出，已觉忘身，况论其他哉，新殿后有水晶二圆殿，起于水中，通用玻璃，饰日光回彩，宛若水宫，中建长桥，远引修衢而入嘉禧殿，桥旁对立二石，高可二丈，阔止尺余，金彩光芒，利锋如斵，度桥步万花入懿德殿，主廊寝宫亦如前制，乃建都之初基也，由殿后出掖门，皆丛林中起小山，高五十丈，分东西，延缘而升，皆叠怪石，间植异木，杂以幽芳，自顶绕注飞泉，岩下穴为深洞，有飞龙喷雨，其中前有盘龙相向，举首而吐流泉，泉声夹道，交走泠然，清爽仿佛仙岛，山上复为层台回阑，邃阁高出空中，隐隐遥接广寒殿，山后仍为寝宫，连长庑，庑后西绕邃河东流金水，亘长街走东北，又绕红墙，可二十步许，为光天门，仍辟左右掖门，而绕长庑，中为光天殿，殿后主廊如前，但廊后高起为隆福宫，四壁冒以绢素，上下画飞龙舞凤，极为明旷，左右后三向皆为寝宫，大略亦如前制，宫东有沉香殿，西有宝殿，长庑四抱与别殿重阑，曲折掩映，尚多莫名，又后为兴圣宫，丹墀皆万年枝殿制，比大明差，小殿东西分道为阁门，出绕白石龙凤阑楯，阑楯上每柱皆饰翡翠，而寘黄金雕鸟狮座，中建小直殿，引金水绕其下，甃以白石，东西翼为仙桥，四起雕窗，中抱彩楼，皆为凤翅飞檐鹿顶，层出极为奇巧，楼下东西起日月宫，金碧点缀欲象扶桑沧海之势，壁间来往多便门出入，有莫能穷，楼后有礼天台，高跨宫，上碧瓦飞甍皆非常制，盼望上下，无不流辉，不觉夺目，亦不知蓬瀛仙岛又果何似也，又少东有流杯亭，中有白石床，如玉临流，小座散列，数多刻石为水兽，潜跃其旁，涂以黄金，又皆制水鸟浮杯，机动流转而行劝罚，必尽欢洽，宛然尚在目中，绕河沿流金门，翠屏回阑，小合多为鹿顶凤翅重檐，往往于此临幸，又不能悉数而穷其名，总引长庑以绕之，又少东出便门，步邃河上，入明仁殿，主廊后宫，亦如前制，后宫为延华阁，规制高爽，与延春阁相望，四向皆临花苑，苑东为端本堂，上通冒素纻丝，又东有棕毛殿，皆用棕毛以代陶瓦，少西出掖门，为慈仁殿，又后苑中有金殿，殿楹窗扉皆裹以黄金，四外尽植牡丹百余，本高可五尺，又西有翠殿，又有花亭球阁，环以绿墙，兽闼绿障觥窗左右分布，异卉幽芳参差映带，而玉床宝座时时如浥流香，如见扇影，如闻歌声，出户外而若渡云霄，又何异人间天上也，金殿前有野果，名红姑娘，外垂绛囊，中空如桃子，如丹珠，味甘酸可食，盈盈绕砌与翠草同芳，亦自可爱，苑后重绕长庑，庑后出内墙东连海子，以接厚载门，绕长庑，中皆宫娥所处之室……

⊙ 注释

⊙1　趓楼：大门两侧的小楼。

⊙2　丹楹：用红漆涂的柱子。

⊙3　同今日所称“盝顶”。

⊙4　舄（xì），指柱子下面的础石，即柱础。

⊙5　文石甃地：用带有花纹的石头铺地；甃（zhòu），垒砌、铺设。

⊙6　拏：同“拿”。

说明

文中对大都城内的各个宫殿的位置、布局，宫城、皇城的规模，各座建筑的体量、室内外装饰以及宫苑、万岁山等均有详细载述，是宝贵的建筑文献资料。从文中所记可以看出，元大都大内宫殿基本是按照对称原则建造的，如大明殿左右的文思殿和紫檀殿对称，延春阁左右的慈福殿和明仁殿对称，外朝和内廷东西庑的钟楼和鼓楼对称，等等。这种对称的建筑布局，易给人以庄严宏伟的感受，令人敬畏之心油然而生。元大都的中轴线，南起丽正门（今北京正阳门北），北过棂星门、崇天门、大明门、大明殿、延春门、延春阁、清宁殿、厚载门，直达中心阁（今北京鼓楼）。在这条中轴线上有大道，宽28m。大内主城门和主殿皆建在中轴线上，配殿和其他建筑则分列于中轴线两侧，从而突出元帝贵为天子的地位，这是中国封建社会君权思想在建筑形式上的体现。

很显然，元大都城事前经过精密规划，其绵长壮观的中轴线亦奠定了今天整个北京城的核心轴线的基础。《析津志》载：“世祖皇帝建都之时，问于刘太保秉忠，定大内方向。秉忠以丽正门外第三桥南一树为向以对，上制可，遂封为独树将军，赐以金牌。每元会圣节及元宵三夕，于树身悬挂诸色花灯于上，高低照耀，远望若火龙。”《析津志》又载：“至元四年（1267年）二月己丑，始于燕京东北隅，辨方位，设邦建都，以为天下本。四月甲子，筑内皇城。位置公定（宇）方隅，始于新都凤池坊（今北京鼓楼西大街东北）北立中书省。”由此可知，设计大都城时，先是确定城市中轴线，然后再据此确定皇城位置，继而由此设定百官衙署方位。

卷帙浩繁、印制精美的代表作。其中的『经济汇编考工典』中含有大量的建筑文献资料，且体例完备、结构严谨，可谓『康熙百科全书』中的『建筑建工全书』，内容涵盖了木工部、城池部、桥梁部、宫室总部、宫殿部、园林部等与建筑建工密切相关并具有重要学术价值的47个部，每部又分汇考、总论、图表、列传、艺文、选句、纪事、杂录等细目，编录方式分类缜密，善供检索之用。所引图书资料一律注明作者和出处，便于查对原书。按语注释，更增添了其文献价值，可检性达到了古代类书的最高水平，是研究清代前朝建筑文献学编纂思想的重要资料。

◎文中主要记载了各个宫殿建筑营造的时间、过程以及时人的相关记载。文内前半部分记述了宫城内各个宫殿修建的时间及概况，后半部分录入了陶宗仪所著《元氏掖庭记》中关于宫内掖庭的建筑内容和萧洵的《故宫遗录》全文，两大部分相互补充印证，成为探究元代宫殿建筑的珍贵史料。

元宫殿汇考

◎本文选自《古今图书集成》经济汇编考工典·第四十三卷·宫殿部。

◎《古今图书集成》原名《古今图书汇编》，是清康熙时期福建侯官人陈梦雷（1650—1741年）所编辑的大型类书，历时28年而成，全书共10000卷，目录40卷，分6编32典，6117部，按天、地、人、物、事次序展开，举凡天文地理、人伦规范、文史哲学、自然艺术、经济政治、教育科举、农桑渔牧、医药良方、百家考工等无所不包，图文并茂。与《永乐大典》《四库全书》并驾齐驱，共同构成中国古代三大资料渊薮，不仅是我国现存规模最大、体例最完整的一部古代类书，也是我国铜活字印刷史上

正文

元世祖至元三年，修筑宫城【按：元史·世祖本纪，三年冬十二月丁亥，诏安肃公张柔、行工部尚书段天佑等同行工部事修筑宫城】。至元四年秋九月，作玉殿于广寒殿中【按：元史·世祖本纪云云】。至元七年，筑昭应宫【按：元史·世祖本纪，七年春二月甲戌，筑昭应宫于高梁河】。至元八年筑宫城【按：元史·世祖本纪，八年春二月丁酉，发中都、真定、顺天、河间、平滦民二万八千余人筑宫城。按：辍耕录，至元四年正月，城京师，以为天下本，右拥太行，左注沧海，抚中原，正南面，枕居庸，奠朔方，峙万岁山、浚太液池、派玉泉、通金水、萦畿带甸、负山引河，壮哉帝居！择此天府。城方六十里，里二百四十步，分十一门……（余皆省略，详见陶宗仪《南村辍耕录》卷二十一：宫阙制度）】。至元十年冬十月初，建正殿、寝殿、香阁周庑、两翼室【按：元史·世祖本纪云云】。至元十一年，宫阙成，初建东宫【按：元史·世祖本纪十一年春正月己卯朔，宫阙告成。帝始御正殿，受皇太子诸王百官朝贺。夏四月癸丑，初建东宫】。至元十七年夏五月，作行宫于察罕脑儿【按：元史·世祖本纪云云】。至元二十二年秋七月，造温石浴室及更衣殿【按：元史·世祖本纪云云】。至元二十八年春三月，发侍卫兵营紫檀殿【按：元史·世祖本纪云云】。至元三十一年改隆福宫【按：元史·成宗本纪，三十一年夏四月即皇帝位。五月，改皇太后所居旧太子府为隆福宫】。

武宗至大元年春三月，建兴圣宫【按：元史·武宗本纪云云】。至大二年立兴圣宫及皇城角楼【按：元史·武宗本纪，二年夏四月辛酉，立兴圣宫。壬午，诏中都创皇城角楼。中书省臣言：令农事正殷，蝗蝝徧野，百姓艰食，乞依前旨罢其役。帝曰："皇城若无角楼，何以壮观。先毕其功，余者缓之。"五月丁亥，以通政院使憨剌合儿知枢密院事，董建兴圣宫，令大都留守养安等督其工】。

仁宗皇庆元年夏五月丁未，缙山县行宫建凉殿【按：元史·仁宗本纪云云】。延祐五年春二月，建鹿顶殿于文德殿后【按：元史·仁宗本纪云云】。

英宗至治元年夏四月，造象驾金脊殿【按：元史·英宗本纪云云】。至治二年夏闰五月，作紫檀殿【按：元史·英宗本纪云云】。

泰定帝泰定元年，作楠木等殿【按：元史·泰定帝本纪，元年秋七月，作楠木殿；八月，作中宫金脊殿；冬十二月，新作棕殿成】。泰定二年春闰正月，作棕毛殿，秋八月，修上都香殿【按：元史·泰定帝本纪云云】。

顺帝至正七年春三月，修光天殿【按：元史·顺帝本纪云云】。至正十三年春正月，重建穆清阁【按：元史·顺帝本纪云云】。至正十四年，修葺宸德殿【按：元史·顺帝本纪，十四年夏五月，皇太子徙居宸德殿，命有司修葺之】。

元建大都宫殿：

[按:《元氏掖庭记》[1]：元建内殿，制度精巧。题头刻螭形，以檀香为之，螭头向外，口中衔珠，下垂珠，皆五色，用彩金丝贯。单负柱融滚，霞纱为幌，怒目张牙，有欲动之状。瓦滑琉璃，与天一色，朱砂涂壁，务穷一时之丽，殿上设水精帘，阶琢龟文，绕以曲槛，槛与阶白玉石为之。又有紫檀殿，以紫檀香木为之。光天、玉德、七宝、瑶光、通云、凝翠、广寒等殿，不能一一数也。大内有德寿宫、兴圣宫、翠华宫、择胜宫、连天楼、红鸾殿、入霄殿、五华殿，又有迎凉之所，曰清林阁。旁上二亭，东曰松声，西曰竹风，又有温室曰春熙堂，曰九引台者，七夕乞巧之所也，曰刺绣亭、绢衮堂者，冬至候日之所也。九龙墀、延香亭，春时宫女传杯于此。拱璧亭又名夜光亭，探芳径旁为逍遥市，又有集贤台、集宝台、眺远阁、留连馆、万年宫，并在禁苑。]

[按：禁扁大都宫之扁，曰庆福，曰兴□，殿之扁，正曰大明，西曰紫檀，东曰文思，北曰宝云。四殿，大内前位也。延春阁东曰慈福，西曰明仁，二殿大内后位也。清灏门西曰玉德，后曰宸

庆，二殿大内后位也。兴圣宫，正曰兴圣，西曰宝慈，东曰嘉德。隆福宫，正曰光天，东曰寿昌，西曰嘉禧，西位曰文德，东位曰睿安。万岁山，下曰仁智山，上曰广寒。方壶亭，南曰荷叶仁智，东北曰介福，西北曰延和。太液池南圆殿曰仪天。延春阁后曰咸宁，堂之扁曰芳润，曰拱宸。亭之扁，曰碧芳，曰徽青。延华阁曰芳碧。广寒西南曰玉虹，又西南曰瀛洲。广寒东南曰金露，又东南曰方壶楼之扁。兴圣东厢曰凝晖，西厢曰延颢，东曰骖龙，西曰翥凤。阁之扁，大内后宫，正殿曰延春。兴圣殿后曰徽仪，其北曰延华，宣则北门曰奎章。门之扁，城之正南曰丽正，左曰文明，右曰顺承，正东曰崇仁，东之南曰齐化，东之北曰光熙，正西曰和义，西之南曰平则，西之北曰肃清，北之西曰健德，北之东曰安贞。宫城正南曰崇天，左曰星拱，右曰云从，东有东华，西有西华，北曰厚载，大内前宫，正门曰大明，左曰日精，右曰月华，西有麟瑞，东有凤仪。宝云东北向曰嘉庆，西北向曰景福。大内后宫，延春在宝云之后，左曰懿范，南对嘉庆，右曰嘉则，南对景福，东曰景曜，西曰清颢。兴圣宫正门曰兴圣，左曰明华，右曰肃章。宣则在延颢之北，弘庆在凝晖之北。隆福宫正门曰光天，左曰崇华，右曰膺福。青阳在翥凤之北，明晖在骖龙之北，山曰万寿，岩曰翠岩，壑曰云龙，峰曰丛玉。在奎章阁前曰仁寿，在万岁山下石曰瑞云、曰丹霞，洞天曰银汉、飞星，池曰太液。]

[按：萧洵《故宫遗录》[◎2]：南丽正门内，曰千步廊，可七百步，建灵星门，门建萧墙，周回可二十里，俗呼红门阑马墙。门内数十步许有河，河上建白石桥三座，名周桥，皆琢龙凤祥云，明莹如玉。桥下有四白石龙，擎戴水中甚壮。绕桥尽高柳，郁郁万株，远与内城西宫海子相望。度桥可二百步，为崇天门，门分为五，总建阙楼其上。翼为回廊，低连两观。观傍出为十字角楼，高下三级，两傍各去午门百余步，有掖门，皆崇高阁。内城广可六七里，方布四隅，隅上皆建十字角楼。其左有门，为东华，右为西华。由午门内，可数十步，为大明门，仍旁建掖门，绕为长庑，中抱丹墀[◎3]之半。左右有文武楼，楼与庑相连，中为大明殿，殿基高可十尺，前为殿陛，纳为三级，绕置龙凤白石阑。阑

下每楣压以鳌头，虚出阑外，四绕于殿。殿楹四向皆方柱，大可五六尺，饰以起花金龙云。楹下皆白石龙云，花顶高可四尺。楹上分间，仰为鹿顶斗拱，攒顶中盘黄金双龙。四面皆缘金红琐窗，间贴金铺。中设山字玲珑金红屏台。台上置金龙床，两旁有二毛皮伏虎，机动如生。殿右连为主廊，十二楹。四周金红琐窗连建。后宫广可三十步，深入半之不显。楹架四壁高旷，通用绢素冒之，画以龙凤。中设金屏障，障后即寝宫，深止十尺，俗呼为弩头殿。龙床品列为三，亦颇浑朴。殿前宫东西仍相向，为寝宫，中仍金红小平床，上仰皆为实研龙骨，方隔缀以彩云金龙凤，通壁皆冒绢素，画以金碧山水。壁间每有小双扉，内贮裳衣。前皆金红推窗，间贴金花，夹以玉板明花油纸。外笼黄油绢幕，至冬则代以油皮，内寝屏障，重覆帷幄，而裹以银鼠，席地皆编细簟，上加红黄厚毡，重覆茸单。至寝处床座，每用茵褥，必重数叠，然后上盖纳失失，再加金花，贴薰异香，始邀临幸。宫后连抱长庑，以通前门，前绕金红阑槛，画列花卉，以处妃嫔。而每院间必建三极，东西向为床，壁间亦用绢素冒之，画以丹青。庑后横亘长道，中为延春堂，丹墀皆植青松，即万年枝也。门庑殿制，大略如前。甃地皆用濬州花版石甃之，磨以核桃，光彩若镜。中置玉台床，前设金酒海，四列金红小连床，其上为延春阁。梯级由东隅而升，长短凡三折而后登，虽至幽暗，阑楯皆涂黄金龙云，冒以丹青绢素。上仰亦皆拱为攒顶，中盘金龙，四周皆绕金珠琐窗，窗外绕护金红阑干，凭望至为雄杰。宫后仍为主廊，后宫、寝宫，大略如前。廊东有文思小殿，西有紫檀小殿，后东有玉德殿，殿楹栱皆贴白玉龙云花片。中设白玉金花山字屏台，上置玉床。又东为宣文殿，旁有秘密堂。西有盝顶小殿，前后散为便门，高下分引而入彩阑翠阁，间植花卉松桧，与别殿飞甍凡数座。又后为清宁宫，宫制大略亦如前。宫后引抱长庑，远连延春宫，其中皆以处嬖幸也。外护金红阑槛，各植花卉异石。又后重绕长庑，前虚御道，再护雕阑，又以处嫔嫱也。又后为厚载门，上建高阁，环以飞桥，舞台于前回阑引翼。每幸阁上，天魔歌舞于台，繁吹导之，自飞桥而升，市人闻之，如在霄汉。台东百步有观星台，台旁有雪柳万株，甚雅。台西为内浴室，有小殿在前。由浴室西出内城，临海子。海广可五六里，驾飞桥于海中。西度半起瀛洲圆殿，环为石城、圈门，散作洲岛拱门，以便龙舟往来。由瀛洲殿后，北引长桥上万岁山，高可数十丈，皆崇奇石，因形势为岩岳。前拱石门三座，面直瀛洲，东临太液池，西北皆俯瞰海子。由三门分道东西而升，下有故殿基，金主围棋石台盘。山半有方壶殿，四通左右之路，幽芳翠草纷纷，与松桧茂树荫映上下，隐然仙岛。少西为吕公洞，尤为幽邃。洞上数十步，为金露殿。由东而上为玉虹殿，殿前有石岩如屋。每设宴，必温酒其中，更衣玉虹金露，交驰而绕层阑。登广寒殿，殿皆线金朱琐窗，缀以金铺。内外有一十二楹，皆绕刻龙云，涂以黄金。左右后三面，则用香木，凿金为祥云数千万片，拥结于顶，仍盘金龙殿。有间玉金花玲珑屏台，床四，列金红连椅，前置螺甸酒桌，高架金酒海。窗外出为露台，绕以白石花阑。旁有铁竿数丈，上置金葫芦三，引铁炼以系之，乃金章宗所立，以镇其下龙潭。凭阑四望空阔，前瞻瀛洲仙桥，与三宫台殿，金碧流晖。后顾西山云气，与城阙翠华高下，而海波迤回，天宇低沉，欲不谓之清虚之府不可也。山左数十步，万柳中有浴室，前有小殿，由殿后左右而入，为室凡九，皆极明透，交为窟穴，至迷所出路。中穴有盘龙，左底仰首而吐吞。一丸于上，注以温泉，九室交涌，香雾从龙口中出，奇巧莫辨。自瀛洲西度飞桥，上回阑，巡红墙而西，则为明仁宫。沿海子，导金水河，步邃河，南行为西前苑。苑前有新殿，半临邃河。河流引自瀛洲西邃地，而绕延华阁，阁后达于兴圣宫，复邃地西折和嘶，后老宫而出抱前苑，复东下于海，约远三四里。龙舟大者长可十丈，绕设红彩阑，前起龙头，机发，五窍皆通。余船三五，亦自奇巧。引挽游幸，或隐或出，已觉忘身，况论其他哉！新殿后有水晶二圆殿，起于水中，通用玻璃饰，日光回彩宛若水宫。中建长桥，远引修衢，而入嘉禧殿。桥旁对立二石，高可二丈，阔止尺余，金彩光芒，利锋如断。度桥步万花，入懿德殿，主廊寝宫亦如前制，乃建都之初基也。由殿后出掖门，皆丛林，中起小山，高五十丈，分东西。延缘而升，皆崇怪石，间植异木，杂以幽芳。自顶绕注飞泉，岩下穴为深洞，有飞龙喷雨其中。前有盘龙相向，举首而吐流泉，泉声夹道交走，泠然清爽。仿佛仙岛。山上复为层台，回阑邃阁，高出空中，隐隐遥接广寒殿。山后仍为寝宫，连长庑，庑后两绕邃河，东流金水，亘长街，走东北。又绕红墙，可二十步许，为光天门，仍辟左右掖门，而绕长庑。中为光天殿，殿后主廊如前，但廊后高起，为隆福宫。四壁冒以绢素，上下画飞龙舞凤，极为明旷，左右后三向，皆为寝宫，大略亦如前制。宫东有沉香殿，西有宝殿，长庑四抱，与别殿重阑曲折掩映，尚多莫名。又后为兴圣宫，丹墀皆万年枝，殿制北大明差小。殿东西分道为阁门出，绕白石龙凤阑楯[4]。阑楯上每柱皆饰翡翠，而置黄金鹏鸟狮座中，建小直殿，引金水绕其下，甃以白石。东西翼为仙桥，四起雕窗，中抱彩楼，皆为凤翅飞檐。鹿顶层出，极为巧奇，楼下东西起日月宫，金碧点缀，欲象扶桑沧海之势。壁间来往多便门，出入有莫能穷。楼后有礼天台，高跨宫上，碧瓦飞甍，皆非常制，盼望上下无不流辉，不觉夺目，亦不知蓬瀛仙岛，又果何似也。又少东有流杯亭，中有白石床如玉，临流小座，散列数多。刻石为水兽潜跃，其旁涂以黄金。又皆亲制水鸟浮杯，机动流转，而行劝罚，必尽欢洽，宛然尚在目中。绕河沿流，金门翠屏，回阑小阁，多为鹿顶凤翅重檐，往往于此临幸，又不能悉数而穷其名，总引长庑以绕之。又少东出便门，步邃河上，入明仁殿，主廊、后宫亦如前制。宫后为延华阁，规制高爽，与延春阁相望，四向皆临花苑。苑东为端本堂；上通冒青纻丝。又东有棕毛殿，皆用棕毛以代陶瓦。少西出掖门，为慈仁殿。又后苑中有金殿，殿楹窗扉皆裹以黄金，四外尽植牡丹百余本，高可五尺。又西有翠殿，又有花亭毡阁，环以绿墙兽闼，绿障鱿窗，左右分布异卉幽芳，参差映带。而玉床宝座时时如浥流香，如见扇影，如闻歌声，出户外而若度云宵，又何异人间天上也？金殿前有野果，名红姑娘。外垂绛囊，中空。有桃子如丹珠，味甜酸可食，盈盈绕砌，与翠草同芳，亦自可爱。苑后重绕长庑，庑后出内墙，东连海子，以接厚载门。绕长庑中，皆宫娥所处之室，后宫约千余人，掌以合寺，给以日饭，又何盛也。庚申以荒淫久废朝政，洪武元年，为诸将叛背，捐弃宗庙社稷，而逃走依西北。盖立彼蒙古之国，逾年不为所容，思庞翁吉刺氏鲁王所封之国以求生，即应昌府也。府有西江焉。庚申心知不可为已，因泣数行下。未几，以痢疾崩。子爱猷识理达腊立，五日，我师奄至，爱猷识理达腊仅以身免。二后，爱猷识理达腊妻子，及三宫妃嫔、扈卫诸将军将帅、从官，悉俘以还，元氏遂灭。至是始验当初指望说生涯死在西江月下。谶云耳。]

[按：虎溪萧氏《故宫遗录》一卷，绛云楼书目有之，王氏格古要论补采入，更名《大都宫殿考》，且又删削十之二三，非复萧氏之旧兹。从余姚黄氏所购山荫祁氏藏本备录之，惜止载宫门以内，而大都宫城之制，未详遗迹，遂不可考览古者，未免有余憾也。]

⊙ 注释

⊙1 《元氏掖庭记》为元代陶宗仪所著，全书二十四条约五千字，主要记述“元代宫掖之事”，内容涉及内殿形制、宫廷宴饮、节日习俗、后宫定制以及宫内逸事等，可补正史之阙，当属杂史之类，对于研究元代历史具有重要的史料价值。元氏，指的是贞慈静懿皇后，名失怜答里，弘吉剌氏。弘吉剌·斡罗陈之女，元成宗铁穆耳的追册皇后。失怜答里早薨。大德三年（1299年），追册为皇后。元武宗至大三年（1310年），追尊谥贞慈静懿皇后。掖廷，是指宫中的旁舍，为妃嫔居住的地方。

⊙2 《故宫遗录》为元末明初萧洵所著，后散佚。万历年间，被著名藏书家赵琦美（1563—1624）发现，并收集、整理，从而使之传世，且为之作记：《故宫遗录》者，录元之故宫也。洪武元年灭元，命大臣毁元氏宫殿，庐陵工部郎萧洵实从事焉，因而纪录成帙，有松陵吴节为之序。予于万历三十六年间，得于吴门书摊上，字画故暗不可句，因为校录一过。三十八年庚戌，于金陵得张浙门墨本，为校正数十字，置之□中。四十四年丙辰十一月，于金台，与刘元岳纵言，至于燕京往迹，一无可稽，闻有元耶律楚材《燕山志》及国初《北平志》，但耳其名，未目其文也。忽然忆有此书，因检之奚囊，幸以自随。两人相与击节，金台芜灭，基构不存。耶律完颜二氏，经营亦落荒草，铁木真氏，幸有兹编，稍不堕地。然庚申荒迷亡国，迹之令人悲怅，清写一帙，以备修史采录云。时万历四十四年仲冬廿二日，呵冻书，是日大风，二十日四鼓，大内又火延禧殿，并记，清常道人赵琦美。

⊙3 丹墀：皇宫殿前的石阶，涂上红色，叫作丹墀。

⊙4 阑楯：栏杆。

大汗之宫廷

马可·波罗

◎本文选自《马可·波罗行纪》（冯承均译本）第八十三章。

◎作者：马可·波罗（1254—1324），意大利人，世界著名的旅行家和商人。17岁时跟随父亲和叔叔出行，途经中东，历时4年多到达元朝。他在中国游历了17年，曾访问当时中国的许多古城，到过西南部的云南和东南地区。在狱中口述了大量有关中国的故事，其狱友鲁斯蒂谦写下著名的《马可·波罗行纪》，记述了他在当时东方最富有的国家——中国的见闻，激起了欧洲人对东方的热烈向往，对以后新航路的开辟产生了巨大的影响。

◎文中记述了元大都内大明殿、太液池、万寿山的建筑概况。

正文

应知大汗居其名曰汗八里[1]之契丹都城[2]，每年三阅月，即十二月、一月、二月是已。在此城中有其大宫殿，其式如下：

周围有一大方墙，宽广各有一哩。质言之，周围共有四哩。此墙广大，高有十步，周围白色，有女墙[3]。此墙四角各有大宫一所，甚富丽，贮藏君主之战具于其中，如弓箙弦、鞍、辔及一切军中必需之物是已。四角四宫之间，复各有一宫，其形相类。由是围墙共有八宫，甚大，其中满贮大汗战具。但每宫仅贮战具一种，此宫满贮战弓，彼宫则满贮马辔，由是每宫各贮战具一种。

此墙南面辟五门，中间一门除战时兵马甲仗由此而出外，从来不开。中门两旁各辟二门，共为五门。中门最大，行人皆由两旁较小之四门出入。此四门并不相接，两门在墙之两角，面南向，余二门在大门之两侧。如果布置，确使此大门居南墙之中。

此墙之内，围墙南部中，广延一哩，别有一墙，其长度逾于宽度。此墙周围亦有八宫，与外墙八宫相类，其中亦贮君主战具。南面亦辟五门，与外墙同，亦于每角各辟一门。此二墙之中央，为君主大宫所在，其布置之法如下：

君等应知此宫之大，向所未见。宫上无楼，建于平地。惟台基高出地面十掌。宫顶甚高，宫墙及房壁满涂金银，并绘龙、兽、鸟、骑士、形像及其他数物于其上。屋顶之天花板，亦除金银及绘画外别无他物。

大殿宽广，足容六千人聚食而有余，房屋之多，可谓奇观。此宫壮丽富赡，世人布置之良，诚无逾于此者。顶上之瓦，皆红黄绿蓝及其他诸色。上涂以釉，光泽灿烂，犹如水晶，致使远处亦见此宫光辉。应知其顶坚固，可以久存不坏。

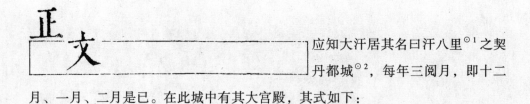

上述两墙之间，有一极美草原，中植种种美丽果树。不少兽类，若鹿、獐、山羊、松鼠，繁殖其中。带麝之兽为数不少，其形甚美，而种类甚多，所以除往来行人所经之道外，别无余地。

由此角至彼角，有一湖甚美，大汗置种种鱼类于其中，其数甚多，取之惟意所欲。且有一河流由此出入，出入之处间以铜铁格子，俾鱼类不能随河水出入。

北方距皇宫一箭之地，有一山丘，人力所筑。高百步，周围约一哩。山顶平，满植树木，树叶不落，四季常青。汗闻某地有美树，则遣人取之，连根带土拔起，植此山中，不论树之大小。树大则命象负而来，由是世界最美之树皆聚于此。君主并命人以琉璃矿石满盖此山。其色甚碧，由是不特树绿，其山亦绿，竟成一色。故人称此山曰绿山，此名诚不虚也。

山顶有一大殿，甚壮丽，内外皆绿，致使山树宫殿构成一色，美丽堪娱。凡见之者莫不欢欣。大汗筑此美景以为赏心娱乐之用。

⊙ **注释**

⊙1　元代蒙古人称大都为汗八里，意即“可汗之城”，即今天的北京城。

⊙2　辽代曾设五京：上京临璜府（今内蒙古自治区巴林左旗东南波罗城），中京大定府（今内蒙古自治区宁城西大明城）、东京辽阳府（今辽宁省辽阳市）、南京幽都府（今北京市）、西京大同府（今山西省大同市）。此处的“契丹都城”当是指设于北京的南京幽都府。

⊙3　女墙，是指在城墙上筑起的凹凸形的墙垛，也指房屋外墙高出屋面的矮墙。

大汗太子之宫

马可·波罗

◎本文选自《马可·波罗行纪》第八十四章。
◎文中主要记述大都城当时的规模及气势。

正文

尚应知者，大汗为其将来承袭帝位之子建一别宫，形式大小完全与皇宫无异，俾大汗死后内廷一切礼仪习惯可以延存。此王已受帝国印玺一方，然权力未备，大汗在生之时仍是大汗为主君也。

大汗及其子之宫殿，既已叙述于前，兹欲言者，其宫殿所在之契丹大城，及其营建之原因而已，此城名曰汗八里。

古昔此地必有一名贵之城名称汗八里，汗八里此言“君主城”也。大汗曾闻星者言，此城将来必背国谋叛，因是于旧城之旁，建筑此汗八里城。中间仅隔一水，新城营建以后，命旧城之人徙居新城之中。

此城之广袤，说如下方：周围有二十四哩，其形正方，由是每方各有六哩。环以土墙，墙根厚十步，然愈高愈削，墙头仅厚三步，遍筑女墙，女墙色白，墙高十步。全城有十二门，各门之上有一大宫，颇壮丽。四面各有二门五宫，盖每角亦各有一宫，壮丽相等。宫中有殿广大，其中贮藏守城者之兵杖。街道甚直，以此端可见彼端，盖其布置，使此门可由街道远望彼门也。

城中有壮丽宫殿，复有美丽邸舍甚多，城之中央有一极大宫殿，中悬大钟一口，夜间若鸣钟三下，则禁止人行。鸣钟以后，除为育儿之妇女或病人之需要外，无人敢通行道中。纵许行者，亦须携灯火而出。每城门命千人执兵把守。把守者，非有所畏也，盖因君主驻跸于此，礼应如是，且不欲盗贼损害城中一物也。既言其城，请言其人，以及朝廷之布置，并其他诸事。

大明殿口占⊙1

朱德润

◎本文选自《古今图书集成》经济汇编考工典·第四十九卷·宫殿部。

◎作者：朱德润（1294—1365），元代画家、诗人，字泽民，号睢阳山人。睢阳（今河南商丘）人，其先祖跟随宋室南渡，居姑苏（今江苏苏州），遂为吴人。善诗文，工书法，格调遒丽。擅山水，初学许道宁，后法郭熙，多作溪山平远、林木清森之景，重视观察自然，当北游居庸关时，尝作『画笔记行稿』。

正文

丝竹声传鼓似雷，宝装驼象列三台。

从官绯紫东华入，阿母旌幢兴圣来。

绣凤铺裀[⊙2]氍[⊙3]叠暖，金龙缠柱扆[⊙4]屏开。

大官献纳盐梅[⊙5]味，独有双成捧玉杯。

⊙ 注释

⊙1　口占：即不打草稿，口头叙说出来。

⊙2　裀：古同“茵”，垫子、褥子。

⊙3　氍（qu），毛织的地毯，旧时演戏多用来铺在地上或台上，因此常用“氍毹”或“红氍毹”代称舞台。

⊙4　扆（yǐ），古代庙堂户牖之间绣的斧形屏风。

⊙5　盐梅：属梅种，原产于洱源、鹤庆、丽江等滇西北地区。

说明

大明殿又叫长朝殿，元至元十年（1273年）建成，凡重大节日、庆典、大朝会等礼仪活动，都在这里举行。大殿台阶三组，周围绕以龙凤玉石勾栏。殿楹四向都是方柱，饰以起花金龙云的白石龙云。楹上有鹿顶斗栱，攒顶有黄金双龙。琐窗帖金铺，中设山字玲珑金红屏台。台上设金龙床，两边是毛皮伏虎。殿内设有皇帝、皇后的宝座，元代制度规定，帝、后并坐临朝，共理天下。大明殿台基上还有一种惹人注目的莎草，是特地从北漠中移植过来的，叫作誓俭草，其目的是世祖忽必烈想让子孙不忘祖辈的创业艰危。大明殿的形制与装饰，陶宗仪的《南村辍耕录》卷二十一之“官阙制度”中有翔实记载：“大明殿，乃登极、正旦、寿节、会朝之正衙也，十一间，东西二百尺，深一百二十尺，高九十尺，柱廊七间，深二百四十尺，广四十四尺，高五十尺。寝室五间，东西夹六间，后连香阁三间，东西一百四十尺，深五十尺，高七十尺，青石花础，白玉石圆碣、文石甃地，上籍重茵，丹楹，金饰龙绕其上，四面朱琐窗，藻井间金绘，饰燕石，重陛朱阑，涂金铜飞雕冒。中设七宝云龙御榻，白盖金缕褥，并设后位，诸王百寮怯薛官侍宴坐庄，重列左右。前置灯漏，贮水运机，小偶人当时刻捧牌而出。木质银裹漆瓮一，金云龙蜿绕之，高一丈七尺，贮酒可五十余石。雕象酒卓一，长八尺，阔七尺二寸。玉瓮一，玉编磬一，巨笙一，玉笙玉箜篌咸备于前。前悬绣缘朱帘。至冬月，大殿则黄猫皮壁幛，黑貂褥。香阁则银鼠皮壁幛，黑貂暖帐，凡诸宫殿乘舆所临御者，皆丹朱琐窗，间金藻绘。设御榻，裀褥咸备。屋之檐脊皆饰，琉璃瓦。”可见当时大明殿的规模之宏大、气势之雄伟、装饰之繁缛。

◎此序说明了《宫词百章》的主要内容及编著目的。

◎作者：朱有炖（1379—1439），明代杂剧作家。号诚斋，又号锦窠老人、全阳道人、老狂生、全阳子、全阳老人，安徽凤阳人。明太祖朱元璋第五子朱橚的长子。袭封周王，死后谥宪，世称周宪王。剧作有《李亚仙花酒曲江池》《关云长义勇辞金》《黑旋风仗义疏财》等，诗文集有《诚斋集》。

◎诗中描述了元大都宫殿及大安阁的气势，描绘了香殿及流杯池的意境。

元宫词

朱有炖

◎本文选自傅乐淑著《宫词百章笺注》（书目文献出版社，1995年）。

◎《宫词百章》原序：元起自沙漠，其宫庭事迹乃夷狄之风，无足观者。然要知一代之事，以记其实，亦可备史氏之采择焉。永乐元年，钦赐予家一老妪，年七十矣，乃元后之乳母女，常居宫中，能通胡人书翰，知元宫中事最悉，间常细访之，一一备陈其事。故予诗百篇皆元宫中实事，亦有史未曾载，外人不得而知者，遗之后人，以广多闻焉。永乐四年二月朔日，兰雪轩制。

正文

一

大安楼阁[1]耸云霄，列坐三宫御早朝。
政是太平无事日，九重深处奏箫韶。

【钱注】周伯琦《咏大安阁》："层甍复阁接青冥，金色浮图七宝楹。当日熙春今避暑，滦河不比汉昆明。"注云："故宋熙春阁移建上京。"张昱《辇下曲》："祖宗诈马宴滦都，挏酒哼哼载憨车。向晚大安高阁上，红竿雉帚扫珍珠。"

案：元代首都有二。曰大都，即今日北京，每年九月至次年三月皇帝居住于此。曰上都，在今多伦附近，每年四月至八月皇帝避暑于此。大安阁者，上都大内之正衙也。元宪宗时，皇弟忽必烈王府之旧殿也。虞集《道园学古录》卷十《跋大安阁图》："世祖皇帝在藩，以开平为分地，即为城郭宫室。取故宋熙春阁材于汴，稍损益之，以为此阁，名曰大安。既登大宝，以开平为上都，宫城之内不作正衙。此阁岿然，遂为前殿矣。规制尊稳秀杰，后世诚无以加也。"是故大安阁乃忽必烈潜邸王府正殿，建于元宪宗时。《元史》卷六《世祖本纪》载至元三年十二月"建大安阁于上都"，与事实不尽符合。根据前引之跋，则大安阁建于至元三年以前，是年当就世祖之潜邸，加以修缮、扩充，以便"朝群臣，来万方"耳。大安阁为有元一代名建筑物，元初三帝世祖、成宗、武宗，及末帝惠宗践祚时，均在此阁中行礼。宋之亡也，少帝北狩，即朝元世祖于此阁中。至于阁之规模，王恽《秋涧集》卷三十八《熙春阁遗制记》曾叙述宋代熙春阁之规模，大安阁即熙春阁之后身，则由熙春阁遗制可推测大安阁之规模矣。元时仁宗曾命画院王振鹏作界画《大安阁图》，此图即虞集所跋者。惜今日此图已佚，幸北宋驸马王诜曾作《杰阁熙春图》，尚在人间，见之则可推测大安阁之规模矣。日人原田淑人曾在上都考古，所著《上都》对大安阁之遗迹及遗物颇有论列。

三宫[2]：《草木子》曰："元朝正后皆用雍吉剌氏……自正后以下，复立两宫，其称亦曰二宫皇后、三宫皇后。"赵翼《二十二史劄记》卷二十九"元宫中称皇后者不"条，引《西峰谈话》曰："历朝止后，元时始有三宫之制……明朝仿之，虽不并称皇后，而选一后必并立三宫，异日虽或别立皇贵妃，而初选之东西二宫，其尊如故云。"案：三宫之制，元代仅顺帝一朝行之，非定例也。《元史》卷一〇六《后妃表序》曰："后妃之制，厥有等威，其来尚矣。元初，因其国俗，不娶庶姓，非此族也，不居嫡选。当时史臣以为舅甥之贵，盖有周姬、齐姜之遗意，历世守之，固可嘉也。然其居则有曰斡耳朵[3]之分，没复有继承守宫之法。位号之淆，名分之渎，则亦甚矣。"何谓斡耳朵，"元起朔漠，穹庐以居，其皇帝所居之毡帐曰斡耳朵"，与中国之宫室相当。国主居于斡耳朵中，游猎时便于移徙也。元代诸帝之斡耳朵，皆有数座，如太祖之斡耳朵有四，太宗之斡耳朵有七，是也。因诸斡耳朵相隔遥远，每一座斡耳朵中有守斡耳朵皇后一人，位号甚崇，为皇帝之大妻。然在守斡耳朵之皇后多位中，又以守第一斡耳朵（或称大斡耳朵）之皇后最嫡，被称为大皇后，此大皇后始与中国母仪天下之皇后相当。每座斡耳朵中除守斡耳朵之皇后外，尚有皇后之号者若干人，妃子之号者若干人，故一帝有十几位皇后。太祖之皇后达二十二人。然自世祖以来，渐采汉化，起城郭，营宫室，放弃其游牧生活，遂一年中居于宫室中时日多，居于帐幕中之时日少，乃称宫室为斡耳朵。元末斡耳朵集中于两都大内中，故皇后之数目亦减少。顺帝有皇后三人，皆居大都宫苑内，宜称为三宫。然非每朝皇帝皆有三宫也。皇后列坐御朝，元制也。波斯书籍中保存蒙古帝后列坐临朝图画颇多。

二

春日融和上翠台，芳池九曲似流杯。
合香殿外花如锦，不是看花不敢来。

案：元宫中有香殿三座，有东西香殿者在玉德殿之两侧，而此诗所咏之香殿既与流杯池邻近，当在西宫西御苑内。陶宗仪《辍耕录宫阙制度》："香殿在石假山上，三间，两夹二间，柱廊三间，龟头屋三间，丹楹，琐窗，间金藻绘，玉石础，琉璃瓦。"

流杯池⊙4：《辍耕录宫阙制度》记大都之西内曰："后有流杯池，池东西流水圆亭二。"萧洵《故宫遗录》："又少东有流杯亭，中有白石床如玉，临流小座，散列数多，刻石为水兽，潜跃其旁，涂以黄金。又皆亲制水鸟浮杯，机动流转而行劝罚，必尽欢洽。"《元史》卷三十六《文宗纪》："天历三年五月'赐燕铁木儿宴于流杯池'"。流杯池为元代宫廷内建筑术语之一，如盝顶殿焉。又缙山行宫亦有流杯池。《元史》卷一三八《燕铁木儿传》："赐龙庆州之流杯园池水硙土田。"而此种建筑术，唐宋时已有，非元之创制也。

⊙ 注释

⊙1　即"大安阁"，为元上都的正殿，为拆迁宋代原熙春阁而仿建，雄伟壮观，金碧辉煌。史载，"'大安阁，故宋汴熙春阁也，迁建上京'，金亡后汴梁宫殿毁坏殆尽，'惟熙春一阁岿然独存'，忽必烈在至元三年拆熙春阁材料运往开平，同年十二月异地复建"。大安阁是元代皇帝处理朝政、接见外国使节之所，忽必烈正是在这里接见了马可·波罗一行人。据载，大安阁为三层，阁位与平座叠层为四。"构高二百二十有二尺，广四十六步有奇，从则如之。虽四隅阙角，其方数行，余于中下断鳌为柱者，五十有二，居中阁位与东西耳。构九楹，中为楹者五，每楹尺二十有四，其耳为楹者各二，共长七丈有二尺。上下作五檐覆压。其檐长二丈五尺，所以蔽云日月而却风雨也"。大安阁曾令马可·波罗惊叹不已："和烈汗在都城用大理石和（其他）石头建造了一主坐宏大的宫殿，大厅和层间涂上了黄金，然后用各种各样的鸟兽和花卉图案加以装饰，精美绝伦，巧夺天工，让人叹为观止。"

⊙2　三宫：最早指诸侯大人所居之处，而天子后妃所居曰六宫。《礼记》言："王后六宫，诸侯夫人三宫也。"《周礼·天官内宰》载："王后帅六宫之人。"郑玄注六宫曰："正寝一，燕寝五，合为六宫。"六宫为皇后居住之所，所以往往用六宫代指皇后，如同后世用中宫代指皇后一样。随着封建社会的建立、诸侯的消亡，三宫的含义有了变化。汉代就以皇帝、太后、皇后合称为三宫，又称太皇太后、太后、皇后为三宫。唐代穆宗时又将两太后与皇后合称三宫。

⊙3　斡耳朵：蒙古语 ordo 的音译，意为宫帐或宫殿。辽、金元时有斡耳朵、斡里朵、兀鲁朵、窝里陀等不同译写。成吉思汗将其众多的妻妾分成四个斡耳朵——大斡耳朵、第二斡耳朵、第三斡耳朵、第四斡耳朵，分别由孛儿帖、忽兰、也遂和也速干管领。他去世后的遗产由各斡耳朵在世的后妃按顺序继承，大斡耳朵被拖雷继承。成吉思汗的四斡耳朵对后世象征着蒙古本部。元朝建立以后，大都的皇宫为土木建筑而不是帐篷，但斡耳朵的名字和制度仍旧保留。忽必烈也设有四个斡耳朵，分别由他的帖古伦大皇后、察必皇后及其妹南必后、塔剌海后和伯要兀真后掌管。各斡耳朵都有自己的封邑。其后的元朝皇帝也有自己的斡耳朵，各有属民、纳税和皇室岁赐等收入，去世后留给后妃和其皇家继承人。元朝政府还设立了专门的三品官职以管理已故皇帝的斡耳朵。

⊙4　流杯池，即古人所云之"曲水流觞"，系在一池内石上凿沟，引水环注其间而流杯饮酒之处。古时文人墨客围池边，将斟满酒的杯从泉头放下浮于池中，任其漂流，酒杯停于谁的面前，即该谁赋词饮酒。

宜宾流杯池

说明

正文的作者是朱有炖，在词一的钱注中又有两首描写大都宫殿及大安阁的诗，作者分别是周伯琦和张昱。周伯琦（1298—1369），字伯温，自号玉雪坡真逸、坚白居士，元饶州鄱阳（今江西波阳）人，曾为翰林修撰、翰林直学士、监察御史、浙西肃政廉访使等职，著有《六书正讹》《说文字源》及《近光集》三卷，《扈从集》一卷等诗文稿若干卷。张昱（约1330年前后在世），字光弼，自号一笑居士，庐陵人，曾任元左右司员外郎、行枢密院判官等职，诗学出于虞集，作风皆苍莽雄肆，有沈郁悲凉之概，有《可闲老人集》四卷传世。三人均在诗中描述了大安阁的规模，提供了关于大安阁营建、大内宫殿等的信息。词二则描述了香殿及流杯池的具体位置、规模、装饰、环境等，具有较高的文献价值。

009

宫词八首

葛逻禄乃贤

◎本文选自《金台集》卷一。

◎文中描述了广寒殿、琼岛、太液池等宫内建筑的景色与环境。

正文

广寒宫殿近瑶池，千树长杨绿影齐。
报道夜来新雨过，御沟春水已平堤。

千官鹄立五云间，玉斧参差拥画阑。今日君王西内去，安排天仗趣仪鸾。

水晶帘外日迟迟，殿阁春深笑语稀。绣幕无端风卷起，一双燕子傍人飞。

上苑含桃熟暮春，金盘满贮进枫宸⊙1。醍醐⊙2渍透冰浆滑，分赐阶前僳直⊙3人。

琼岛岧峣⊙4内苑西，阑斑绮石甃清漪，御床不许红尘到，黄幔长教窣地⊙5垂。

花影频移玉砌平，美人欹枕听流莺。一春多病慵梳洗，怕说鸾舆幸上京⊙6。

绣床倦倚怯深春，窗外飞花落锦茵。抱得琵琶阶下立，试弹一曲斗清新。

太液池头新月生，瑶阶最喜晚来晴。贵人忽被西宫召，骑得骅骝⊙7款款行。

⊙ 注释

⊙1　枫宸：宫殿。宸，北辰所居，指帝王的殿庭。古时宫庭多植枫树，故有此称。

⊙2　醍醐：酥酪上凝聚的油。用纯酥油浇到头上，佛教指灌输智慧，使人彻底觉悟。比喻听了高明的意见后，人受到很大启发。也形容清凉舒适。

⊙3　僳直：官吏在官府连日值宿。

⊙4　岧峣（tiáo yáo），亦作“岹嶢”，山高峻貌。

⊙5　窣地：拂地。

⊙6　上京：指上都开平，也就是滦京。

⊙7　骅骝：赤色的骏马。

宫阙制度

陶宗仪

◎本文选自《南村辍耕录》卷二十一。

◎作者：陶宗仪（1321—1407），字九成，号南村。元末明初浙江黄岩人。学识渊博，明洪武中曾任教官。元末避乱隐居松江农村，耕读之余，有所感受，即随手札记于树叶上，贮于罐中，后由其门生整理成书，此即《南村辍耕录》，共30卷，585条，20余万字。记载了元代社会的掌故、典章、文物及天文历算、地理气象、社会风俗、小说诗词等。

◎文中详细描述了元大都宫殿的建设、布局以及各建筑内部的布置与装饰，为珍贵的宫城建筑史料。

正文

至元四年正月，城京师，以为天下本。右拥太行，左注沧海，抚中原，正南面，枕居庸，奠朔方，峙万岁山。浚太液池，派玉泉，通金水，萦畿带甸，负山引河[1]，壮哉帝居！择此天府。城方六十里，里二百四十步，分十一门。正南曰丽正，南之右曰顺承，南之左曰文明，北之东曰安贞，北之西曰健德，正东曰崇仁，东之右曰齐化，东之左曰光熙，正西曰和美，西之右曰肃清，西之左曰平则。

大内南临丽正门，正衙曰大明殿，曰延春阁。宫城周回九里三十步，东西四百八十步，南北六百十五步。高三十五尺，砖甃。至元八年八月十七日申时动土，明年三月十五日即工。分六门。正南曰崇天，十一间，五门。东西一百八十七尺，深五十五尺，高八十五尺。左右垛楼二，垛楼登门两斜庑，十门，阙上两观皆三垛楼。连垛楼东西庑，各五间。西垛楼之西、有涂金铜幡竿，附宫城南面，有宿卫直庐[2]。凡诸宫门，皆金铺、朱户、丹楹、藻绘、彤壁、琉璃瓦、饰檐脊，崇天之左曰星拱，三间，一门，东西五十五尺，深四十五尺，高五十尺。崇天之右曰云从，制度如星拱，东曰东华，七间，三门，东西一百十尺，深四十五尺，高八十尺。西曰西华，制度如东华。北曰厚载，五间，一门，东西八十七尺，深高如西华，角楼四，据宫城之西隅，皆三垛楼，琉璃瓦，饰檐脊。直崇天门，有白玉石桥三虹，上分三道，中为御道，镌百花蟠龙。星拱南有御膳亭，亭东有拱辰堂，盖百官会集之所。东南角楼东差北，有生料库。库东为柴场。夹垣东北隅有羊圈。西南角楼南红门外，留守司在焉。西华南有仪鸾局，西有鹰房。厚载北为御苑。外周垣红门十有五，内苑红门五，御苑红门四。此两垣之内也。大明门在崇天门内，大明殿之正门也，七间三门，东西一百二十尺，深四十四尺，重檐，日精门在大明门左，月华门在大明门右，皆三间，一门。大明殿，乃登极、正旦、寿节、会朝之正衙也，十一间，东西二百尺，深一百二十尺，高九十尺，柱廊七间，深二百四十尺，广四十四尺，高五十尺。寝室五间，东西夹六间，后连香阁三间，东西一百四十尺，深五十尺，高七十尺，青石花础，白玉石圆碣、文石甃地，上藉重裀[⊙3]，丹楹，金饰龙绕其上，四面朱琐窗，藻井间金绘，饰燕石，重陛朱阑，涂金铜飞雕冒。中设七宝云龙御榻，白盖金缕褥，并设后位，诸王百寮怯薛官[⊙4]侍宴坐庄，重列左右。前置灯漏[⊙5]，贮水运机，小偶人当时刻捧牌而出。木质银裹漆瓮一，金云龙蜿绕之，高一丈七尺，贮酒可五十余石。雕象酒卓一，长八尺，阔七尺二寸。玉瓮一，玉编磬一，巨笙一，玉笙玉箜篌咸备于前。前悬绣缘朱帘。至冬月，大殿则黄猫皮壁幛，黑貂褥。香阁则银鼠皮壁幛，黑貂暖帐，凡诸宫殿乘舆所临御者，皆丹楹朱琐窗[⊙6]，间金藻绘。设御榻，裀褥咸备。屋之檐脊皆饰，琉璃瓦。文思殿在大明寝殿东，三间，前后轩，东西三十五尺，深七十二尺。紫檀殿在大明寝殿西，制度如文思，皆以紫檀香木为之。缕花龙涎香间白玉饰，壁草色髹，绿其皮为地衣。宝云殿在寝殿后，五间，东西五十六尺，深六十三尺，高三十尺。凤仪门在东庑中，三间一门，东西一百尺，深六十尺，高如其深。门之外有庖人之室。稍南有酒人之室，麟瑞门在西庑中，制度如凤仪。门之外有内藏库二十所，所为七间。钟楼，又名文楼，在凤仪南。鼓楼，又名武楼，在麟瑞南。皆五间，高七十五尺。嘉庆门在后庑宝云殿东，景福门在后庑宝云殿西，皆三间一门，周庑一百二十间，高三十五尺。四隅角楼四间，重檐，凡诸宫周庑，并用丹楹、彤壁、藻绘、琉璃瓦、饰檐脊。延春门在宝云殿后，延春阁之正门也，五间三门，东西七十七尺，重檐。懿范门在延春左，嘉则门在延春右，皆三间一门。延春阁九间，东西一百五十尺，深九十尺，高一百尺，三檐重屋，柱廊七间，广四十五尺，深一百四十尺，高五十尺。寝殿七间，东西夹四间，后香阁一间。东西一百四十尺，深七十五尺，高如其深，重檐。文石甃地，籍花毳裀，檐帷咸备，白玉石重陛，朱阑，铜冒楯，涂金雕翔其上。阁上御榻二，柱廊中设小山屏床，皆楠木为之，而饰以金。寝殿楠木御榻，东夹[⊙7]紫檀御榻，壁皆张素，画飞龙舞凤，西夹事佛像。香阁楠木寝床，金缕褥，黑貂壁幛。慈福殿，又曰东暖殿，在寝殿东。三间，前后轩，东西三十五尺，深七十二尺。明仁殿，又曰西暖殿，在寝殿西，制度如慈福。景耀门在左庑中。三间，一门，高三十尺。清灏门在右庑中，制度如景耀。钟楼在景耀南，鼓楼在清灏南，各高七十五尺，周庑一百七十二间，四隅角楼四间。玉德殿在清灏外，七间，东西一百尺，深四十九尺，高四十尺，饰以白玉，甃以文石，中设佛像。东香殿在玉德殿东，西香殿在玉德殿西，宸庆殿在玉德殿后，九间，东西一百三十尺，深四十尺，高如其深。中设御榻，帘帷裀褥咸备。前列朱阑，左右辟二红门，后山字门三间。东更衣殿在宸庆殿东，五间，高三十尺。西更衣殿在宸庆殿西，制度如东殿。隆福殿在大内之西。兴圣宫之前，南红门三。东西红门各一，缭以砖垣。南红门一，东红门一，后红门一。光天门，光天殿正门也，五间，三门，高三十二尺，重檐。崇华门在光天门左，膺福门在光天门右，各三间，一门。光天殿七间，东西九十八尺，深五十五尺，高七十尺；柱廊七间，深九十八尺，高五十尺。寝殿五间，两夹四间，东西一百三十尺，高五十八尺五寸，重檐，藻井琐窗，文石甃地，藉花毳裀⊙8，悬朱帘，重陛朱阑，涂金雕冒楯，正殿缕金云龙樟木御榻。从臣坐床重列前两旁。寝殿亦设御榻，裀褥咸备。青阳门在左庑中，明晖门在右庑中，各三间一门，翥凤楼在青阳南，三间，高四十五尺。骖龙楼在明晖南，制度如翥凤，后有牧人宿卫之室。寿昌殿，又曰东暖殿，在寝殿东，三间，前后轩，重檐。嘉禧殿，又曰西暖殿，在寝殿西，制度如寿昌。中位佛像，傍设御榻。针线殿在寝殿后，周庑一百七十二间，四隅角楼四间，侍女直庐五所，在针线殿后，又有侍女室七十二间，在直庐后，及左右浴室一区。在宫垣东北隅。文德殿在明晖外，又曰楠木殿，皆楠木为之，三间，前后轩一间，盝顶殿五间，在光天殿西北角楼西，后有盝顶小殿，香殿在宫垣西北隅，三间，前轩一间，前寝殿三间，柱廊三间，后寝殿三间，东西夹各二间。文宸库在宫垣西南隅，酒房在宫垣东南隅，内庖在酒房之北，兴圣宫在大内之西北，万寿山之正西，周以砖垣，南辟红门三，东西红门各一，北红门一，南红门外，两傍附垣有宿卫直庐，凡四十间。东西门外各三间，南门前夹垣内、有省院台百司官侍直板屋。北门外有窨花室[9]五间。东夹垣外，有宦人之室十七间，凌室六间。酒房六间，南北西门外，棋置卫士直宿之舍二十所，所为一间。外夹垣东红门三，直仪天殿吊桥。西红门一，达徽政院。门内差北有盝顶房二，各三间。又北有屋二所，各三间。差南有库一所及屋三间，北红门外，有临街门一所，三间。此夹垣之北门也。兴圣门，兴圣殿之正门也，五间，三门，重檐，东西七十四尺。明华门在兴圣门左，肃章门在兴圣门右，各三间，一门。兴圣殿七间，东西一百尺，深九十七尺；柱廊六间，深九十四尺。寝殿五间，两夹各三间，后香阁三间，深七十七尺。正殿四面朱悬琐窗，文石甃地，藉花毳裀，中设扆屏榻，张白盖帘帷，皆绵绣为之。诸王百寮宿卫官侍宴坐床，重列左右。其柱廊寝殿，亦各设御榻，裀褥咸备，白玉石重陛，朱阑。涂金冒楯覆以白磁瓦。碧琉璃饰其檐脊。弘庆门在东庑中；宣则门在西庑中，各三间一门。凝晖楼在弘庆南，五间，东西六十七尺。延颢楼在宣则南，制度如凝晖。嘉德殿在寝殿东，三间，前后轩各三间，重檐。宝慈殿在寝殿西，制度同嘉德，山字门在兴圣宫后，延华阁之正门也，正一间，两夹各一间，重檐，一门，脊置金宝瓶。又独脚门二，周阁以红板垣。延华阁五间，方七十九尺二寸，重阿，十字脊，白琉璃瓦覆，青琉璃瓦饰其檐。脊立金宝瓶，单陛，御榻从臣坐床咸具。东西殿在延华阁西，左右各五间，前轩一间，园亭在延华阁后，芳碧亭在延华阁后圆亭东，三间，重檐，十字脊，覆以青琉璃瓦，饰以绿琉璃瓦，脊置金宝瓶。徽青亭在圆亭西，制度同芳碧亭。浴室在延华阁东南隅东殿后，傍有盝顶井亭二间，又有盝顶房三间。畏吾儿殿在延华阁右，六间，傍有窨花半屋八间。木香亭在畏吾儿殿后。东盝顶殿在延华阁东版垣外，正殿五间，前轩三间，东西六十五尺，深三十九尺；柱廊二间，深二十六尺；寝殿三间，东西四十八尺。前苑转置花朱阑八十五扇。殿之傍有盝顶房三间，庖室二间，面阳盝顶房三间，妃嫔库房一间，缝纫女库房三间，红门一。盝顶之制，三椽，其顶若笥之平，故名。西盝顶殿在延华阁西版垣之外，制度同东殿。东殿之傍有庖室三间，好事房二，各三间，独脚门二，红门一，妃嫔院四：二在东盝顶殿后，二在西盝顶殿后，各正室三间，东西夹四间，前轩三间，后有三椽半屋二间，侍女室八十五间：半在东妃嫔院左，西向；半在西妃嫔院右，东向。室后各有三椽半屋二十五间，东盝顶殿红门外有屋三间，盝顶轩一间，后有盝顶房一间，庖室一区，在凝晖楼后，正屋五间，前轩一间，后披屋三间，又有盝顶房一间、盝顶井亭一间，周以土垣，前辟红门，酒房在宫垣东南隅，庖室南，正屋五间，前盝顶轩三间，南北房各三间，西北隅盝顶房三间，红门一，土垣四周之。学士院在阁后西盝顶殿门外之西偏，三间。生料库在学士院南；又南，为鞍辔库；又南，为军器库；又南，为牧人庖人宿卫之室。藏珍库在宫垣西南隅，制度并如酒室。惟多盝顶半屋三间，庖室三间。

万寿山在大内西北太液池之阳，金人名琼花岛，中统三年修膳之，至元八年赐今名，其山皆叠玲珑石为之，峰峦隐映，松桧隆郁，秀若天成。引金水河至其后，转机运□，汲水至山顶，出石龙口，注方池，伏流至仁智殿后。有石刻蟠龙，昂首喷水仰出，然后由东西流入于太液池。山前有白玉石桥，长二百余尺。直仪天殿后，桥之北有玲珑石，拥木门五，门皆为石色。内有隙地，对立日月石。西有石棋枰，又有石坐床。左右皆有登山之径，萦纡万石中，洞府出入，宛转相迷。至一殿一亭，各擅一景之妙。山之东有石桥，长七十六尺，阔四十一尺半。为石渠以载金水，而流于山后以汲于山顶也。又东，为灵圃，奇兽珍禽在焉。广寒殿在山顶，七间，东西一百二十尺，深六十二尺，高五十尺，重阿藻井，文石甃地，四面琐窗，板密其里，遍缀金红云，而蟠龙矫蹇于丹楹之上。中有小玉殿，内设金嵌玉龙御榻，左右列从臣坐床。前架黑玉酒瓮一。玉有白章[10]，随其形刻为鱼兽出没于波涛之状。其大可贮酒三十余石。又有玉假山一峰，玉响铁一悬。殿之后有小石笋二，内出石龙首，以噀所引金水。西北有厕堂一间。仁智殿在山之半，三间，高三十尺。金露亭在广寒殿东，其制圆，九柱，高二十四尺，尖顶上置琉璃珠，亭后有铜幡竿。玉虹亭在广寒殿西，制度如金露。方壶亭在荷叶殿后，高三十尺，重屋八面，重屋无梯，自金露亭前复道[11]登焉，又曰线珠亭。

瀛洲亭在温石浴室后，制度同方壶。玉虹亭前仍有登重屋复道，亦曰线珠亭。荷叶殿在方壶前，仁智西北，三间高三十尺，方顶，中置琉璃珠。温石浴室在瀛洲前、仁智西北，三间，高二十三尺，方顶，中置涂金宝瓶。圜亭，又曰胭粉亭。在荷叶稍西，盖后妃添妆之所也，八面。介福殿在仁智东差北，三间，东西四十一尺，高二十五尺。延和殿在仁智西北，制度如介福。马湩[12]室在介福前，三间。牧人之室在延和前，三间。庖室在马湩前。东浴室更衣殿在山东平地，三间，两夹。

太液池在大内西，周回若干里，植芙蓉。仪天殿在池中圆坻[13]上，当万寿山，十一楹，高三十五尺，围七十尺，重檐，圆盖顶，圆台址，甃以文石，藉以花裀，中设御榻，周辟琐窗。东西门各一间，西北厕堂一间，台西向，列甃砖龛，以居宿卫之士。东为木桥，长一百廿尺，阔廿二尺，通大内之夹垣。西为木吊桥，长四百七十尺，阔如东桥。中阙之，立柱，架梁于二舟，以当其空。至车驾行幸上都，留守官则移舟断桥，以禁往来。是桥通兴圣宫前之夹垣。后有白玉石桥，乃万寿山之道也。犀山台在仪天殿前水中，上植木芍药。隆福宫西御苑在隆福宫西，先后妃多居焉。香殿在石假山上，三间，两夹二间，柱廊三间，龟头屋三间，丹楹琐窗，间金藻绘，玉石础，琉璃瓦。殿后有石台，山后辟红门，门外有侍女之室二所，皆南向并列。又后直红门，并立红门三。三门之外，有太子斡耳朵[14]荷叶殿二。在香殿左右，各三间，圆殿在山前。圆顶上置涂金宝珠，重檐。后有流杯池，池东西流水，圆亭二，圆殿有庑以连之。歇山殿在圆殿前，五间，柱廊二，各三间。东西亭二，在歇山后左右，十字脊。东西水心亭在歇山殿池中，直东西亭之南，九柱重檐。亭之后各有侍女房三所，所为三间。东房西向，西房东向。前辟红门三，门内立石以屏内外，外筑四垣以周之。池引金水注焉。棕毛殿在假山东偏，三间，后盝顶殿三间。前启红门，立垣以区分之。仪鸾局在三红门外西南隅，正屋三间，东西屋三间，前开一门。

史官虞集曰：尝观纪藉所载，秦、汉、隋、唐之宫阙，其宏丽可怖也。高者七八十丈，广者二三十里，而离宫别馆，绵延联络，弥山跨谷，多或至数百所。嘻，真木妖⊙14哉！由余⊙15有言，使鬼为之，则劳神矣。使人为之，则苦人矣。由余当秦穆公之时为是，俾见后世之侈，何如也？虽然，紫宫著乎玄象，得无栋宇有等差之辨。而茅茨之简，又乌足以重威于四海乎？集佐修《经世大典》，将作所疏宫阙制度为详。于是知大有径庭于古也。方今幅员之广，户口之夥⊙16，贡税之富，当倍秦汉而参隋唐也。顾力有可为而莫为，则其所乐不在于斯也。孔子曰："禹，吾无间然矣，卑宫室而尽力乎沟洫。"⊙17重于此则轻于彼，理固然矣。

⊙ 注释

⊙1 建设元大都时开发了两套河湖水系。一是开挖积水潭连通大运河的通惠河，并行昌平、西山一带引水，经高粱河，注入积水潭，使大运河漕运并直达京城，也使积水潭一带成为繁华的商业区。另一是开挖金水河，从西郊玉泉山下引水，注入太液池，满足宫中生活和景观用水之需。大都城的规划与建设得益于时任太保刘秉忠、阿拉伯人亦黑迭儿丁以及科学家郭守敬等人。

⊙2 直庐：指古代侍臣值宿之处，即守卫值守之处。

⊙3 上藉重裀：地面上铺着厚厚的垫子。

⊙4 怯薛官：元朝禁卫军首领，起源于草原部族亲兵，后成为元朝官僚集团的重要组成部分。

⊙5 灯漏：又称七宝灯漏，郭守敬于1266年创制，是世界上第一台大型水力自鸣钟。至此，中国有了独立的计时仪，并首次使其从庞大的"天计合一"的"家族"中分离出来。当时，端放在元大明殿内，形似方灯，靠漏水推动驱轮带动部件运作，故而得名。对此，《元史·天文志一》载："灯漏之制，高丈有七尺，架以金为之。其曲梁之上，中设云珠，左日右月。云珠之下，复悬一珠。梁之两端，饰以龙首，张吻转目，可以审平水之缓急。中梁之上，有戏珠龙二，随珠俛仰，又可察准水之均调。"

⊙6 朱琐窗：红色的连环形花纹的窗子。

⊙7 夹：指夹室。

⊙8 藉花毳裀：铺设带花纹的毛毯子。

⊙9 窨花室：制作花茶的房间。

⊙10 白章：白色的花纹。

⊙11 复道：指楼阁或悬崖间有上下两重通道。《墨子·号令》："守宫三杂，外环隅为之楼，内环为楼，楼入葆宫丈五尺，为复道。"

⊙12 马湩（dòng）：指用马乳酿成的酒，即马奶酒。

⊙13 圆坻：指太液池中的小岛。

⊙14 木妖：意为在兴造邸宅、宫殿建筑上穷奢极侈，远远超过了人力可为，似为神作。

⊙15 由余：春秋时期晋国人，对秦国成就霸业起到了很大的作用。

⊙16 夥（huǒ）：多。

⊙17 语出《论语·泰伯第八》。原文为，子曰："禹，吾无间然矣。菲饮食，而致孝乎鬼神；恶衣服，而致美乎黻冕；卑宫室，而尽力乎沟洫。禹，吾无间然矣。"意为：孔子说："禹这个人，我找不到非议他的地方。自己饮食菲薄，而对鬼神享祀丰洁；自己衣服褴褛，而祭服华美；自己住房低湿，而尽力为民沟洫水道。禹这个人呀，我找不到非议他的地方啊！"

□ **说明**

元大都城的规划、建设极有特色：皇城位于大城南部中央，内含宫城、兴圣宫、隆福宫、太子宫、太液池、御苑等；全城由棋盘式的街道网构成，划分成并不封闭的50坊，大街与胡同整齐布置，正如马可·波罗之言："全城地面规划有如棋盘，其美善之极，未可宣言。"

大都城规划最具特色之处是以水面为中心来确定城市的格局，这可能和蒙古游牧民族"逐水草而居"的传统习惯与深层意识有关。也因为宫室采取了环水布置的方式，而新城的南侧又受到旧城的限制，城区大部分面积不得不向北推移。大都城中的商市分散在皇城四周的城区和城门口居民集结地带。其中东城区是衙署、贵族住宅集中地，商市较多，有东市、角市、文籍市、纸札市、靴市等，商市性质明显反映了官员的需求。北城区因郭守敬开通通惠河，使海子（积水潭）成了南北大运河的终点码头，沿海子一带形成了繁荣的商业区。海子北岸的斜街更是热闹，设各种歌台酒馆，贩卖生活必需品的商市汇集于此，米市、面市、帽市、缎子市、皮帽市、金银珠宝市、铁器市、鹅鸭市等一应俱全。稍北的钟楼大街也很热闹，尤其引人注目的是在鼓楼附近还有一处全城最大的"穷汉市"，即城市贫民出卖劳力的市场。西城区则有骆驼市、羊市、牛市、马市、驴骡市，牲口买卖集中于此，居民层次低于东城区。南城区即金中都旧城区，有南城市、蒸饼市、穷汉市，以及新城前三门外关厢地带的车市、果市、菜市、草市等。由于前三门外是水陆交通的总会，所以商市、居民麇集，形成城乡接合部和新旧二城交接处的繁华地区。由此可见，元大都的商市与居民区之所以如此分布，既有城市规划制约的原因，也有城市生活及对外交通促成的自发原因。

大都城建设上的另一个创举是在市中心设置高大的钟楼、鼓楼作为全城的报时机构。中国古代历来利用里门、市楼、谯楼或城楼击鼓报时，但在市中心单独建造钟楼、鼓楼，上设铜壶滴漏和鼓角报时则尚无先例。元朝在钟楼上建三重飞檐阁楼，内置大钟，声响洪亮，全城遍闻。钟楼、鼓楼成为元朝统治者控制大都的工具之一。《马可·波罗行纪》述云："新都的中央，耸立着一座高楼，上面悬着一口大钟，每夜鸣钟报时。第三次钟响后，任何人都不得在街上行走。除非遇有紧急事务，如孕妇分娩或有人生病，非出外请医生不可者可以例外。但是，如果遇到这种情况，外出的人必须提灯。""夜间，有三四十人一队的巡逻兵，在街头不断巡逻，随时查看有没有人在宵禁时间——即第三次钟响后——离家外出。被查获者立即逮捕监禁。"这对大都的城市管理发挥了较好作用。

元大都城及其宫殿的规划与建设奠定了今天北京古都的城市风貌，在中国城市发展史上占重要的地位。

汴故宫记

杨奂

◎本文选自《全元文》（李修生主编，江苏古籍出版社，1999年）卷七。

◎作者：杨奂（1186—1255），又名知章，字焕然，乾州奉天人。早丧母，哀毁如成人。金末，尝作万言策，指陈时病；欲上不果。元初，隐居为教授，学者称为紫阳先生。耶律楚材荐为河南廉访使，约束一以简易。在官十年请老。卒，谥文宪。奂著作很多，有《还山》前集81卷、后集20卷，《近鉴》30卷，《韩子》10卷，《槩言》25篇，《砚纂》8卷，《北见记》3卷，《正统纪》60卷等传于世。

正文

己亥春三月，按部[1]至于汴，汴长史宴于废宫之长生殿。惧后世无以考，乃纂其大概。云：皇城南外门，曰南熏。南熏之北新城门，曰丰宜。桥曰龙津。桥北曰丹凤，而其门三。丹凤北曰州桥。桥少北，曰文武楼。遵御路而北，横街也。东曰太庙，西曰郊社。正北曰承天门，而其门五。双阙前引，东曰登闻检院[2]，西曰登闻鼓院[3]。检院之东，曰左掖门。门之南，曰待漏院。鼓院之西，曰右掖门。门之南，曰都堂。承天之北，曰大庆门。而日精门、左升平门居其东。月华门、右升平门居其西。正殿曰大庆殿。东庑曰嘉福楼，西庑曰嘉瑞楼。大庆之后，曰德仪殿。德仪之东曰左升龙门，西曰右升龙门。正门曰隆德，曰萧墙[4]，曰丹墀[5]，曰隆德殿。隆德之左曰东上阁门，右曰西上阁门，皆南向。东西二楼，钟鼓之所在。鼓在东，钟在西。隆德之次曰仁安门。仁安殿东则内侍局。内侍之东，曰近侍局。近侍之东，曰严祗门。宫中则曰撒合门。少南曰东楼，即授除楼也。西曰西楼。仁安之次，曰纯和殿，正寝也。纯和西，曰雪香亭。雪香之北，后妃位也，有楼。楼西曰琼香亭，亭西曰凉位，有楼。楼北少西，曰玉清殿。纯和之次，曰宁福殿。宁福之后，曰苑门。由苑门以北，曰仁智殿。有二大石，左曰“敷锡神运万岁峰”，右曰“玉京独秀太平岩”。殿曰山庄。山庄之西南，曰翠微阁。苑门东曰仙韶苑。苑北曰涌翠峰。峰之洞曰大涤。涌翠东连长生殿。殿东曰涌金殿。涌金之东，曰蓬莱殿。长生西曰浮玉殿。浮玉之西，曰瀛洲殿。长生之南，曰阅武殿。阅武南曰内藏库。由严祗门东，曰尚食局。尚食东曰宣徽院。宣徽北曰御药院。御药北曰右藏库。右藏之东曰左藏。宣徽东曰点检司。点检北曰秘书监。秘书北曰学士院。学士之北曰谏院。谏院之北曰武器署。点检之南曰仪鸾局。仪鸾之南曰尚辇局。宣徽之南曰拱卫司。拱卫之南曰尚衣局。尚衣之南曰繁禧门。繁禧南曰安泰门。安泰西与左升龙门直。东则寿圣宫，两宫大后位。本明俊殿，试进士之所。宫北曰徽音殿。徽音之北曰燕寿殿。燕寿殿垣后少西，曰震肃卫司，东曰中卫尉司。仪鸾之东，曰小东华门，更漏在焉。中卫尉司东曰祗肃门。祗肃门东少南，曰将军司。徽音、圣寿之东曰太后苑。苑之殿曰庆春。庆春与燕寿并，小东华与正东华对。东华门内正北，尚厩局。尚廐西北曰临武殿。左掖门正北尚食局。局南曰宫苑司。宫苑司西北曰尚酝局、汤药局、侍仪司，少西曰符宝局、器物局，西则撒合门、嘉瑞楼。楼西曰三庙，正殿曰德昌，东曰文昭殿，西曰光兴殿，并南向。德昌之后，宣宗庙也。宫西门曰西华，与东华直。其北门曰安贞。二大石外，凡花石台榭池亭之细，并不录。观其制度简素，比土阶茅茨⊙6则过矣，视汉之所谓千门万户、珠璧华丽之室则无有也。然后之人，因其制度而损益之，以求其称，斯可矣。

⊙ 注释

⊙1　按部：巡视部属之意。

⊙2　登闻检院：官署名。简称检院。唐垂拱二年（686年）置四匦于朝堂，接受士民投书。唐后期有匦院。宋太平兴国九年（984年），改匦院为登闻院；景德四年（1007年），改登闻检院，隶谏议大夫。掌接受文武官员及士民在登闻鼓院投书之被阻抑者。金登闻检院掌奏告尚书省、御史台处理当事。

⊙3　登闻鼓院：官署名。简称鼓院。北魏延和元年（432年），于阙门悬登闻鼓，许人鸣冤。唐于东西朝堂分置肺石下或击登闻鼓。宋初，立登闻鼓于阙门之前，置鼓司，先以宦官，后以朝臣主管。景德四年（1007年）始改称登闻鼓院，隶司谏、正言，掌接受文武官员及士民章奏表疏。凡建议有关朝廷政事、军事机密、公私利害等事，或请求恩赏、申述冤枉、贡献奇异术等，如不能依常规上达皇帝，可先到登闻鼓院呈递事状，如受阻抑，再报告登闻检院。南宋登闻鼓院与登闻检院、粮料院、审计院、官告院、进奏院合称六院。辽属门下省。金掌奏告御史台、登闻检院处理不当事。元掌接受父母兄弟夫妇为人所冤杀者申诉。清通政使司所属有登闻鼓厅，掌叙雪冤滞。

⊙4　萧墙：是古代国君宫室大门内（或言大门外）面对大门的门屏，又称"塞门""屏"，与后世常见的照壁近似。

⊙5　丹墀（dān chí）：用红漆涂的台阶。墀，台阶上的空地，亦指台阶。

⊙6　土阶茅茨（tǔ jiē máo cí）。古人所居之屋多为夯土台基台阶，茅草覆顶，故曰。此处也指简陋的居屋。

□ 说明

北宋定都汴梁之后，对五代时期的宫殿进行了较大规模的扩建，使宫殿在东京城中成为最壮丽的建筑群。东京宫殿又称大内、宫城，《宋史·地理志》卷八十五记载：“宫城周四五里，南三门，中曰乾元[明道二年（1033年）改称宣德]，东曰左掖，西曰右掖，东西两门曰东华、西华，北一门曰拱宸。”宫殿包括外朝、内廷、后苑、学士院、内诸司等部分。宫殿外朝部分主要有大庆殿，是举行大朝会的场所，大殿面阔九间，两侧有东西挟殿各五间，东西廊各六十间，殿庭广阔，可容数万人。西侧文德殿是皇帝主要的政务活动场所，北侧紫辰殿是节日里举行大型活动的场所，西侧垂拱殿为接见外臣和设宴的场所，集英殿、需云殿和升平楼是策进士及观戏、举行宴会的场所。外朝以北，垂拱殿之后为内廷，是皇帝和后妃们的居住区，有福宁、坤宁等殿。皇室藏书的龙图、天章、宝文等阁以及皇帝讲筵、阅事之处也在内廷。宫殿北部为后苑。后期又在东南部建明堂。从总体布局看，东京汴梁宫殿的重要建筑群组未能沿一条中轴线安排，是应因旧宫改造所致。整个宫殿建筑群中，只有举行大朝的大庆殿一组建筑的中轴线穿过宫城大门。而外朝的文德、垂拱等殿宇，只好安排在大庆殿的西侧，中央官署也随之放在文德殿前，出现了两条轴线并列的局面。标志着宫殿壮丽景象的宫城大门宣德门，从宋徽宗绘的《瑞鹤图》和辽宁省博物馆藏的北宋铁钟上所铸图案可知一二。宣德门为“冂”形的城阙，中央是城门楼，门墩上开五门，上部为带平座的七开间四阿顶建筑，门楼两侧有斜廊通往两侧朵楼，朵楼又向前伸出行廊，直抵前部的阙楼。宣德楼采用绿琉璃瓦，朱漆金钉大门，门间墙壁有龙凤飞云石雕。

北宋宫殿建筑群的特点是主殿作工字殿形式。大庆殿群组是一组带廊庑的建筑群，正殿面阔九间，并带左右挟屋各五间，殿后有阁，东西廊各六十间，前有大庆门及左右日精门，殿址现已发掘，其台基成“凸”字形，东西宽约 80 米，南北最大进深 60 多米。

1127 年金人占领东京，北宋宫殿沦为废墟。

本文是作者担任河南廉访使期间来到汴梁视察时所作，目的很明确，是“惧后世无以考，乃纂其大概”，可见当时就是为了给后人留下可资参考的依据。金人入主开封之后，除了艮岳遭到了彻底毁坏，宫城并未受损，也没有做大的改动，因此，此篇记录当为宋代宫城的真实概貌，所以不失为一份珍贵的历史文献。

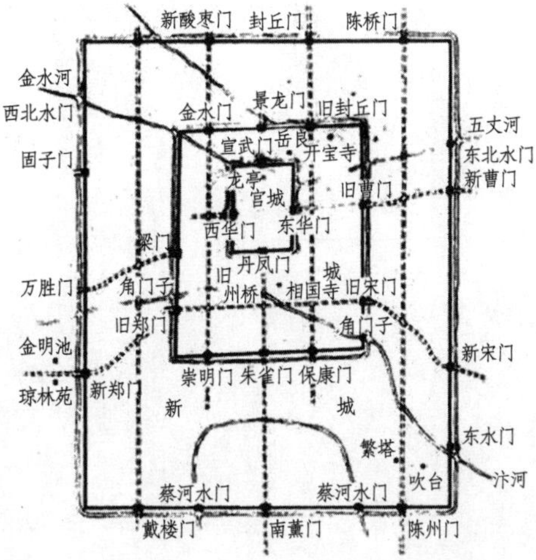

宋汴梁城平面图

汴梁宫殿局部图

宋宫城复原沙盘

记宋宫殿

陶宗仪

记宋宫殿

◎本文选自陶宗仪所著的《南村辍耕录》卷十八。

正文

廉访使杨文宪公奂字焕然，乾州奉天人，尝作《汴故宫记》云……。公又有《录汴梁宫人语》五言绝句一十九首。虽一时之所寄兴，亦不无有伤感之意。今并附于此。诗曰："一入深宫里，经今十五年。长因批帖子，呼到御床前。""岁岁逢元夜，金蛾闹簇巾。见人心自怯，终是女儿身。""殿前轮直罢，偷去赌金钗。怕见黄昏月，殷勤上玉阶。""翠翘珠掘背，小殿夜藏钩。蓦地羊车至，低头笑不休。""内府颁金帛，教酬贺节盘。两宫新有旨，先与问孤寒。""人间多枣栗，不到九重天。长被黄衫吏，花摊月赐钱。""仁圣生辰节，君王进玉卮。寿棚兼寿表，留待北还时。""边奏行台急，东华夜启封。内人催步辇，不候景阳钟。""画烛双双引，珠帘一一开。辇前齐下拜，欢饮辟寒杯。""圣躬香阁内，只道下朝迟。扶杖娇无力，红绡贴玉肌。""今日天颜喜，东朝内宴开。外边农事动，诏遣教坊回。""驾前双白鹤，日日候朝回。自送銮舆去，经今更不来。""陡觉文书静，相将立夕阳。伤心宁福位，无复夜熏香。""二后睢阳去，潜身泣到明。却回谁敢问，校似有心情。""为道围城久，妆奁斗犒军。入春浑断绝，饥苦不堪闻。""监国推梁邸，初头静不知。但疑墙外笑，人有看宫时。""别殿弓刀响，仓皇接郑王。尚愁宫正怒，含泪强添妆。""一向传宣唤，谁知不复还。来时旧针线，记得在窗间。""北去迁沙漠，诚心畏从行。不如当日死，头白若为生。"

陈随应[1]《南度行宫[2]记》云：杭州治旧钱王宫也，绍兴因以为行宫。皇城九里，入和宁门。左，进奏院玉堂，右，中殿外库至北宫门，循廊左序[3]，巨珰幕次[4]，列如鱼贯，祥曦殿朵殿接修廊，为后殿，对以御酒库、御药院、慈元殿外库、内侍省、内东门司、大内都巡检司、御厨、天章等阁。廊回路转，众班排列，又转内藏库，对军器库。又转便门，垂拱殿五间，十二架，修六丈，广八丈四尺。檐屋三间，修广各丈五。朵殿四，两廊各二十间，殿门三间。内龙墀折槛[5]，殿后拥舍七间，为延和殿。右便门通后殿。殿左一殿，随时易名。明堂郊祀曰端诚。策士唱名曰集英。宴对奉使曰崇德。武举及军班授官曰讲武。东宫在丽正门内，南宫门外，本宫会议所之侧。入门，垂杨夹道，间芙蓉，环朱栏。二里至外宫门节堂。后为财帛、生料二库，环以官属直舍[6]。转外窑子，入内宫门廊，右为赞导春坊直舍，左讲堂七楹，扁新益，外为讲官直舍。正殿向明。左圣堂，右祠堂，后凝华殿、瞻箓堂，环以竹。左寝室，右齐安，位内人直舍百二十楹。左彝斋，太子赐号也。接绣香堂便门，通绎已堂，重檐复屋，昔杨太后垂帘于此，曰慈明殿。前射圃，竟百步。环修廊，右转，雅楼十二间。左转数十步，雕阑花甃，万卉中出秋千。对阳春亭、清霁亭。前芙蓉，后木樨。玉质亭，梅绕之。由绎已堂过锦胭廊，百八十楹，直通御前廊外，即后苑。梅花千树，曰梅岗亭，曰冰花亭。枕小西湖曰水月境界，曰澄碧。牡丹曰伊洛传芳，芍药曰冠芳，山茶曰鹤，丹桂曰天阙清香，堂曰本支百世，佑圣祠曰庆和，泗洲曰慈济，钟吕曰得真，橘曰洞庭佳味，茅亭曰昭俭，木香曰架雪，竹曰赏静，松亭曰天陵偃盖。以日本国松木为翠寒堂，不施丹雘，白如象齿，环以古松。碧琳堂近之。一山崔嵬，作观堂，为上焚香祝天之所。吴知古掌焚修[7]。每三茅观钟鸣，观堂之钟应之，则驾兴。山背芙蓉阁，风帆沙鸟履舄下，山下一溪萦带，通小西湖，亭曰清涟。怪石夹列，献瑰逞秀，三山五湖，洞穴深杳，豁然平朗，翚飞翼拱。凌虚楼对瑞庆殿，损斋、缉熙、崇政殿之东，为钦先、孝思、复古、紫宸等殿。木围即福宁殿，射殿曰选德坤宁殿，贵妃、昭仪、婕妤等位宫人直舍蚁聚[8]焉。又东过阁子库、睿思殿、仪鸾、修内、八作、翰林诸司，是谓东华门。

右二记书法详赡，宋之宫阙，概可见矣。

⊙ 注释

⊙1 应为陈随隐，即陈世崇（1245—1309），字伯仁，号随隐，宋末元初诗人，临川（今属江西）人，居抚州崇仁，陈郁之子，并称“临川二陈”，理宗景定四年（1263年），充东宫讲堂掌书，兼两宫撰述；度宗咸淳元年（1265年），任皇城司检法；因其父有词讽贾似道专权误国，为贾似道忌，遂归乡。入元不仕，专心著述。元至大元年（1308年）十二月卒，年六十四。幼随父习诗文，思维敏异，作品清丽，为时人称道。著有《随隐漫录》12卷，多记同时人诗话，南宋故事言之尤详，皆为珍贵资料，收入《四库全书》。今传本仅5卷。今录诗九首。事见《四库提要辨证》卷十八《随隐漫录》引《临川陈氏族谱》附周端礼《故宫讲陈公随隐先生行状》。

⊙2 行宫，此处即指临安（今杭州），赵构在杭州建立南宋，名义上并未打算长久于此立国，因而名之“临安”“行在”，意在表明期望复归汴梁，故临安宫城被称为“行宫”。

⊙3 左序：左厢房，即东厢房。

⊙4 巨珰：有权势的宦官。幕次：临时搭起的帐篷。

⊙5 龙墀：指宫殿的赤色台阶或赤色地面，也指宫殿前的红色台阶及台阶上的空地，此处借指皇帝。折槛：折断门槛。典出《汉书》卷六十七《杨胡朱梅云列传·朱云》：汉槐里令朱云朝见成帝时，请赐剑以斩佞臣安昌侯张禹。成帝大怒，命将朱云拉下斩首。云攀殿槛，抗声不止，槛为之折。经大臣劝解，云始得免。后修槛时，成帝命保留折槛原貌，以表彰直谏之臣。后用为直言谏诤的典故。

⊙6 直舍：官员当班值守之处。

⊙7 焚修：焚香修行。

⊙8 蚁聚：如蚂蚁般聚集，比喻结集者之多。

□ 说明

文中不仅录入了汴梁宫人的感受，对南宋都城临安的宫城也予以详细记载，是为宝贵的宫城历史建筑史料。

据考证，南宋宫城位于临安（今浙江杭州）西南的凤凰山东麓，周长约9里，外缘轮廓大致呈正方形。宫城南面有丽正门、东便门，北有外门和宁门，东北有内门东华门。丽正门之内是外朝区，有文德、垂拱等正式朝会所用之殿。东便门后，是太子东宫及太后所居之地。福宁、复古、选德等内殿，以及后苑、隐岫等君主“闲游之所”，位于宫城之北，属内朝区。受制于整个临安城的格局，虽然南宋宫城在原则上仍坚持传统的“坐北朝南”理念，但实际上在其南门丽正门之外，除登闻鼓院和登闻检院外，没有其他官僚机构存在。以三省、枢密院为核心的官僚机构，全都处于宫城的北面。换言之，南宋宫城其实是不得已而采取了“坐南朝北”的非传统格局，是为南宋故宫最为显著的特点之一。

◎钱惟善（？—1369），字思复，自号心白道人、武夷山樵者，钱塘（今杭州）人。元至元元年（1335年），参加江浙省试，考题为『罗刹江赋』。当时应考者达3000多人，都不知罗刹江之出处，只有惟善引用枚乘的《七发》证明钱塘之曲江，即为罗刹江，大为主考官称赏，因而名声远扬，自号曲江居士。至正元年（1341年），以乡荐官至儒学副提举。张士诚占领江浙后，退隐吴江筒川，后又迁居华亭。明洪武初年卒，与杨维桢、陆居仁合葬于干山，人称『三高士墓』。惟善长于毛诗，兼工诗文。有《江月松风集》12卷传世。又兼长书法，作品有《幽人诗帖》《田家诗帖》等。事迹收录于《续弘简录》。

◎黄溍（1277—1357），元代著名史官、文学家、书法家、画家，元代『儒林四杰』之一。婺州义乌（今浙江义乌）人，字文晋，又字晋卿。仁宗延祐间进士，任台州宁海（今浙江宁海）县丞，累擢侍讲学士知制诰等职。生平好学，博览群黄溍书，议论精要，其文布置谨严，援据切洽，在朝中挺然自立，不附于权贵，时人称其为清风高节，如冰壶三尺，纤尘不污。黄溍一生勤奋好学，笔耕不辍，著作颇丰。据《元史》记载，有《日损斋稿》33卷、《义乌县志》7卷、《日损斋笔记》1卷。在《四库全书》中，有《黄文献集》10卷。今存《金华黄先生集》43卷、续集40卷等。

013

凤凰山故宋宫（四首）

◎本文选自《古今图书集成》『经济汇编考工典』·卷四十九·宫殿部。

◎作者生平：

◎赵孟頫（fǔ）（1254—1322），字子昂，号松雪道人，又号水精宫道人、鸥波，中年曾作孟俯。宋太祖赵匡胤的第十一世孙、秦王赵德芳的嫡派子孙。吴兴（今浙江湖州）人。元代著名画家，楷书四大家（欧阳询、颜真卿、柳公权、赵孟頫）之一。博学多才，能诗善文，懂经济，工书法，精绘艺，擅金石，通律吕，解鉴赏。特别是书法和绘画成就最高，开创了元代新画风，被称为『元人冠冕』。也善篆、隶、真、行、草书，尤以楷、行书著称于世。先后任集贤直学士、翰林侍读学士、济南路总管等职。

◎蓝涧，生平及事迹皆不详。

正文

赵孟頫

东南都会帝王州，三月莺花非旧游。故国金人泣辞汉，当年玉马去朝周。
湖山靡靡今犹在，江水悠悠只自流。千古兴亡尽如此，春风麦秀使人愁。

蓝　智

南渡山川王气销，西风松柏认前朝。紫宸无复千官宴，沧海空余半夜潮。
龙去蓬莱曾驻辇，凤归寥廓不闻箫。上方楼阁依稀在，暮雨疏钟送寂寥。

钱惟善

登临休赋黍离章，千里江流接大荒。剑锁血华空楚舞，镜埋香骨出秦妆。
薜萝山鬼啼萤苑，荆棘铜驼卧鹿场。寂寞万年枝上月，夜深犹照旧宫墙。

黄　溍

沧海桑田事渺茫，行逢遗老色荒凉。为言故国游麋鹿，谩指空山号凤凰。
春尽绿莎迷辇道，雨多苍荠上宫墙。遥知汴水东流畔，更有平芜与夕阳。

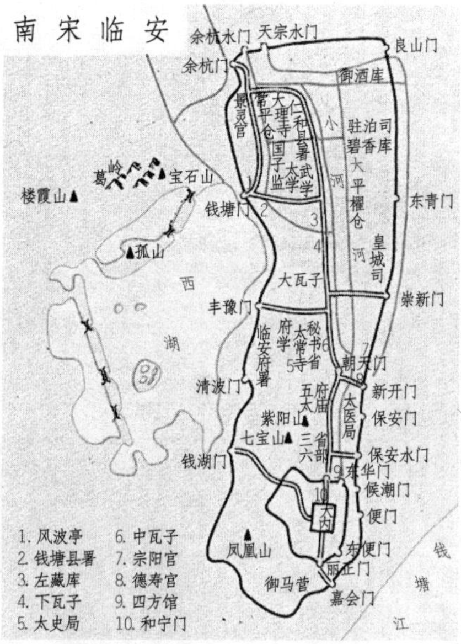

南宋都城临安平面图

□ 说明

凤凰山故宋宫即南宋都城临安的宫殿建筑，位于浙江省杭州市南部凤凰山，南宋高宗赵构于建炎三年（1129 年）始建，经几代皇帝的经营，皇城方圆九里，城中建成了大殿 30 座，堂 33 座，阁 26 座，斋 4 座，楼 7 座，台 6 座，亭 90 座，还在后宫挖了一个小西湖，“后苑梅花千树，曰梅冈亭、曰冰花亭。枕小西湖，曰水月境界、曰澄碧”。“怪石夹列，献瑰逞秀，三山五湖，洞穴深杳，豁然开朗，檐飞翼拱”。皇城在布局上开创了“南宫北市”的先河。亦即，皇宫在南，民居、市集在北——由朝天门（现在鼓楼位置）向南，包括太庙与三省六部在内的一系列中央机构，以御道（严官巷一带）为轴线，自北向南分布于吴山、紫阳山、凤凰山东麓的区域间；而朝天门以北，则主要是老百姓的居住地。把皇宫放在南部，为城市北部发展留出了足够空间。现仅存遗址。考古发掘证实，宫城遗址平面呈方形，总面积约 $10000m^2$，由大型夯土台基、石砌围墙、门址等组成。有 3 座城门，城内有殿、堂、楼、阁约 130 余座，主要宫殿区现均被深埋在距离地表 3m 以下。南宋故宫遗址对于研究南宋政治、经济和文化，探讨中国古代都城制度的发展和变迁都具有十分重要的意义。

邺城

葛逻禄乃贤

◎本文选自元人葛逻禄乃贤所著的《河朔访古记》。

◎作者：葛逻禄乃贤（1309—?），字易之。色目人。其先世居金山之西（今阿尔泰山西巴尔喀什湖一带），元初来中原为官。葛逻禄乃贤先居住在南阳，后定居浙江鄞县，曾任浙东东湖书院山长，后被推荐为翰林，担任国史院编修官，擅长诗词，著有《金石集》《河朔访古记》等。

◎文中记述了邺城的历史沿革及作者考察时的面貌，并详细描述了相关文献关于铜雀、冰井、金虎三台的建筑情况以及古代制瓦的技术，史料价值极高。

正文

邺宫。元帝禅晋，晋常馆帝于此。光熙元年夏五月，马牧帅汲桑[1]叛，败魏郡太守冯嵩，遂陷邺城，烧宫，旬月烟焰不灭。曹魏之殿阁，盖于此时尽矣。至石勒，将营邺宫，以廷尉续咸、尚书令徐光切谏而止。后因霖雨，中山西北，暴水漂巨木百余万株，集于堂阳，勒大悦，谓公卿曰："诸君知此非为灾也，天意欲吾营邺宫耳。"于是，令都水使者张渐、少府任汪等监营，勒亲授规矩而建焉。

邺都南城。在镇东南三里半。[按：魏孝文天和十八年，自云中迁都洛阳，经邺宫，留数日，临引军发，悬饭一瓢于城门上而去。尚书崔光语人曰："挂饭者，悬飧也。后世元孙必兴于此矣。"]至孝武永熙三年，高欢逼帝西入关，乃立清河王亶之子善见于洛阳东北，改元天平，以十月丙子车驾北还于邺。十一月庚寅至邺，居北城，改相州为司州，牧以魏郡林虑、广平、阳丘、汲郡、黎阳、东濮、清河、广宗等为皇畿。于城东置临漳县，城西置邺县，城东北置成安县。临漳三百乡，邺县五百乡，成安二百五十乡。二年八月，发众七万八千营新宫。元象元年九月，发畿内十万人城邺，四十日罢。二年，帝徙御新宫，即南城也。又《邺中记》云："城东西六里，南北八里六十步。高欢以北城窄隘，故令仆射高隆之更筑此城，掘得神龟，大逾方丈，其堵堞之状，咸以龟象焉。"[按《北史·高隆之传》云："隆之领营构大将，以十万夫撤洛阳宫殿，运于邺，构营之制皆委隆之。增筑南城，周二十五里，以漳水近城，乃起长堤为防，又凿渠引漳水周流城郭，以造水碾硙。"云。]

铜爵、金凤、冰井三台，皆在临漳县邺镇东南二里，古邺都北城西北隅，因城为基。三台相距各六十步，中为铜爵台，南为金凤台，北为冰井台。此盖曹操于汉献帝时，为冀州牧所筑也。《邺中记》曰："建安十五年，铜雀台成，操将诸子登楼，使各为赋。陈思王植，援笔立就。金凤台，曹公初名金虎，至石氏改今名。冰井台，则凌室也。金虎、冰井，皆建安十八年建也。魏铜雀台，高一十丈，有屋一百二十间，周围弥覆其上。金虎台，有屋百三十间。冰井台，有冰室三，与凉殿皆以阁道相通。三台崇举，其高若山"云。后至赵石虎，三台更加崇饰，甚于魏初。于铜雀台上，起五层楼阁，去地三百七十尺，周围殿屋一百二十房，房中有女监、女伎。三台相面，各有正殿，上安御床，施蜀锦流苏斗帐，四角置金龙头，衔五色流苏。又安金钮屈戌屏风床，床上细直女三十人，床下立三十人，凡此众妓，皆宴日所设。又于铜爵台穿二井，作铁梁地道以通井，号曰"命子窟"。于井中多置财宝、饮食，以悦蕃客，曰"圣井"。又作铜爵楼，巅高一丈五尺，舒翼若飞。南则金凤台，有屋一百九间，置金凤于台巅，故名。北则冰井台，有屋一百四十间，上有冰室，室有数井，井深十五丈，藏冰及石墨。石墨可书，又热之难尽，又谓之石炭。又有窖粟及盐，以备不虞。今窖上，石铭尚存焉。三台皆砖甃，相去各六十步，上作阁道如浮桥，连以金屈戌，画以云气龙虎之势。施则三台相通，废则中央悬绝也。又按《北史》："齐文宣天保二年，发丁匠三十万人，营三台于邺，因其旧基而高博之。构木高三十七丈，两栋相距二十余尺，工匠危怯，皆系绳自防。文宣登栋脊疾走，了无怖畏。时复雅舞折旋中节，观者莫不寒心。又召死囚，以席为翅，从上飞下，不死免其罪戮。台成，改铜爵曰金凤，金虎曰圣井，冰井曰崇光"云。至后建德七年，三台遂废。及隋大业三年，韦孝宽讨尉迟迥，遂焚毁荡彻，了然空虚矣。十二月，余过邺镇，登三台，眺望见其残丘断陇，而问诸山僧野老，犹能于荒烟野草中，指故都西陵之遗迹，相与悲慨。且言："铜爵台，今周回止一百六十余步，高五丈，上建永宁寺。金凤台，周回一百四十余步，高三丈，上建洞霄道宫。冰井台，则北临漳水，周回止一百余步，高三丈，为漳水冲啮，一角已崩缺矣。"余闻世传邺城古瓦研，皆曰"铜爵台瓦"，砖研皆曰"冰井台砖"。盖得其名而未审其实。夫魏之宫阙，焚荡于汲桑之乱，及赵、燕、魏、齐代兴代毁，室屋尚且改易无常，况易坏之瓦砾，其存于今者亦几希矣。[按《邺中记》曰："北齐起邺南城，其瓦皆以胡桃油油之，油即祖□所作也。盖欲其光明映日，历风雨久而不生藓耳。有筒瓦者，其用在覆，故油其背。有版瓦者，其用在仰，故油其面。筒瓦之长可二尺，阔可一尺。版瓦长亦如之，但阔倍耳。"]今其真者皆当其油处必有细纹，俗谓之琴纹，有白花谓之锡花。相传当时以黄丹铅锡和泥，积岁久，故锡花乃见然，亦未言其信否也？古砖大方可四尺，其上有盘花鸟兽之纹，又有"千秋"及"万岁"之字。其纪年非天保即兴和，盖东魏、北齐之年号也。又有筒瓦者，其花纹年号与砖无异，盖当时或用以承檐溜，故其内圆外方，有若筒然，亦可制而为研。然则世传有古邺之研，多北齐之物耳。邺人有言曰："曹操铜爵台瓦，其体质细润，而其坚如石，用以为研，不费笔而发墨，此乃古所重者，而今绝无。"盖魏之去今千有余年，若其瓦砾皆磨灭为尘矣。且齐之砖瓦，至今亦五六百年，村民掊土求之，往往聚众数百人，而逾年不得一二全者，则邺人所谓铜爵冰井者，盖特取其名以炫。远方其不知者，从而信之。今邺人伪造弥众，惟尝识者，知其不如古耳。故荆国王文公有诗曰："吹尽西陵歌舞尘，当年屋瓦始称珍。甄陶往往成今手，尚记虚名动世人。"盖当时亦有此叹也。夫古之真瓦，不期于为研，今之伪瓦，止期于为研。其甄陶固精于古，然其质终燥，其用不久者，火力胜故也。虽和以黄丹铅锡，乌能作润哉？惟古之砖瓦，散没土中千余载，感霜露风雨之润，火力既尽，复受水气，此其所以含蓄润性，而滋水发墨也。

⊙ 注释

⊙1　汲桑，西晋清河贝丘（今山东茌平西）人，善于相马、养马。牧民首领，20余岁可以力扛百钧，其呼声数里还能听到，为人残忍少恩。

□ 说明

邺城是我国古代著名的都城之一，古邺城遗址主体在今河北省临漳县境内，位于县城西南20km的香菜营乡邺镇村、习文乡一带；遗址范围包括今河北临漳县西（邺北城、邺南城遗址等）、河南安阳市北郊（曹操高陵等）一带。

古代邺城始筑于春秋齐桓公时期。东汉末年，曹操击败袁绍，占据邺城，营建王都。曹丕代汉建魏后迁都洛阳，以洛阳为京师，同时将长安、谯、许昌、邺城、洛阳设为“五都”，足见邺城在当时的重要地位。继之，后赵、冉魏、前燕、东魏、北齐先后以邺城为都，居黄河流域政治、经济、军事、文化中心长达4个世纪之久。古邺城分为南北二城。邺北城为曹魏在旧城基础上扩建，东西七里，南北五里，北临漳水，城西北隅自北而南有冰井台、铜雀台、金虎台三台，即今河北临漳县西南香菜营乡邺镇、三台村以东邺城遗址。邺南城兴建于东魏初年，东西六里，南北八里六十步，较北城大。

邺城作为魏晋、南北朝的六朝古都，在我国城市建筑史上有辉煌地位，堪称中国城市建筑的典范。全城强调中轴安排，王宫、街道整齐对称，结构严谨，分区明显，这种布局方式承前启后，影响深远。特别是它对后来的长安、洛阳、北京城的兴建乃至日本的宫廷建筑，都有着很大的借鉴和参考价值。

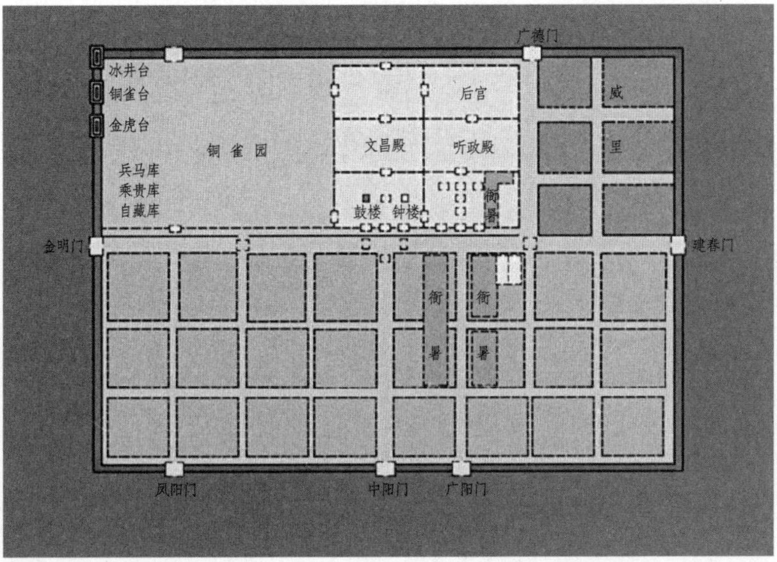

邺城遗址平面复原

今日铜雀三台胜景

祭祀建筑

015

坛壝

◎本文选自《新元史》卷八十二·志第四十九。

◎1279年，元世祖忽必烈建立了统一的元帝国，建都于北京，称大都。1289年7月，元成宗于大都丽正门外东南七里建立了祭坛，用于祭祀天地，即为郊坛。《中国营造学社汇刊》第1卷第2期有载。本文即对当时郊坛及其相关建筑的翔实记载。

正文

坛壝[1]：地在丽正门外丙位，凡三百八亩有奇。坛三成，每成高八尺一寸，上成纵横五丈，中成十丈，下成十五丈。四陛午贯地子午卯酉四位陛十有二级。外设二壝。内壝去坛二十五步，外壝去内壝五十四步。壝各四门，外垣南棂星门三，东西棂星门各一。圆坛周围上下俱护以甓，内外壝各高五尺，壝四面各有门三，俱涂以赤。至大三年冬至，以三成不足以容从祀版位，以青绳代一成。绳二百，各长二十五尺，以足四成之制。

燎坛在外壝内丙巳之位，高一丈二尺，四方各一丈，周圆亦护以甓，东西南三出陛，开上南出户，上方六尺，深可容柴。香殿三间，在外壝南门之外，少西，南向。馔幕殿五间，在外壝南门之外，少东，南向。省馔殿一间，在包壝东门之外，少北，南向。

外壝之东南为别院。内神厨五间，南向；祠祭局三间，北向；酒库三间，西向。献官斋房二十间，在神厨南垣之外，西向。外壝南门之外，为中神门五间，诸执事斋房六十间以翼之，皆北向。两翼端皆有垣，以抵东西周垣，各为门，以便出入。斋班厅五间，在献官斋房之前，西向。仪鸾局三间，法物库三间，都监库五间，在外垣内之西北隅，皆西向。雅乐库十间，在外垣西门之内，少南，东向。演乐堂七间，在外垣内之西南隅，东向。献官厨三间，在外垣内之东南隅，西向。涤养牺牲所，在外垣南门之外，少东，西向。内牺牲房三间，南向。

⊙ 注释

⊙1　坛壝：是坛和壝的合称，坛为祭祀时的高台，壝为祭坛四周的矮墙。

□ 说明

中国古代，“国之大事，在祀与戎”，故历来重视祭祀。其中郊祀重在祭祀天地。传统祭天地一般都在国都南、北二郊进行。但有的朝代将南北二祀合而为一，同时祭祀。元代即如此，开国之初也曾经立议南北祭祀，但未竟。忽必烈即位以后，祭天的同时也祭地。《明太祖实录》卷三十亦载：“成宗大德六年（1302年）建坛合祭天地五方，九年始立南郊，专祀昊天上帝，泰定中又合祭。”元大都丽正门的位置在今天安门南、东西长安街稍南，据此，元大都的南郊坛恰在今日天坛的位置。只是元代南郊坛壝仅占地308亩，远小于明清天坛的规模，说明明代天坛是在元大都南郊祭坛的基础上扩建而成的。

宗庙

宗廟

◎本文选自《新元史》卷八十四·志第五十一。

◎文中详细记载了元中统至至治年间太庙的建设过程及其规模。

正文

（世祖中统）四年三月癸卯，诏建太庙于燕京。

至元元年冬十月，奉安神主于太庙，初定太庙七室之制。皇祖、皇祖妣第一室，皇伯考、伯妣[1]第二室，皇考、皇妣第三室，皇伯考、伯妣第四室，皇伯考、伯妣第五室，皇兄、皇后第六室，皇兄、皇后第七室。凡室以西为上，以次而东。……冬十月，太庙成。

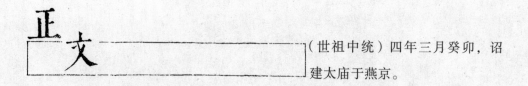

八年八月，太庙殿柱朽。

（十二年）七月，修太庙，将迁神主别殿，遣官告祭。

（十四年）八月乙丑，诏建太庙于大都。

十五年五月，太常卿还自上都，议庙制，据博士言，同堂异室非礼，以古今庙制画图贴说，令博士李天麟赍往上都，分议可否以闻：

一曰都宫别殿，七庙、九庙之制。《祭法》曰："天子立七庙，三昭三穆[2]与太祖之庙而七，诸侯、大夫、士降杀以两。"晋博士孙毓以谓外为都宫，内各有寝庙，别有门垣。太祖在北，左昭右穆，以次而南是也。前庙后寝者，以象人君之居，前有庙而后有寝也。庙以藏主，以四时祭；寝有衣冠几杖象生之具，以荐新物。天子太祖百世不迁，宗亦百世不迁，高祖以上，亲尽则递迁。昭常为昭，穆常为穆，同为都宫，则昭常在左，穆常在右，而外有以不失其序。一世自为一庙，则昭不见穆，穆不见昭，而内有以各全其尊，必祫[3]享而会于太祖之庙，然后序其尊卑之次。盖父子异宫，祖祢[4]异庙，所以成事亡如事存之义。然汉儒论七庙、九庙之数，其说有二。韦元成等以谓周之所以七庙者，以后稷始封，文王、武王受命而王，是以三庙不毁，与亲庙四而七也。如刘歆之说，则周自武王克商，以后夜为太祖，即增立高圉、亚圉二庙于公叔、太王、王季、文王二昭二穆之上，已为七庙矣。至懿王时，始立文世室于三穆之上，至孝王时，始立武世室于三昭之上，是为九庙矣。然先儒多是刘歆之说。

二曰同堂异室之制。后汉明帝遵俭自抑，遗诏无起寝庙，但藏其主于光武庙中更衣别室。其后章帝又复如之，后世遂不敢加。而公私之庙。皆用同堂异室之制。先儒朱熹以谓至使太祖之位，下同孙子，而更僻处于一隅，无以见为七庙之尊；群庙之神，则又上厌祖考，不得自为一庙之主。以人情论之，生居九重，穷极壮丽，而设祭一室，不过寻丈，甚或无地以容鼎俎，而阴损其数，子孙之心，于此宜亦有所不安矣。且命士以上，其父子妇姑，犹且异处，谨尊卑之序，不相亵渎。况天子贵为一人，富有四海，而祖宗神位数世同处一堂，有失人子事亡如事存之意矣。

十八年二月，博士李时衍等议："历代庙制，俱各不同。欲尊祖宗，当从都宫别殿之制；欲崇俭约，当从同堂异室之制。"三月十一日，尚书段那海及太常礼官奏曰："始议七庙，除正殿、寝殿、正门、东西门已建外，东西六庙不须更造，余依太常寺新图建之。"遂为前庙、后寝，庙分七室。

是时，东平人赵天麟献《太平金镜策》[5]，其议宗庙之制曰：

天子立七庙，在都城内之东南。太祖中位于北，三昭在东，三穆在西。庙皆南向，主皆东向。都宫用于外，以合之墙，宇建于内，以别之门。堂、室、寝一一分方庭砌堂，除区区异地，山节藻棁[6]，以示崇高，重檐列茅，以示严肃，斩砻其桷[7]，以示丽而不奢，覆之用茅，以示俭而有节，此庙之制度也。祖功宗德，百世不易。亲尽之庙，因亲而祔。祧[8]旧主于太祖之夹室，祔新主于南庙之室中。昭以取其向明，而自班乎昭，穆以取其深远，而常从其穆。穆祔而昭不动，昭祔而穆不迁。二世祧，则四世迁于二室，六世迁于四世，以八世祔昭之南庙。三世祧，则五世迁于三世，七世迁于五世，以九世祔穆之南庙。孙以子祔于祖，父孙可以为王，父尸由共昭穆之同，非有尊卑之辨。故祧主既藏祫则出，余则否，祔庙贵新。易其檐，改其涂，此庙之祧祔也。散斋七日，致斋三日，牲牷肥腯，旨酒嘉栗，粢盛丰洁，器皿具务，祠宜羔豚膳膏，芗禴宜腒鱐膳膏，臊尝宜犊麛膳膏，腥烝宜鱻羽膳膏。膻设守祧所掌之遗衣，陈奕世递传之宗器，王后及宾，礼成九献，辟公卿士，奔执豆笾，此庙之时祭也。太祖庙主寻常东面，移昭南穆北而合食，就已毁未毁而制礼，四时皆陈，未毁而祭之，五年兼已毁而祭之，此庙之祫祭也。三年大祭，祭祖之所自出，以始祖配之，此庙之禘祭也。

二十一年三月丁卯，太庙正殿成，奉安神主。

延祐七年六月，新作太祖幄殿。

至治元年正月乙酉，始命于太庙垣西北建大次殿。

（至治二年六月）壬申，敕以太庙前殿十有五间，东西二间为夹室，南向。秋七月辛卯，太庙落成。

庙制：至元十七年，新作于大都。前庙，后寝。正殿东西七间，南北五间，内分七室。殿陛二成三阶。中曰泰阶，西曰西（宾）阶，东曰阼阶[9]。寝殿东西五间，南北三间，环以宫城，四隅重屋，号角楼。正南、正东、正西宫门三，门各五间，皆号神门，殿下道，直东西神门曰横街，直南门曰通街，甓之。通街两旁井二，皆覆以亭。宫城外，缭以崇垣。馔幕殿七间，在宫城南门之东，南向。齐班厅五间，在宫城之东南，西向。省馔殿一间，在东城东门少北，南向。初献斋室，在宫城之东，东垣门内少北，西向。其南为亚终献、司徒、大礼使、助奠、七祀献官等斋室，皆西向。雅乐库在官城西南，东向。法物库、仪鸾库在宫城之东北，皆南向。都监局在其东少南，西向。东垣之内，环筑墙垣为别院。内神厨局五间，在北，南向。井在神厨之东北，有亭。酒库三间，在井亭南。西向。祠祭局三间，对神厨局，北向。院门西向。百官厨五间，在神厨院南，西向。宫城之南，复为门，与中神门相值，左右连屋六十余间，东掩齐班厨，西值雅乐库，为诸执事斋房。筑崇墉⊙10以环其后，东西南开棂星门三，门外驰道，抵齐化门之通衢。

至治元年，诏议增广庙制。三年，别建大殿一十五间于今庙前，用今庙为寝殿，中三间通为一室，余十间各为一室，东西两旁际墙各留一间，以为夹室。室皆东西横阔二丈。南北入深六间，每间二丈。宫城南展后，凿新井二于殿南，作亭。东南隅、西南隅角楼，南神门、东西神门，馔幕殿、省馔殿、献官百执事斋室，中南门，齐班厅、雅乐库、神厨、祠祭等局，皆南徙。建大次殿三间于宫城之西北，东西棂星门亦南徙。东西棂星门之内，卤簿房四所，通五十间。

⊙ 注释

⊙1　考妣（bǐ）：考指父亲，妣指母亲。

⊙2　依据古时宗法制度，宗庙营建也各有次序，始祖居中，二世、四世、六世位于始祖之左方，朝南，南向的一列正面朝阳而明亮，故称“昭”，昭有明义；三世、五世、七世，位于右方，朝北，北向的一列正面背光而冥昧，故称“穆”，穆有冥义。

⊙3　袷：古代吉礼的一种，即天子诸侯丧事毕，于太庙中合祭远近祖先神主，以示追远孝敬之意。夏殷之际，祭必占卜吉日，奉献牲牢贡品及助祭之物，并行合食之礼。后代多因之。

⊙4　祖祢（nǐ）：古代对已在宗庙中立牌位的亡父的称谓。

⊙5《太平金镜策》：元代赵天麟撰，共分8卷。赵天麟为东平（今属山东）人，博学多才，尤善文。元世祖至元末年曾上书建言为政事宜，前后累数万言，编为此书。该书所论范围十分广泛，包括田制、农桑、赋役、户计、义仓、冗官、服章、祭祀、军事等多个方面，为研究元代各种制度提供了重要参考资料。

⊙6　山节藻棁：古代天子的庙饰。山节，指雕刻成山形的斗栱；藻棁，棁音zhuō，是指画有藻文的梁上短柱。

⊙7　斩砻其桷：砍削打磨方形的椽子。桷（jué），方形的椽子。

⊙8　祧（tiāo）。指古代祭远祖的庙，后也指承继先代。亦有迁庙之意，指把隔了几代的祖宗的神主迁入远祖的庙里。

⊙9　中国古代建筑中，台基是重要的组成部分，登上台基需要借助台阶。台阶也有不同的功能：面南的建筑，西边的台阶称为“宾阶”，供客人或下人上下；东边的台阶称为“祚阶”，供主人或天子上下。

⊙10　墉：城墙。

说明

古代宗庙建设有严格要求，同时也有相应的变化，本文相关的论述为今人了解古人对宗庙建制的认识提供了丰富资料。

017

社稷　先农

社稷先农

◎本文节选自《新元史》卷八十六·志第五十三。

◎社、稷、先农均为国六神之一（风伯、雨师、灵星、先农、社、稷为国六神），所以社稷坛、先农坛也是历代统治者祭祀的主要场所。

正文

元之秩祀[1]。天子亲遣使致祭者三：曰社稷，曰先农，曰宣圣。有司常祀者五：曰社稷，曰宣圣，曰岳渎，曰风师、雨师，曰三皇；皆以社稷为首。至元七年十二月，有诏岁祀太社太稷。二十年，诏以春秋仲月上戊祭社稷。至延祐六年，始改用中戊。二十九年，建社稷坛。三十年七月，始用御史中丞崔彧言，于和义门少南，得地四十亩，为壝垣，近南为二坛，坛高五尺，方广五丈。社东稷西。相去约五丈。社坛土用青赤白黑四色，依方位筑之，中间实以常土。上以黄土覆之。筑必坚实，依方面以五色泥饰之。四面当中，各设一陛道。其广一丈，亦各依方色。稷坛一如社坛之制，坛南植松一株，惟土不用五色，其上四周纯用一色黄土。坛皆北向，立北墉于社坛之北，以砖为之，饰以黄泥。瘗坎[2]二于稷坛之北，少西，深足容物。

二坛周围壝垣，以砖为之，高五丈，广三十丈，四隅连饰。内壝垣棂星门四所。外垣棂星门二所，每所门三，列戟二十有四。外壝内北垣下屋七间，南望二坛，以备风雨，曰望祀堂。堂东屋五间，连厦三间，曰齐班厅。厅之南，西向屋八间，曰献官幕。又南，西向屋三间，曰院官斋所。又其南，屋十间，自北而南，曰祠祭局，曰仪鸾库，曰法物库。曰都监库，曰雅乐库。又其南，北向屋三间，曰百官厨。外垣南门西壝垣西南，北向屋三间，曰大乐署。其西，东向屋三间，曰乐工房。又其北，北向屋一间，曰馔幕殿。又北，南向屋三间，曰馔幕幂。又北稍东，南向门一间。院内南。南向屋三间，曰神厨。东向屋三间，曰酒库。近北少却，东向屋三间，曰牺牲房。井有亭。望祀堂后自西而东，南向屋九间，曰执事斋郎房。自北折而南，西向屋九间，曰监察执事房。此坛壝次舍之所也。

社主[3]用白石，长五尺，广二尺，剡其上如钟。于社坛近南，北向，埋其半于土中。稷不用主。后土氏配社，后稷氏配稷。神位版二，用栗，素质黑书。社树以松，于社稷二坛之南各一株。此作主树木之法也。

……

至郡县之社稷：至元十年八月甲辰朔，颁诸路立社稷坛壝仪式。……二十五年八月，浙东海右道廉访司监治官王博文献议曰："社稷起于上古，祀共工氏之子勾龙为社，厉山氏之子柱为稷。至商汤，因旱迁社，以周弃代之。成周之制，天子立五社，诸侯三社，皆以勾龙配社，周弃配稷。社坛在东，稷坛在西。天子用太牢，诸侯用少牢，皆黝色。币用黑，日用甲。王服絺冕，乐用太簇歌应钟舞咸池，用三献。后汉建武中，立大社稷。二月八日及腊日一岁三祠，皆用太牢。郡县置社稷。太守令长侍祠。魏立二社、一稷。梁以二十五家为社，春秋祠，水旱祷祈祠。隋开皇初，用戊日。至唐，社以勾龙配，稷以后土配。亡宋因唐旧制，社坛广五尺，高四尺。以五色土为之。稷坛在西，如社之制。社以石为主，形如钟，长五尺，方二尺，剡其上象天方，其下象地，埋其半于地。其坦饰以方色，屋用三门四十戟，其中植槐。元符二年，郡县坛社方二丈五尺，高三尺四，出陛主高二尺五寸，方一尺余，如旧制，一壝二十五步。绍兴式。社以后土勾龙氏配，稷以后稷氏配。先儒之说，谓社稷皆土祇，有生育之功，勾龙、周弃能平水土，故用为后土及田正之神。又曰社为土地之神，稷为五谷之神，故报而祭之。祭法当依汉、唐制，郡县各用羊一、豕一，先瘗血首，余以骨体荐。黑币二、樽二，笾、豆各八，芦、簋各一，俎八。每岁仲春、仲秋戊日黎明，郡县官各三献，以公服从事。"至元贞二年冬，太常寺始议准，置坛于城西南，二坛方广视太社、太稷杀其半。……

先农之祀，始自至元九年二月，命祭先农如祭社之仪。七年六月，立籍田大都东南郊。至是，始祭先农。十四年二月戊辰，祀先农东郊。十五年二月戊午，祀先农，以蒙古胄子代耕籍田。二十一年二月丁亥，又命翰林学士承旨撒里蛮祀先农于籍田。武宗至大三年夏四月，从大司农请，建农、蚕二坛。博士议：二坛之式与社稷同，纵广一十步，高五尺，四出陛，外壝相去二十五步，每方有棂星门。今先农、先蚕坛位在籍田内，若内外壝，恐妨千亩，其外壝勿筑。……

⊙ 注释

⊙1　秩祀：指的是依礼分等级举行之祭。《孔丛子·论书》：“孔子曰：‘高山五岳定其差，秩祀所视焉。’”

⊙2　瘗坎（yì kǎn）：亦作“瘗埳”。古代行祭地礼时用以埋牲、玉帛的坑穴。《新唐书·礼乐志二》：“瘗坎皆在内壝之外壬地，南出陛，方深足容物。此坛埳之制也。”《宋史·礼志七》：“社首坛……三壝四门，如方丘制。又为瘗埳于壬地外壝之内。”

⊙3　社主：社神依附的对象，是社神的标志，古人曾用多种实体充当社主，计有树木、木牌、石块、土堆以及活人等类型。

说明

元大都社稷坛位于和义门内偏南，和义门即于今西直门的位置。元大都社稷坛在今西直门内大街以南的地块中，且邻近大街，基址规模40亩。在以农为本的中国古代社会，祭祀先农的活动由来已久。相传周代即有籍田，天子、诸侯每年春耕前都要来此躬耕，后世帝王大多沿袭这一传统，并建农、蚕二坛祭祀先农与先蚕，向天下传达重农务本、劝课农桑之意。元大都籍田在今北京东便门与厂坡村之间，先农、先蚕二坛在籍田内，位置即在元大都城外东南。此外，元代不仅在都城有各种祭祀及场所，而且规定各府州县也建立社稷坛开展祭祀，从文中可以获得诸多相关信息。

天文建筑

圭表⊙1

◎本文选自《新元史》卷三十五・志第二。

◎《新元史》为清末民初的史学家柯劭忞（1850—1933）所著。由于明代所纂《元史》过于草率、错误百出，后代学者皆呼吁重修元史，柯劭忞即以《元史》为蓝本，斟酌损益，重加编撰，历三十年之功而成，1922年刊行，并被列入正史。《新元史》吸收了诸多中外的元史研究成果，不仅纠正了不少以往的错误，也增添了很多新内容，是研究元代历史的一部重要的、极具价值的参考用书。柯劭忞也因此被日本东京帝国大学授予名誉文学博士学位，成为中国近代史上唯一获此殊荣之国人，继而充任日本『东方文化事业总委员会』委员长。

正文

以石为之，长一百二十八尺⊙2，广四尺五寸，厚一尺四寸。座高二尺六寸。南北两端为池，圆径一尺五寸，深二寸。自表北一尺，与表梁中心上下相直。外一百二十尺，中心广四寸，两旁各一寸，画为尺寸分，以达北端。两旁相去一寸为水渠，深广各一寸，与南北两池相灌通以取平。表长五十尺，广二尺四寸，厚减广之半，植于圭之南端圭石座中，入地及座中一丈四尺，上高三十六尺。其端两旁为二龙，半身附表上擎横梁，自梁心至表颠四尺，下属圭面，共为四十尺。梁长六尺，径三寸，上为水渠以取平。两端及中腰各为横窍，径二分，横贯以铁，长五寸，系线合于中，悬锤取正，且防倾垫。

⊙ 注释

⊙1　圭表：我国古代度量日影长度的一种天文仪器，由“圭”和“表”两个部件组成。垂直立于平地上的标杆或石柱叫作表，用于测日影；紧连着表的脚部向北，沿正南正北方向平放的石制或铜制的长条形刻板叫作圭，用以测定表影长度，被称为“量天尺”。当太阳照着表时，圭上就会出现表的影子，根据影子的方向和长度，就可读出时间。圭表的主要功能是测定四季变化及节气。1279 年前后，元代杰出天文学家郭守敬在河南登封的告成镇设计并建造了一座测景台，即河南登封观星台，可谓中国现存最早的古代天文台，整个观星台就是一个放大了的测量日影的硕大圭表。

⊙2　古代的度量单位不同于今，元代的“尺”短于现代的“尺”，为郭守敬所创的“太史院表尺”，一太史院表尺相当于 24.576cm。

□ 说明

中国测日影的历史非常悠久，周公测影台就是不可磨灭的证据。到了元代，天文学家郭守敬对古代的圭表进行了大胆改革，新创出比传统“八尺之表”高出 5 倍的高表。从而使得原来的小型“天文仪器”被放大成了建筑类型的“天文台”。登封观星台的直壁和石圭正是郭守敬所创高表制度仅有的实物例证，也是当时 27 所“天文台”中仅存的一处。不同之处在于，观星台是以砖砌凹槽直壁代替了铜表，而其直壁高度和石圭长度等结构、数据均与实际要求相符，实为巨大的天文学成就，堪称中国古代最为珍贵的天文建筑遗产。

南京博物院藏古代铜圭表

北京明清时期的铜制圭表

河南登封告成镇元代观星台

测影台

葛逻禄乃贤

◎本文选自元人葛逻禄乃贤所著的《河朔访古记》。

◎文中主要记述了测影台的历史沿革以及郭守敬建立观星台、周公庙的情况。

正文

在登封县东南二十五里，天中乡告成镇，周公测影台石迹存焉。告成即古嵩州阳城之墟，是为天地之中[1]也。台高一丈二尺，周十六步，可容八席，《周礼》："大司徒以土圭之法，测土深，正日景，以求地中，建王国焉。日至之景尺有五寸，谓之地中。"唐开元十一年，诏太史监南宫说，以石立表。宋太中三年，汜水令李偃重建，增崇七尺。国朝至元十六年，太史令郭守敬奏设监候官十有四员，分道测景。十八年，奉敕于古台之北筑台，高二十六尺，中树仪表，上为四铜环，规制极精致。命有司营廨舍门庑，又于古台新台南，建周公之庙以祀之。其碑则河南宪史李用中撰文也。台西则天中观云。

⊙ 注释

⊙1　天地之中：是中国古人天圆地方、道在中央、天人合一、观象授时的宇宙观。并且古人认为，在天地之中立竿见影，就能测出大自然的变化规律，从而制定历法，指导农耕生产。在这一古老的宇宙观中，中国被认为是位居天地中央之国，而天地中心则在中原，中原的核心则在郑州登封。于是周公在此测影，郭守敬在此建立观星台。

说明

周公测影台在今登封市区东南 15km 的告成镇北周公祠前。相传 3000 多年前，周公在阳城用土圭测度日影，测得夏至这一天午时，八尺之表于周围景物均没有日影，便认为这是大地的中心，因此周朝谓之"中国"。周公测度日影处建有测影台。后原台不存。现存测影台建于唐开元十一年（723 年），当时著名的天文学家僧一行（张遂）为改革历法，曾以阳城为观测中心，进行天文测景。为纪念周公于此以土圭测影，遂刻石立表。台用青石制作，分台座和石柱两部分，高 9.46m。台座上大下小，呈梯形锥体，四边稍有偏斜，各边宽窄不等。石柱为表，台座为圭。下方为方形石座，北壁有明代所刻行书"道通天地有形外，石蕴阴阳无影中"。座上为直立长方形石表，上有帽，高 1.64m，正面刻行书"周公测影台"五个大字。

周公测影台在当地被称为"没影台"，其实是在夏至日当天，利用台基各斜面斜度的不同，使石表的影子刚好压在其北缘上，从而达到"无影"的效果。

唐立周公测影台

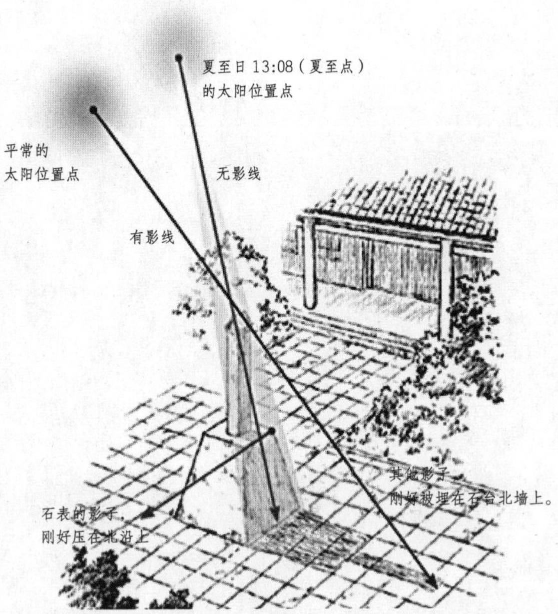
夏至日 13:08（夏至点）
的太阳位置点
平常的
太阳位置点
无影线
有影线
其他影子
刚好被埋在石台北墙上。
石表的影子，
刚好压在北沿上

“洛州无影”示意图（王邦维）

城池设施

警巡院廨署记[1][2]

元好问

◎本文选自《元遗山集》卷三十三。

警巡院廨署记

正文

汴京官府寺舍，百年以来无复其旧。其驾南渡，百司之治往往以民居为之。如两警院之繁剧[3]紧要者，亦无定所焉。夏津宋侯之领右院也，以为吾之职有前世长安、洛阳令之重，其权则又右内史之所分，乃今侨寓于编户细民之间；余也不敏，就得以倥偬[4]为辞，后之君子奚赖焉？陛级之不崇，何以示民？寝处之不饰，何以待贤？贵贱无章，上下混淆，则又非所以谨官常[5]而侈上命也。乃以故事请于县官。久之，得故教授位于乐善坊之东。教官废久，屋为民居，罅漏邪倾，风雨弗庇。侯以暇时易而新之。治有厅事，寝有堂奥，厨库井厩，以次成列。外周以垣，内键以门，不私困，不公滞。盖百日而后成，即以其事属余记之。窃尝谓：治人者食于人，劳其心者逸其身。于此有人焉！朝夕从事，使斯民也皆得其所欲安；民安矣，至于吾身之所以安，则谓之私而不敢为，夫岂人情也哉？履屐之闲可以用极，鼓钟之末可以观政。若曰："此犹传舍耳，不足用心于其间。"君子以为不智可也！故予乐为书之。侯名九嘉，字飞卿，擢进士甲科。文采风流，照映一时。历高陵、三水、蓝田、扶风四县令，皆有能声[6]云。正大二年五月□日，儒林郎权国史院编修官元某记。

⊙ 注释

⊙1　警巡院：古代官署名，始于辽代在五京所置的警巡院，官员有使及副使。金沿置，故本文即指金代在汴梁城所设此类机构，主要执掌京城治安，平理狱讼，类似今天的公安司法机构。元置大都左、右警巡院及上都警巡院，各置达鲁花赤、使及副使、判官等官。

⊙2　廨署（xiè shǔ），即官署。

⊙3　繁剧：事务繁重之极。

⊙4　倥偬（kǒng zǒng）：形容事情纷繁急促，匆忙。

⊙5　官常：官规。

⊙6　能声：能干的声誉。

□ 说明

文中记述了金代在汴梁城内建设警巡院这一官署机构的过程及其发挥的作用。

顺天府营建记

元好问

◎本文选自《元遗山集》卷三十三。

◎文中记述了张柔营建保定城的经过。综合本篇文献和其他文献可知，张柔对保定的贡献主要在于：其一，保定城在历次战火中早已破败不堪，张柔修建了高大城墙，以为全城『完保屏障』。其二，将满城以东的两条泉水——鸡距泉和一亩泉引入西城，再绕经东城分为两支，后『双流交贯，由北门水而出』，并网罗了众多江南艺人修造了四座园林（可惜在其后的60多年，保定发生了一次大地震，导致其中三林具毁，仅有一座因池水较深没有完全毁坏，后经过明清几代数次修建，始有今日之规模，这就是现今的古莲池）。同时还建起了官、私所用所居的各种建筑，以及坊、桥、佛宇、道观、神祠等，为今天遗留了众多历史古迹。

正文

清苑[1]置于隋开皇末，历唐、五代，为鄚酬[2]属县。宋境与辽接，故改为保塞，重兵所宿，常倍高阳诸戍。金朝既都燕，升县为州，州仍以保名，县则复清苑之号，且置顺天，节度一军[3]。太行诸山，东走辽、碣[4]，盘礴偃蹇[5]，挟大川以入于海；而州居襟抱之下，壁垒崇峻，民物繁伙[6]，辇毂[7]而南，最为雄镇。贞祐初，中夏受兵，遂例有覆隍[8]之变。今万户张侯德刚[9]之起定兴也，初保西山之东流埚隶经略苗公；累功至永定军节度使、权元帅右都监。及苗公为其副贾瑀所害，侯慷慨愤发，期必报瑀。会麾下何伯祥献苗公符节，即推侯为长。事闻，兴定戊寅五月以侯留守中都、行元帅府事。国兵由紫荆而下，侯率所部陈于狼牙岭，马跌，为所执。大帅以侯肮脏无所屈，义而释之，且复旧职。侯招降旁郡，威信并著，遂下雄、易、安、保诸州，留戍满城。西山豪杰，皆授印号为部曲，兵势大振。满城隘狭，有不能容者；岁丁亥，乃移军顺天，以遏信安行剽之党。时顺天为芜城者十五年矣。侯起堂，使宅之故基，将留居之，随为水军所焚。侯曰："盗所以来，揣我无固志耳。堂复成，吾且不归矣！"于是立前锋、左、右、中翼四营，以安战士；置行幕荒秽中，披荆棘、拾瓦砾，力以营建为事。适衣冠北渡，得大名毛居节正卿，知其材干强敏，足任倚办，署为幕府计议官、兼领众役。侯心计手授，俱有成算。正卿悦于见知，劳不言倦。底蕴既展，百废具兴。承平时州民以井泉碱卤、不可饮食为病。满城之东有南北泉，南曰"鸡距"，以形似言；北曰"一亩"，以轮广言。宋十八塘泺发源于此。二泉合流由城外濠出，为减水口。侯顾而叹曰："水限吾州跬步间耳！奇货可居，乃弃之空虚无用之地。吾能指使之，则井泉有甘冽之变，沟浍流恶、又余波之所及也。"乃度地之势，作为新渠；凿西城以入水，水循市东行，由古清苑几百举武而北，别为东流；垂及东城，又折而西，双流交贯，由北水门而出。水之占城中者什之四。渊绵舒徐，青绿弥望，为柳塘、为西溪、为南湖、为北潭、为云锦。当夏秋之交，荷芰如绣，水禽容与，飞鸣下上，若与游人共乐而不能去。舟行其中，投网可以得鱼。风雨鞍马间，令人渺焉有吴儿洲渚之想。由是营守备。以甲乙次第之，则为北衙、为南宅。宅侯所居，工材皆不资于官，役夫则以南征生口为之；至别第悉然。为南楼，因保塞故堞而为之，位置高敞，可以尽一州之胜。西望郎山，如见吴岳于汧水之上；青壁千仞，颜行而前，肩骈指比，历历可数，浓淡覆露，变态百出；信为燕、赵之奇观也。为驿舍、为将佐诸第、为经历司、为仓库、为刍草场、为商税务、为祗供所、为药局、为传舍暖室、为马院。市陌纡曲者，侯所甚恶，必裁正之。为坊十，增于著者七：曰鸡泉、吴泽、懋迁、归厚、循理、迁善、由义、富民、归义、兴文。为桥十，而起楼者四：西曰来青，北曰浮空，南曰薰风，东曰分潮。为水门二：西曰通津，北曰朝宗。为谯楼四：北曰拱极，南曰螽吾，西曰常山，东曰碣石。为庙学一，增筑堂庑，三倍其初。为佛宇十五：曰栖隐、鸿福、天宁、兴国、志法、洪济、报恩、普济、大云、崇岩、天王、兴福、清安、净土、永宁。大悲阁一。由栖隐而下，创者四而十一复其旧。规制宏丽，初若不经毁者。独大悲出侯新意，尤为殊胜，金碧烂然，高出空际；唯燕中仁王佛坛成于国力，可等而上之耳。为道院十一：曰神霄、天庆、清宁、洞元、玄武、全真、朝元、玄真、清为、朝真、得一。创者九而复其旧者二。为神祠四：曰三皇、岱宗、武安、城隍。为酒馆二：曰浮香、金台。亭榭皆水中，为乐棚二。为园囿者四：西曰种香、北曰芳润，南曰雪香，东曰寿春。城内外为水碓者四。水既出朝宗门，又将引蒲水为稻田于西南，波乃合九龙之末流。患其浅漫而不能载舟也，为之十里一起闸，以便往来。每闸所在，亦皆有灌溉之利焉。城居既有定属，即听民筑屋四关，以复州制。近而四郊，周泊千里，完保聚、植桑枣；树艺之事，人有定数，岁有成课，属吏实任其责。揽辔问涂，骎骎[10]乎齐、魏之富矣。庚戌秋七月，予过顺天。左副元帅贾辅良佐授侯经度之事，请记之于石，曰："始吾城无寸甓尺楹之旧，而吾侯决意立之。民则新造而未集，寇则暂溃而复合。以战以守，日不暇给。自常情度之，不牵于道旁筑舍之惑，则必安于聚庐托处之陋矣。侯仁以继绝，义以立懦，信以一异，智以乘时[11]，技合力并，故能事之颖脱如此。夫立城市，营居室，前人食政见于经、于史、于歌咏、于金石者多；今属笔于子，其有意乎?"予因为言："自予来河朔，雅闻侯名，人谓其文武志胆，可为当代侯伯之冠。起行阵间不十五年，取万户侯、金虎符如探囊中物。统城三十，制诏以州为府，别自为一道，并控关陕、汴洛、淮泗之重。将佐乔惟忠孝先而下，赐金银符者十数人。光大震耀，当世莫及。夫佩金紫、秉节钺、书旗常、著钟鼎，古人之所重；奔驰角逐、筋疲力涸有不敢望者，侯则顾盼颦呻而得之！况乎土木之计，力有可成者，岂不游刃恢恢有余地哉？古有之，强可以作气，坚可以立志。唯强也，故能举天下之已废；唯坚也，故能成天下之至难。非侯何以当之？是可书也已。”虽然，端本者必以正其末；谨始者必以善其后。侯，人豪也，顾岂以城恒山、池滹沱、空大茂之林以为楹，尽枹阳之石以为础，然后为快欤？吾意其必以行水之智，移之于利物；作室之志，充之以立政。宽庸调以资恳辟，薄征敛以业单贫，黜功利以厚基本，尊文儒以变风俗，率轻典以致忠爱，崇俭素以养后福。盖公清净之化，寇君爱利之实，于是乎张本。予虽老矣，如获见其成，尚能为侯屡书之。

⊙ 注释

⊙1　清苑：即今天的河北保定清苑县，历史十分悠久。

⊙2　鄚酬：即莫州，今为鄚州镇，位于河北省任丘市北，自古为通往京城之交通要道，为名医扁鹊、三国大将张郃的故乡。

⊙3　因清苑县为赵匡胤祖籍所在之地，故宋建隆元年（960年），在清苑治所置保塞军，寓“保卫边塞”之意，辖清苑县。太平兴国六年（981年），改清苑县为保塞县，升保塞军为保州，筑城关，浚外壕，葺营舍，清苑城始具都市规模。景德年间，满城并入保塞县，徽宗政和三年（1113年）赐郡名曰清苑。金天会七年（1129年），于故城设顺天军，保州改为顺天节度使辖区，属河北东路。金大定十六年（1176年），改保塞郡为清苑县。大定二十八年（1188年），由清苑析置满城县，清苑仍属保州。

⊙4　碣：即碣石，古山名，位于河北省昌黎县西北。

⊙5　盘礴偃蹇：广大高耸之意。

⊙6　繁伙：繁多，甚多。

⊙7　辇毂：皇帝的车舆，这里指代京城。

⊙8　覆隍：城池遭到毁坏。

⊙9　张德刚：即张柔（1190—1268），字德刚，汉族，易州定兴（今河北保定定兴）人。金末在河北组织地方武装，金政府任为经略使。后降蒙古，在灭金中屡立战功，其部成为灭南宋的主要武装势力，是蒙古三大汉族武装势力之一，为元统一中国立下赫赫战功，历任荣禄大夫、河北东西路都元帅、昭毅大将军等。元世祖至元四年（1267年），晋封蔡国公。

⊙10　骎骎（qīn qīn），马跑得很快的样子，比喻事情进展得很快。

⊙11　乘时：乘机，趁势。

说明

金贞祐元年（1213年），蒙古军攻陷清苑城，焚城为废墟，保州州治移至满城县境。金贞祐二年（1214年），赐名清苑郡。蒙古太祖二十二年（1227年），降蒙金将张柔嫌满城地方狭小，遂移州治于清苑，令副帅贾辅、毛正卿重修城郭，画市井、建衙属、定民居、筑寺庙、造园林，修筑土城墙，疏浚护城河，引入一亩、鸡距二泉之水，以通舟楫，既起到防御作用又改善城中水质，并利用水能在城外建水力石磨，还招募流亡者营建城池。由此奠定了保定城的基础，使其成为燕南一大都会。本文即为对此的翔实记载。蒙古太宗十一年（1239年），改顺天军为顺天路，寓"顺应天命"之意，以清苑城为路治，辖清苑县。因保州是元代大都的南大门，至元十二年（1257年），改顺天路为保定路，治清苑，寓对大都"保卫安定"之意。自此，保定之名始见于史。可见，元代是保定城发展的一个关键时期，元好问为保定所撰写的《顺天府营建记》，成为记录中国古代城市营建过程特别是古城水系设计和利用的珍贵史料。

本篇文献可以使人们对当时保定城重建时的特点有充分认识：

其一，立足实际，全面规划。"画市井，定民居，置官衙"，"度地为势"，特别重视水资源的开发利用。城的西南部，因地势关系，邻水凸出，使城的形态呈靴子形。全城中心是北为衙，南为宅。东西大街贯通，南北大街错开一定距离，形成"丁"字街。从城外潦引一亩泉、鸡距泉二泉之水"作为新渠，从西水门流入"，循市东行，绕古莲花池而东，返回北折，由北水门而出，水域面积占城中十分之四。城内水塘较大的有五个，"为柳塘、为西溪、为南湖、为北潭、为云锦"。"当夏秋之交，荷菱如绣，水禽容与，飞鸣上下，若与游人共乐而不能去。舟行其中，投网可以得鱼。"既解决了原保州城"井泉咸卤，不可饮食"之病，又展现"渊绵舒徐，水禽容与"的一派江南风光。

其二，城市规模气魄宏伟，增强了城市功能。全城官、民居住坊里的规模，统一规划，分鸡泉、吴泽、懋迁、归厚、循理、迁善、由义、富民、归义、兴文十坊（"坊"是由街道分割成的一块块的居民区。到了民国初年，"坊"不过是街道行政区的名称）；城中水网密布，建桥十座，以通往来；还在桥上建有来青、浮空、薰风、分潮四楼，供人游憩；利用城中之水建四处园林：西称种香、北称芳园、南称雪香、东称寿春。恢复、新建十六座佛寺：日栖隐、鸿福、天宁、兴国、志法、洪济、报恩、普济、大云、崇岩、天王、兴福、清安、净土（西大寺）、永宁大悲阁。十一处道院：曰神宵、天庆、清宁、洞元、玄武、全真、朝元、玄真、清云、朝真、得一，新建九座，而复其旧者二。四座神祠：曰三皇（三皇庙）、岱宗（东岳庙）、武安（关帝庙）、城隍（城隍庙）。

其三，街巷形成在城建格局里，城市的发展促进了街巷的增加和变化。因为建城就要筑城墙，有了城墙就要开城门，有了城门，对着城门的就是街道，在主道的大街两侧，门向相同的大大小小的四合院、三合院的房屋连接形成一条条宽窄不同的胡同，供车马行人出入，并成了连接住所与主干道的脉络。正是这一条条胡同与小街填塞才组成了坊，一片片的坊则成了城内的居民区。不论是元代土城，还是明清时期的砖城，这种网格式格局数百年没有多大改变。

保定古莲池（即张柔所建雪香园）

大慈阁（原为张柔所建）

高邮城

揭傒斯

◎本文选自《古今图书集成》经济汇编考工典·第二十九卷·城池部。

◎作者：揭傒斯（1274—1344），元代诗文家，字曼硕，龙兴富州（今江西省丰城市）揭源人，是元代中期的重要儒臣、诗人，与虞集、柳贯、黄溍并称『元儒四家』；与虞集、范梈、杨载并称『元诗四家』。揭氏在书法上亦负盛名，是元代一名不可忽视的重要书法家。著有《文安集》14卷。传世墨迹有《临智永真草千文》《陆柬之文赋卷题跋》《题画诗》《苏轼乐地帖卷题跋》等。

正文

高邮城，城何长？城上种麦，城下种桑。

昔日铁不如⊙1，今为耕种场。

但愿千万年，尽四海外为封疆⊙2。

桑阴阴，麦茫茫，终古不用城与隍⊙3。

⊙ **注释**

⊙1　铁不如：即很牢固的意思。

⊙2　封疆：即疆界。

⊙3　隍：没有水的护城壕沟。

□ 说明

高邮城始建于宋开宝四年（971年）。绍兴初年，名将韩世忠在高邮抗金，又加以营缮。淳熙十二年（1185年）郡守范嗣蠡建城楼于四门之上，东为武宁门，楼曰撼海楼；南为望云门，楼曰藩江楼；西为建义门，楼曰通泗楼；北为制胜门，楼曰屏淮楼。至今南门城楼上的"望云门"石刻犹存。又开设南北两座水关，引运河水在城内小河里涓涓流淌。南宋开禧年间开挖了护城河，明代增添瞭望楼和牙形城堞。清乾隆九年（1774年）知州许松洁修城，更四门城楼名，东为挹春楼，南为朝阳楼，西为宁波楼，北为迎恩楼。道光二十三年（1843年），知州左辉春再次修城。据记载，高邮古城周长为十里三百一十六步，高二丈五尺，面阔一丈五尺，十分壮观。1958年，高邮古城墙大部分拆除，至今只留存东南角长约百米的一段。高邮城内的盂城驿历史悠久，始建于明洪武八年（1375年），位于高邮南门大街东，是中国邮驿"活化石"，是全国规模最大、保存最完好的古代驿站、明代遗留下来的一处驿传建筑。

高邮古城墙

盂城驿

023

高邮城晓望

萨都剌

高邮城晓望

◎本文选自《古今图书集成》经济汇编考工典·第二十九卷·城池部。

◎作者：萨都剌（约1272—1355），字天锡，号直斋，答失蛮氏（回族），其先世为西域人。出生于雁门（今山西省代县）。酷爱文学，善绘画，精书法，有『虎卧龙跳之才』之称，但因种种缘由未能步入仕途，于是长年奔波经商，尝尽人间辛苦。元大德十年（1306年），怅然弃商而归，投入文学创作。他宦游多年，足迹遍及长城内外、大江南北，不少作品富于生活实感，描写细腻，贴切入微。后人誉其为『有元一代词人之冠』。有诗780余首、词14首，文中常表述政见，揭露统治者的骄奢淫逸。代表作有《寒夜闻角》《伤思曲·哀燕将军》《鬻女谣》《征妇怨》等，画作有《严陵钓台图》《梅雀》，另有《雁门集》传世。

正文

城上高楼城下湖，城头画角⊙1晓呜呜。
望中烟火明还灭，天际星河淡欲无。
隔水人家暗杨柳，带霜凫⊙2雁起菰蒲⊙3。
短衣匹马非吾事，拟向烟波觅钓徒⊙4。

⊙ 注释

⊙1　画角：古代乐器名，相传创自黄帝，或曰传自羌族。形如竹筒，以竹木或皮革制成，外加彩绘，故称“画角”。一般在黎明和黄昏之时吹奏，相当于出操和休息的信号，声音哀厉高亢，古代军中常用来警报昏晓、振奋士气。《明会典·工部五·仪仗四》：“画角十二枝，木质，黑漆戗金，上宝相花，中单龙身云文，下八宝双马为饰。”至清代，画角发展成中段粗而两端细的形制，吹口另以木制，镶于角首。

⊙2　凫：水鸟名，俗称野鸭。

⊙3　菰蒲：菰、蒲都是生长在池沼浅水里的草本植物，前者俗称茭白，这里借指湖泽。

⊙4　钓徒：指隐居垂钓的人。

说明

高邮，在今江苏省，因地形如盆盂，又称盂城。元至正六年（1346年）秋，诗人到江南诸道行台任侍御史，路过高邮，拂晓登城瞭望，触景生情。诗中反映了国家烽烟四起，诗人虽有忧国之心却无能为力的急切而又悲凉的心情。

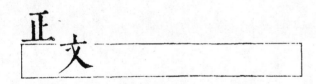

复隍谣

王恽

◎本文选自《古今图书集成》经济汇编考工典·第二十九卷·城池部。

◎作者：王恽，字仲谋，号秋涧，卫州路汲县（今河南省卫辉市）人。元代著名学者、诗人、政治家，一生仕宦，刚直不阿，清贫守职，好学善文。是元世祖忽必烈、裕宗皇太子真金和成宗皇帝铁木真三代的谏臣。大德五年（1304年）6月，王恽在汲县去世，终年78岁。代表作有《赞颂题名碑》《越调·平湖乐》《双调·沉醉东风》等。

◎诗中描述了元大都建好之后居民迁南城入住的情形。

正文

南城[1]嚣嚣足污秽，既建神都风土美。
燕人重迁朽厥载，睿思作新思有泚[2]。
一朝诏徙殊井疆，九陌香生通戚里。
炀城密迩不划去，适足囊奸养狐虺[3]。
城复池隍[4]莫叹嗟，一废一兴固常理。
今年戊子冬十月，天气未寒无雨雪。
禁军指顾旧筑空，郊遂坦夷无壅隔。
寂寞千门草棘荒，他年空有铜驼[5]说。
我诗虽小亦王风，庶配商盘歌帝哲[6]。

⊙ 注释

⊙ 1　南城：即金中都所在地。元建大都时，金中都并未废弃，因位于大都西南方，故称“南城”。
⊙ 2　泚（cǐ）：通“玼”。鲜明的样子。
⊙ 3　虺（huǐ）：古书上说的一种毒蛇。
⊙ 4　隍：即城墙，此处当指代大都新城。
⊙ 5　铜驼：即铜铸的骆驼，古时多置于宫门寝殿之前，借指京城、宫廷。
⊙ 6　这里意在将居民由南城迁往新建的元大都比喻为商王盘庚迁都殷。

说明

元至元十八年（1281 年）大都建成后，称原金中都城为南城，亦称旧城。在朝廷的命令下，南城居民陆续迁入大都新城，但也有一些人迟迟不愿离去。到戊子即至元二十五年（1268 年）初冬，官军采取强制行动，将南城居民悉数驱入新城。从此，大都城内变得闾阎充实。

金、元之际，蒙古军队三次攻打中都城，金朝宫殿已遭极大破坏，但遗迹仍存，如广乐园中的神龙位、翔鸾位，太液池中的十洲三岛、明月殿、清风殿、香霏亭，龙和宫中的桂窟殿、方壶位、方瀛位、琼田位、县圃位等皆有故基可寻。元大都竣工后，南城一度荒废，金故宫遗迹也日渐湮没。这一时期仍有许多文人学者游览，留下描述金代宫苑断壁残垣及野花茂草景象的诗句。本文中即有相关诗句加以描述。

悬瓠城歌 ⊙1

李材

◎本文选自《古今图书集成》经济汇编考工典·第二十九卷·城池部。

◎作者：李材，生卒年不详。元代诗人。字子构，京兆（今陕西省西安市）人。约元成宗大德初至元惠宗至元初（1297—1335年）在世。喜爱诗歌，善吟咏，文中多奇句，17岁时曾和赵孟頫同赋《海子上即事诗》（或言《都门春日》），赵为之惊叹，赞其诗作与唐人无异。元苏天爵编辑的《元文类》、元好问编辑的《中州集》、清顾嗣立编选的《元诗选》都有收录。著有《子构集》传世。

◎文中描述了悬瓠城历史上曾经发生的故事，说明该城在历史上地理位置的重要性。

正文

我经悬瓠城，试作悬瓠歌。残灰五百载，悬瓠不复峨[2]。有唐中叶失驭将，退辱进危多诋谤。淮西孽雏手指天，百万官兵不敢傍[3]。长安市上昼杀人，司隶走藏魂胆丧。晋公[4]一语破纷纭，意断心谋神莫抗。谏书不到双阙下，诏检[5]初成九天上。煌煌日月焕斧节[6]，惨惨风云动韃韔[7]。殿前虓虎[8]神策军，愬武通颜分玉帐。夜深雪花大于璧，悬瓠城头血埋仗。寒威方劲弓百钧，净影不摇旗十丈。已囚猰貐[9]山更沸，再戮鲸鲵海无浪。蔡人不识绯衣儿[10]，剑气磨天大丞相。方城大将拜道左，犀甲金戈光炫晃。凶嚚狡众[11]五十秋，白日青天破昏障。儿童不遣避介胄，妇女争来沽绿酿。入朝论功功有差，晋公之功无与让。英雄事往名器虚，栗斯嚅唲竟相向。外藩跋扈骄将侮，中禁深严嬖臣[12]诳。山东何啻百少阳，秦苑洛阳随板荡。我歌悬瓠辞，歌声颇悲壮。呜呼，唐之覆车将谁尤，后人吊古徒哀怆。悬瓠城下汝水流，悬瓠城边牧笛唱。悬瓠歌，歌已终。君不见丰碑野火化为土，怅望文公及晋公。

⊙ 注释

⊙1　悬瓠（hù），古城名，即今汝南县所在地。古时城北之汝水屈曲如垂瓠，故名。为东晋南北朝时兵争要地。南朝宋移上蔡县治此。隋唐为蔡州治所。唐宪宗元和十二年（817年），李愬雪夜进军，擒吴元济于此。后泛指擒敌之处。

⊙2　峨：巍峨，高耸。

⊙3　此句当指唐时淮西节度使李忠臣、李希烈、吴少诚、吴元济等人反叛朝廷的行为。

⊙4　晋公：此处指唐代中期杰出的政治家、文学家裴度，因功绩卓著，得封晋国公，故后世称其为“裴晋公”。

⊙5　诏检：即诏书。

⊙6　斧节：皇帝特遣的执法大臣所持之物。斧象征执法之权，节表示使者身份。

⊙7　韃韔：马背上的弓箭袋。

⊙8　虓虎：咆哮的老虎，用于形容将领作战勇猛。

⊙9　猰貐（yà yǔ）：又称窫窳，古代汉族神话传说中的一种吃人怪兽，像貙，虎爪，奔跑迅速。这里指叛军。

⊙10　绯衣儿：绯衣，红色的衣服，这里当指唐朝的军队。

⊙11　凶嚚（yín）狡众：形容凶顽狡诈之人，指叛军。

⊙12　嬖臣：受宠幸的近臣。

汝南城北门

□ 说明

悬瓠城（今河南省汝南县）是一座古城，在古代有重要的地位。郦道元《水经注》曾载：“汝水东迳悬瓠城北，形若垂瓠，故取其名。”自东晋以来，悬瓠一直是州、郡、府、县治所在地。这里地处古豫州之中，既能北进汴洛，又可南下荆楚，历来是兵家必争之地。

自765年起，先后有李忠臣、李希烈、吴元济等在此叛乱。为解除这一心腹之患，经过几年准备，唐宪宗以裴度为主帅，以节度使李愬为先锋，讨伐吴元济。当时李愬率精兵一万，从遂平文城出发，四更时，到达悬瓠城下，守城叛军却全然不知，李愬率军直攻内城，活捉吴元济。割据多年的蔡州终归于唐。“李愬雪夜入蔡州”成为中国军事史上的经典战例。南宋后期，宋蒙联军在此与金作战。1233年，金朝最后一个皇帝哀宗退到蔡州，端平元年（1234年）正月初八，宋军攻破南门，金哀宗自缢幽兰轩，金朝灭亡。

悬瓠城的历史沿革如下：西汉高帝二年（205年）始建汝南郡，汝南古城在当时是临近郡治的一个大集镇和水陆码头。东晋时，迁上蔡县治于此，称悬瓠城。北魏延兴二年（472年），改悬瓠城为豫州，置汝南郡。隋大业初年（605年）改汝南郡为蔡州。元至元三十年（1293年）改蔡州为汝宁府，成为河南行省八府之一。清代仍为汝宁府，1913年废府，改为汝南县。

长城

周权

◎本文选自周权的《此山集》。

◎文中描述了长城的气势及建设的艰辛，也借此揭示了秦亡的教训。

正文

长城峨峨起洮水，盘踞蜿蜒九千里。朔云浩浩天茫茫，悲笳落日腥风起。犹传鬼神风雨夕，知是当时苦苛役。征人白骨掩寒沙，化作年年春草碧。祖龙[⊙1]为谋真过计，自成限域非天意。力穷城杵怨声沈，祸起萧墙险难恃。岂知一朝貔虎来关东，咸阳宫殿三月红[⊙2]。

⊙ 注释

⊙1　祖龙：特指秦始皇嬴政。

⊙2　此处当指项羽率兵攻入咸阳，火烧秦宫殿之事。

南浦驿记

虞集

◎本文选自《古今图书集成》经济汇编考工典第七十卷·馆驿部。

◎虞集（1272—1348），元代著名学者、诗人。字伯生，号道园，人称邵庵先生。少受家学，尝从吴澄游。成宗大德初，以荐授大都路儒学教授，李国子助教、博士。仁宗时，迁集贤修撰，除翰林待制。文宗即位，累除奎章阁侍书学士。领修《经世大典》，著有《道园学古录》《道园遗稿》。虞集素负文名，与揭傒斯、柳贯、黄溍并称『元儒四家』；诗与揭傒斯、范梈、杨载齐名，人称『元诗四家』。

◎文中详述了南浦驿站建设的必要性、建设过程、驿馆的建筑规模及其发挥的作用等。

正文

我国家建元立国，统一海宇，著驰驿之令，以会通天下之路，以周知天下之务，视目力所及，道里之远近，纵横经纬，联络旁午，皆置馆舍，以待往来，水行者有舟楫，以济不通，置驿亦如之，无间内外者久矣。

乃至正乙酉之三月，龙兴路始作水驿之馆者，何也？江西制行中书省六十余年，勋旧德业相继于位，凡所统属皆有府署，以奉行其政令，日新月盛，无所阙遗，惟水驿未有馆舍，公卿大夫之来，与凡使于岭海及四方之士，弥楫城隅[1]，次舍不具，无以称大藩客主人之礼焉。所统郡北控江湖，南极岭海，属吏受事，上计[2]、贡赋、货币、征商之输，各率其职。而至者登载于岸[3]，无所盖藏[4]，杂市逆旅[5]，无公私之便，执事者久病。龙兴缘江而为城，上流浅隘，下流有风涛之虞，受江右诸源之水，而衍迤[6]宽广，安而有容，惟桥步门之外为然，昔人所谓“舸舰迷津，富商大贾之会”也。濒江之地本隶南昌，水驿之设当在于是。至元大德间，置财赋提举司，理东朝外帑之出纳，不及于政也。闾阎[7]阛阓[8]，列肆成市，居货充斥，有司莫得而问焉。

去年甲申之秋，不戒于火，千室就烬，有司按籍行地，得前代南浦亭之故基，于其扰杂淫乐之区，盖昔者迎候燕饯[9]之处也。乃请于行省，白诸宪府[10]，即其地以为水驿之馆，上下合辞以为宜，即以是月，郡府率南昌之属而受役焉。于是，儒林郎靳君仁为省检校，官清而体严，风裁[11]著于宾佐，行省属以亲莅之，度其地之势，东座西向，得纵者百四十又四尺，而横仅半其纵之数，作堂其中，九架[12]者三间，其前轩崇广如堂，而杀其架之四，堂左右有翼，如堂之深，左右廊五架者八间，皆有重屋大门；七架者五间，庖厩、井厕、与凡墙壁、户牖[13]甓砌之属悉备，前为郡门，七架者一间。表之曰“南浦之驿”，而名其堂曰“明远之堂”。于是使舟至此，近舣[14]官道之侧，至馆如归，所谓送往迎来，无愧于郡府者矣。木石工佣之费，为中统钞者[15]一万九千四百五十缗[16]有奇，皆取诸官帑[17]，无与于民也，是以坚致端重，而可久也。

馆成之日，靳君首疏其始末，以郡牍授集，使记，从容中度，粲然有文，无待于集之执笔也。然尝忝[18]记载之职，今邈然草野，固在封域之中，其敢以寡陋辞乎！

夫公府之有所营建，常因其不可不为者而后为之，不先时而强作，不后时而失宜，制度有节而有成，无伤财伤民之实，此君子之行事，所以可书也。馆之始作，荣禄大夫蛮子公为平章政事，参政、通奉大夫董公守恕。其成也，荣禄大夫完者不花公为平章政事，参政则资德大夫蚤只尔公也，省郎中，奉直大夫不答失里、朝列大夫崔从矩。员外郎，奉直大夫也先伯、朝列大夫王艮。都事，承务郎僚都剌。其掾史[19]，则吴礼也。

⊙ 注释

⊙1　弥楫城隅：众多的舟船停泊在城角。

⊙2　上计：《吕氏春秋通诠·知度》载："上计，战国、秦、汉时地方官于年终将境内户口、赋税、盗贼、狱讼等项编造计簿，遣吏逐级上报，奏呈朝廷，借资考绩，称为上计。"可知，所谓上计，即由地方行政长官定期向上级呈上计文书，报告地方治理状况。县令长将该县户口、垦田、钱谷、刑狱状况等，编制为计簿（亦名"集簿"），呈送郡国；郡守国相再据此编制郡的计簿，上报朝廷。朝廷据此评定地方行政长官的政绩。

⊙3　是指人上岸，货物到站。

⊙4　盖藏：储藏之意。

⊙5　逆旅：旅店，客舍。

⊙6　衍迤：繁衍延续。此处应指河道宽阔、绵长。

⊙7　闾阎：指古代里巷内外的门。后多指街道里巷。

⊙8　阛阓：借指店铺。

⊙9　燕饯：设宴招待或送行。"燕"同"宴"。

⊙10　此处当指向御史台请示。

⊙11　风裁：刚直不阿的品格。

⊙12　架：指梁架。两檩之间为一架。

⊙13　牖：古院落由外而内的次序是门、庭、堂、室。进了门是庭，庭后是堂，堂后是室。室门叫"户"，室和堂之间有窗子叫"牖"，室的北面还有一个窗子叫"向"。上古的"窗"专指开在屋顶上的天窗，开在墙壁上的窗叫"牖"。

⊙14　舣：停船靠岸。

⊙15　中统钞：元中统年间（1260—1264年）印制发行的纸质钞票，有交钞、元宝钞两种。

⊙16　缗：古代穿铜钱用的绳子或者钓鱼绳。

⊙17　帑：古时收藏钱财的府库。

⊙18　忝（tiǎn）：辱，有愧于，常用作谦辞。

⊙19　掾史（yuàn shǐ）：官名，掾与史的合称，掾为长而史次之。

□ 说明

驿站是中国古代供传递官府文书和军事情报的人或来往官员途中食宿休息、换马的场所。中国是世界上最早建立组织传递信息的国家之一，邮驿历史虽长达3000多年，但留存的遗址、文物并不多。

元代的驿站制度，在窝阔台汗时代就具备了雏形。蒙古随着疆土的扩大，特别是征服了欧亚广大地区之后，日益发现这个制度对巩固统一有重要作用。元世祖定都大都后，驿站制度就以更大的规模上发展起来，以大都为中心修筑了四通八达的驿道，在全国交通线上设置了众多的驿站和站赤（蒙语音译，意为管理驿站的人），以便“通达边情，布宣号令”。当时，蒙古地区的驿站，专设通政院管辖；中原地区的驿站，则归兵部掌管。驿站分陆站和水站。陆站用马、牛、驴或车，辽东有些地方运输时用狗拉橇行于泥雪上，故又有狗站。水站则用船。据记载，全国共有驿站1400处，它们对提高元朝的行政效率发挥了重大作用，也对当时的波斯、俄罗斯、埃及和中亚、西亚诸国产生了深远影响。

本文所记的南浦驿即元代的水站之一。南浦驿位于今江西省南昌市滕王阁南面、广润门左边。古时河流纵横、水运发达，建立驿站十分必要，于是从唐代起，这里就建立了驿馆，元代正式建立驿站。“豫章十景”中的“南浦飞云”，就是以古代的“南浦驿”为核心形成的一大景观，成为豫章古城游览胜地之一，可见南浦一带古时是风景优美、水运便捷之地。

荆门谯楼记

刘应奎

荆門譙樓記

◎本文选自《全元文》（李修生主编，江苏古籍出版社，1999年）卷九九二。

◎作者：刘应奎，生平不详。

◎文中记述了达鲁花赤与官民复修荆门谯楼的经过。

正文

漏刻之作盖肇于轩辕，宣于夏商之代，《周礼》挈壶氏[1]掌其职。夫一昼一夜，有阴阳之消长，寒暑之推移，风雨之晦冥，非漏刻不足以为法，非钟鼓不足以为节，此谯楼之所当建也。荆门[2]居汉之南，江之北，翰林朱公于此讲《易》，文定胡公[3]于此论学。宋年，城池率为荆榛瓦砾，谯楼[4]实在州治之南，颓垣败壁，震风凌雨，于兹四十余年，举而中辍者固多，弃而弗治者亦不少，自非卓荦[5]人物，更尝事变，乌足以与此。达鲁花赤朵儿只承直来领是郡，慨念夫鼓楼为州郡耳目，铜漏[6]乃昼夜准则，倘置之不问，是使邦民聪听为聩[7]，而积疑成真，又何以宣布德音，张主政教哉？于是询及同寅[8]，率及富室，锐志一举。未期月而斯楼亟成，始自下累石，广七丈，深三丈，有五构架，而上重檐复栋计三间，高三丈有奇，总三百余椽[9]，窗棂户牖，丹漆涂雘[10]，无不具备。望之屹然而干云霄，登之豁然而吞山川。遂乃立模范、铸壶漏，黑金千余斤，一冶而就。更筹点板，靡不如法。命阴阳家者流以主其事，实千万年盛典也。盖尝思之，天下无难事，惟有志者竟成。宣差朵相，胸襟磊落，气节高爽，于政事知无不为；知州冯相，宽仁慈爱，沉静重厚；同知吴承务译融贯，资性特达；州判师公，从仕吾道纲领，文笔老练；幕宾周公，梗介倜傥；皆一时人材表表，成此不朽之功，岂偶然哉？大抵为政之道，莫先于天时。故《诗》之“东方未明，颠倒衣裳”，而序者其以为挈壶氏不能掌其职，由此观之，更漏分明，政事修说之说不谬矣。既落成，朵相扁其额曰“勤政”，以见用心之万一。若夫嗣而葺，推而行，相与于无穷，是有望于后之君子。因系之诗曰：

壮哉荆岑，贤侯用情，聿修厥典，谯楼遽成。栋梁屹立，绚斓丹碧，如翚斯飞，严严翼翼。更筹既平，晷刻分明，政于此徹，善心丛生。月明华屋，角声宣逐，三弄梅花，无穷耳目。延祐己未。

⊙ 注释

⊙1　挈壶氏：官名。《周礼》谓夏官司马所属有挈壶氏，设下士六人及史二人、徒十二人。有军事行动时，掌悬挂两壶、辔、畚四物。两壶，一为水壶，悬水壶以示水井位置；一为滴水计时的漏，命名击柝之人能按时更换。悬辔以示宿营之所。悬畚以示取粮之地。

⊙2　荆门：荆门位于今湖北省中部，江汉平原西北部。

⊙3　胡公：应指胡安国（1074—1138），又名胡迪，字康侯，号青山，谥号文定，学者称武夷先生，后世称胡文定公。建宁崇安（今福建省武夷山市）人，北宋学者。北宋哲宗绍圣四年（1097年）进士第三人。曾为太学博士、提举湖南学事，后迁居衡阳南岳。提倡修身为学，主张经世致用，重教化，讲名节，轻利禄，憎邪恶。

⊙4　谯楼：古代城门上建造的用以高望的瞭望楼。

⊙5　卓荦：特出。指才德超出常人，与众不同。

⊙6　铜漏：铜壶。古代一种计时器。

⊙7　聩：耳聋。

⊙8　同寅：同僚。

⊙9　椽：放在檩上架着屋顶的木条。

⊙10　雘：赤石脂（一种粉红色陶土）之类，古代用作颜料。

□ 说明

谯楼是古代城门上建造的用以瞭望的楼，即瞭望楼。古代筑城必建谯楼，这是汉代遗风。谯楼内悬有巨钟，昏晓撞击，使臣民闻之而生儆惕之心。天下晨昏钟声，皆为一百零八声，暗合一年气候节律（一年有十二月、二十四气、七十二候，三者相加为一百零八），但钟声的缓急、节奏每个地方有所不同。本文所记载的谯楼位于湖北省荆门市，宋代已建，后毁废；元延祐年间该郡的达鲁花赤与官民复修谯楼，不满一月就修成。地基广七丈，深三丈，谯楼有五构架，其上重檐复栋计三间，高三丈有余，有三百余椽，窗棂户牖皆备，加以彩饰。其后铸造铜漏等器物，并题匾额“勤政”。现此谯楼已不存。

029

谯楼记

王宗尧

◎本文节选自《全元文》（李修生主编，江苏古籍出版社，1999年）卷一一二一。

◎作者：王宗尧，怀宁（今安徽省怀宁县）人，至大皇庆间任太子宾客。生平不详。

◎本文记载了元代同安府（今安徽省安庆市）重建谯楼的规制以及作用。现存安庆市谯楼为明代所建，元代谯楼已不存。

正文

史记门上见谯楼曰“丽谯”[1]，谓华丽嶕峣[2]，为一城之壮观。后代因之，制壶漏更鼓于中，昼则悬木牌于阑，书时辰刻数以视之，夜则击铿鼓于中槛，持严更明点以警之，所以测日晷，定晨昏，耸[3]观听也。

同安府[4]治之前，砖台数级，辟门圭首[5]，门上重屋，经兵革而灰烬。丁未春三月，上蔡赵侯好德来守是郡，剪荆棘以葺台基，芟蒿莱而通衢路。时因卒乏[6]，黎庶仅数十余家。侯乃嘘枯[7]润朽，招流移来，负载结茅而蔽风雨者岁增多矣。

越明年冬，信孚人和，百废具举。仍议于通判哈散，经历王隆祖，鼎新斯府，西百里有山叠翠，秀木奇材，中梁栋之选。民悦供役，若子趋父事。

台之上，面阳建六楹，深四丈，广一十二步，崇十有四版余，颁篪之半，减崇五版，攘题突起，卑题七尺，重檐高卓，不两月而告成。弗炫彩色，敦尚朴素，既无侈于前人，亦无废于后观。邦之耆老来微予文。

夫更鼓所以警众也，置平地矮屋之下，低拥四壁，虽获萌石，以桐材鱼形相之，其韵亦不宏矣。当半空楼阁之中，高虚豁敞，虽无白鹤之来，似越之雷门，其响亦镗若矣。况壶漏乃所以准更鼓也。先注水于夜天池，饮渴乌于中，钓曲倚于池垠，引水而出，细若一丝，并注于日天池之银河，不滑不涩，不注于平壶，又其下人水海焉。海水渐添，金乌微升，擎筹而出，斯时也，清露初零，严霜欲结，天鸡首唱，启明已升。操挝者始迟而终骤，迟若春雷隐隐，骤若银洪倾泻，此昧爽之声，随气而转，阳而清，辟而开，于以警闾阎之晨典也。及其义鞭驰驭，骤入昧谷，长庚出见，列宿呈辉，司击者亦初缓而渐急，缓若鼍音逢迎，急如海门潮涌，此昏暮之音，随气而变，阴而浊，翕而收，于以示群生之夜息也。且晨兴夜息，人事之常，壶漏更鼓，天时之验。自辛卯兵起，骚动逃难奔走，依山倚险，结为寨棚，城邑丘墟，谯楼尽废，此天时、人事之一变也。

今泰运开而四海一，天下之贤而多才者应聘而出，山寨之骁勇过人者莫不臣服，其逃难所聚之众，散归田里，咸以耕获为生，城邑完实，谯楼重建，此天时人事之一复也。

噫！一楼之微，关乎气运者，故述其更鼓之次第，书以为记云。

⊙ 注释

⊙ 1　丽谯：华丽的高楼。
⊙ 2　嶕峣（jiāo yáo）：峻峭、高耸。
⊙ 3　耸：惊动之意。
⊙ 4　同安府：元代为安庆路，宋代称舒州同安郡。元至元十四年（1277 年）升安庆府，治怀宁县（今安徽省安庆市）。明代朱元璋辛丑年（1361 年）8 月改为宁江府，次年 4 月改为安庆府。谯楼，在当时知府署前，即今安庆军分区前门，经历代修葺，仍称谯楼。
⊙ 5　圭首：原谓碑首凹处供刻字的部分，此处是指门楣处凹进的地方。
⊙ 6　卒乏：人口稀少。
⊙ 7　嘘枯：比喻拯绝扶危。

□ 说明

现存的安庆谯楼初建于明洪武元年（1368 年），下为拱形门洞，上为双檐楼阁，气势雄伟。清乾隆二十五年（1760 年），原驻南京（江宁）的安徽布政司移至安庆，即以安庆府署为司署（俗称藩台衙门）并加以扩充。咸丰年间毁于兵燹，而谯楼独存。同治六年（1867 年），布政司吴坤修重修，题写“白日青天”四字刻石，嵌于楼外门洞之上。民国年间谯楼曾作为当时省财政厅所在地。随后谯楼又归迎江寺，在如今的谯楼上还有“阅经楼”的字样。现为安徽省、安庆市重点文物保护单位。

重修赣县记

郭建中

◎本文节选自《全元文》（李修生主编，江苏古籍出版社，1999年）卷一六一三。

◎作者：郭建中，至顺年间在世，余皆不详。

◎文中主要记述了古代赣县的历史沿革，尤其重点描述了县治建筑的变化及教化总管发起的重建活动。

正文

稽古赣县，自汉始隶豫章郡，吴隶庐陵。南部由晋迄陈，隶南康，隋唐隶虔州，宋初仍[⊙1]唐。绍兴癸酉，改虔为赣。皇朝奄有[⊙2]四海，建邦分职，县秩六品，为赣踞附庸。厥山崆峒，厥水章贡[⊙3]，厥户二万四千五百七十有奇，厥赋粮石六万一千三十有四，厥税合中统八万二千缗。地重而物富，邑之雄也。

县治昔在白家领，始兴岁无考。嘉定乙亥重建，具载姚瑶记。代革以后，陵谷日变，非复制锦之旧矣。于时上而分省，次而行院，文臣武将，各率其属。聚若云屯，去若星散，郡府且避席，何有于邑哉？呜呼！百里之治，民社所寄，兹犹不常宁。或分治公廨，或共寓民居，纷纭错杂，多历年所。大德己亥，时清俗美，改卜于古税务之基，东与旧治相接。徙明谺堂以为厅事，复因陋就简。曾几何时，檐楹之前倾后仆，栋宇之左支右撑，入者摧压，方且视如传舍，弗加修理，文移薄书狱讼，又寄他治。世运循环，无往不复。

至顺壬申秋，总管教化的来牧兹郡，下车之后，以附邑为先务，召官若吏曰："昔卜吉之地，旷而弗居，必反之，其永于兹邑。"乃捐金为之倡，令撤而新之。梓匠陶埴之工，无敢不善；畚筑垣墉之役，无敢不逮。内为正厅三间，北为堂，东为佐幕，为楼库列左右，吏舍十有二。街之中为门，又筑二室，以安神栖，浚双井，以便民汲。外为重门，以严出入。规模轩豁，视昔有光。竹木瓦石匠夫之费，通计中楮九千四百七十缗有奇。工既毕，县尹宗荣祖请记之。

余惟古者，诸侯卿大夫士，其宫室以命数为之等，示有尊也。今之县，虽僚佐皆受命于朝，其势故不得居卑陋，如闾阎编氓。然世以土木为难事者，或惮而不为，则坏而不可支。今也工多而民不劳，费广而民不扰，居处之崇，燕息之安，不出于下之奉乎上，乃出于上之爱乎下，岂大道为公之意乎！虽然，贤太守视邑如子，先有以庇之；邑之长贰，其能视民如子，大有以庇之乎？

⊙ 注释

⊙1　仍：因袭，沿袭。

⊙2　奄有：全部占有，多用于疆土。

⊙3　章贡：章水和贡水的并称，泛指赣江及其流域。

过街塔铭

欧阳玄

◎本文选自元人熊梦祥所著《析津志辑佚》。

◎文中主要记述北京过街塔建造的经过以及该塔的形制、功用。

正文

关[1]旧无塔，玄都百里，南则都城，北则过上京，止此一道，昔金人以此为界。自我朝始，于南北作二大红门，今上以至正二年，始命大丞相阿鲁图、左丞相别儿怯不花等创建焉。其为壮丽雄伟，为当代之冠，有敕命学士欧阳制碑铭。

皇畿南北为两红门，设扃钥[2]、置斥候[3]。每岁之夏，车驾消暑滦京[4]，出入必由于是。今上皇帝继统以来，频岁行幸，率遵祖武。一日，揽辔度关，仰思祖宗勘定之劳，俯思山川拱抱之状，圣衷惕然，默有所祷，期以他日即南关红门之内，因山之麓，伐石甃[5]基，累甓跨道，为西域浮图[6]，下通人行，皈依佛乘，普受法施。乃至正二年二月二十一日，以宿昔之愿，面谕近臣旨意若曰：朕之建塔宝，有报施于神明，不可爽然，而调丁匠以执役，则将厉民用，经常以充费，则将伤财。今朕辍内帑[7]之资以助缮，僦工市物[8]，厥直为平[9]，庶几无伤财厉民之虑，不亦可乎？群臣闻者，莫不举首加额[10]，称千万寿。于是申命中书右丞相阿鲁图、左丞相别儿怯不花、平章政事铁不儿达识、御史大夫太平总提其纲，南里剌麻其徒曰亦恰朵儿、大都留守赛罕、资政院使金刚吉、太府监卿普贤吉、太府监提点八剌室利等，授匠指画，督治其工，卜[11]以是年某月经始。山发珍藏，工得美石，取给左右，不烦挽输，为费倍省；堑高堙卑[12]，以杵以械，塘[13]坚且平。塔形穹窿，自外望之，揄相奕奕。人由其中，仰见图覆，广壮高盖，轮蹄可方[14]。中藏内典宝诠，用集百虚以召诸福。既而缘崖结构，作三世佛殿，前门翚飞，旁舍棋布，赐其额曰大宝相永明寺。势连岗峦，映带林谷，令京城风气完密。如洪河之道，中原砥柱，以制横溃；如大江之出三峡，滟滪以遏奔流。又如作室，北户加墐[15]，岁时多燠[16]。由是邦家大宁，宗庙安妥；本枝昌隆，福及亿兆，咸利赖焉。五年秋，驾还自滦京，昭睹成绩，乃作佛寺行庆讲仪。明年三月二十日，中书左丞相别儿怯不花、平章政事纳璘，教化参知政事朵儿典班等，请敕翰林学士承旨欧阳玄为文，江浙行省平章政事达世帖木儿书丹，翰林学士承旨张超岩篆额，勒之坚石，对扬鸿厘[17]。上允所请，于是中书传谕臣玄等，玄谨拜手稽首言曰：自古帝王之建都也，未有不因山河之美以为固者也，然有形之险，在乎地势，无形而固者，在乎人心。是故先王之治天下，以固人心为先。固之之道，惟慈与仁，必施诸政，是故使众曰慈，守位曰仁，六经之言也。求之佛氏之说，有若符合者矣。我元之初取金也，既入居庸，寻振旅而出，盖知金季之政⊙18，不足以固人心也，又奚必据险以扼人哉。

世皇至元之世，南北初一⊙19，天下之货，聚于两都，而商贾出是关者，识而不征，此王政也。皇上造塔于其地，一铢一粟，一米一石，南亩之夫，一无预焉。将以崇清净之教，成无为之风，广恻隐之心，行不忍人之政，冥冥之中，敷锡庶福，阴骘我民。观感之余，忠君爱上之志，油然以上，翕然以随，此志因结，岂不与是关之固相为悠久哉。且天下三重，王者行之，制度其一也。制度行远，莫先于车，三代之世，道路行者，车必同轨。今两京为天下根本，凡车之经是塔也，如出一辙，然则同轨之制，其象岂不感着于是乎？车同轨矣，书之同文，行之同轮，推而放诸四海，式诸九围⊙20，熟能御之。

⊙ 注释

⊙1　关：此处是指居庸关，位于距北京市区约50km外的昌平区境内，是京城西北之要塞屏障，其得名始自秦代，相传秦始皇修筑长城时，将囚犯、士卒和强征来的民夫徙居于此，取“徙居庸徒”之意。汉代沿称居庸关，三国时代名西关，北齐时改纳款关，唐代有居庸关、蓟门关、军都关等名称。

⊙2　扃（jiōng）钥：门户锁钥。扃，是指从外面关门的闩、钩等。

⊙3　斥候：指侦察、候望的人，即进行斥候侦察的士兵、古代的侦察兵。

⊙4　滦京：元上都别称，因临滦水而得名。

⊙5　甃（zhòu）：垒砌之意。

⊙6　浮图：即佛塔。

⊙7　内帑（tǎng）：内指皇室的仓库。帑，指国库里的钱财。

⊙8　僦工市物：雇佣匠人，购买物料。

⊙9　厥直为平：厥，其；直，通“值”。评价购买。

⊙10　举首加额：拱手与额相齐，是古人表示欢庆的意思。

⊙11　卜：占卜。

⊙12　堑高堙卑：挖高填低。

⊙13　墟：古同“址”，地基，根基。

⊙14　轮蹄可方：门洞内可并行两辆马车。

⊙15　墐：用泥涂塞孔隙。

⊙16　燠（yù）：暖，热。

⊙17　对扬鸿厘：对扬，指在佛说法之会座上，对佛发起问答，以显扬佛意，此处应为弘扬之意；鸿厘，即洪福。

⊙18　金季之政：即金朝的统治。

⊙19　初一：刚刚统一天下。

⊙20　九围：九州之意。

过街塔正面

□ 说明

过街塔是建于街道中或大路上的塔。与常见的塔不同，这种塔把塔额下部修成门洞的形式，以通车马行人，故成为“过街塔”，始建于元代。过街塔是一种高台式喇嘛塔，实质属于藏传佛塔体系。此类塔用意在于宣扬喇嘛教，意为凡是从塔下经过，就算向佛行一次顶礼。

本文所记过街塔即为居庸关过街塔，位于居庸关城的中心，今只剩一座白色的大理石台子，人称“云台”。云台原来就是一座典型的元代过街塔，当时，台上建有3座并排的白色藏式佛塔，过街塔北面还有一座大庙，名“永明寺”，过街塔就是“永明寺”的一部分。但可惜塔在元末明初被毁，明正统年间曾建有“泰安”，后康熙时又毁，今台上尚遗留有柱础。

云台是座用大理石砌成的长方形台子。上顶25.2m，进深12.9m，下基宽26.8m，进深17.57m，台高9.5m。台基正中有一个门洞贯通南北，可以通行车马。台顶四周有白石护栏，券门里刻有四大天王雕像。四大天王浮雕之间用梵文、八思巴蒙文、藏文、维吾尔文、西夏文和汉文6种文字刻着同样内容的经咒和造塔功德记。这么多文字刻在一起，在我国古代石刻中仅此一例。在汉文造塔功德记的末尾有至正五年（1345年）的款识，说明了过街塔的建造年代。居庸关云台过街塔是我国现存过街塔中建造年代最早、规模最大、雕刻最为精美的一座，也是研究元代佛教、古文字以及民族文化交流的主要实物资料。1961年入列第一批全国重点文物保护单位名录。

过街塔浮雕

河防设施

创修汴梁护城堤

創修汴梁護城堤

◎本文选自《新元史》卷五十二·志第十九。

◎据史料记载，黄河自金初南流之后，开封即成为濒河之城，屡遭洪水肆虐之苦，因此防治黄水对古代开封城市的侵害就尤为历代统治者所关注，于是修筑护城堤成为重要手段之一。本文记载了元延祐年间护城堤的修建情况。

正文

至（延祐）五年正月。河北河南道廉访副使奥屯言："近年河决杞县小黄村口[⊙1]，滔滔南流，莫能御遏，陈、颍濒河膏腴之地浸没大半，百姓流亡。今水迫汴城，远无数里，倘值霖雨水溢，仓卒何以为计。方今农隙[⊙2]，宜为讲究，使水归故道，达于江、淮，不惟陈、颍之民得遂其生，亦可除汴梁异日之患。"于是大司农下都水监移文分监修治，自六年十一月十一日兴工，至七年三月九日工毕，北至槐疙疸两旧堤，南至窑务汴堤，通长二十里二百四十三步。创修护城堤一道，长七千四百四十三步。堤下广十六步，上广四步，高一丈，六尺为一工。计工二十五万三千六百八十，用夫八千四百五十三，除风雨妨工，三十日毕。内流水河沟，南北阔二十步，水深五尺。修堤阔二十四步，上广八步，高一丈五尺，积十二万尺，取土稍远，四十尺为一工，计三万工。用夫万人。每步用大桩二，计四十，各长一丈三尺，径四寸。每步草束千，计二万束，签柱四，计八十桩，各长八尺，径三寸。大船二，梯镢绳索备焉。

⊙ 注释

⊙1　小黄村，即今天开封县杜良乡黄铺村，位居黄河南岸。

⊙2　农隙：农事闲暇时候。

□ 说明

开封护城堤始建于元延祐六年（1319年），当时只修筑了几段，后遭水毁。到了明代，因河逼汴城，于谦令加厚残存防护堤，并加筑东西北三面以御之，铸铁犀勒铭其背，同时，堤上每五里设置一亭，亭有亭长，负责督促修缮堤岸。又下令堤两侧广植树木、并打井供水，以防止堤土流失，并用榆树夹道。景泰二年（1451年），王暹补筑南面，与东西相接，凡四十余里，堤宽六丈，高两丈余，号大堤。明弘治六年（1493年），黄河主流改道，开封段沿黄河两岸筑起了新的黄河大堤，开封护城堤则退居二线。该环状护城堤距离今天开封城墙8~10km，堤身为土堤，断面大小不一，一般底宽约50m，高3~5m，顶宽3~5m。中华人民共和国成立初期，在堤上广为培土植树，形成了环形林带，对防风固沙起到了显著作用。但在"文革"期间，土堤缺乏管理，树木乱砍滥伐，出现任意取土、扒口、毁堤等现象。

今日开封护城堤

河防之制

◎本文选自《新元史》卷五十二·志第十九。

◎自古以来，黄河水患治理受到历代统治者的重视。金元之际，黄河更是不断泛滥、决口和改道，如何防治自然备受关注。本文详述了防治黄河水患的相关工程。

正文

一，开河[1]。宜于上流相视地形，审度水性，测望斜高，于冬月记料，至次年春兴役开挑，须涨月前终毕。待涨水发，随势去隔，堰水入新河。又须审势疏导。假如河势丁字正撞堤岸，剪滩截嘴，撩浅开挑，费功不便，但可解目前之急，亦有久而成河者，如相地形，取直开挑，先须钤㞢。谓上下平岸口也。分水势，以解堤岸之危。若欲全夺大势，更于对岸抛下木石修刺，于刺影水势渐以木石钤固河口，因复填实，损而复修，至坚固不摧塌，则新河迤逦畅流，旧河自然淤实。

一，闭河[2]。先行检视旧河岸口，两岸植立表杆，次系影水浮桥，使役夫得于两岸通过。于上口下撒星桩[3]，抛下木石镇压狂澜，然后两岸各进草纴三道、土纴两道，又于中心拖下席袋土包。若两岸进纴。至近合龙门时，得用手持土袋土包抛下，兼鸣罗鼓以敌河势。既闭后，于纴前卷拦头压埽[4]于纴上，修压口堤。若纴眼水出。再以胶土填塞牢固，仍设边检以防渗漏。

一，定平。先正四方位置，于四角各立一表，当心安置水平。其制长二尺四寸，广二寸五分，高二寸。先立桩于下，高四尺，纂在内，桩上横坐水平。两头各开小池，方一寸七分，深一寸三分，注水于中，以取平。或中心又开池者，方深同，身内开槽子，广深各五分，令水通过两头池子内，各用水浮子一枚，方一寸五分，高一寸二分，刻上头，侧薄只厚一分，浮于池内，望两头水浮之首，参直遥对立表处，于表身画记，即知地形高下。

一，修砌石岸。先开掘槛子嵌坑，若用阔二尺，深二丈，开与地平。顺河先铺线道板一，次立签桩八，各长二丈，内打钉五尺入地，外有一丈五尺。于签桩上，安跨塌木板六，每留三板，每板凿二孔中间。撒子木六，于撒子木上匀铺秆草束。先用整石修砌，修及一丈。后用荒石再砌一丈。一例高五尺。第二层，除就签桩外，依前铺塌木板、撒子木、秆草，再用石段修砌，高五尺。第三层，亦如之，高一丈。功就，通高二丈。

一，卷埽[⊙5]。其制亦昉于竹楗石菑，今则布薪刍以卷之，环竹絙以固之，绊木以系之，挂石以坠之，举其一二以称之，则日棄。棄棄既下，又填以薪刍，谓之盘簟。两棄棄之交，或不相接，则包以网子索，塞以秆草，谓之孔塞盘簟。孔塞之费，有过于埽棄者。盖随水去者太半故也。其棄棄最下者，谓之扑崖草，又谓之入水埽。棄棄之最上者，谓之争高埽。河势向著，恐难固护，先于堤下掘坑卷埽以备之，谓之卷埽。叠二三四五而卷者，以沙壤疏恶，近水即溃，必借埽力以捍之也。下棄棄既朽，则水刷而去，上棄棄压之，谓之实垫。又卷新埽以压于上，俟定而后止。凡埽去水近者，谓之向著。去水远者，谓之退背。水入埽下者，谓之紧刷。若暴水涨溢，下埽既去，上埽动摇，谓之埽喘。

一，筑城。此非河事，以水圯近河，州县亦或用之。城高四十尺，则加厚二十尺。其上斜收，减高之半。若高增一尺，则其下亦加厚一尺，上收亦减其半。若高减，则亦减之。开地深五尺，其广视城之厚。每身一十五步，栽永定柱一，长视城之高，径一尺至一尺二寸。夜叉柱各二。每筑高二尺，横用经木一。瓮城至马面之类，准此。他如工程之限，输运之直，与夫合用物料之多寡，皆综核详密，品式粲然，为都水司奉行之条例云。

⊙ 注释

⊙1 开河：疏浚河道或开挖新河。

⊙2 闭河：堵塞河堤决口或施工截流。先秦《慎子》中已有“茨防决塞”的记载。西汉时期对黄河重大堵口工程已有较翔实的记录。宋代沈立著《河防通议》，专设“闭河”一节，对堵口和截流技术进行了总结。古代堵口和截流采用立堵和平堵两种方法。立堵的一般方法和步骤是：首先，在口门两侧坝头树立标杆，以控制堵口施工轴线，并在决口上游架设浮桥，便于施工和初步缓解水势。其次，在口门前布星桩、抛木石，进一步减缓口门流速；然后，从两岸开始同时进占；合龙时，大量抛下石笼、埽、土包等；合龙后，再在龙口前压拦头卷埽，并于埽上修压口提。最后，如果埽工漏水，再用胶土填塞牢固，堵口即完成。堵口和截流这两种方法在元明清时期不断有所改进，在截流障水和合龙技术上有创新，但基本方法和宋代大体相同，主要是用埽工。

⊙3 星桩：密布的木桩。

⊙4 埽（sào）：古时治河，将秫秸、石块、树枝捆扎成圆柱形，用以堵口或护岸的东西。

⊙5 卷埽：古代河防时埽工制作最早的形制。到了清代演变成厢埽。《宋史·河渠志》对卷埽有详细记载：“先择宽平之所为埽场。埽之制，密布芟索，铺梢，梢芟相重，压之以土，杂以碎石，以巨竹索横贯其中，谓之心索。卷而束之，复以大芟索系其两端，别以竹索自内旁出。其高至数丈，其长倍之。凡用丁夫数百或千人，杂唱齐挽，积置于卑薄之处，谓之埽岸。既下，以橛臬阂之，复以长木贯之。其竹索皆埋巨木于岸以维之。”这种方式一直沿用至今，目前宁夏河套灌区的草土埽工做法大体相同，《宁夏水利志》（宁夏人民出版社，1992 年）载：“当草土体展进到水深流急的合龙处，使用‘卷埽’。单埽直径约 2m，长约 10m。做法是在龙口近旁修整出前低后高的卷埽、堆埽场地，按埽的长短大小，把长 15～18m、径粗 5～7cm 的革绳根根靠紧，纵向铺在地上，后再用直径 10mm 草绳或麻绳，横向把纵向的草绳每两根或三四根编织成网状，横向绳的间距 1～1.5m，草绳上先铺一层柳枝或芦苇柴，再铺散草，草上铺土厚约 10cm，再放一些小石块，并在开始卷起的一端，放入直径 15cm 的草绳或麻绳作为龙绳，长度视下沉的深浅和位置远近而定，一般不小于 20m。将每根革绳头都拴在龙绳上，以龙绳为中心，由一端卷起，卷到革绳的末端，将每根革绳头都挽在埽绳上，成为一个庞大横卧的草土圆柱体，利用场地的斜坡推滚至水边时，将龙绳两端各系在事先预埋的 3 根交叉的木桩上，然后推埽下水，随着埽的下沉，放松龙绳以防止埽捆悬空、远走或下移。埽身过长时，还须系腰绳一道或两道，单层或多层埽出水后，在埽上用散草或捆柴加高。水深时常用几个至几十个埽进占强堵，可由一方或两端向前推进，各干渠用此法堵渠口和决口由来已久。”

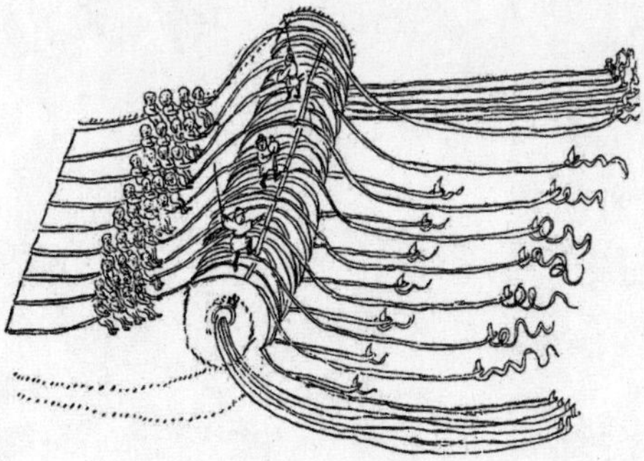

卷埽施工示意图

□ 说明

本文不仅详细阐述了疏通河道、开挖新河、堵塞河堤决口、截流的施工方法，而且对具体材料器具的制作也载述甚明。此外，又提出了地形高低的测量方法、河边石岸的修砌步骤及用料，乃至城墙的建筑手法，等等，这对河道治理、城市建设都有启迪。

至正河防记

欧阳玄

◎本文选自《新元史》卷五十二·志第十九。

◎作者：欧阳玄（1274—1358），字元功，号圭斋，祖籍庐陵（今江西省吉安市），生于浏阳（今湖南省辖县级市）。为欧阳修之后裔，元代史学家、文学家。延祐年间（1314—1320年），欧阳玄曾任芜湖县尹三年，不畏权贵，清理积案，严正执法，而且十分注重发展农业，深得百姓拥戴，有『教化大行，飞蝗不入境』之誉。在任内，欧阳玄还对芜湖境内的名胜古迹多加保护修葺，据传『芜湖八景』就是其在任时所形成。

正文

治河一也，有疏，有浚，有塞，三者异焉。酾[1]河之流，因而导之，谓之疏。去河之淤，因而深之，谓之浚。抑河之暴，因而扼之，谓之塞。疏浚之别，有四：曰生地，曰故道，曰河身，曰减水[2]。河身地有直有纡[3]，因直而凿之，可就故道。故道有高有卑，高者平之以趋卑，高卑相就，则高不壅，卑不潴[4]，虑夫壅生溃，潴生堙[5]也。河身者，水虽通行，身有广狭。狭难受水，水溢悍，故狭者，以计辟之。广难为岸，岸善崩，故广者以计御之。减水河者，水放旷，则以制其狂，水隳[6]突，则以杀其怒。

治堤一也，有创筑、修筑、补筑之名，有刺水堤[7]，有截河堤，有护岸堤，有缕[8]水堤，有石船堤。

治埽一也，有岸埽、水埽，有龙尾、栏头、马头等埽。其为埽台及推卷、牵制、薶挂[9]之法，有用土、用石、用铁、用草、用木、用杙[10]、用絙[11]之方。

塞河一也，有缺口，有豁口，有龙口。缺口者，已成川。豁口者，旧常为水所豁，水退则口下于堤，水涨则溢出于口。龙口者，水之所会，自新河入故道之潈[12]也。

此外不能悉书，因其用功之次第而就述于其下焉。

其浚故道，深广不等，通长二百八十里百五十四步而强。功始自白茅，长百八十二里。继自黄陵冈至南白茅，生地十里。□初受，广百八十步，深二丈有二尺，已下停广百步，高下不等，相折深二丈及泉。曰停、曰折者，用古算法，因此推彼，知其势之低昂，相准折[13]而取匀停也。南白茅至刘庄村接入故道十里，通折垦广八十步，深九尺。刘庄至专固百有二里二百八十步，通折广六十步，深五尺。专固至黄固，垦生地八里，而广百步，底广九十步，高下相折，深丈有五尺。黄固至哈只口，长五十一里八十步，相折停广垦六十步。深五尺。乃浚凹里减水河，通长九十八里百五十四步。凹里村缺河口生地，长三里四十步，面广六十步，底广四十步，深一丈四尺。自凹里生地以下旧河身至张赞店，长八十二里五十四步。上三十六里，置广二十步，探五尺。中三十五里，垦广二十八步，深五尺。下十里二百四十步，垦广二十六步，深五尺。张赞店至杨青村，接入故道，垦生地十有三里六十步，面广六十步，底广四十步，深一丈四尺。

其塞专固缺口，修堤三重，并补筑凹里减水河南岸豁口，通长二十里三百十有七步。其创筑河口前第一重西堤，南北长三百三十步，面广二十五步，底广三十三步，树植桩橛，实以土牛[14]、草苇、杂梢相兼，高丈有三尺。堤前置龙尾大埽。言龙尾者，伐大树连梢系之堤旁，随水上下，以破啮岸[15]浪者也。筑第二重正堤，并补两端旧堤，通长十有一里三百步。缺口正堤长四里。两堤相接旧堤，置桩堵闭河身，长百四十五步，用土牛、稍土、草苇相兼修筑。底广三十步，修高二丈。其岸上土工修筑者，长三里二百十有五步有奇，高广不等，通高一丈五尺。补筑旧堤者，长七里三百步，表里倍薄七步，增卑六尺，计高一丈。筑第三重东后堤，并接修旧堤，高广不等，通长八里。补筑凹里减水河南岸豁口四处。置桩木、草土相兼，长四十七步。

于是塞黄陵全河，水中及岸上修堤，长三十六里百三十六步。其修大堤剌水者二，长十有四里七十步。其西复作大堤剌水者一，长十有六里百三十步。内创筑岸上土堤，西北起李八宅西堤，东南至旧河焊，长十里百五十步，颠广四步，趾广三之，高丈有五尺。仍筑旧河岸至入水堤，长四百三十步，趾广三十步，颠杀其六之一，接修入水。

两岸埽堤并行。作西埽者，夏人水工，征自灵武。作东埽者，汉人水工，征自近畿。其法以竹络实以小石，每埽不等，以蒲苇线腰索径寸许者从铺，广可一二十步，长可二三十步。又以曳埽索绹径三寸或四寸，长二百余尺者衡铺之相间。复以竹苇苘麻大䋏[16]，长三百尺者为管心索，就系绵腰索之端于其上，以草数千束，多至万余，匀布厚铺于绵腰索之上，梱[17]而纳之。丁夫数千，以足踏实。推卷稍高，即以水工二人立其上，而号于众，众声力举，用小大推梯，推卷成埽，高下长短不等。大者高二丈，小者不下丈余。又用大索，或互为腰索，转致河滨。选健丁操管心索，顺扫台立踏，或挂之台中铁猫大橛之上，以渐缒[18]之下水。埽后掘地为渠，陷管心索渠中，以散草厚覆，筑之以土，其上覆以土牛、杂草、小埽梢土，多寡厚薄，先后随宜。修叠为埽台，务使牵制土下，缜密坚壮，互为犄角，埽不动摇。日力不足，火以继之。积累既毕。复施前法，卷埽以厌先下之扫，量浅深，制埽厚薄，叠之多至四埽而止。两埽之间，置竹络，高二丈或三丈，围四丈五尺，实以小石、土牛。既满，系以竹缆。其两旁并埽，密下大桩，就以竹络大竹腰索系于桩上。东西两埽及其中竹络之上，以草土等筑为埽台，约长五十步或百步。再下埽，即以竹索或麻索长八百尺或五百尺者一二，杂厕其余管心索之间。俟埽入水之后，其余管心索如前蘸挂，随以管心长索远置五七十步之外，或铁猫，或大桩，曳而系之，通管束累日所下之埽，再以草土等物通修成堤。又以龙尾大埽，密挂于护堤大桩，分析水势。其堤长二百七十步，北广四十二步，中广五十五步，南广四十二步。自颠至趾，通高三丈八尺。

其截河大堤，高广不等，长十有九里百七十七步。其在黄陵北岸者，长十里四十一步。筑岸上土堤，西北起东西故堤，东南至河口，长七里九十七步，颠广六步，趾倍之二强二步，高丈有五尺。接修入水。施土牛，小埽梢草杂土，多少厚薄，随宜修叠。及下竹络，安大桩，系龙尾埽，如前两堤法。唯修叠埽台，增用白阑小石，并埽上及前洊修埽堤一，长百余步，直抵龙口。稍北，栏头三埽并行，大堤广与刺水二堤不同。通前列四埽，间以竹络，成一大堤，长二百八十步，北广百一十步，其颠至水面高丈有五尺，水面至泽腹高二丈五尺，通高三丈五尺。中流广八十步，其颠至水面高丈有五尺，水面至泽腹高五丈五尺，通高七丈。并创筑缕水横堤一，东起北截河大堤，西抵西剌水大堤，又一堤，东起中剌水大堤，西抵西剌水大堤。又一堤，东起中剌水大堤，西抵西剌水大堤。通长二里四十二步，亦颠广四步，趾三之，高丈有二尺。修黄陵南岸，长九里六十步。内创岸土堤，东北起新补白茅故堤，西南至旧河口，高广不等，长八里二百五十步。

乃入水作石船大堤。盖由是秋八月二十九日乙巳，道故河流，先所修北岸西中剌水及截河三堤犹短，约水尚少，力未足恃。决河势大，南北广四百余步，中流深三丈余，益以秋涨，水多故河十之八，两河争流，近故河口，水刷岸北行，洄漩湍急。难以下埽。置埽行或迟。恐水尽涌入决河，因淤故河，前功随堕。鲁乃精思入故河之方，以九月七日癸丑，逆流排大船二十七艘，前后连以大桅或长桩，用大麻索、竹絙绞缚，缀为方舟。又用大麻索、竹絙，用船身缴绕上下，令牢不可破，乃以铁猫于上流硾之水中。又以竹絙绝长七八百尺者，系两岸大橛上，每絙或硾二舟或三舟，使不得下，船腹略铺散草，满贮小石，以合子板钉合之。复以埽密布合子板上，或二重或三重，以大麻索缚之急。复缚横木三道于头桅，皆以索维之，用竹编笆，夹以草石，立之桅前，约长丈余，名曰水帘桅。复以木楮柱[19]，使帘不偃仆。然后选水工便捷者，每船各二人，执斧凿，立船首尾，岸上搥鼓为号，敢鸣，一时齐凿，须臾舟穴，水入，舟沉，遏决河。水怒溢，故河水暴增。即重树水帘，令后复布小扫土牛白阑长稍，杂以土草等物。随以填垛。继之以石船下诣实地，出水基趾渐高，复卷大埽以压之。前船势略定，寻用前法，沈余船，以竟后功。昏晓百刻，役夫分番甚劳，无少间断。船堤之后，草埽三道并举，中置竹络盛石，并埽置桩，系缆四埽及络，一如修北截水堤之法。第以中流水深数丈，用物之多，施工之大，倍他堤。距北岸才四五十步，势迫东河，沆峻[20]若自天降，深浅叵测。于是先卷下大埽约高二丈者，或四或五，始出水面。修至河口一二十步，用工尤艰。薄[21]龙口，喧豗[22]猛疾，势撼埽基，陷裂欹倾，俄远故所，观者股弁[23]，众议沸腾，以为难合，然势不容已。鲁神色不动，机解捷出，进官史工徒十余万人，日加奖谕，辞旨恳至，众皆感激赴功。十一月十一日丁巳，龙口遂合，决河绝流，故道复通。

又于堤前通卷栏头埽各一道，多者或三或四。前埽出水，管心大索系前埽，硾后阑头埽之后，后埽管心大索亦系小埽，硾前栏头埽之前，后先羁縻，以锢其势。又于所交索上，及两埽之间，压以小石白阑土牛，草土相半，厚薄多寡，相势措置。

埽堤之后。自南岸复修一堤，抵已闭之龙口，长二百七十步。船堤四道成堤，用农家场圃之具曰辘轴者，穴石立木如比栉，䕸前埽之旁。每步置一辘轴。以横木贯其后，又穴石，以径二寸余麻索贯之，系横木上，密挂龙尾大埽，使夏秋潦水、冬春凌簰，不得肆力于岸。此堤接北岸截河大堤，长二百七十步，南广百二十步，颠至水面高丈有七尺，水面至泽腹高四丈二尺。中流广八十步，颠至水面高丈有五尺，水面至泽腹高五丈五尺，通高七丈。仍治南岸护堤埽一，通长一百三十步，南岸护岸马头埽三道，通长九十五步，修筑北岸堤防，高广不等，通长二百五十四里七十一步。

白茅河口至板城，补筑旧堤，长二十五里二百八十五步。曹州板城至英贤村等处，高广不等，长一百三十三里二百步。稍冈至砀山县，增培旧堤，长八十五里二十步。归德府哈只口至徐州路三百余里，修完缺口一百七十处，高广不等，积修计三里二百五十六步。亦思剌店缕水月堤高广不等，长六里三十步。

其用物之凡，桩木大者二万七千，榆柳杂稍六十六万六千，带稍连根株者三千六百，藁秸蒲苇杂草以束计者七百三十三万五千有奇，竹竿六十二万五千。苇席十有七万二千，小石二千艘，绳索小大不等五万七千，所沈大船百有二十。铁缆三十有二，铁猫三百三十有四，竹篾以斤计者十有五万，硾石三千块，铁钻万四千二百有奇，大钉三万三千二百三十有二。其余若木龙、蚕椽木、麦秸、扶桩、铁叉、铁吊、枝麻、搭火钩，汲水、贮水等具，皆有成数。

官吏俸给，军民衣粮、工钱，医药、祭祀、赈恤、驿置马乘及运竹木、沉船、渡船、下桩等工，铁、石、竹、木、绳索等匠佣资，兼以和买民地为河，并应用杂物等价，通计中统钞百八十四万五千六百三十六锭有奇。

鲁[⊙24]尝有言："水工之功，视土工之功为难；中流之功，视河滨之功为难；决河口，视中流又难；北岸之功，视南岸为难。用物之性。草虽至柔，柔能狎水，水渍之生泥，泥与草并，力重如碇。然维持夹辅，缆索之功实多。"盖由鲁习知河事，故其功之所就如此。是役也，朝廷不惜重费，不吝高爵，为民辟害。脱脱能体上意，不惮焦劳，不恤浮议，为国拯民。鲁能竭其心思智计之巧，乘其精神胆气之壮，不惜劬瘁，不畏讥评，以报君相知人之明。宜悉书之，使职史氏者有所考证也。

⊙ 注释

⊙1　釃（shī）：这里是疏导、分流之意。
⊙2　减水：人工开凿用来控制水势的河道。《宋史·河渠志二》载："若来年虽未大兴河役，止令修治旧堤，开减水河，亦须调发丁夫。"
⊙3　纡：弯曲，绕弯。
⊙4　潴（zhū）：水积聚。
⊙5　堙（yīn）：同"湮"，埋没。
⊙6　隳（huī）：冲撞，破坏。
⊙7　刺水堤：意为分水堤。
⊙8　缕：约束，疏通，分流。
⊙9　龌挂（wō guà）：古代治河法之一，用木、石、杙、絙等填塞决口、加固堤岸。
⊙10　杙（yì）：小木桩，亦泛指木桩。
⊙11　絙（gēng）：粗绳子。
⊙12　潨（cóng）：小水入大水曰潨。
⊙13　准折：抵消，抵折。
⊙14　土牛：堆在堤坝上以备抢修用的土堆。远看形似牛，故称。
⊙15　啮岸：谓水流侵蚀河岸。
⊙16　綷：粗绳子。
⊙17　捆：用绳子等把东西缠紧打结。
⊙18　缒（zhuì）：用绳索拴住从上往下放。
⊙19　榰（zhī）柱：下面带有墩子的木柱。
⊙20　沆峻：此处是指大水。
⊙21　薄：这里意为接近。
⊙22　喧豗（huī）：发出轰响，也指轰响声。
⊙23　股弁：大腿发抖，形容极端恐惧。
⊙24　鲁：贾鲁（1297—1353），字友恒，元代高平（今属山西省）人。是元代著名的河防大臣，也是一位治理黄河卓有成效的水利专家。28岁时，任东平路儒学教授，又被选为丞相东曹椽、户部主事。后又奉诏专修辽、金、宋三史，担任宋史的局官。贾鲁担任中书省检校官后，针对当时的社会问题提出改革时政的、长达数万言的主张。1348年，元惠宗任命贾鲁为行都水监。贾鲁领受任务后，绘出了精细的治水图，同时提出了两个治河方案。贾鲁的方案之一被采纳。1351年，贾鲁被任命为工部尚书、总治河防使。于是，贾鲁亲自率人修治黄河，并取得了巨大成就。

□ 说明

元至正四年（1344年）5月，黄河在山东曹县向北冲决白茅堤，平地水深二丈有余。6月，又向北冲决金堤，沿岸州县皆遭水患，今河南、山东、安徽、江苏交界地区成为千里泽国。至正八年（1348年）2月，元政府在济宁郓城立行都水监，任命贾鲁为都水使者，次年5月，立山东、河南等处行都水监，专治河患。于是，贾鲁在经过往返数千里的实地调查之后，提出了两种治河方案："一是修筑北堤，以制横溃；一是疏塞并举，挽河东行，以复故道。"时任丞相的脱脱果断采纳了后一种方案。至正十一年（1351年），55岁的贾鲁出任工部尚书兼总治河防使，指挥15万民夫和两万士兵，开始了黄河治理史上著名的"贾鲁治河"。面对奔腾咆哮的黄河，贾鲁采取疏、浚、塞并举的方略：疏浚中，凡生地新开，凿之以通，故道高低，取之以平，河身广狭，导之以直，淤塞之道，浚之以深，泽水之地，开渠以排洪。塞堵中，凡薄垒之堤，增之以固；决河之口，筑堤坝以塞其流。贾鲁在三百余里的治黄工地上亲自指挥，督人巡察，宜疏则疏，宜塞则塞，需防则防，需泄则泄，使河槽高不壅，低不潴（聚水），淤不塞，狂不溢，因势利导，因地制宜。在堵截山东曹县黄菱岗大堤决口时，因决口势大，又遇秋汛，河口刷岸北行，回旋急，难以堵截，贾鲁用27艘大船做一"方舟"，方舟装石，依次下沉，层层筑起"石船大堤"，大堤合龙时，水势猛急，若自天降，怒吼咆哮，犹撼船堤，"观者股栗，众议腾沸"，以为难合，贾鲁神色不动，机解捷出，对施工人员"日加奖谕，辞旨恳切，众皆感激赴工"。经过惊心动魄的大搏斗，终于完成了黄陵岗浩大的截流工程。治河工程从4月20日兴工，7月就凿成河道280多里，8月将河水决流引入新挖河道，9月通行舟楫，11月筑成诸堤，全线完工，使河复归故道，南流合淮入海，治河大功告成，从而在治黄历史上写下了灿烂一页。《至正河防记》就是对此事的翔实记载。

庙学建筑

令旨重修真定庙学记⊙1

元好问

◎本文选自《元遗山集》卷三十二。

◎作者：元好问（1190—1257），字裕之，号遗山，太原秀容（今山西忻州）人，系出北魏鲜卑族拓跋氏。七岁能诗，十四岁从学郝天挺，六载而业成。兴定五年（1221年）进士，不就选；正大元年（1224年），中博学宏词科，授儒林郎，充国史院编修，历镇平、南阳、内乡县令。八年（1231年）秋，受诏入都，除尚书省掾、左司都事，转员外郎；金亡不仕，元宪宗七年（1257年）卒于获鹿寓舍。工诗文，在金元之际颇负重望，诗词风格沉郁，并多伤时感事之作。其《论诗》绝句三十首在中国文学批评史上颇有地位，作有《遗山集》（又名《遗山先生文集》），编有《中州集》等。

正文

王以丁未之五月，召真定总府参佐张德辉[2]北上。德辉既进见，王从容问及镇[3]府庙学，今废兴何如？德辉为言："庙学废于兵久矣。征收官奉行故事，尝议完复，仅立一门而已。今正位虽存，日以颓圮。本路工匠总管赵振玉方营葺之。惟不取于官，不敛于民，故难为功耳。"于是令旨以振玉、德辉合力办集，所不足者，具以状闻[4]。德辉奉命而南，连率史天泽而下，晓然知上意所向，罔不奔走从事，以赀以力，迭为佽助[5]。实以己酉春二月，庀徒[6]蒇事[7]，黾勉[8]朝夕，罅漏者补之，衺倾者壮之，腐败者新之，漫漶者饰之。裁正方隅，崇峻堂陛。

庙则为礼殿，为贤庑，为经籍、祭器之库，为斋居之所，为牲荐之厨；而先圣、先师七十子、二十四大儒像设在焉。学则为师资讲授之堂、为诸生结课之室、为藏庖湢者次焉。高明坚整，营建合制，起敬起慕，于是乎在。乃八月落成，弦诵洋洋，日就问学。胄子渐礼让之训，人士修举选之业；文统绍开，天意为可见矣！

既丁酉，释菜礼[9]成，教官李谦暨诸生合辞属好问为记，以谨岁月。窃不自揆度[10]，以为仁、义、礼、智，出于天性，其为德也四；君臣、父子、兄弟、夫妇、朋友，著于人伦，其为典也五；惟其不能自达，必待学政振饰而开牖之，使率其典之当然，而充其德之所固有者耳。三代皆有学，而周为备。其见之经者，始于井天下之田。井田中之法立，而后党庠[11]遂之教行。若乡射[12]，乡饮酒，若春秋合乐、劳农、养老、尊贤、使能、考艺，选言之政，受成、献馘[13]、讯囚之事，无不在。又养乡之俊，造者为之士，取乡大夫之尝见于施设而去焉者为之师。德则异之以知、仁、圣、义、忠、和，行则同之以孝、友、睦、姻、任、恤，艺则尽之以礼、乐、射、御、书、数。淫言诐行[14]，凡不足以辅世者，无所容也。故学成则登之王朝；蔽陷畔逃不可与有言者，则挞之、识之，甚则弃之为匪民，不得齿于天下。民生于其时，出入有教，动静有养，优柔餍饫[15]，于圣贤之化日加益而不自知，所谓人人有士君子之行者，非过论也。或者以为井田自战国以来扫地[16]矣，学之制不可得而见之矣。天下之民既无以教之，将待其自化欤？窃谓不然。天佑下民，作之君师，夫岂不欲使之正人心、承王道、以平治天下？岂独厚于周而薄于世乎？由周而为秦，秦又尽坏周制，烧《诗》《书》以愚黔首[17]，而黔首亦皆从之而愚。借耰锄而德色[18]，取箕帚而谇语[19]，抵冒[20]殊扞，熟烂之极，宜莫秦民若也。高帝复以马上得天下，其于变狂秦之余习，复隆周之美化，亦不暇给矣。然而叔孙典、礼，仅出绵蕝[21]之陋；陆贾《诗》《书》，又皆煨烬之末；孰谓斫雕为璞者，乃于不旋踵之顷而得之。宽厚化行，旷然大变。兴廉举孝，周暨郡国。长吏劝为之驾者，项背相望。是则前日所以厚周者，今易地为汉矣。况乎周制虽亡，而出于人心者固在，惟厌乱所以思治，惟顺流易于更始。始于草创而终之以润色，本末先后还相为用，为周为汉，同归于治，何详略迟速之计耶？洪惟大朝，受天景命，薄海内外，罔不臣属。武克刚矣，且以文治为永图。方夏甫定，垂恩选举，念孤生之不能自存也；通经之士，悉优复之，虑儒业之无以善继也。老成宿德，使以次传之。深计远览，所以贻丕显[22]之谟，而启丕承[23]之烈者，盖如此。王府忠国抚民，一出圣学。比年宾礼故老，延见儒生，谓六经不可不尚，邪说不可不绌，王教不得不立，而旧染不得不新。顺考古道，讲明政术，乐育人材，储蓄治具，修大乐之绝业，举太常之坠典[24]。其见于恒府庙学者，特尊师重道之一耳。夫风俗，国家之元气；学校，王政之大本。不塞不流，理有必至。癃老[25]扶杖，思见德化之成。汉来美谈，见之今日。盖兵兴四十年，俎豆之事不绝如线，独吾贤王为天下倡，是可为天下贺也。故乐为天下书之。是年十月朔旦记。

⊙ 注释

⊙1　今天的河北省正定县在历史上曾为常山县、真定县县治，常山郡、恒山郡郡治，恒州、镇州州治，成德军、真定府、真定路的治所。真定设府始于唐建中三年（782年），唐末五代时真定府时设时撤，直到北宋时才稳定下来，成为河朔中西部的大都会，金、元、明、清沿袭宋制，仍为真定府。元朝正式设路一级行政建置，以真定府为治所，设真定路。

⊙2　张德辉：元代大儒，元史有传，曾任真定督学、巡抚使，任冀宁河东巡抚使时政级被评十路之最，元世祖曾多次召见，求教治国方略，与元好问、李冶称“龙山三老”。本文即对张德辉任职真定府时重建文庙的记载。

⊙3　镇：镇州，即真定，也即今天的正定。

⊙4　具以状闻：及时汇报所有的情况。

⊙5　佽助（cì zhù）：帮助。

⊙6　庀徒：聚集工匠、役夫。

⊙7　蒇事（chǎn shì）：事情已经办理完成。

⊙8　黾勉（mǐn miǎn）：努力，勤奋。

⊙9　释菜礼：是古代入学时祭祀先圣先师的一种典礼，每月朔旦举行，亦作“释采”“舍菜”，即用“菜”（蔬果菜羹之类）来礼敬师尊。仪式上通常要摆放代表青年学子的水芹、代表才华的韭菜花、代表早立志的红枣和代表敬畏之心的栗子。

⊙10　揆度：揣度，估量。

⊙11　党庠：指古代乡学。

⊙12　乡射：古代射箭饮酒的礼仪。

⊙13　献馘（xiàn guó）：古时出战杀敌，割取左耳，以献上论功。馘，被杀者之左耳，亦泛指奏凯报捷。

⊙14　诐行（bí xíng）：行为奸邪不正。

⊙15　优柔餍饫（yōu róu yàn yù）：优柔，不慌不忙地；餍，吃饱后满足的样子；饫，饱食。比喻从容舒缓地体味其含义，并从中得到满足。

⊙16　扫地：比喻除尽、丢光。

⊙17　黔首基：指平民百姓。

⊙18　德色（dé sè）：自以为对别人有恩德而流露出来的神色。

⊙19　谇语：斥责，责骂。

⊙20　抵冒：触犯，抵御。

⊙21　蕝：茅蕝，指古摈相者习朝会之仪，束茅而列，以表位次。

⊙22　丕显：古代对于上帝及天子的尊称，多见于商周金文与先秦古籍。

⊙23　丕承：很好地继承。旧谓帝王承天受命，常曰“丕承”。

⊙24　坠典：指已废亡的典章制度。

⊙25　癃老：衰老病弱。

真定府文庙戟门及耳房

□ 说明

文中所载真定庙学，即“正定府学文庙”，位于河北省正定县老城内的常山东路路南，在古城中心地带、旧称金粟冈的地方。正定设府的历史长达1131年，因此正定内同时有府、县两级学宫文庙。府学文庙创建于北宋熙宁三年（1070年），其后金、元、明、清各代均有重修。曾经的府文庙，东连学署，西带府学，三院共占地200多亩，南、东、西三面均敞开通衢大道，三衢口各置一金牌楼，南口现在仍称“学门口”，牌楼上书“圣德通天”，东口上书“德配天地”，西口上书“道贯古今”。庙学内主要建筑有牌坊、照壁、棂星门、泮池、泮桥、名宦祠、乡贤祠、戟门、东庑、西庑、大成殿、崇圣祠、文昌祠、六忠祠、训导宅、尊经阁、敬一亭、明伦堂、魁星楼等，明伦堂面阔五间、进深四间，大成殿面阔七间、进深五间，均气魄宏大，远近闻名。后大部分建筑被拆除，仅戟门及其东西耳房幸存，是建于元代的珍贵文物，2006年入列全国重点文物保护单位。

东平府新学记⊙1

元好问

東平府新學記

◎本文选自《元遗山集》卷三十二。

正文

郓学[2]旧矣！宋日，在州之天圣仓有讲授之所曰“成德堂”者，唐故物也。王沂公曾[3]罢相判州，买田二百顷以赡生徒；富郑公弼[4]《新学记》及陈公尧佐《府学题榜》在焉。刘公挚领郡，请于朝，得国子监书，起稽古阁贮之。学门之左有沂公祠。祭之位，春秋二仲祭以望日。鲁两生：泰山孙明复、徂来石守道配焉。齐都大名，徙学于府署之西南，赐书碑石，随之而迁，独大观八行碑，蔡京题为圣作者不预[5]焉。齐已废，而乡国大家如梁公子美、贾公昌期、刘公长言之子孙故在，生长见闻，不替问学，尊师重道，习以成俗。泰和以来，平章政事寿国张公、万公、萧国侯公挚、参知政事高公霖，同出于东阿，故郓学视他郡国为最盛。如是将百年。贞祐之兵始废焉。先相崇进开府之日，首以设学为事，行视故基，有兴复之渐。今嗣侯莅政，以为国家守成尚文，有司当振饬文事，以赞久安长治之盛，敢不黾勉朝夕，以效万一。方经度之始，或言阜昌所迁乃在左狱故地，且逼近阛阓[6]，湫隘[7]殊甚，非弦诵所宜；乃卜府东北隅爽垲之地而增筑之。既以事闻之朝，庀徒蒇事，工力偕作，首创礼殿，坚整高朗。视夫邦君之居，夫子正南面、垂旒[8]被衮，邹、兖两公及十哲列坐而侍，章施[9]足征，像设如在。次为贤廊，七十子及二十四大儒绘象具焉。至于栖书之阁、豆笾[10]之库、堂宇斋馆、庖湢庭庑，故事毕举，而崇饰倍之。子弟秀民备举选而食廪饩者余六十人，在东序，隶教官梁栋；孔氏族姓之授章句者十有五人，在西序，隶教官王磐。署乡先生康晔儒林祭酒以主之。盖经始于壬子之六月，而落成于乙卯六月初五。十一代孙衍圣公元措，尝仕为太常卿；癸巳之变，失爵北归；寻被诏搜索礼器之散逸者。仍访太常所隶礼直官歌工之属、备钟磬之县，岁时阅习。以宿儒府参议宋子贞领之。故郓学视他郡国为独异。乃八月丁卯，侯率僚属诸生舍菜[11]于新宫，玄弁[12]朱衣，佩玉舒徐[13]，衅落之礼成，而飨献之仪具。八音洋洋，复盈于东人之耳。四方来观者皆大喜称叹，以为衣冠礼乐，尽在是矣！越翌日，学之师生合辞谓仆言：“严侯父子崇饰儒馆以布宣圣化，承平文物顿还旧观。学必有记，以谨岁月，幸吾子文之石，垂示永久。”仆谢曰：“老生常谈，何足以陈之齐、鲁诸君之前？顾以客东诸侯者久，猥当授简之末，俎豆之事固喜闻而乐道之，何敢以不敏辞？”兴造之迹，已辱件右之矣。窃不自度量，辄以有所感焉者著于篇。呜呼！治国治天下者有二：“教”与“刑”而已。刑所以禁民，教所以作新民。二者相为用，废一不可。然而有国则有刑；教则有废有兴，不能与刑并，理有不可晓者。故刑之属不胜数，而贤愚皆知其不可犯；教则学政而已矣。去古既远，人不经见，知所以为教者亦鲜矣，况能从政之所导以率于教乎？何谓政？古者井天下之田，党庠遂序，国学之法立乎其中。射乡、饮酒、春秋合乐、养老、劳农、尊贤、使能、考艺、选贤之政皆在。聚士于其中，以卿大夫尝见于设施而去焉者为之师，教以德以行，而尽之以艺。淫言诐行，诡怪之术，不足以辅世者，无所容也。士生于斯时，揖让、酬酢[14]、升降、出入于礼文之间。学成而为卿、为大夫，以佐王经邦国；虽未成而不害其能至焉者犹为士，犹作室者之养吾栋也。所以承之庸之者如此。庶顽[15]谗说，若不在时，侯以明之，挞以记之；记之而又不从，是蔽陷畔逃，终不可与有言，然后弃之为匪民，不得齿于天下。所以威之者又如此。学政之坏久矣！人情苦于羁检而乐于纵恣，中道而废，从恶若崩。时则为揣摩、为捭阖、为钩距、为牙角、为城府、为阱护、为溪壑、为龙断、为捷径、为贪墨、为盖藏、为较固[16]、为干没[17]、为面谩[18]、为力诋、为贬驳、为讥弹、为姗笑[19]、为陵轹[20]、为觊觎、为睚眦、为构作、为操纵、为麾斥、为劫制、为把持、为绞讦、为妾妇妒、为形声吠、为崖岸、为阶级、为高亢、为湛静、为张互、为结纳、为势交、为死党、为囊橐、为渊薮、为阳挤、为阴害、为窃发、为公行、为毒螫、为蛊惑、为狐媚、为狙诈、为鬼幽、为怪魁、为心失位；心失位不已，合谩疾而为圣癫、敢为大言，居之不疑，始则天地一我，既而古今一我。小疵在人，缩颈为危；怨讟[21]薰天，泰山四维；吾术可售，无恶不可；宁我负人，无人负我；从则斯朋，违则斯攻；我必汝异，汝必我同；自我作古，孰为周孔？人以伏膺[22]，我以发家。凡此皆杀身之学，而未若自附于异端杂家者为尤甚也。居山林、木食涧饮，以德言之，则虽为人天师可也；以之治世则乱。九方皋之相马，得天机于灭没存亡之间，可以为有道之士，而不可以为天子之有司。今夫缓步阔视，以儒自名，至于徐行后长者，亦易为耳，乃羞之而不为。窃无根源之言，为不近人情之事，索隐行怪，欺世盗名，曰："此曾、颜、子思子之学也。"不识曾、颜、子思子之学，固如是乎？夫动静交相养，是为弛张之道；一张一弛，游息存焉。而乃强自矫揉，以静自囚，未尝学而曰"绝学"，不知所以言而曰"忘言"。静生忍，忍生敢，敢生狂，缚虎之急，一怒故在，宜其流入于申，韩而不自知也。古有之：桀纣之恶，止于一时；浮虚之祸，烈于洪水。夫以小人之中庸，欲为晋魏之《易》与崇观之《周礼》，又何止杀其躯而已乎？道统开矣，文治兴矣，若人者必当戒覆车之辙，以适改新之路。特私忧过，计有不能自已者耳，故备述之。既以自省，且为无忌惮者之劝。侯名澄，七岁入小学，师名士龙江张某。自读诵至剖析义理者余十年。衍圣必其为特达之器⊙23，以其子妻之。迄今为名诸侯，二君子有力焉。是年九月朔旦，河东元某记。

⊙ 注释

⊙1　东平府：宋宣和元年（1119年）升郓州为东平府。府治即今山东省东平县州城镇。元改东平府为东平路。明洪武元年（1368年）改东平路为东平府；洪武三年（1370年），寿张县分并须城、阳谷县；洪武八年（1375年），东平府降为州；同年撤须城县并入东平州，属济宁府。

⊙2　郓学：北宋的郓学，即东平府学的前身，所承为唐代的"明德堂"。北宋郓学最初由资政殿大学士王曾创办，其景祐年间罢相出任郓州（今东平）时，"奖士类，立学置学田"，"买田二百顷，以赡生徒"。此后，东平文化教育氛围更加浓厚，文化名人辈出，仅宋代就有郭茂倩、梁灏、梁固、梁楷、刘祯、钱乙等。在东平古城，"是父是子同作状元千载少，为卿为相流传历代一门多"的父子状元牌坊楹联，成为这一时期文化繁荣的见证。

⊙3　王沂公曾：即王曾，受封沂国公，故称。王曾，字孝先，青州益都（今山东省青州市）人。生于宋太宗太平兴国三年（978年），卒于宋仁宗景祐五年（1038年）。咸平中（998—1003年），解试、省试、殿试皆第一，成为科举史上连中"三元"的状元。历任将作监丞、著作郎、翰林学士、谏议大夫、礼部侍郎、枢密使、平章事等，著有《王文正公笔录》。

⊙4　富郑公弼：生于1004年，卒于1083年，即富弼，字彦国，洛阳（今河南省洛阳东）人。天圣八年（1030年）以茂才异等科及第，历知县、签书河阳（孟州，今河南省孟县南）节度判官厅公事、通判绛州（今山西省新绛县）、郓州（今山东省东平县），召为开封府推官、知谏院，知制诰、枢密副使、知郓州、青州，枢密使，进封"郑国公"，出判亳州。

⊙5　不预：不事先做准备。

⊙6　阛阓（huán huì）：市区。阛，是指环绕市区的墙；阓，是指市区的门。古时，市道就在墙与门之间，所以通称市区为"阛阓"。

⊙7　湫隘（jiǎo ài）：低洼狭小。
⊙8　旒：古代旌旗下边或边缘上悬垂的装饰品。
⊙9　章施：装饰，修饰。
⊙10　豆笾（dòu biān）：祭器。木制的叫豆，竹制的叫笾。
⊙11　舍菜：即释菜之礼，古时入学，持菜祭祀孔子。
⊙12　弁（biàn）：古代的一种帽子。
⊙13　舒徐：从容不迫。
⊙14　酬酢（chóu zuò）：宾主互相敬酒，泛指交际应酬。酬，向客人敬酒；酢，向主人敬酒。
⊙15　庶顽：愚妄之人。
⊙16　较固：垄断。
⊙17　干没：侵吞他人财物。
⊙18　面谩：当面欺蒙。
⊙19　姗笑：讥笑，嘲笑。
⊙20　陵轹（líng lì）：欺压，欺蔑。
⊙21　讟（dú）：怨恨，毁谤。
⊙22　伏膺：倾心，钦慕。指信服、归心，谓从学，师事。
⊙23　特达之器：至为明达、极其通达之才，德才兼备之人。

说明

东平府学历史悠久，最早由宋代资政殿大学士、沂国公王曾创办，地点在城西南之天圣仓。当时革新派名臣、郑国公富弼为之题记，历任郡守不断增葺，使其影响一度颇为巨大。金元战乱之际府学中断。但严实担任郡守期间一直甚为重视地方教育，聘请杜仁杰、张澄、商挺等人“延教其子”“兴办长清庙学”“一时名士会聚于此”（《长清县志》）。此后四方文人名士次第在东平授徒讲学，研习经史，已具备恢复府学的基础，但严实在任未及办理。严忠济嗣任后，即着手在城东北新址重新，于蒙古宪宗五年（1255年）6月竣工，特请元好问写下《东平府新学记》。重建后的府学规模宏大，其礼殿“坚整高朗，视大邦郡之居”，有孔子及十哲七十二贤之像，讲堂、书房、学舍、厨房等，“故事毕举，而崇饰倍之”。府学祭酒聘康晔担任，下设东序、西序两部，东序教官梁栋，西序教官王磐。首批府学生员六十余人。这在当时其他地方战乱未止的情况下，“郓学视他郡国为独异”，成为一枝独秀。六年以后，即元世祖中统二年（1261年），元朝“始命置诸路学校官”（《元史·选举志》）。这时候，东平府学生已成就学业，或雄踞文坛，或仁途顺达，“后多显者”了（新华网山东频道）。

博州重修学记⊙1

元好问

◎本文选自《元遗山集》卷三十二。

博州重修学记

正文

博之庙学，当泰和中州倅[2]，辽东王遵古元仲[3]之所建。元仲有文行，道陵谓之“昔人君子”者也。甲申之兵，民居被焚，州将阎侯义以庙学、州宅、龙兴寺殿，土木之丽甲于一州，特以兵守之。其后庙学独废不存。今行台特进公以五十城长东诸侯，凡四境之内，仙佛之所庐、及祠庙之无文者，率完复之，故学舍亦与焉。防御使茌平石侯青、彰德总管兼州事赵侯德用，乃以行台之命，葺旧基之余而新之。大其正位，又为从祀之室于其旁。至于讲诵之堂、休宿之庐、斋厨库厩，无不备具。经始于某年之某月，落成于某年之某月。文石既具，赵侯请予记之。予窃有所感焉。博自唐以来为雄镇，风化则齐、鲁礼义之旧，人物则鲁连子、华歆、骆宾王之所从出。在承平[4]时，登版籍[5]者余三十万家，其民号为良善而易教。特丧乱之后，不能自还耳。虽然，岂独此州然哉？先王之时，治国治天下，以风俗为元气，庠序党术无非教，太子至于庶人无不学。天下之人，幼而壮，壮而老，耳目之所接见，思虑之所安习，优柔于弦诵之域，而餍饫于礼文之地；一语之过差，一跬步之失容，即赧然自以为小人之归。若犯上，若作乱，虽驱逼之、从臾[6]之、诱引之，有不可得者矣。故以之为俗则美，以之为政则治，以之为国则安且久。理之固然而事之必至者，盖如此。呜呼！王政扫地[7]之日久矣。战国吾不得而见之，得见两汉斯可矣；两汉吾不得而见之，得见唐以还斯可矣；唐以还且不可望，况于为血为肉之后乎？丧乱既多，生聚者无几，蚩蚩[8]之与居，伥伥[9]之为徒。亦有教焉：不过破梁碎金：“胡书记咏史”而已。前世所谓《急就章》《兔园册》者，或篇题句读之不知矣。后生所习见者，非白昼攫金，则御人于国门之外，取箕帚而谇语[10]，借耰锄而德色，秦人之抵冒殊捍[11]，贾子之所为。太息而流涕者，盖无足讶。由是观之，父子、夫妇、人伦之大节，亦由冠屦[12]上下之定分。冠而屦之，屦而冠之，非正名百物，则倒置之敝无所正。父不父、子不子、夫不夫、妇不妇，必肇修人纪者出而后有攸叙[13]之望矣。况草昧[14]之后，道统[15]方开，明经者例有复身之赐，而此州将佐首以兴起学宫为事，士之有志于此道者，其喜闻而乐道之宜如何哉！故为记其兴造之始末，且以学校之本告之曰：有天地，有中国，其人则尧、舜、禹、汤、文、武、周、孔，其书则《诗》《书》《易》《春秋》《论语》《孟子》，其民则士、农、工、贾，其教则君令、臣行、父慈、子孝、兄友、弟恭、夫妇睦、朋友信，其治则礼、乐、刑、政、纪纲、法度。生聚、教育、冠婚、丧祭、养生、送死而无憾。庠序党塾者，道之所自出也；士者，推详序党塾所自出之道而致之天下四方者也。由是而之焉，正名百物，肇修人纪者尚庶几焉！如曰不然，则尔爱其羊，我爱其礼。以是学为告朔之饩[16]，可也。

⊙ 注释

⊙1　博州，当是今天山东省聊城市东北一带。

⊙2　倅（cuì）：副，辅助的。

⊙3　王遵古：生年不详，卒于1197年，字元仲，盖州熊岳（属今山东省营口市）人。世称“辽东夫子”，其妻为渤海遗裔辽阳张浩女。其诗文传于今者有《过太原赠高天益》《博州庙学碑阴记》等。正隆五年进士。金大定十三年（1173年），任汾州观察判官，入为太子司经。复出为同知博州防御使事，澄州刺史。文行兼备，为政能缘饬以儒雅，潜心伊洛之学。金承安二年（1197年）6月，授翰林直学士，秩中大夫，未几卒。子庭玉、庭坚、庭筠、庭掞，而庭筠最知名。

⊙4　承平：太平。

⊙5　版籍：是指登记户口、土地的簿册。

⊙6　从臾：即“从谀”，顺从，采纳。

⊙7　埽地：“埽”同“扫”，指用扫帚等工具清扫地面，这里比喻名誉、威信等全部丧失。《孔子家语・致思》载：“于是夫子再拜，受之。使弟子扫地，将以享祭。”

⊙8　蚩蚩：无知之意。

⊙9　伥伥：无所适从。

⊙10　谇语：斥责，责骂。

⊙11　抵冒殊扞：触犯，抵御，抗拒。

⊙12　冠屦：比喻上下位置、尊卑之别。

⊙13　攸叙：得以规范有序。

⊙14　草昧：原意是指天地初开时的混沌状态，这里指代时世混乱黑暗。

⊙15　道统：儒家传道的脉络和系统。此说源于孟子，其言曰：“由尧舜至于汤，由汤至于文王，由文王至于孔子，各五百有余岁，由孔子而来至于今，百有余岁，去圣人之世，若此其未远也，近圣人之居，若此其甚也。”隐然以继承孔子自任。

⊙16　即“告朔饩羊”，古代的一种制度。告朔之礼，古者天子常以季冬颁来岁十二月之朔于诸侯，诸侯受而藏之祖庙。月朔，则以特羊告庙，请而行之。意即：每逢初一，便杀一只活羊祭于庙，然后回到朝廷听政。但到了鲁文公时期，每月初一，鲁君不但不亲临祖庙，而且不听政，只是杀一只活羊虚以应付，于是子贡提出既然如此也就不要再祭羊了，而孔子却不同意，《论语・八佾》载：“子贡欲去告朔之饩羊。子曰：‘赐也！尔爱其羊，我爱其礼。’”实则是对传统的继承。

今聊城堂邑文庙

文庙之棂星门

文庙之泮池及戟门

文庙之大成殿

赵州学记

元好问

◎本文选自《元遗山集》卷三十二。

正文

赵州庙学初废于靖康之兵。天会[1]以来，郡守赵公某始立庙殿，而任公某增筑学舍。泰和[2]名臣、陵川路公元为门、为廊庑、为讲堂，土木之功乃备。自贞祐南渡，河朔丧乱者余二十年。赵为兵冲，焚毁尤甚；民居官寺，百不存一。学生三数辈逃难狼狈，不转徙山谷，则流离于道路。庙学之存亡，亦付之无可奈何而已。户牖既坏，瓦木随撤[3]，当路者多武弁，漫不加省[4]，上雨旁风，日就颓压；识者惜之。岁癸卯，真定路工匠总管赵侯[5]，慨然以修复为事。发赀于家，顾工于民，躬自督视，不废寒暑。裁正方隅、崇峻堂陛；袤[6]倾者起之、腐败者易之、破缺者完之、漫漶者饰之。曾不期年[7]，截然一新，若初未尝毁而又有加焉者。乃八月上丁[8]，诸生释菜如礼，衣冠俎豆，骎骎[9]乎承平之旧。予过庆源[10]，尝往观焉。问所以经度者，郡人高德茂等合辞道其然，且请予记之。予以为学官之废久矣！儒学之士，虽有任其责者，亦以为不急之务矣。比岁[11]，郡县稍有以兴学为事者，率有由而然。力制势劫剧甚，调度仅能有成，怨讟盈路，所谓可为美观而不可以夷考[12]也。赵侯不出于强率[13]，不入于承望[14]，崇儒向道，自拔于流俗者如此！在于学古之士，其喜闻而乐道之，宜何如哉？故为记之，且告之曰：“吾道之在天下，未尝古今，亦未尝废兴。君臣、父子、夫妇、兄弟、朋友之际，百姓日用而不知。大业广明五季之乱[15]，绵蕝[16]不施，而道固自若也。虽然，庠序、党塾，先王之所以教，后世虽有作者，既不能复有所加，亦岂容少有所损？羊存礼存，此告朔之饩所以不可废也。夫兴学，儒者事也；用武之世而责人以儒者之事，不可也。异时，时可为，力可致，而使学官有鞠为园蔬[17]之叹，不必以前世赵、任、路三使君为言。视今赵侯，能不少愧乎？”侯名振玉，龙山人，先节度庆源，有良民吏之风。其与文士游，盖其素尚云。

⊙ 注释

⊙1　天会：此处是指金太宗的年号，时间在1123年至1135年。

⊙2　泰和：金章宗的年号，时间在1201年至1208年。

⊙3　撤：撤除，毁坏。

⊙4　省：探望，关注。

⊙5　赵侯：宋朝皇族后裔真定路工匠都总管赵振玉。

⊙6　袠（zhì）：同“帙”。

⊙7　期年（jī nián）：一年。

⊙8　上丁：指农历每月上旬的丁日。

⊙9　骎骎（qīn qīn）：原意是形容马跑得很快，此处指事情进展得很顺利。

⊙10　宋朝尊崇赵为国姓。大观三年（1109年）升赵州为庆源军节度。宣和元年（1119年）升为庆源府，治所平棘，属河北西路，辖七县——平棘、宁晋、高邑、柏乡、赞皇、临城、隆平。靖康二年（1127年），庆源府为金所辖。金天会七年（1129年），庆源府改为赵州。天德三年（1151年），赵州更名沃州，“取水沃火之义”，属河北西路，辖县不变。正大二年（1225年），沃州归元所有。元太宗六年（1234年），置永安州，治所藁城，辖平棘县。元太宗七年（1235年），废永安州，平棘县改隶赵州，为州治。

⊙11　比岁：近几年来。

⊙12　夷考：考察。

⊙13　强率：勉强附和，勉强服从。

⊙14　承望：迎合，逢迎。

⊙15　五季之乱：指唐末五代纷乱之世。

⊙16　蕝（jué）：标志。

⊙17　鞠为园蔬：全部成了菜园。

□ 说明

原赵州文庙（庙学）位于今河北省赵县石塔路87号，建筑已无存，仅剩遗址，另有大观圣作之碑一通，属全国重点文物保护单位。

寿阳县学记[1]

元好问

壽陽縣學記

◎本文选自《元遗山集》卷三十二。

正文

近代皇统、正隆以来，学校之制，京师有太学、国子学；县官饩廪[2]，生徒常不下数百人，而以祭酒博士助教之等教督之，外及陪京总管太尹府、节度使镇、防御州，亦置教官。生徒多寡，则视州镇大小为限员。幕属之由左选者，率以提举系衔[3]刺史，州则系籍生附于京府，各有定在[4]。外县则令长司学之成坏，与公廨[5]相授受，故往往以增筑为功。若仕进之路，则以词赋、明经取士，预此选者多至公卿达官。捷径所在，人争走之。文治既洽，乡校家塾弦诵之音相闻。上党、高平之间，士或带经而锄，有不待风厉[6]而乐为之者。化民成俗，概见于此。自大安失驭[7]，中夏[8]板荡[9]，民居官寺，毁为焦土。天造草昧，方以弧矢[10]威天下，俎豆之事宜有所待也。

甲辰之春，予归自燕、云，道寿阳，知有新学，往观焉。见其堂庙斋庑，若初未尝毁而又加饰焉者。问所以然，诸生合辞曰："吾邑旧有庙学。元祐中，知县事张不渝实更新之。既乃废于贞祐甲戌之兵。大变之后，民无百家之聚；县从事李通、李天民者，窃有修学之议而病未能也。会台牒下，于壬寅之冬，课所在举上丁释菜之典，乃得偕令佐暨县豪杰诸人经度之。盖三年而后有成。久欲谒文吾子，以纪岁月，顾以斗食[11]之役之故，而无以自达也。"予谓二三君言："公辈宁不知学校为大政乎？夫风俗，国家之元气，而礼义由贤者出。学校所在，风俗之所在也。吾欲涂民耳目，尚何事于学？如曰：'如之何使吾民君臣有义、而父子有亲也？夫妇有别、而长幼有序也？'则天下岂有不学而能之者乎？古有之：'有教无类'；虽在小人，尤不可不学也。使小人果可以不学，则武城之弦歌，当不以割鸡为戏言矣。予行天下多矣，吏奸而渔，吏酷而屠，假尺寸之权，朘[12]民膏血以自腴者多矣！崇祠宇，佞佛老，捐所甚爱以求非道之福，颦呻[13]顾盼，化瓦砾之场为金碧者，又不知几何人也！能自拔于流俗，崇儒重道如若人者乎？且子所言'无以自达'者，亦过矣。兴学之事，贤相当任之，良民吏当为之。贤相不任，良民吏不为，曾谓斗食吏不得执鞭于其后乎？使吾不为记兹学之废兴则已，如欲记焉，吾知张不渝之后，唯此两从事而已！奚以斗食之薄、万钟之厚为计哉？”

通，字彦，达县人；天民，字仲先，上世秀容人，其先世皆儒素云。

⊙ 注释

⊙1　寿阳县：位于山西省东部，春秋时为祁氏封地，西晋太康年间置县寿阳，隋开皇十年（590年）改置受阳县，唐武德六年（623年）置受州于县城，贞观十一年（637年）改受阳为寿阳，宋、金、元、明为并州所属。今寿阳县属晋中市所辖。

⊙2　饩廪：即由政府提供在学生员的日常开支和粮食。

⊙3　系衔：古时官吏原职外别加的称呼名号，也指所兼职的官衔。

⊙4　定在：定准。

⊙5　公廨：官员办公的场所，即官署。

⊙6　风厉：严厉之意。

⊙7　大安失驭：是指金元之间的战争。

⊙8　中夏：中原地区。

⊙9　板荡：动荡不安。

⊙10　弧矢：弓和箭，这里指武力征服。

⊙11　斗食：指级别很低、俸禄微薄的官吏。

⊙12　朘（juān）：搜刮，剥削。

⊙13　颦呻：忧愁叹息。

说明

古之寿阳县学位于今天的城内小学院内，原建筑已无存，仅剩清代修建的三间大成殿一座。

门，在山村过着闲居生活，时人赞为『儒林标榜』。常与友人遨游山水，结社赋诗，自得其乐，元宪宗四年卒，年59岁。著有《二妙集》八卷（与成己合集），吴澄为之序云：『河东二段先生，心广而识超，气盛而才雄』，『盖陶之达，杜之忧，兼而有之者也。』词存集中。单行者有《遁庵乐府》一卷，凡67首。

◎本文记述了古代龙门地区浓厚的学术传统及王侯纪修建儒学的经过。

河津县儒学记

段成己

河津縣儒學記

◎本文选自《全元文》（李修生主编，江苏古籍出版社，1999年）卷五十九。

◎作者：段成己与段克己，两人均为金代文学家。段成己（1199—1279），字诚之，号菊轩，绛州稷山（今山西省稷山县）人。克己之弟。正大间进士，授宜阳主簿。金亡，与兄避居龙门山（今山西省河津市黄河边）。克己殁后，自龙门山徙居晋宁北郭，闭门读书近四十年。元世祖忽必烈降诏征为平阳府儒学提举，坚拒不赴。段克己（1196—1254），字复之，号遁庵，别号菊庄。早年与弟成己并负才名，赵秉文目之为『二妙』，大书『双飞』二字名其居里。哀宗时与其弟段成己先后中进士，但入仕无

正文

自经太变，学校尽废，偶脱于煨烬之余者，百不一二存焉。国朝革命，天下浸以文治，累圣[1]尝致意于学矣。复儒生之家，分建学官，郡县之学次第而复。河津古龙门[2]号称多者，鸿儒硕师，骚人辞客，往往辈出。其汉则司马太史之父子，在隋则王河汾之兄弟，唐以来如勃、如勮、如勔、如助，以文名世者不一而足。丧乱而后，弦诵音绝者五六十年，人亦寂无闻焉，而嚣讼成。谓以古准，今何悬绝不相建如此哉！非他，教尼[3]不行，学校废故也。屯田千夫长河南王侯纪以治理效求尹是邑，下车咨辄民事，拨剧从简，人便安之。居未期月，舛亡者复而户日增，游惰者观而田日辟。惟原本教化之地旷而未立，殆未副朝廷长育人材之旨。日感然为弗宁，以身任其责，不择剧易，靳于必成。人以感发奋激，竞为出力。相学之遗址下窄，增广加旧四倍，绝长补短，得地十二亩有奇，维而墉[4]之。计堵一百二十四，其广举武三十有三，袤倍广三分之二。于是考极正位，首建大成殿，庑阶梁桷各尽其度，本宋壮丽，内外完固，不丰不约，神足以宇。春秋奠菜，瑚簋有列，傧相有位，三献在廷，登降拜跪，得以如法，邦人观礼，得慰瞻企。殿皆东偏，结屋二架，以结工役之积。辟太成门外南北所繇[5]正路，径达东西通衢。衡寻有七尺，视庙学地减三之二而不在其数。椒祭于至元甲戌之七月丙子，□□告讫，考其□堂门庑，前后二十九楹。庀工度材，相次以立，迫于瓜期，未遑就绪，嗣而成之，尚有赖于后之能者。伻[6]来谒文，道侯之言曰："学之有记，尚矣。非徒识学之所自起，且使邑之士子知立学之本旨，后日人材复古，亦与有劳焉。"余曰：国家开设学校，侯殚精极虑，衹顺德意。不直为文具观美尚，为士者尽力于学，而粹然一出于正。噫！侯之心亦仁矣。虽然，为学之理具于缮修之中，而人不之察也。奚必远求为哉？请为侯与邑之士子言之。庙学之地，初非不善也。一废于兵，樵苏入焉，牛羊牧焉，鸟兽之道交践于其中，其不为秽墟者几希矣。剃而戋之，培而第之，一日草束尽而百堵兴，庙貌焕然，观者起敬，何则？新之而已矣。人之性，初非不善也。一蔽于私，利欲梏焉，吝骄猾焉，虫贼之害交食于其中，其为禽兽不远矣。反而求之，养而存之，一日己私克而天理明，德宇廓然，见在咸仰，何则？修之而已矣。修之如何？非忠信无以立德，非刚健无以任重，必有立德之基、任重之实，而问学辞章以发之，斯可以成身矣。亦犹基址既固，栋宇既安，而黝垩丹漆以饬之，斯可以成室矣。此之不务，惟区区利达之徼，以口耳苟偷之习，为仕途进取之谋，谈圣学而又私欲，此《中庸》所谓小人而无忌惮者，岂惟为君子之羞，亦岂贤令尹所望于吾党之士子者哉？若夫董缮修之役，司会计之数，施材施力，凡有劳于庙，记者皆刻石碑阴，此不书。

⊙ 注释

⊙1　累圣：历代君主。

⊙2　河津，山西省运城市下辖县级市。战国时为魏国皮氏邑，秦置皮氏县，北魏改为龙门县。宋代改河津县，沿称至今。河津西北12km的黄河峡谷中有禹门口，两岸峭壁对峙，形如阙门，故名龙门。传说龙门为禹所凿。为怀念禹之功德，改称禹门。实为黄河侵蚀所致。河中有石岛横亘，形势险要。《水经注》载："龙门为禹所凿，广八十步，岩际镌迹尚存。"骆宾王在其《晚渡黄河》诗中写道："通波连马颊，进水急龙门。"李白则以"黄河西来决昆仑，咆哮万里触龙门"的诗句，道出了龙门的湍悍水势。

⊙3　尼：这里是阻止、停止之意。

⊙4　墉：城墙，这里意为砌筑围墙。

⊙5　繇：从、自、由。

⊙6　伻（pēng）：出使，派出使者，令使。

河中府新修庙学碑

段成己

◎本文选自《全元文》（李修生主编，江苏古籍出版社，1999年）卷五十九。

◎文中记述了正定侯史椿修建河中府文庙的经过。

正文

眉山苏氏尝举《书·益稷》"庶顽谗说"一章，以明舜之学政[1]，乃推其义曰："顽谗之人虽在所塈[2]，圣人不忍遽弃[3]，择其可进者，立射侯[4]之法以明之，挞之以记其过，书之以识其善，欲使并生于天地之间，改过而迁善也。又命掌乐之官，采歌谣之言而扬之，以启迪其良心，其改者进且用之，不然而后屏黜[5]之威行焉。"圣人不忍于顽谗之人，委曲作成如此，其乐育天下之材，可知已矣。夏、商、周因之，有校、序、庠之目，而制尤详于周。乡举里选，以德行道，艺宾兴之，下而侯国，如鲁之泮宫，郑之乡校，献囚献功，论政取士，亦皆由是而出。三代而后，学存而教日益衰，汉取以四科，魏立九品之法，隋变以科目，唐宋循袭而莫之易，皆因弊改革，虽道与古异，而取材于学则一也。故苏氏曰："有学而不论政，不取士，犹无学也。"隋唐以来，学遍天下，虽荒服郡县皆有学，学必立庙，以礼先圣先师。古也，先圣各以一代名世者为之，如虞之夔[6]，周之周公是也。孔子没，易以孔子，百世不能改也。至于近代，庙学制益备，自京师外，河东为称首，河东所隶郡，河中[7]为盛，而得人亦称是，丧乱学废，不闻弦诵之音者四五十年，国初迁学于内城，立庙屋数间以备奠菜，卑陋下窄，神不以宇，有司僦功醵财，屡作屡辍，竟无所增益。至元丙子，真定史侯来殿此邦，下车问民疾苦，佥言[8]河中晋一都会，行李之往来如织，供亿[9]之弊，人每以为病。侯度府之赢财，搠帷幄、茵荐、屏障、几榻，下至马枥[10]、筐筥[11]，一切供张之物，无不完具，宾至如归，而侵渔[12]之患息，流亡复还，田莱[13]斯辟。令行于庭户，而人自得于田里之闲，叹息愁恨之心不起。庶富而教，至于无事，乃会诸耆老而告之曰："此邦号称多士，今颓靡不振，岂其学未兴，教尼不行然欤？吾与汝辈共成之何如？"

同府判李让以降，割俸以佐其费，上下感悦，不祈而荐赀，不命而展力。躬亲率之，日夕汲汲，蕲于必成。构礼殿五架，中以木为障，以幂风土，径寻有二尺，纵横相称，饰以丹漆，严严翼翼，可以荐敬，可以妥灵。取颜孟而下高第弟子十人，配食于堂上，从旧制也。东西两庑各十七楹，绘余子从祀。其下碱阶以甓，树庭以柏，应门、皋门，各如其法。讲肄有堂，庖廪有次，东偏余地犹足，为学者藏修游息之所。后之人完葺如前人用心，斯无难矣。环而蕝之，其袤七十九步有奇，广六十六不及，计其地得□十一亩三分之二。经始于至元摄提[14]之仲秋，毕功于冬之阳月。学成，侯于是撰书词，授府从事李安、府学生麻克勤赍教授范庭实同蒲之士子书，介侄子思温，走平阳来谒文，愿纪其实。安尝与晨夕董正之劳，因其命之，且道侯之言曰："府判外从于役，其济成之心终始不渝，不待由中见其功也。"既承命，书其语，俾谂[15]于众曰：庙学之复，蒲之士得日修孝悌忠信，培植国家安富尊荣之本，其以幸于蒲之士厚矣，为士者可不勉哉！学为教基，而风俗系焉。异日歷蒲之境，见其士风一变，污俗日新，人登圣门，与蒲之士子揖让于射堂之上，听乡乐之歌，饮射壶之酒，环视学宫，咏叹二侯相与之意，而颂其遗爱，不亦伟乎？归刻其辞于石，立之门右以俟。史侯名椿，太丞相开府公之犹子，故其为政，知所先务。其词曰：庙学之废，盖亦有年。谁创攸居，不盈数椽。剥以风雨，上漏旁穿。乃制新宫，神栖始安。惟北有堂，可诵可弦。庖廪门庑，既葺既完。仰圣之尊，俨然在迩。学者望之，莫不兴起。庙有废兴，道无增毁。人乐休嘉[16]，颂其成美。刻辞于碑，以示无止。

蒲州古城城门

⊙ 注释

⊙1　舜之学政：舜是中国上古三皇五帝中的五帝之一，出生地在姚墟或诸冯，治都即在蒲阪（蒲州，即今永济）。《史记·五帝本纪》载："天下明德皆自舜帝始。"《童子问易》考证舜帝系大易重卦之人，《易经》的德道渊源来自于舜帝，所以舜被称为易学发展史上五圣之一。舜对于儒家又有特别的意义。儒家的学说重视孝道，舜的传说也是以孝著称，所以他的人格形象正好作为儒家伦理学说的典范。

⊙2　堲（jí）：这里同"疾"。憎恨之意。

⊙3　遽弃：一概马上抛弃，放任不管。

⊙4　射侯：用箭射靶。侯，用兽皮或布做成的靶子。《礼记·射义》："故天子之大射，谓之射侯。射侯者，射为诸侯也。射中则得为诸侯，射不中则不得为诸侯。"

⊙5　屏黜：排斥，抛弃。

⊙6　夔：相传为尧、舜时代的国家乐官。至商周时期又被传为一种近似龙的动物，形象多为一角、一足、口张开、尾上卷。在钟鼎彝器等青铜器上经常释有夔纹。

⊙7　河中：今山西省永济县蒲州镇。蒲州见证了永济悠久的历史：西汉即在此设置蒲反县，王莽改为蒲城县，东汉改为蒲坂县，均为河东郡治所；东晋时置并州及河东郡；北魏相继改为雍州、秦州；北周明帝二年（558年）改秦州为蒲州，"取蒲坂为名也"；隋开皇十六年（596年），移蒲坂县于蒲州东，在蒲坂故城置河东县，后又将蒲坂县并入河东县，大业初废，故治在今山西永济市蒲州老城东南；唐武德元年（618年）于桑泉县置蒲州，故治在今山西临猗县临晋镇，武德三年（620年）移治原蒲州城，领河东、河西、临晋、猗氏、虞乡、宝、解、永乐等县，开元八年（720年）改为河中府，因位于黄河中游而得名，同年改为蒲州，乾元（758—759年）年间又改称河中府；宋、金、元时期迭置河东郡河中府、蒲州等，治所均在河东县。明洪武二年（1369年）复称蒲州；清雍正六年（1728年）改为蒲州府；1912年，山西省裁去蒲州府，改称永济县；1993年，撤县设永济市。

⊙8　佥言：大家都说。

⊙9　供亿：亿，本意为安宁、安定。供亿，供应安养，供应所需，使其安定。此处供亿用作名词，指供其所需之物。

⊙10　马枥：马槽。

⊙11　筐筥：筐与筥的并称，方形为筐，圆形为筥。亦泛指编制的竹器。

⊙12　侵渔：侵夺，从中侵吞牟利。

⊙13　田莱：正在耕种和休耕的田地，亦泛指田地。莱，萝卜的别称。

⊙14　至元摄提：即至元三十年，1293年。

⊙15　谂（shěn）：同"审"。规谏，劝告，思念。

⊙16　休嘉：美好嘉祥。

□ 说明

文中所述即蒲州府文庙，原在蒲州古城东门内南侧，今已不存。

霍州迁新学记[1]

段成己

◎本文选自《全元文》（李修生主编，江苏古籍出版社，1999年）卷五十九。

◎文中记述了韩侯爽、澈里伯、高侯、忙古角、乔居敬、贾侯琪等人另寻新址创建文庙的经过。

正文

自京师至郡邑皆有学，学皆有庙，以夫子为先圣，郡守邑长遍天下得以通祀，古也。兵兴以来，庙学尽废，人袭于乱，目不睹瑚簋[2]之仪，耳不闻弦诵之音，盖有年矣。国朝开创，复儒生之家以厉天下，恩至渥[3]也。而四方之远，民未尽劝，讼未尽息，余风遗俗，狃[4]于旧而未尽移易者，何哉？人不知有学故也。皇帝临御，天下庶事皆有条贯。越明年，分置学官，有司以治道先后之不同，故郡县之学或有兴与未，而霍之为州，又当河东南北两道之冲，在职者簿书期会[5]之隙，奔走将迎，日不暇给，其于学尤不易议。至元二年夏四月，韩侯奭来典[6]此郡，下车按国之故，谒先圣于庙。庙学遗址，莽为瓦砾，惕焉惧，蹙然不宁。退，即公堂会同僚澈里伯、高侯、忙古解暨诸郡吏，共商略建立事，众谋佥同，如出一口。会大府以府掾分属诸郡，以戒不治，知事乔君居敬为霍吏目，始至，申前议不符而合。初进士张国维营葺累年，勤亦至矣，未及次第而卒，访其遗材，仅得三四，而栋梁柱石之用，尚有缺焉。相学之旧，庳陋狭隘，不足以揭虔妥灵，乃卜宅于旧学西北，丰衍端夷，其宇神甚宜。命工蕝焉，得地广三十举武，其袤倍差，树表定基，各有攸当，以咨于故老，故老罔不悦，以复于方伯，方伯称其是。乃共分廪食，以济其阙，征庸僦工，人竞用劝。功未讫，贾侯琪来代澈里伯，喜事之集，以不与始谋为慊，赞其成愈力。岁丁卯冬十一月，正室成，栖神像于中，配以颜孟十哲，庙貌隆峻，观者起敬，而师儒之室，讲肄之位，其余材犹足以卒事。迫于瓜期[7]，以遗来者。乔君以三侯之命来谒文，予以久病为解，而请益坚，乃谂之曰：子产不毁乡校于郑[8]，讫春秋世，郑不乏人，为礼义之邦。文翁兴学于蜀[9]，以蜀之鄙夷，卒之其材与邹鲁并，而号称易治。子产、文翁之政美矣。使后来者继之，亦如贾侯之代于前，增而筑之，恢而大之，他日俊民之出，礼俗之成，其亦知所自矣。此不可以不书，至于施地、施财、施力者，其厚薄之差，具列之碑阴，以见霍人向道之渐。至元四年冬十一月既望，宣授平阳路提举学校官段成己纪。

⊙ 注释

⊙1 霍州：今天的霍州市，隶属临汾市，位于山西中南部，与临汾、晋中盆地交界，扼山西南北，可谓交通要冲。此地古为霍邑，金贞祐三年（1215年）置霍州。清乾隆三十七年（1772年），霍州升为直隶州，领赵城、灵石二县。光绪三十二年（1906年），又增辖汾西县。民国元年（1912年）改霍州为霍县，隶属河东道。中华人民共和国成立初期仍为霍县。1961年与汾西县分开，复称霍县。1990年，撤县建霍州市。

⊙2 瑚簋：宗庙盛黍稷的礼器，殷曰瑚，周曰簋。此处指代礼仪。

⊙3 渥：浓厚、优厚之意。

⊙4 狃（niǔ）：因袭，拘泥。

⊙5 簿书期会：簿书，官署中的文书簿册；期会，谓在规定的期限内实施政令，多指有关朝廷或官府的财物出入。两者合在一起，泛指官府中公文政令一类繁杂琐碎的俗事。

⊙6 典：主持，主管。

⊙7 瓜期：官吏任期届满或者女子出嫁之期。

⊙8 子产不毁乡校：子产，即姬侨，字子美，人称公孙侨、郑子产，郑穆公的孙子，东周春秋后期郑国（今河南省郑州市新郑市）人，与孔子同时，是孔子非常尊敬的人之一。公元前554年，郑简公杀子孔后被立为卿，公元前543年到522年执掌郑国国政，是当时著名的政治家、思想家。郑国人到乡校（古时乡间的公共场所，既是学校，又是乡人聚会议事的地方）休闲聚会，议论政事好坏。郑国大夫然明向子产提议毁掉乡校，子产说："为什么毁掉？人们来到这里聚议施政的好坏有何不可。他们喜欢的，我们就推行；他们反对的，我们就改正。这是我们的老师。为什么要毁掉它呢？我听说尽力做好事以减少怨恨，没听说过依权仗势来防止怨恨。难道很快制止这些议论不容易吗？然而那样做就像堵塞河流一样：河水大决口造成的损害，伤害的人必然很多，我是挽救不了的；不如开个小口导流，我们听取这些议论后把它当作治病的良药。"然明说："我从现在起才知道您确实可以成大事。小人确实没有才能。如果真的这样做，恐怕郑国真的就有了依靠，岂止是有利于我们这些臣子！"从此子产不毁乡校就被传为美谈。

⊙9 文翁兴学：西汉景帝末年，文翁（庐江舒地人。少年时好学，通晓《春秋》，担任郡县小官吏时被考察提拔）任蜀郡太守，为改变蜀中闭塞、落后的状况，从兴办教育入手，培养人才。文翁一方面派遣张叔等18人进入京师太学，学成归来即委以重任。同时，又在成都城南设置学官，创建官学，以石头修筑校舍，称为"石室"，又称"玉堂"（今成都石室中学）。经其倡导，四川学风大兴，渐与齐鲁之学齐名。而文翁兴学，又开创了西汉一代的官学制度。

□ 说明

霍县文庙是如今的第三中学校园，原文庙建筑除了明伦堂之外余皆无存，梁思成、林徽因曾来此考察。

大元国学先圣庙碑

程钜夫

◎本文选自《全元文》（李修生主编，江苏古籍出版社，1999年）卷五三六。

◎元朝建立之后，为兴文教，于都城宫城之东画地以建庙学，并历经数年完成，对当时的文化兴教起到了相当大的作用。文中就详细记述了文庙筹划建造的经过及其规模、内容。

正文

皇庆二年春，皇帝若曰："我元祚[1]百圣之统，建万民之极，诞受厥命，作之君师。世祖混一区宇，亟修文教。成宗建庙学，武宗追尊孔子。所以崇化育材也。联纂丕图，监前人成宪，期底于治。可树碑于庙，词臣文之。"臣某拜手稽首奉诏言曰：臣闻邃古之初，惟民生厚。风气渐靡，圣人忧之，越有庠序学校之制，天下之治，胥此焉出？中统二年，以儒臣许衡为国子祭酒，选朝臣子弟充弟子员。至元四年，作都城[2]，画地宫城之东为庙学基。二十四年，备置监学官。元贞元年，诏立先圣庙，久未集。大德三年春，丞相臣哈喇哈迩达尔罕大惧无以祗德意，乃身任之。饬五材，鸠[3]众工，责成工部郎中臣贾驯。驯心计指授，晨夕匪懈，工师用劝。十年秋，庙成，谋树国子学。御史台臣复以为请。制："可。"至大元年冬，学成，庙度地顷之半，殿四阿[4]，崇尺六十有五，广倍之，深视崇之尺加十焉。配享有位，从祀有列。重门修廊，斋庐庖库，为楹四百七十有八。学在庙西，地孙于庙者十之二，中国子监，东西六馆，自堂徂门，环列鳞比，通教养之区，为间百六十有七，制如孔子大成之号，祠以太牢。辇、释奠、雅乐，江南复户四十，肄之春秋二祀，先期必命大臣摄事。皇帝御极，升先儒周敦颐、程颢、程颐、司马光、张载、邵雍、朱熹、张栻、吕祖谦、许衡从祀。广弟子员为三百，进庶民子弟之俊秀相观而善业精行成者，拔举从政。又诏天下三岁一大比，兴贤能。于是崇宇峻陛，陈器服冕，圣师巍然如在其上。教有业，息有居，亲师乐友，诸生各安其学，咸曰："大哉！天子之仁。至哉！相臣之贤、工曹之勤。"其知政治之本源矣。臣窃谓天地至神，非风雨霜露罔成其功。斯道至大，非圣君贤相罔致其化。人性至善，非《诗》、《书》、礼、乐罔就其器。列圣相承，谓天下可以武定，不可以武治。所以尊夫子，建辟雍，复科举，诚欲人人被服儒行，为天下国家用耳。然则黎民于变时雍顾不在兹乎？于戏隆哉。臣某谨拜手稽首而献颂曰：

皇元受命，诞惟作京，以抚万邦。既讫武功，载修文教，登其俊良。放穆宣圣，垂范罔极，首尊而彰。曰尔胄子，弗典于学，易风四方。学以聚之，廪以饩之，日就月将。大德嗣服，乃建孔庙，乃经辟雍。考制程材，審时相宜，遹成厥功。辟雍洋洋，冕服皇皇，群士景从。圣道既明，涣号既加，我皇御天。执道之中，轨物牖民，翼翼乾乾。帝学益弘，庶政惟和，我化用宣。跻祀儒师，宾兴群材，丕绍厥先。相古盛时，讦谟远犹，罔不由贤。天锡皇祖，神圣文武，以有万国。威何不加，令何不行，求何不获。惟学是务，惟材是育，下民允迪。越厥左右，咸有一德，以匡乃二辟。惟帝时宪，惟臣克念，济济茂硕。礼明乐备，永作神主，播颂无斁。

⊙ 注释

⊙1 阼：封建帝王登阼阶主持祭祀，指登上帝位，此处指统治天下。

⊙2 大都位于今天的北京，是元朝建立的第二座都城，也是有元一代最为重要的一座都城。元朝建立后，因统治重心南移，忽必烈在继续扩建上都的同时，于至元元年（1264年）8月，将原金朝首都燕京定名为中都，开始正式确立两都巡幸制度。至元四年（1267年），因中都旧城残破不堪，忽必烈决定在中都的东北建筑新城，至元九年（1272年）2月，改中都名为大都，到至元十三年（1276年），新都建成。元朝统治期间，大都不仅是全国的政治、经济与文化中心，也是当时在世界上享有盛誉的国际大都会。

⊙3 鸠：聚集，纠集。

⊙4 指屋宇或棺椁四边的檐沟，可使水从四面流下。《周礼·考工记·匠人》：“四阿重屋。”郑玄注：“四阿，若今四注屋。”贾公彦疏：“此四阿，四霤者也。”《逸周书·作雒》：“乃位五宫，大庙、宗宫、考宫、路寝、明堂咸有四阿。”孔晁注：“宫庙四下曰阿。”朱右曾校释：“四阿，四注屋，四面有霤阿下也。”《左传·成公二年》：“椁有四阿。”杜预注：“四阿，四注椁也。”孔颖达疏：“郑玄云：‘阿，栋也。’四角设栋也，是为四注椁也。”

□ 说明

从文中对先圣庙学的详细叙述，可以看出元代虽然由游牧民族建立，却十分重视发展汉文化，所建庙学严格继承了汉族传统建筑的形式、布局和内容，并逐步与汉文化融合为一，进而形成了一种多民族性的大一统文化局面。

南阳书院碑[1]

程钜夫

◎本文选自《全元文》（李修生主编，江苏古籍出版社，1999年）卷五三六。

◎文中详细记述了南阳地区卧龙岗附近南阳书院的创建过程，并以诸葛亮扶持汉室和《春秋》的教学意义等为引题，强调建立书院的积极作用。

正文

皇帝即位之四年冬十有二月，集贤大学士臣颢言："臣幸得待罪周行，在帝左右，位崇智下，无以仰答圣明。有能推尊圣人之道、表章大贤之业、作兴民俗、敷弘治化者，此真臣人之职而上之所宜闻也。臣谨按：南阳[2]城西五里，有冈阜隆然隐起曰卧龙冈，有井潇然停深曰诸葛井者，相传汉相忠武侯故宅。民岁祠之，巫觋、杂技荐献无节，黩礼慢贤，君子病之。至大初，故河南行省平章政事何玮行农至郡，率官吏、长老伏谒祠下，顾瞻徘徊，忾然兴怀，谓守臣史烜曰：'孔明，三代而下一人而已。武昌相去千有余里，犹建庙学而尊祀之，况其所游处也哉。'出步祠东，得隙地焉，曰：'是足以建庙学矣。'遂以逶烜，烜下邑主簿赵守训重其役，乃合僚吏禄人之赢以备佣，相山之有良木石，隶官者以具材。审制度地，与设官养士之宜。上于省以闻，报：'可。'至大二年春即工！大修侯祠而加广焉。祠之东为孔子庙，庙之后为学，凡堂序门庑、庖湢库庾，肄业之斋、庋书之阁、官守之舍咸备。屋以间计，祠十有二，庙学四十有六，皆端壮广直，不务侈丽。皇庆元年秋落成，割官之废地四十顷籍于学。置山长一人掌其教，而讫功且再岁矣。庙学之颜，丽牲[3]之碑，惟陛下幸焉。"即日下中书平章政事秦国公孟舆翰林集议，臣孟等言："夫子庙宜因旧制，殿曰大成之殿，门曰大成之门，侯之祠宜曰武侯之祠。侯曰：'非澹泊无以明志，非学无以广材，非静无以成学。'学为侯作也，宜以讲堂为静成之堂，东序为明志之斋，西为广材之斋。阁所以崇群书也，宜曰崇文之阁。合而名之曰南阳书院。"制曰："可。"其命翰林学士承旨赓书之，翰林学士承旨某其为碑文，书篆并以付赓。臣某窃谓：周道既衰，孔子作《春秋》而万世君臣之法定。曹操篡窃，群雄并起而争之，《春秋》几废。昭烈揭大义，发大号，再造刘氏，侯首称“汉、贼不两立，王业不偏安”。间关百折，期复汉祚，《春秋》之义焕然复明。至今三尺之童犹知贼曹而帝汉者，侯之功也。《传》曰：“有功于民则祀之。”侯之功，万世之功也，况又居其乡哉。呜呼，我朝圣祖神孙，武定文承，薄海内外，罔不臣妾。诸学子以及有位之人，师圣人之道，仰大贤之业，夙兴夜寐，可不思庙学之所以建、圣天子之所以命，岂徒夸前人耸后观哉？所以教天下知为君臣之道也。烜世有勋伐，今守饶州，守训供奉翰林云。诗曰：

惟皇上帝，降衷于民。惟皇作极，以君以臣。皇风既邈，王霸攸作。乃修《春秋》，褒善黜恶。汉有天下，拟迹舜禹。厥德既衰，冠履易处。不有昭烈，孰扶天纲。不有武侯，《春秋》以亡。河汉之间，南阳之郭。盘盘卧龙，惟侯之宅。山萦川络，雾縞霞舒。尚想君王，顾彼草庐。惟侯之学，伯仲伊、吕。惟侯之志，光我汉祖。躬耕之忧，廊庙是蹈。义信志诎，四海其悼。庙学之设，惟侯之思。天子之赐，惟侯之议。高山景行，君子所履。词臣作诗，永作臣轨。

⊙ 注释

⊙1 南阳书院：即诸葛书院，又称“孔明书院”，位于南阳武侯祠之东北侧。元朝统一全国后，全国复建、新建书院蔚然成风。诸葛书院也在此时由河南行省平章政事何纬倡议创建。工程于至大二年（1309年）春开始，至皇庆元年（1312年）秋落成，是当时兴建的全国四所著名书院之一。

⊙2 南阳市简称“宛”，位于河南省西南部、豫鄂陕三省交界处，为三面环山、南部开口的盆地，因地处伏牛山以南、汉水以北而得名。历史上，南阳是古丝绸之路的源头之一；汉代时，南阳是全国最大的冶铁中心，现有宛城冶铁遗址；东汉时曾作为陪都。“科圣”张衡、“商圣”范蠡、“智圣”诸葛亮、“医圣”张仲景、“谋圣”姜子牙等历史名人多是出自或发迹于这里。因此地是东汉光武帝刘秀发迹之所，故南阳又有“南都”“帝乡”之称。

⊙3 丽牲：指古代祭祀时将所用的牲口系在石碑上。《礼记·祭义》载：“祭之日，君牵牲，穆答君，卿大夫序从。即入庙门，丽于碑。”

□ 说明

元至正二十一年（1361年）冬，历经数十星霜的诸葛书院，由官府鸠工重修，使“废者撤而新之，无者补而完之”。改换了殿堂门庑，重新饰其圣哲遗像。绘其祠壁，制祭器百件有余。这次重修还新起东西斋各三楹，增塑了蒋琬及诸葛瞻、诸葛尚肖像，标注十将名额。至此，武侯祠、诸葛书院混为一体。此后屡有重修，到清末书院已是颓垣断壁，其址为黄家祠堂占用。现为南阳农业学校。

贞文书院记

欧阳玄

贞文书院记

◎本文节选自《全元文》（李修生主编，江苏古籍出版社，1999年）卷一零九五。

◎文中主要记述了贞文书院创建的过程以及书院的历史源流与古代学校的发展演变。

正文

昔在仁宗皇帝之世，集贤大学士陈颢、翰林学士承旨忽都鲁都儿迷失等言："翰林揭傒斯之父来成，学行师表一方，宜特赐谥，以示圣朝尚德之意。"于是有旨，赐其谥曰"贞文先生"。至正三年夏四月，中书平章政事帖木儿达式、右丞太平贺等又请于今上皇帝，建立书院，遂以"贞文"之号赐为额。其址在富州[1]之长宁乡茜山之阳，前挹遥岫[2]，后倚崇冈，平畴曲溪，映带林麓，盖揭氏先世故居之地也。其制为大成殿四楹，于中殿之北为明伦堂四楹，殿之南为门四楹，上为重屋，门之南为棂星门四楹。别为贞文祠，置明伦堂之后。左为山长之署四楹，其两庑为诸生斋居，左右皆四楹。斋之南又为屋各五楹，庾[3]、库、庖、湢[4]，咸以次置。

其工始于至正三年之九月，讫于九年之七月。其后从子范经始之，而元贞寺僧智辨相之，山长汤盘继成之。其山长则行省以儒士之尝历学官为之。其门之东屋，则从孙德懋萃旧冈书院之材所建也。其棂星门则僧智辨之所立也，其祭祀教育经久之赀，则里人之好义者割上腴田以相其事。书院垂成，文安公与玄同在史馆，一日诣玄，以记书院为请，玄敬诺之。喜而归，以语其子汯曰："今日吾书院事毕矣，欧阳君已诺吾记矣。"越数日，文安疾作，又数日卒。三年，汯申是请，玄乃记之，又告其徒曰：

古之学校为教事设，而政事出焉。辟雍泮宫，习射养老，出师受成，皆在其地，何莫非政事也！后世学校虽治教事，而特以祀事重焉。考其所始，古之入学者舍菜先师，未尝专有所指，而舍菜之礼，亦祭之至简者也。今州县学校，则必专祠先圣先师，于是国家秩诸祀典。若夫书院，则又多为先贤之祠，或其过化之邦，或其讲道之地，如是者不一也。亦尝考其所始焉。《周礼·大司乐》："有道有德者使教焉，死则以为乐祖，祭于瞽宗[5]。"瞽宗者，学之名也。古者教之，以德为先，涵养德性，莫先于乐。故有道德而为师者，其生也以教人，其死也，人推本其教，以乐祖祀之，非必洙泗[6]而下，若汉董子，若隋唐王通、韩愈氏，若宋周、程、张、朱数君子，之为先儒而后为可也。

矧[7]夫书院与学校之制，其始又自不同。东汉以来，大夫士往往作精舍[8]于郊外，晋、魏所谓“春夏读书，秋冬射猎”者，即其所也。唐、宋之世，或因朝廷赐名士之书，或以故家积书之多，学者就其书之所在而读之，因号为书院。及有司设官以治之，其制遂视学校，故祀事有不容阙者。于是或求名世之君子以祠焉。玄尝循流而溯源，盖自入学舍菜先师，一变而为通祀，自学有乐祖之祭，一变而为先贤之祠，自春诵夏弦，一变而为呻毕[9]，再变而为词章，又且党庠术序，一变而为精舍，再变而为书院。学者苟不能知建学之初意，又岂能知为学之大功？学校所重在祀事，而宫室象设之制，日趋为观美，所仕在教事，而礼乐律历之学，或诿诸专门，遑议所谓政事之行于学校者哉？

皇元超轶[10]百王，务以崇雅黜浮为教，以去华就实为学，复古之机其在于是。贞文先生以道德教一乡之人，死而祠于其乡，稽诸乐祖瞽宗之祭，真无愧乎古人者也。玄故著其所始，愿以求正于好古博雅之君子焉。至于揭氏父子以稽古之功，修身之效，被遇两朝，垂耀百世，可谓儒者之至荣，犹有待乎论述也。夫贞文先生，讳来成，字哲夫，以子贵，累赠通奉大夫、江西等处行中书省参知政事、护军，先谥贞文。国朝处士易名之典自公始。文安公讳傒斯，字曼硕，卒官翰林侍讲学士、中奉大夫、知制诰、同修国史，赠护军，谥文安。父子并爵豫章郡公。二公懿行伟节，各有列诸别碑云。

⊙ 注释

⊙1　富州：今江西省丰城市。

⊙2　岫（xiù）：本意为岩穴、山洞，文言文中多指山峰。

⊙3　庾：露天的谷仓。

⊙4　湢（bì）：浴室。

⊙5　瞽宗：商代大学的名称。当时大学以乐教为主，乐教的教师就是乐师。乐师在学中祀其先祖为乐祖，学也就成为乐师的宗庙，故称瞽宗。瞽宗是当时贵族子弟学习礼乐的学校。

⊙6　洙泗：即洙水和泗水。古时二水自今山东省泗水县北合流而下，至曲阜北，又分为二水，洙水在北，泗水在南。春秋时属鲁国地。孔子在洙泗之间聚徒讲学。后世因此以“洙泗”代称孔子及儒家。

⊙7　矧（shěn）：况且。

⊙8　精舍：最初是指儒家讲学的学社，后来也指出家人修炼的场所，即寺院；亦指都市人为修身养性、追求人生真谛而求学的地方。

⊙9　呻毕：诵读书籍。毕，书简。

⊙10　超轶：超越，胜过。

□ 说明

贞文书院位于江西丰城，创建于元代至和年间，初名茜冈义塾，至正三年更名“贞文书院”，以纪念揭傒斯之父揭来成。揭傒斯在弥留之际，托付好友欧阳玄为其书院作“贞文书院记”，欧阳玄欣然答应。

今日贞文书院

宫观建筑

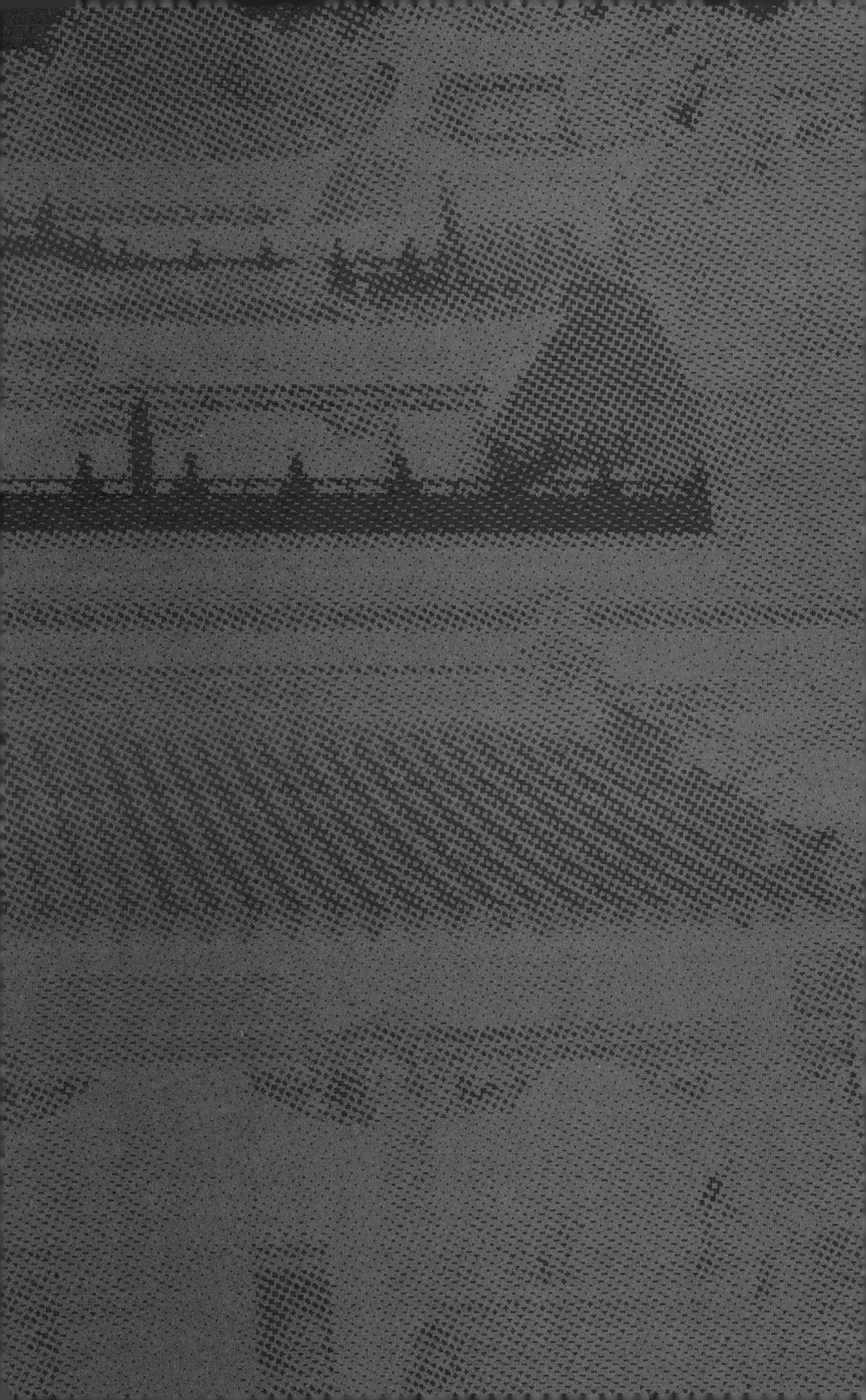

重修悟真观记

李俊民

◎本文选自《全元文》（李修生主编，江苏古籍出版社，1999年）卷三。

◎作者：李俊民（1176—1260），字用章，自号鹤鸣老人，泽州晋城（今属山西省）人。金元之际文学家。少习二程理学，承安间以经义举进士第一，弃官教授乡里，后隐居嵩山。金亡元立后，忽必烈召之不出，卒谥庄靖。能诗文，其诗感伤时世动乱，颇多幽愤之音。有《庄靖集》等。

◎文中记述了悟真观的兴建概况。

正文

高平县南二仙庙者，在张庄、李门之间，唐曰真泽，宋曰冲惠、冲淑真人，为居民祈报之所，无祷不应，一方之休戚系焉。大金贞祐甲戌岁，国家以征赋不给，道士李处静德方纳粟[1]于官，敕赐二仙庙作悟真观，俾其徒司，见真主之额，之后有慊[2]于心，为其名位之乖[3]也。其意若曰：以庙为观，则是无庙矣；以观为庙，则是无观矣。不亦诬于神，违于人乎？惴惴然不安，积有日矣。于是市庙东之隙地为三清殿，为道院斸庖湢[4]，表坛埒[5]，外力所施田，以资工役。其修齐行道，拜章启玄，步虚华夏，仪鸾而引凤者于此焉。观之西曰庙，栋宇宏丽，像容粹穆，邃以重门翼之，两庑旁列诸灵之位。其时和岁丰，民无疾厉，歈豳[6]击鼓，婆娑而乐其神者于此焉。各事其事，互不相杂，名与位判然矣，识者讳之。按《礼》云："凡祭，有其废之，莫敢举也；有其举之，莫敢废也。"盖礼所重者祭，或举或废，不可得而私。即庙而观，既观而庙，是未尝敢举，亦未尝敢废。岂私也哉！两得而不两失，神人俱悦，无遗恨矣。此重修之意也。德方请以其事书之于石，余用其意而笔之。

德方，陵川人，年二十出家，明昌三年壬子，礼本州岛神霄宫郭大宁为师。泰和丙寅，奉祠部牒，披戴登坛为大法师。后七年，贞祐改元，赐紫，号达妙，充泽州，管内威仪。偶值丧乱，晦迹[7]不出。大朝丁酉岁，遣使马珍考试天下随路僧道等，共止取一千人，德方乃中泽、潞二州选第一。是岁八月，于燕京受戒回，请以白鹤王志道知神霄宫事，郡长段公从之，俾遂其高怀。乃于宫西别院为鹤鸣堂三间，日与方外友弹琴话道，焚香煮茗，诵《周易》《黄庭》《老子》书，究诸家穷理尽性之说。与悟真相去五十里，时时往来，适游衍[8]之兴，不以傲为高，不以诞为异，简而和，婉而通，行必合于义，动不悖于礼，其肯诬于神、违于人，慊于心，乱名改作者乎？

⊙ 注释

⊙ 1　纳粟：古代富人捐粟以取得官爵或赎罪。
⊙ 2　慊（qiàn）：不满，怨恨。
⊙ 3　乖：不顺，不合情理。
⊙ 4　湢（bì）：指浴室。
⊙ 5　埒（liè）：矮墙，此处指祭坛四周的土围墙。
⊙ 6　龡豳（chuī bīn）：用籥吹奏豳人的乐歌。古代祈祷风调雨顺、农业丰收的一种仪式。语出《周礼·春官·籥章》："中春昼击土鼓，龡《豳诗》以逆暑。中秋夜迎寒，亦如之。凡国祈年于田祖，龡《豳雅》，击土鼓，以乐田畯。国祭蜡，则龡《豳颂》，击土鼓，以息老物。"郑玄注："《豳诗》，《豳风·七月》也。吹之者，以籥为之声。"刘师培《文说·和声篇》："龡《豳》息蜡，音并合于籥章。"
⊙ 7　晦迹：把自己的形迹隐藏起来，隐居匿迹。
⊙ 8　游衍：从容自如、不受拘束地游逛。

说明

据考证，李处静与李俊民同为金代遗民。贞祐元年（1213年），李处静出任道官。不料次年元军攻占泽州，遂隐而不出。1237年，元朝统治者为了笼络金代遗民，举行僧道考试，李处静再度获得出任道官的机会。李处静的交游圈包括李俊民、元泽州长官段直［后者为泽州大族，在贞祐二年（1214年）的动荡中与乡党族属相聚自保，后归元］。1214年，金朝因为征赋不给，接受李处静纳粟。然而金廷不合常理地将二仙庙改作悟真观，赐予李处静，由此道士与二仙信徒产生了矛盾。在他们心目中，道观和祠庙的功能有着明确的分野。道观供奉三清，设有道士的居所，道士们进行"修斋行道、拜章启玄、步虚华夏、仪鸾而引凤"等活动。二仙庙供奉二仙以及"诸灵"，村民"龡豳击鼓，婆娑而乐其神"。由于膜拜的对象、开展的活动不同，道观和二仙庙各自的功能无法在同一空间实现。此外，二仙庙受烽火损毁，仅存前后二殿。于是，道观、二仙庙都急需修建。李处静随后就在庙东买地，并且通过耕种信徒施舍的田地，雇用劳工，兴修悟真观。与此同时，他也发起、组织重修二仙庙，所谓"黄冠得仙李，起废心已许。闻声应如响，争地筑环堵"。1240年，悟真观树落成之碑，二仙庙也修缮完毕。3年之前，李处静已辞去知神霄宫事，住在宫内。不过，悟真观距神霄宫50里，他"时时往来，适游衍之兴"，其间他不忘关照二仙庙。为了"壮福地"，二仙信徒们挖出一块良璞用作碑石。李处静对此格外重视，先"以易卦筮之，得临之节，有大而可观之象"，然后才"命工加磨砻焉。无毫发恨"。继而李处静代父老向李俊民索取碑文。继而，李俊民盛赞李处静保留了庙、观，兼顾了道士与村民的需求，使村民"敬鬼神，向玄化，振仙风"。（引自：易素梅，《道教与民间宗教的角力与融合：宋元时期晋东南地区二仙信仰之研究》，《学术研究》2011年7期第130～136页。）

悟真观所在的二仙庙（一）

悟真观所在的二仙庙（二）

重修王屋山阳台宫碑

李俊民

◎本文选自《全元文》（李修生主编，江苏古籍出版社，1999年）卷三。

◎文中记述了阳台观、洗参泉、白云洞、华盖峰、紫阳谷、上方院、仙桥、天门，天坛玉顶等道教名胜，并追述了唐代至金元间王屋山阳台观的兴衰沿革。

正文

王屋山者，在底柱析城[1]之东，仙家谓之清虚[2]，小有洞天，三十六洞天[3]之一也。坛之南十六里曰阳台观者，小有洞天之一也。其靡然而逝，隆然而起，似近而远，欲断而连，隐隐乎山之阳者，九龙戏珠岭也。东向二百步许，溢天一之水，白而不浊，甘而不坏，为九鼎金丹之祖者，洗参泉也。岩窍其腹，廓然有容，嘘吸元气，与山泽通者，西北白云洞也。位高而自抑，势仰而还俯，如竦如惧，如趋如附，北面而朝坛者，华盖峰也。乱峰之间，邃而深，幽而往，窈窕而入，延袤而上者，紫阳谷也。树林丛翳[4]，虎豹却走，萧爽森肃，鬼神护守者，上方院也。自是出避秦沟，陟瘦龙岭，蹑仙桥，款天门，然后登坛而朝玉顶，凌风汗漫，披云杳冥[5]，其去天阙犹咫尺耳。时天界诸天，悉以天众[6]见于每岁朝山之会，宜其为洞天之冠也。大唐中，中岩道士司马炼师始奏置阳台观道场，立像而严奉之，并御书额，壁画神仙、龙鹤云气等，升降辇节，羽仪金彩，辉光满宇。遣监斋韦元伯赍图画事迹题目奏闻，时开元二十三年六月十二日也。玄祖之教，由此而振山林，学者皆生无上道心，不退转志，宜其为福地之冠也。

又按司马《别记》曰："余届王屋清虚洞侧，获真篆仙经二品，一曰《元精》，一曰《丹华》。又睹《玉皇宝》，乃知上古丹宝并传，而莫不遐年[7]，自夏禹后遂止，亡有继者。余不敢嫚泄，复藏于名山，以俟其人。开元十七年仲秋十五日记。"以是考之，阳台观之成也，在司马炼师藏丹宝后之六年，开元二十三年乙亥也。下值大金贞祐二年甲戌，凡四百八十年。兵火而毁，观改曰宫，随世沿革，崇其名尔。呜呼！玉笈秘文，流运道气，犹有升沉之时，况巍峨华构，岂无成坏邪？累代重规，一夕焦土，草木色敛，烟霞气沮，方外之游，未尝过而问焉。正大四年丁亥，林州先生王志祐，由平水抵王屋，周览胜区，感叹陈迹，慨然有动于心。邑令及司氏昆仲，挽留住持，养道余暇，以起废为事。不募而役集，不鸠而材具，变污以洁，易故而新，宏大殿堂，修直廊庑，复灵官之位，列斋厨之次，接遇则有宾馆，招纳则有道院。其用简，其功速，旋天关，回地轴，华日月而平北斗，其为力也大哉！废始于戌，终于戌，兴始于亥，终于亥，一纪而废，一纪而兴，疑其有数存乎其间尔。先生少业儒术，长慕玄理，年高行积，境灭心休，幽人逸士，望风而禀受，号曰栖神子，一日，与余邂逅于山前，颇得其所长，盖以静为基，以慈为宝，悫[⊙8]而愿，厉而温，有竹林高致，不啸傲升平，有盘谷雅尚，不轻欺富贵。味老子五千言，不读非圣书，悟广成长生说，不作矫俗事。龙伯钓后，长愁海上之鳌[⊙9]；子晋归时，难驻云闲之鹤[⊙10]。大朝己亥岁三月二十二日壬辰，登真于岳云观，春秋八十有八，其徒曰定、曰忠、曰祥、曰玄、曰温，索余文其碑，故欣然书之以示来者，其辞曰：太行肆兀，连亘王屋。天设之险，神奇所畜。烟萝渺然，若化若迁。谁其主者，小有之天。天台炼师，即宫于兹。奕奕荣观，百世之基。中原绎骚[⊙11]，劫火莫逃。虐焰毒燎，毁仙所巢。猗欤王公，复此故宫。彼徒者清，始终厥功。事举其坠，风振其颓。滥觞玄源，实实枚枚。欲去者留，既往者来。云轩羽盖，肃焉徘徊。突峰秀峦，光凝翠寒。乍隐乍见，耸如髻鬟。泉涌流决，岩回岸薄。或抑或扬，响如佩玦。柏茂松悦，芝芬桂芳。可粮可粻，既寿且康。鹤翥龙矫，鸾翔凤鸣。可驾可軿，游乎太清。朝烟暮霞，我仙所家。坐阅人世，浮如落花。大哉道域，悠久不息。何以志之，他山之石。

⊙ 注释

⊙1 “底柱”，即底柱石，在黄河中流，其形如柱，位于今三门峡黄河大坝之上的黄河之中；“析城”，即析城山，位于阳城县西南30km处，山峰四面如城，有东、西、南、北四门分析，故曰“析城”（《阳城志》），山顶平缓开阔，曾建有汤王庙，故又称圣王坪。又名析津山、东坪，主峰海拔1888m。

⊙2 清虚：清虚府或清虚殿，此处当指道家清静修行之地。

⊙3 三十六洞天：指道家称神仙居住人间的三十六处名山洞府，包括霍桐山洞、泰山洞、衡山洞、华山洞等。除了将宇宙整体分成三十六层天以及无尽宇宙空间之外，道家还详细描述了和地球空间相连的各个空间，这就是“洞天福地”，主要是指大天之内的道教神圣空间，其所涵括的地域有洞天、福地、靖治、水府、神山、海岛等，具体说来就是十大洞天、三十六小洞天、七十二福地、十八水府、五镇海渎、二十四治、三十六靖庐以及十洲三岛，无尽虚空宇宙。洞天福地理论是道教宇宙论的一个重要组成部分，基本内涵在于：在人类栖居的以宇宙为中心的居留空间中（即所谓的“大天世界”）还并存着三十六所相对隔绝、大小不等的生活世界（即十大洞天、三十六小洞天）及七十二处特殊地域（即七十二福地）。这些洞天福地入口大多位于中国境内的大小名山之中或之间，它们通连贯通通达上天，构成一个特殊的世界，其中栖息着仙灵或避世人群。

⊙ 4　丛翳：（草木）茂密相互遮蔽之意。

⊙ 5　杳冥：极高或极远以致看不清的地方。

⊙ 6　天众：二十诸天以及其他天神。

⊙7　遐年：高寿、长寿。这里指历时久远。

⊙ 8　悫（què）：诚实，谨慎。

⊙ 9　龙伯钓鳌：中国古代神话传说。传说古代渤海东面有五座山，山上住的都是神仙。这些神山常随波涛浮动。于是天帝命 15 只巨鳌用头顶着，山才固定不动。龙伯国有一个人由于出门要经过这五座山，觉得十分不方便，得知其是用鳌头顶着，就用鱼饵将这些巨鳌钓起，一连钓了 6 只鳌，于是有两座山就沉入了大海。此处以此比喻非凡事业。

⊙ 10　太子晋，字子乔，又称王子乔，周灵王的长子，出生时仙乐琅琅、五彩霞飞、异香满室，三日不绝，宫人称异。灵王宠爱之，立其为太子。太子晋饱读诗书，尤好音律。灵王命巧匠琢碧玉为笙，以赐太子晋。太子晋吹之，声如凤鸣，音色清越，响入天际。但是，太子晋厌倦了兵乱之世，他想找一块净土去悟天地间的大道，于是，独自离开王宫，跟随浮丘公隐居于嵩山修道，多年之后，太子晋大彻大悟，行神如空，行气如虹。他传语家人，七月七日在缑氏山（今偃师市境内）等待。至期果见太子晋立于山巅。此时的太子羽冠鹤氅，玉貌丹唇。他取出玉笙，才奏一曲，清风习习而来；奏第二曲，彩云飘飘而至；奏至第三曲，见白鹤成对，翔舞于空中，孔雀数双，栖息于林际，百鸟和鸣，宫商协调，皇皇悦耳。之后，太子晋举手谢时人而去，得道成仙。

⊙ 11　绎骚：动荡不安之意。

□ 说明

阳台宫为王屋山著名的“三宫”之一，为唐朝著名道士司马承帧（号白云道士，洛州温人，唐代道教上清派茅山宗第四代宗师）奉钦命所修建。阳台宫坐落在华盖峰南麓的台地之上，背依天坛山，高高矗立，如同凤首，面对开阔的九芝岭，犹如凤尾，阳台宫正好处于风背之上，被称为“丹凤朝阳”的宝地。阳台宫落成后，唐玄宗御笔亲题匾额“寥阳殿”；五代后晋时期，大部分殿宇毁于战火，唯大罗三境殿幸免，仍保留唐代原貌；金正大四年（1227 年）重建；元至元六年（1340 年）重修玉皇阁，明清时期也多次修葺，现遗存下来的即多为明清建筑。

阳台宫坐北朝南，依山而建，逐级递升，殿阁高低错落有致，整体布局依纵轴线依次为山门、大罗三境殿（三清大殿）、玉皇阁、长生殿（遗址），两侧有东西廊房、西王母殿等。现计有建筑 8 座 35 间。2006 年，阳台宫作为明至清古建筑，被国务院批准列入第六批全国重点文物保护单位名单。

今日阳台宫远景

今日阳台宫近景

创建重阳观记

冯志亨

◎本文选自《全元文》（李修生主编，江苏古籍出版社，1999年）卷六。

◎作者：冯志亨（1180—1254），字伯通，号寂照，同州冯翊（今甘肃省陇西大荔县）人。丘处机弟子，辅尹志平、李志常袭掌全真教事，充教门都道录。宪宗四年卒，年75岁。

◎文中记述了张安宁创建重阳观的过程。

正文

天下之事有自微而至著，固不可以智求而力致也，实关冥数[1]，岂偶然哉！昔祖师创构一庵，四隅各植海棠梨一株。和公怪而问之，答曰："吾欲使四海教风为一家。"夫全真之教，起大定初，至大朝丁亥，一周甲子，而教风大振，是果验矣，非冥数已定而预知之耶？粤古之初，人有纯德，其居于于，自适自得，不牧[2]而自治，不化而自理，莫不康宁寿考而保守天真，奚待教哉！降及后世，人渐殊，德渐丧，放心而不知收，逐物而不知反！所以天真尽耗而流浪死生。圣贤哀悯，此教之由兴也。全真者，以开通为基，以见性为本，以养命为用，以谦和为德，以卑退为行，以俭约为常。积真既久，故能坎不流，而周于太虚。其为天下后世崇而奉之者，盖有由矣。今者忻州定襄县有观，曰"重阳"，盖取全真鼻祖之名也。向予客关中，一道人问曰："子知重阳之义乎？"应之曰："阳，九数也，九九则重也。经云九九八十一阳天，是耶，否乎？"笑而不答，徐曰："子不闻钟、吕乎？二人全真之祖也，一曰正阳，一曰纯阳。阳则明也。重阳者，其重明乎？言明不可息也。正阳以是而传之纯阳，纯阳以是而传之重阳，重阳以是而传之丹阳。由甘河受记而名之，譬若以灯传灯，而明继明也。"予以为然，故表而出之。初，沁州社长官躬诣燕京长春宫，恳请清和师真赴平遥之玉清观主领醮事[3]，许之。乙未春，西行，道出忻界。太守张侯[4]闻之，出境远迎，稽首而告曰："累年从军，脱万死一生之地，又值玄门大辟，得闻正教。向舍所居之宅，改为观宇，立圣像，增寮舍，使之道侣修香火而安居处矣。玄坛之下，三元八节致祷而真圣降。今亲觌[5]仙仪承蒙训诲，幸莫大矣。"是时四方门人、官僚士庶持疏交请，皆却而不赴。喜侯之意诚，车口数日。师以是观地当冲，过客旁午，赐号曰通仙。又焚香作礼而言曰："郭东之定襄，村曰南邢，先人之旧庐也。四山耸翠，其地绵亘壮丽，称道家所居，以修乡里之善缘也，愿往观焉。"既允其事，即日备锸者、桢杆者、斧斤者，咸乐趋功。不烦隧正，不扰里胥，伐木集材，轮换缔构，侯悉出家赀为酬。逾年而告成。其殿有四，曰三清、曰玉皇、曰三官、曰四圣、曰真官、曰七真，各以次居。及云房之室，徘徊夹翼，以至客舍厨屋库厩之属，完然一新，真一方之伟观也。师赐号曰重阳，岂徒然赋是名哉？庶几乎见其名而思其人，既思之，则景之、慕之，意气有以奋发。未几，侯果弃官入道，莫知所之。噫！清和师其可谓知人矣。且夫世所谓大丈夫者，其作人也，在家则勇猛而有谋，质直好义，不以富贵动心，不以权势傲物，为鳏寡孤独之所依怙[6]，为乡党邻里之所敬爱；出家则弃金珠如瓦碟，视恩爱如寇仇，或游遁山林而立于独，或誓坚心志而死于道，舍此则无以为大丈夫。然则兼而有之者谁乎？予于张侯见之。其子仁杰，次世杰，谋于本观提点王志坚、武道和，恐其先人与清和师仙缘感会之由沈郁而无闻，思所以纪述而发挥之，令人之燕，求予为文。辞之弗克，遂乐掇始末之由而为之记。仍系之以辞曰：

道之为教，其功莫量。圣贤迭起，振领玄纲。裴魏杨许，苏茅周张，名动天壤，范谟帝王。天元庆会，迺生重阳。甘河得遇，全真起堂。丘刘谭马，分处一方。金莲结子，并蒂联芳。长春遗美，清和载扬。东西二观，玄门益光。乙未之春，鹤车远翔。张侯敦请，驻于定襄。侯之家世，爰居此乡。革易故宅，葺为道场。鸠功集木，不日允臧[7]。厥功斯毕，辞家道装。郡人思之，朝夕靡忘。纪休琬琰[8]，垂训无量。

⊙ 注释

⊙1　冥数：上天所定的气数或命运。
⊙2　牧：管理，统治。
⊙3　醮（jiào）事：道士所做斋醮祈祷之事。
⊙4　张侯：即张安宁，定襄南邢村人，元初开国授九原府定远大将军，总管大元帅，勇武过人，能征善战，“跨弓刀，出入行阵，攻坚击强”。其长子张仁杰，忻州知州，知忻州事。
⊙5　觌（dí）：相见，看到
⊙6　依怙（hù）：依靠，依赖。
⊙7　允臧：完善，完成。
⊙8　纪休琬琰：撰文记述，刻碑立石。琬琰，指碑石。

□ 说明

时任忻州太守的张安宁是个狂热的全真信徒，他先把“所居之宅”改为观宇，供“道侣修香火而安居处”，继而又将定襄南邢村“先人之旧庐”舍为道观，“以修乡里之善缘”。且所需用度，“不烦隧正，不扰里胥，伐木集材，轮奂缔构，侯悉出家赀为酬”。惜观今已不存。

重修岳云宫记

杨奂

◎本文选自《全元文》(李修生主编，江苏古籍出版社，1999年)卷七。

◎文中的『岳云』并非指岳飞之子，而是指山岳之云之意。文中描述了岳云宫所处孟州之地的重要性，及在山巅望云的感受。

正文

天下形势之重，莫重于河阳，孟州附邑，怀洛咽颐之地，南通湖襄，北抵燕蓟，出入往来，未有不由于此。挐舟鼓枻[1]，喘息靡暇。承平日，坐挟府库仓庾[2]之饶，而犹病诸。战斗三十载，馆舍灰烬，闾巷荆棘，虽智者亦无及矣。介乎两州之间，宫曰岳云，太行、王屋，堆蓝拥翠，又极一方形势之选。五六月，涨水弥漫，藕花菰叶，动摇于空濛晃漾中，阆风、玄圃[3]，徒费丹青，途之人望而归之，不翅[4]其家。饥者则思饫[5]，渴者则思饮，止者则思宁，其栖神[6]泛然应之，未闻拒人以色。余窃禄[7]漕台[8]，岁受约束于燕，尝假榻以溷[9]执事。诘所以为教，曰："今之全真也，以水譬之，重阳发其源，丹阳、长春广其流，衍其派，谭、刘、王、郝，犹流派之有江河，其归一也。"诘宫之自，曰："长春初年游秦，载瞻灵嵩，揭庵之名，庶几混迹市廛[10]，不忘乎云山之胜。岁壬子，嗣教真人常大宗师准恩例，故因庵而更为宫。""其始末如之何？"曰："登州苏公、范阳许公、金台宋公草创之，泰和、兴定时事。迨国朝栖神子出，修饰而润色之。栖神讳志佑，姓王氏，林虑人。其至也以乙未，其升也以已亥，寿八十有八，具李翰林《阳台宫碑》。继之者，包公志安也。""其取与如之何？"曰："野人义以取之，义以与之，而无亲踈[11]富贵之与贫贱也。然而岁计出入之用，绰绰而无匮，比之世人，亦无忧劳迫其身、困其虑也。"或笑于其旁，曰："学仙者，玄虚以为本，清净以为宗，独不惮烦之甚？"余曰："不然。夫仙也者，各适其适也。至于登明儁良[12]，垂拱岩廊，九重之仙也；言听谏从，官师承式，卿相之仙也；海波四澄，羽檄不飞，将校之仙也；草翳讼庭，铃索声沉，守令之仙也。至于负贩之儿，星行露宿，东交西易，而畏途之祸不闻；耕稼之叟，风雨以时，高廪[13]参差，莫危几家离乡之为忧。搢绅[14]先生，钩轩横几，重编叠简，得以讲明唐、虞、姬、孔之懿训，君臣父子之大义，是亦仙矣。况方外之士，居不联乎里社，齿不沾乎版籍，无转输征伐之劳，无头会箕敛[15]之迫，道之精微玄妙，靡不洞贯，而陶陶然以尽天年，孰谓非仙也乎！且道不远于人，亦由学而可入，所谓绝学无忧，戒其荡而弗返。向见栖神之徒，香火之隙，研精《语》《易》者十常四五。”客坚谢之，仰止高山，抚襟兴慨，作《迎云》《送云》诗二章，遗志祥、志云。其辞曰：“海涛红兮晨露晞，岳隆隆兮云飞飞。款幽扃[16]兮如期百年，开阖兮窗与扉。城郭良是兮人已非，夕日惨淡兮行路稀。”“云趋岳兮知归，回舟兮箭激。沙鸟兮忘机，邈故山兮千里，怅夙心兮独违。”

⊙ 注释

⊙1　拏舟鼓枻（nú zhōu gǔ yì）：撑船划桨。

⊙2　仓庾：贮藏粮食的仓库。

⊙3　阆风，即阆风岩，旧名石角岩，以道教经籍有“昆仑山三角，其一脚干辰之辉，名曰阆风巅”之说而得名。玄圃，在《山海经》等古籍中，是传说中的“黄帝之园”，是处于昆仑山顶的神仙居所。尽管“圃”的本意是种菜之地，但玄圃在传说中却充满奇花异石，风景宜人。两词均形容此处犹如仙境。

⊙4　不翅：不止无异于。

⊙5　饫（yù）：古代家庭私宴的名称，也指饱食。

⊙6　栖神：凝神专一，为道家保其根本、养其元神之术。

⊙7　窃禄：犹言无功受禄。多用于自谦。

⊙8　漕台：漕运总管，主管漕粮的取齐、上缴、监押、运输等。

⊙9　溷（hùn）：苟且过活，混日子。

⊙10　市廛（shì chán）：店铺集中的市区，这里借指俗世。

⊙11　亲踈：即“亲疏”。

⊙12　登明儁良：选拔任用有才有德之人。

⊙13　高廪：高大的米仓。

⊙14　搢绅：宦官的代称，指做过官的大人先生。

⊙15　头会箕敛（tóu kuài jī liǎn）：按人数征税，用畚箕装取所征的谷物，谓赋税苛刻繁重。

⊙16　扃（jiōng）：关门之意。

□ 说明

岳云宫，现位于孟州市会昌办事处南关村，为元代建筑。据《乾隆·孟县志》记载，岳云宫始建于元世祖至元六年（1269年），原有山门、前殿、配房、戏楼、卷棚和大殿等建筑三十余间，石碑数十通，现仅存元代大殿五间、明代残碑一通。岳云宫大殿坐北朝南，面阔五间，进深六架椽，单檐悬山造，房顶大部分为灰瓦，少部分为琉璃瓦，滴水为元代典型的“重唇板瓦”。大殿前檐补间铺作结构外为五铺作双抄单下昂，重拱计心造，内转五铺作双抄偷心造。柱头铺作外为五铺作双抄重拱计心造，内转四铺作单抄偷心造，梁头砍成蚂蚁头，压在整朵斗栱上。后檐斗栱全部为单斗单栱，置于平板之上。明间和次间施补间铺作各两朵，稍间一朵，菱形散斗，普柏枋和阑额呈“T”形，覆盆式柱础，山墙收分明显，有较明显的升起和侧角。据史料记载，金大定二十八年（1188年），金世宗征召丘处机；同年8月，得旨还山，路经河南孟州，“是冬，仙驾盘于桓山阳伊洛间，与门人创苏门之资福、马坊之清真、孟州之岳云三观基业。又增置洛阳长生之地，兴定间并请额为观”（赵卫东辑校：《丘处机集》，齐鲁书社，2005年，第503页）。元至元六年（1269年）改名为岳云宫。

岳云宫中的大殿玉皇殿

玉皇殿正门上的牌匾

河南省文物保护单位的保护标识

重修太清观记

杨奂

◎本文选自《全元文》（李修生主编，江苏古籍出版社，1999年）卷七。

◎文中记述了太清观的创建、重建始末及其所处的地理位置。由文中记述可知，所指的太清观当为今天陕西省合阳县太清观的前身，肇建于金大定十七年，即1177年，与相关史志资料记载吻合。

正文

地胜而后境盛，理之必然者也。方此之时，以洽水之阳，北负梁山，东肘黄河，独无名宫杰观乎？连年，会道者马志玄于燕之蓟门，不远数千里，请记太清[1]之顶末。扣其所以然，则曰：“创之者，先师乔练师也。潜道其名，德光其字，平阳人。天资恬淡纯厚，而耽[2]林泉之乐。初岁入关中，得法于丹阳宗师。既而丐隐县市，为刘户部好谦所知。一日，拉同志李君清虚，游故城之东北隅赵氏园，面太华[3]而叹曰：‘修真之地，孰逾于此欤？’赵闻而施其地，乃与清虚结茅以居，盖大定十七年也。后因庵而观，土木工技，竞以时集。殿宇像设之严，指顾[4]告成。至于宾客栖止，厨藏厩圊之所，莫不毕具。天兴之乱[5]，扫然矣。曰复之者，熙真先生吉志通、练阳子张志洞也。始于丙申，讫于辛丑，甫[6]五、六载，而丹镬[7]斑斑然，钟罄锵锵然，簪裾[8]济济然。向之瓦砾荆棘之场，一还旧观矣。实县宰白侯玉主之，而邑民杜恩等翼成[9]之也。其大概如是。”余亦窃有感焉。呜呼！人心何尝不善，而所以为善者，顾时之何如耳。方功利驰逐之秋，而缯缴[10]已施，陷阱步设，则高举遐飞之士，不得不隐于尘外，此有必然之理也。然则古之所谓避地避言者，其今之全真之教所由兴耶？或者例以迹而疑其心，是殆见其善者机也。使有志于世者，诚能审涵养勤恪之为常，达推移扩充之为变，率其子弟，如全真之属，重道尊师，化其邻里，如全真之徒，真履实践，朝夕以无间，举动以相先，而能不失其孝悌忠信之实，则一身之计，可以移之于一家；一家之事，可以移之于一国；一国之政，可以充之于天下矣。虽坐进夫三代唐虞之治，而使民之仁寿、物之蕃昌，犹指诸掌。然则敢问其要，自正心诚意始。壬子正月戊戌日记。

⊙ 注释

⊙1　道教认为：圣人登玉清、真人登上清、仙人登太清，故此，“太清”即最理想最崇高的仙人居住之地。太清观的建造历史十分久远，东汉顺帝时，张陵创立道教，于汗安元年（142年）开立二十四治（道教最早的二十四个传播基地），太清观即二十四治之一，称主簿山治（长秋山）。另有峨眉治（峨眉山）、青城治（青城山）、太华治（华山）、平都治（丰都）等。

⊙2　耽：沉溺，入迷。

⊙3　太华：即西岳华山，自古就是华夏名山。在陕西省华阴县南，因其西有少华山，故称太华。《书·禹贡》：“西倾、朱圉、鸟鼠，至于太华。”《山海经·西山经》：“又西六十里，曰太华之山，削成而四方，其高五千仞，其广十里，鸟兽莫居。”

⊙4　指顾：一指一瞥之间，形容时间的短暂。

⊙5　天兴之乱：指金朝末期，蒙古军队围攻金朝南京汴京，金哀帝（年号天兴）弃汴京出逃，奔蔡州，此后金朝再也无力抵挡蒙古军队的进攻，两年后亡国。

⊙6　甫：刚刚。

⊙7　镬：古代煮牲肉的大型烹饪铜器之一，指无足的铜鼎。

⊙8　簪裙：这里借指塑像。

⊙9　翼成：辅助，帮助完成。

⊙10　缯缴：猎取飞鸟的射具，比喻陷害他人的手段。

今日太清观

□ 说明

清康熙四十三年（1704年）长兴钱万选所撰《宰莘退食录》记载：“太清观，在城内（即今天的陕西省合阳县）东北，昔为胜地，今颓敞不久治矣。《通志》谓金时建。万历三十四年（1606年）碑载，观之创立莫考。隆庆戊辰（1568年）毁之筑城，道士刘冲山伤之，毅然入山，化木崇构，遇虎随之，三日不慑山中人怪之，施之木。木具，复立玉皇殿。殿成，工剧道士没。越三十年，神之像犹未立而观且废。义士冯大仁等，捐赀助之。殿廊楼阁无不备，神像无不具，彩饰靓丽，倏有荣观轩墀。故多松柏，交柯冥日，皆数百年物。苍苍清淑下荫复旧观矣。初侍御叶公，左迁邑丞，尝游兹地，爱其幽清，日与士子讲艺论道，啸咏其中于是其地渐复。”文中描述了明代道士刘冲山重建太清观的历程，但是未能说明其创建的具体时间、创立经过及创立者，杨奂的本篇《重修太清观记》对此是很好的补充。

玉虚观记

宋子贞

◎本文选自《全元文》（李修生主编，江苏古籍出版社，1999年）卷八。

◎作者：宋子贞，字周臣，潞州长子人。生性聪明好学，擅长填词作赋。20岁受举荐，与宗族兄长宋知柔一同补为太学生，兄弟二人被世人誉为大、小宋。金元两朝，先后任安抚司计议官、东平详议官、提举学校、刑台右司郎中、东平路事、提举太常礼乐、益都路宣抚使、右三部尚书、军前行中书省事等多个职务。至元三年（1266年）11月，宋子贞恳求辞官得到批准。元世祖特意命中书省，凡有重大事情，就到子贞家中咨询。宋子贞去世时81岁。

◎文中记述了李子荣创建玉虚观的经过，述及了长春观、颐神庵、独乐亭的建筑概貌。

正文

练师李子荣，予故人也。家世宦族，幼学为举子。未卒业，会真祐兵兴，辟为郡从事。及归国朝，擢[1]本地招抚使。皆非其志也。时金兵尚壁马武，而泽、潞为争地，连岁不能定，益厌苦之，乃脱身归道，隶本郡之长春观。弊衣蔬食，与同业杂处无难色。居顷之[2]，周游诸方，登泰山，望蓬莱，历海上诸州，即喟然叹曰："通天下一道耳，求之当在我。"乃复归本观，萧然一室，仅庇风雨。日率一食，胁不沾床者累岁，悉究内外之学，尤邃于《易》，于是道价藉甚[3]。化行漳、沁间，殆三十年矣。今年夏四月，忽以书来，曰："惟吾李氏为河东著姓，不知几昭穆[4]矣。中外凡百余口，经兵乱之后，惟仆蹉跎道门，无足议者。近亦年迫耳顺，未有所出。吾祖其不食矣，日夜以思，计无从出。先大父无恙日，尝筑庵于居第之右，名之曰'颐神'，又构一亭，名曰'独乐'，盛植花木，以游居其中。叱诸子弟，家事不得阁句，己亦未尝一至家庭，凡七年而后终。仆以暇日追述遗志，辟所居第，合为一道馆，令弟子李志演、郭志淳辈居之，以守先塚，仍施地三百亩，以供道众斋粥之费。既毕工，请于有司，得额曰'玉虚'，幸赐数字，将刻之石，使居其室、食其土者，知有所自来。岁时朔望，无吝一瓣香，以荐冥福[5]足矣。"其辞哀，读之令人恻然。尝试言之，万物本于天，人本于祖，故天子七庙，诸侯五庙，大夫三庙，士二庙，庶人则祭于家。自三代而下，莫不由之，所以示报也。而今为道者，则曰必绝而父母，屏而骨肉，还而坟墓，不然则不足以语夫道。渠[6]独非人子乎？黄帝老子之教，恐不如是之隘也。子荣当盛壮时，勇退于急流中，虽亲戚故旧交劝更挽，曾不一返顾，疑若冥与世相忘者。至于晚节末路，乃拳拳于丘垄，岂天性之在人者！终不能自泯耶！荣讳志道，士人也。每自称匈叟，尝以恩例赐号守贞大师。至元改元，岁次甲子，重赐后一日，鸠水野人记。

⊙ 注释

⊙1　擢（zhuó）：提拔，升职。

⊙2　顷之：过些时候，不久。

⊙3　藉甚：盛大，卓著。

⊙4　昭穆：宗法制度中宗庙或墓地的辈次排列规则和次序。

⊙5　冥福：是指亡灵在阴间所享受的幸福。

⊙6　渠：同"岂"。

全真观记

宋子贞

全真觀記

◎本文选自《全元文》（李修生主编，江苏古籍出版社，1999年）卷八。

◎文中记述了巨阳子韩志具与其徒弟张志超兴建全真观的经过。

正文

按《茅君[1]内传[2]》，称世有洞天三十六。岱宗之洞，周回三十里，名之曰三宫空洞之天，皆仙圣所游居，故古之得道者于斯为多。若稷邱君[3]崔文子，汉武帝所见老父之属，不可胜载。近代又有王重阳传教海上，羽衣之士风鼓涛涌，弥满岩谷，此全真之所以兴也。其观在岱宗西南五十里曰上章村。金明昌间，道者巨阳子始筑室其上，学为全真。寻请于有司[4]，因得今额。巨阳子性沉默，能自刻厉，常服毳衣[5]，昼夜未尝解带，发至十余年不理。独喜垦土积谷，以饭道众，岁遇凶荒，则尽推其羡余[6]，以贷[7]艰食，由是有声齐鲁间。居既久，将薄游[8]诸方，命其徒张志超嗣主[9]观事。志超亦宽和能辑众[10]，雅为道俗信向[11]。继而州将李侯贵及其弟故帅进、进妻陇西郡夫人萧氏同助营缮，踵而成之。其祠圣有堂，宅众有庐，至于斋庖宾次、像设绘事，凡道馆之制，罔有不备。又起大殿于东偏，以祀三清，宏壮富丽，甲于东州。既卒事，介余友泰安州会真宫提点恨张君志伟以记为请。余遽招而告之曰：夫藏山于泽，藏舟于壑，自以为固矣，夜半有力者负之而走，此非《南华》[12]之言乎！凡物之有成必有坏，如天之有朝必有暮也。夫以土木之功，而欲托之以传不朽，是犹春禽之鸣、秋虫之响，过耳而已。若以金石为可恃，则秦丞相之遗刻近在岳顶，虽欲观其仿佛，其可得乎！子学老氏者也。老氏之言曰："我有三宝，保而持之。一曰慈，二曰俭，三曰不敢为天下先。"苟能诵其书，践其言，则观之兴，将不啻今日，子之师巨阳子为不殁矣。巨阳子姓韩氏，名志具，士人也。幼礼奉高修真观王道悦为师，尝谒玉阳真人，辄许以法器，且授之名，后得诀于丘长春，遂蒙印可[13]。自是而后，裹粮问道者，所至成市，度徒凡四百人，置观三十余所。享年六十，蜕[14]于济南之天齐观。门人志超辈返其真，葬之本观，以为始祖云。

⊙ 注释

⊙1 茅君：指传说中在句容句曲山修道成仙的茅盈、茅固兄弟，《太平广记》《太平御览》均有记。

⊙2 内传：传记的一种，内容以记述传主的遗闻逸事为主。

⊙3 稷邱君：泰山道士。据传在西汉时期，武帝封禅泰山时，稷邱君曾为其传播黄老道，并告不老之术，武帝为嘉其道术，在山麓赐建“稷邱祠”。

⊙4 有司：指官吏。古代设官分职，各有专司，故称有司。

⊙5 毳（cuì）衣：《丁福保佛学大词典》的解释为，以鸟毛所织之衣也，真言家多着之。

⊙6 羡余：即“余剩”。

⊙7 贷：赈施抚恤之意。

⊙8 薄游：轻装简游，漫游。

⊙9 嗣主：接续主持。

⊙10 辑众：聚集、协调众人。

⊙11 信向：指信仰和归向佛、法、僧三宝。

⊙12 《南华》：当是指《南华经》，其本名为《庄子》。《庄子》一书是战国早期庄子及其门徒所著，在汉代行道教以后，被尊称为《南华经》，并且封庄子为南华真人，故有此称。

⊙13 印可：即认可、许可、同意的意思。

⊙14 蜕：即死去。道家认为修道者死后留下形骸，魂魄散去成仙，称为尸解，也叫“蜕”。

□ 说明

全真道于金大定年间兴起于山东登州、莱州、宁海等地，金世宗末年传入泰山地区，很快涌现出以韩志具、崔道演为代表的一批全真高道，兴建起昊天观、洞真观等多处著名宫观，全真观即其中之一。全真观建于泰山西南五十里的上章村，其创立者是泰安人巨阳子韩志具。本文即对此详加载述。从中可知，全真观是由韩志具创建、其弟子张志超最终完成的。全真观创立的时间比泰山其他许多道观都早，且在当时闻名遐迩。

玉泉院等诗五首

杨宏道

玉泉院等诗五首

◎本文选自杨弘道所撰《小亨集》。

◎诗中对各处建筑的景色及包含的历史内涵均有描述。

正文

玉泉院[1]

密竹不见地，独园不知门。得门未逢人，絮絮溪声喧。升阶拂尘服，合掌瞻世尊。方袍[2]二三子，磬折[3]礼数烦。饭罢啜佳茗，缓行腹自扪。同游喜清闷[4]，快饮卧空樽。暗渠出泉眼，细径通山根。正月笋未生，积叶覆苏痕。亭午阳光薄，竟日[5]夕阴昏。燃灯照虚室，扫榻眠幽轩。鸡鸣出门去，溪流醒梦魂。据鞍一回首，但见翠浪翻。

灵泉院[6]

长原崩赤土，形丑穷且卑。人灵代天巧，竹树施屏帷。荫蔚凝青霭[7]，磨戞生凉飔[8]。隐见阿兰若[9]，寅奉[10]竺干[11]师。劚[12]场插殿脚，洞穴安门楣。凌霄燃明灯，吐焰髯龙枝。芭蕉驻翠鸾，妥尾[13]灵泉池。方甃流不竭，一片青琉璃。袅袅架苍竹，水箸县无时。甘冷怯漱齿，雅与烹茶宜。肘腋野人家，属属[14]复离离。闻说员庄好，未竟神已驰。去此无十里，水竹尤清奇。穷通常傍人，落日游子饥。志愿恒滞违，不独在于斯。滞违亦自佳，庶曰昌吾诗。

题老子庙[15]

乾壕石壕过峻阪，骨烦筋殆思宽平。苍崖小殿揭金榜，冷泉高树夕阳明。流俗相传祷灵药，妄以沙土欺聋盲。但知经过记岁月，小字壁间题姓名。

甘罗庙[16]

峻坂[17]欲尽长坡迎，后山未断前山横。甘罗庙下四山合，太始鬼物成天城。道傍一峰立突兀，瘦木上下攒飞甍[18]。此郎片纸附迁史，勋业不足烦题评。尚怜稚齿据高位，因使细人轻晚成。山间一笑为绝倒，多少竖子谈功名。

题舞阳侯庙[19]

荐诚何处仰威棱，遗像乾维柏影清。短砌南薰披草色，空庭西照碎禽声。攀鳞虽遘风云会，得鹿尝寒带砺盟。曲逆未回闻顾命，将军方免学韩彭。

⊙ 注释

⊙1　玉泉院：为道教主流全真派圣地，位于陕西省华阴市玉泉路最南端，是华山道教活动的主要场所，也是登临华山必经门户。相传金仙公主在镇岳宫玉井中汲水洗头，不慎将玉簪掉入水中，却在返回玉泉院后，用泉水洗手时无意中找到了玉簪，方知此泉与玉井相通，于是赐名此泉为玉泉，玉泉院因此得名。玉泉院内有希夷祠，名称源于宋太宗赐陈抟“希夷先生”的称号。希夷祠分前、后两殿，前殿左侧是“华山全图碑”，右侧是宋代书法家米芾手书的“第一山”石碑，后殿有陈抟塑像。山荪亭建于一块大石上，据说陈抟常在此观赏山景，著书立说。亭旁有一古树，名为无忧树，传为陈抟手植。

⊙2　方袍：即僧人所穿的袈裟，因平摊为方形，故称。这里借指僧人。

⊙3　磬折：弯腰，表示谦恭。

⊙4　清闷：清静幽邃。

⊙5　竟日：终日，从早到晚。

⊙6　灵泉院：位于张家界天门山，始建于唐代，因其东侧有灵泉，故名，五代时期的处士周朴曾长期隐居于此。又名云钵庵，旧院有两层，二进三间，木石结构。周朴曾写有《天门灵泉院》一诗：“华亭参后最幽元，一句能教万古传。猿抱子归青嶂外，鸟衔花落碧崖前。虽知物理无穷际，却恐沧溟有限年。为报五湖云外客，何妨来此老林泉。”

⊙7　青霭：指云气，因其色紫，故称。

⊙8　凉飔（liáng sī）：凉风。

⊙9　阿兰若：寂静处或空闲处，即洁身修行之处。

⊙10　寅奉：敬奉。

⊙11　竺干：亦作“竺乾”（zhú gàn），古印度的别称，此处指佛、佛法。

⊙12　劚（zhú）：用砍刀、斧等工具砍削。

⊙13　妥尾：垂着尾巴。

⊙14　属属：专心谨慎。

⊙15　老子庙：始建于东汉，位于河南省鹿邑县太清宫镇。自汉桓帝后，唐、宋、金、元、清等历朝历代典籍都有皇帝亲谒或派大臣拜谒的记载，唐朝帝王对老子更是尊崇有加，自称老子后裔，尊老子为圣祖，在这里大兴土木，扩修老子庙为老君庙，后又下诏改老君庙为太清宫。唐高祖年间，太清宫“宫阙如帝者居”，有宫殿600余间，占地872亩。宋大中祥符七年（1014年），宋真宗赵恒率百官亲临太清宫，发国帑重修太清、洞霄二宫，“庙貌比唐时有加”。宋末靖康之乱给老子庙（太清宫）带来了灭顶之灾，很多建筑都毁于兵火。到了金代得以重修，但已是元气大伤。元朝统一后，重视道教，朝廷颁布保护老子庙（太清宫）的令旨，明确规定太清宫、洞霄宫属国家保护，规定在太清宫方圆40里内的土地、树木及一切财产属太清宫所有。元代末年，太清宫一带屡患水灾，大部分建筑被毁。直至清康熙年间，才在原址上重建太极殿，但规模已远不如昔。庙内现存太清宫太极殿、望月井、铭碑、古柏、隐山遗址、先天太后之赞碑、洞霄宫、圣母殿、娃娃殿、赖乡沟等20余处古迹。

⊙16　据史书记载，甘罗，战国人。甘茂孙，12岁事秦相吕不韦。秦王政三年（公元前244年），秦欲扩大河间郡，命出使赵国，说赵王割五城与秦，以功封为上卿。相传甘罗看准鄢陵县是宝地，人杰地灵，所以死后嘱葬此地，后人念及甘罗少年智慧，便在其墓前建庙一座，内塑甘茂、甘罗祖孙二人的金身，并广植柏树。此后，甘庙香火不绝，庙事日盛。甘庙肇建时间已不可考，明嘉靖年间修纂的《嘉靖鄢陵志·地理志》中载有此庙，并且规模宏大，可惜庙宇毁于“大跃进”年代，如今建筑物已荡然无存。

⊙17　峻阪：陡坡。

⊙18　飞甍（fēi méng）：指飞檐，两端翘起的房脊。借指高楼。甍：屋脊。

⊙19　舞阳侯，指的是樊哙（公元前242—前189年），《德清古今人物》《余英志》《舞阳侯庙记》《德清县志》等书中，均记载其为浙江省武康县（1958年并入德清县）上柏水桥人，因少时失父，7岁随母徙于江苏丰沛（今江苏省沛县），遂为沛人。为西汉开国元勋，大将军，左丞相，著名军事统帅。为吕后妹夫，深得汉高祖刘邦和吕后信任。后随刘邦平定臧荼、卢绾、陈豨、韩信等，为大汉开国皇帝汉高祖刘邦第一心腹，楚汉时期仅次于项羽的第二猛将，是一位大汉名将。封舞阳侯，谥武侯。

玉泉院

鹿邑老子庙

涡阳老子庙

明阳观记

元好问

明陽觀記

◎本文选自《元遗山集》卷三十五。

正文

台州西南八里，紫罗山之麓，有保聚[1]曰明阳。台骀[2]祠、浮图寺在其傍。旧有道院，废久矣。乡人欲修复之而未暇也。全真师姬志玄先住辽沁，亦尝留宿于此。父老爱其道行清实，有口而祝之之议。乃筑环堵而居之。三四年，徒从之者益多，思所以立坛宇俨像，设兴游居寝饭之所，斧斤[3]埏埴[4]，率其人自亲之。前后十五年。为殿者二：曰三清，曰通明；为堂者四：曰三官，曰四圣，曰秘箓，曰灵官。门庑、斋厨以次而具。请于燕京长春宫，得额曰“明阳”。此观事之大凡[5]也。时州长茹君以其事翼而成之。甲辰春，史馆从事李君昂宵、偕姬之徒王志宽，过予读书山，为予言曰：“桑梓[6]炼师、吾方外友，而明阳又吾杖屦[7]之所朝夕者也。姬知吾辱与子游，欲得子之文，以记其经度之始，子宁有意乎？”予不敢辞，乃为记之。顾盼檀施四集，土木穷金碧之富，钟鼓之状，云山之气，盖未可以岁月记。至于黄老之教，人徒知有之，求所以尊师重道如供佛然者，则无之有也。兵劫之后，此风故在。独炼师一出，州之人翕然归之。虽稚子辈，亦为起信而敬古。所谓存乎其人，乃今见之。夫物蔽于一曲，与有不能通者，此二家所以更为盛衰耶？吾于此有感焉：三纲五常之在，犹衣食之不可一日废。今千室之邑，岂无人伦之教者？至于挟兔园策、授童子之学者，乃无一人焉！寒不必衣，饥不必食，痛乎风俗之移人也。呜呼！二家之盛衰，又何足记邪。姬，高平人。丘公尝号为崇道大师洞明子云。

⊙ 注释

⊙1 保聚：聚众守卫，聚集使不离散，此处当指聚集之地。

⊙2 台骀：人名，治水早于大禹治水，是我国历史上成功治理江河的创始人。金代有《台骀祠》诗详细记载了台骀治水的全过程，说他“分野扪参次，山川奠禹先”。诗中赞扬台骀治水时摸着天上的星辰来划分地上的水路与疆域，早在大禹治水前已奠定了山川。

⊙3 斧斤：泛指各种斧子，此处泛指利用各种工具、利器进行修削和雕凿。

⊙4 埏埴（shān zhí）：埏，以土和泥，揉和；埴，黏土。埏埴，用水和黏土揉成可制器皿的泥。这里是指砌墙造屋。

⊙5 大凡：大概，大体情况。

⊙6 桑梓：古代，人们喜欢在住宅周围栽植桑树和梓树，后来就以此指代住所。

⊙7 杖屦：手杖与鞋子。依古礼，五十岁老人可扶杖；又古人入室必脱鞋于户外，为尊敬长辈，长者可先入室，后脱鞋。此处指对老者、尊者的敬称。

□ 说明

文中所记明阳观位于山西省忻州市五台县沟南乡所辖的观上村。该村位于五台县城西南方向，背靠紫罗山，面向沟南坪，土地平坦，交通便利。村内有金代道士姬志元（姬志玄）所建的道观一座，即“明阳观”，就是今村内之“老君爷庙”。观上村之名即来源于“明阳观”。该道观经多次重建，已失原貌。观内原有《明阳观记》碑文，后碑文被毁，只剩龟趺。

五峰山重修洞真观记

元好问

五峰山重修洞真观记

◎本文选自《元遗山集》卷三十五。

◎文中描述了泰山及五峰山所处的地理环境，重点记述了洞真观的重修过程。

正文

泰山位置雄重，盘礴[1]数百里之外。景气清淑，芝术灵秀，盖天地间之胜地。古之得道者多往来乎其间。考之方志，其遗迹故在也。山之西北麓为灵岩[2]，又西北为娄敬洞[3]。洞之西有山曰青崖，直长清五十里而远。冈阜环合，五峰[4]壁立。中一峰名仙台，台之阳为大峪，地仅数十亩，而洼凸间错，粗可以树艺；泉水交注，松柏蔽映，方春杂花盛开，烂然如锦绣之满山谷。尝有隐者居之，不知几何时矣。泰和中，□□□全真师丘志圆、范志明劚地[5]于此，屋才数椽而已。丘、范而殁，同业王志深、李志清辈增筑之，始有道院之目。堂庑既成，贞祐初入□粟县，官□为洞真观。吾友东光句龙英儒盛谈洞真，幽寂古澹，一水一石皆昆阆[6]间物，欲予一到其处，而予以客游未暇也。丙子春二月，志深之法兄张志伟同季志淳以洞真之始末谒予，以记请。且言："志深之昆仲皆出于广川真静大师崔道演。道演道行孤峻，□坐林间，与世无所与合。□□昆仑普照范炼师，特慎许可；每一见，必留语弥日。志深外质而内敏，苦己利物。往时避兵布山，游骑所及，乡之人被重创者狼藉道路。志深扶伤救死尸秽间，亲馈粥药，恻然有骨肉之爱。赖以生活者余百人。祭酒以来，连起茇舍[7]，凡有徒老与夫环处而无供者，厚为调护之。是不独于营运为有劳。其人亦可记也！幸为我书之。"予因为张言："承以冠谦之显，华阳以陶贞白显，草堂以卢鸿显，中岩以司马子微显，云台以陈图南显。"境用人胜，良不虚语。虽然，吾何敢望于今之人？必也自拔于流俗，居山林、食涧饮，甘足[8]枯槁，无为此山羞，斯可矣！若崔与王，是无为此山羞者非耶？他日飘然而东，当以吾言叩之。九日己巳记。

⊙ 注释

⊙1　槃礴："盘薄"，广大，雄伟。

⊙2　灵岩寺：位于今山东省济南市长清区万德镇境内，地处泰山西北，现为世界自然与文化遗产泰山的重要组成部分。灵岩寺始建于东晋，北魏孝明帝正兴元年重建，至唐代达到鼎盛，有辟支塔、千佛殿等景观。灵岩寺佛教底蕴深厚，自唐代起就与浙江天台国清寺、湖北江陵玉泉寺、南京栖霞寺并称天下"四大名刹"。唐玄奘曾住在寺内翻译经文，唐高宗以来的历代皇帝到泰山封禅，也多到寺内参拜。

⊙3　娄敬洞：位于今山东省济南市长清区（曾为县）张夏镇东南3km处，南距灵岩寺15km，西距五峰山5km。传说是因汉代娄敬退隐在此而得名。古时此处道教兴盛，道观极多，现在除少数道院建筑完好外，多数已倾圮，有的尚存遗址。据玉皇殿墙上的碑文记载，道观经历了唐、宋、元、明、清各代，曾经"殿宇峻起，神像璀璨、金碧辉煌，山谷生色，到此者悦如人居天上，境入桃源……"。清嘉庆二十年（1815年）12月遭查抄封禁，并被没收田产200余亩、房屋75间，树株尽被砍伐，道观逐渐衰败。"文革"中，许多古建筑和文物再次惨遭破坏，乃至荡然无存。娄敬洞山道观现在幸存的有"莲台胜境"坊、蓬莱观、三元宫（又名无梁殿）、张仙祠、玉皇殿等几幢古建筑，弥足珍贵。娄敬，即刘敬，号草衣子，今济南市长清区张夏镇人，汉高祖五年（公元前202年）与张良一起建议刘邦入都长安有功，赐刘姓，封为奉阳君，他还建议与匈奴采取和亲政策，把六国豪强及各国望族后裔10万余人迁入关中，以削弱六国豪强势力，这些建议都被刘邦采纳，被封为关内侯。后来张良弃爵隐居张夏东山，娄敬亦来到莲台山（后称娄敬洞山）隐居，与张良过从甚密，常在洞前下棋，至今石棋盘尚在。

⊙4　五峰：即五峰山，位于济南西南22km处的长清境内，是古代江北最大的道教圣地之一，素有"齐鲁仙境"的美誉。相传玉皇大帝的五个女儿路经此处，见其风景秀丽，不愿离去，于是分别化作迎仙峰、望仙峰、会仙峰、志仙峰和群仙峰，五峰山由此而得名。五峰山道教文化和宫观遗迹散发着古代文化的灿烂光辉，并代表了山东道教悠久、丰富而辉煌的历史，成为山东道教历史文化的象征。

⊙5　斸地（zhú dì）：掘地，刨地。

⊙6　昆阆：指昆仑山上的阆苑，传说中为神仙所居之地。

⊙7　茇舍：草屋。

⊙8　甘足：甘愿，满足。

□ 说明

五峰山兴发于秦，广拓于金元，繁荣于明，自古以来就是著名的道教圣地。这里的道观规模十分宏大，分南、北两观。南观，又名玄都观，是明德王的香火院，六代德王的陵寝就在观南的棣山。北观即文中所言的洞真观，观内建有玉皇殿、真武殿、三元殿等殿宇数百间。另有历代碑碣百余块。北魏时期，中国佛、道、儒三大宗教兴盛发达，五峰山的宗教庙宇进而扩大，出现了集佛、道、儒文化于一体的融溶格局，在这一时期先后兴建了道教的三清殿、佛教的圣佛莲花洞、儒家的讲书院等。宋真宗年间，五峰山建玉皇殿、虎神殿、龙王殿等庙宇，被列入著名道场；大中祥符年间，又在山内兴建了玄都观，成为全国最大的道场之一。金大定初，羽士王志深自栖霞奉母田氏，来此开辟山场，创修玉皇殿及东西两楼，凿池引泉，贞祐年间，定名洞真观。元敕封为护国神虚宫，明敕封为护国隆寿宫。历代均有扩建或修葺。建有皇宫门、午朝门、三清殿、玉皇殿、碧霞宫、真武殿、石牌坊、三元宫等。观东有明神宗恭奉其母李娘娘的九莲殿，观西有朝阳洞、青帝宫等古迹。另外，观内尚有卧龙池、清泠亭、百丈阶、碑林等景观。（资料来源：赵芃、刘斌《五峰山道教史略》）

五峰山

五峰山会仙峰

建于金元时期的皇宫门

重修天坛碑铭 ⊙1

李志全

◎本文选自《全元文》（李修生主编，江苏古籍出版社，1999年）卷四十六。

◎作者：李志全，字鼎臣，号纯成子，邱长春曾『授以道妙暨讳名』。

◎文中记述了周颐真、宋德方、李志昭、刘志简等人修建王屋山天坛诸殿宇的经过。

正文

粤自开辟宇宙之初，便有此王屋山。《禹贡》载厥名，《真检》[2]图其□，山中复有□□如□□□□□□奇莫测，屹然峻峙，孤绝半空，倒日月之景，出云雨之上，晃如化宫，郁若萧台。按道藏《洞渊集》云：其高于平陆一百二十里，盖大造□□于天地之□共□也。括宇内有十大洞天，三十六小洞天，此坛尊居第一，为之冠冕。子男襟带七十二福地，号清虚仙府小有洞天，仙宫王子□、杜衡等主领之。□□□□□□□有烛龙[3]临照，专典四时雨雪旱潦，总统八方海岳动静。其左则济渎汲水出焉，其右则析城鳌背[4]辅焉。南麓周洛，北肩晋甸。有紫□□□□旦□□□□□□□□□里有芝灯明照于高深之夜，散游太空，多至万炷，圆光时出。飞仙日过，玄龙隐洞，太□涌泉，松鸣天籁，桂吐婴香，横则练观□□□□□□□□□□□□□□□□□□□华之笋卓尔奉侍。华盖前伏，玉阳遐卫，金堂玉室，云窗雾阁，尊圣俨居，羽衣朝拜，周□景象，云兴霞蔚，变态百出，使人□□□□□□□□□□□□都也。若夫太华三峰，天台二奇，岱之日观，衡之祝融，未易让也。北有三官校勘台，乃上帝命诸位司校证学仙者功行罪□□□□□□□□□□□□自轩皇遇九天玄圣而□赠建典礼，所谓因高祀天之义也。是后历代修崇，中秋朝会，遂成流例。每岁士女登临，多为风雨阻障，似厌□□□□□□□□□□□□□□诚而验。至□宋政和间，尤加润色，奉安虚皇钳玉宝殿于坛顶之上。顷罹兵劫，复致颓圮，迨乎大朝丁酉岁，有伊阳莹然子周炼师者出，于□□□□□□□蒙王屋官长疏请，遂领徒众来上方院住持，复增营建，仅历三载，俄尔归寂。有知宫李志昭等，与法属公议，谨赍本郡众官文疏，踵门礼请□□东莱披云宋真人主持院事。盖缘亲炙[5]长生、长春之训诲，重演玄都神霄之法教，特奉朝旨，以经营诸局，雕印三洞□□之□率游礼名山圣迹，及诸路府郡，多所兴造真馆琳宇[6]。辛丑春，驰骑到上方紫微宫，乃褰裳[7]登龙岭，入天门，到绝顶，升□坛。焚香拜毕，睹诸尊殿庑摧毁，坛级隳圮，喟然长叹曰："吾今不重修，理当谁待？"遂委用门下刘志简充本宫提点事，因招集十方修真徒侣及此方信士，同心戮力，运灰而走上，构材植而施工，兴废补缺，于□□春方严整甃砌讫，仍以十二玉栏饰之，洎诸圣殿室像设，焕然一新。

复将七真仙景，塑绘于翼室。当修葺时，有雷雨频霪，助其涂塈。又坛前一松树，低枝于□□中□水昼夜凡得数□，常现红光，映罩作务之人。斋粮若息，取用不竭。盖诸天欢乐，立降祯祥，抑亦功高德茂，□□所感召。即有怀孟州宣差蒲察公、长次官□□□侯、王屋县司宰等，奉礼敦请披云真人暨清真观冷尊师于甲辰中秋修庆成清醮，专以祝延皇帝圣寿无疆，安镇鼎祚，保民升平为念，□云□□友，官豪士庶，朝礼望拜者不啻万计。呜呼！自大唐贞一天师扶宗立教，崇构阳台中岩之后，盖寥寥五百余年，适至今日，全真教兴，增饰洞天。异哉，续玄门□□功业者，其惟我披云宋真人乎！又谨安置《三洞琅篇》一藏，贮之高阁，永镇方维，期于不泯。修坛既毕，复有功德主司总帅喜舍助缘，与真人所委木工崔志明□□造本宫三清大殿洎玉皇阁、三官、四圣、灵官等堂，方丈斋室云房，及复完清虚宫，殿宇宏丽，超于往古，灿然可观。志全既属后尘，后之有年矣，目击胜概，不揆□悠，是用绸鄙思，缀无辞，纪宝迹，示来叶，仍系之以铭曰：

太虚无极玄中玄，元气融结成山川，化出宫府罗神仙，四十六所大洞天。天坛居首冠八埏，群岳朝宗飞羽軿，朝映红霞夕紫烟，下视尘域何茫然。蓬莱清浅几桑田，积苏轝块那得坚，蝼蚁封垤蜂翩翾，畴咨方外脱鞿牵。从予披云抽琅篇，咀嚼琼霜味金铅，冥换凡骨膏肓痊，乘风御气玩椿年。上与造物游大千，仙乡密迩奚迁延，今当磨崖镌妄言，万世一遇投机缘。时大朝岁次己酉建子月南至日。

⊙ 注释

⊙1　天坛：此处是指河南省济源市王屋山的主峰天坛山（又名琼林台），海拔1715m，是中华民族祖先轩辕黄帝设坛祭天之所，世称“太行之脊”“擎天地柱”。天坛山自古以来就被道家尊为“道境极地”，称其为“五岳四渎，十大洞天，三十六小洞天，神仙朝会之所”。《黄帝内传》载：“黄帝于此告天，遂感九天玄女西王母降，授九鼎神丹经阴符策，遂乃克伏蚩尤之党，处契约天坛之始也。”由是起，历代皇帝均来此祭天，直到明成祖朱棣碍于交通不便，就在同一轴线上于北京建起了天坛祭天。

⊙2　《真检》：应是指《翼真检》，是南朝道士陶弘景所著道教洞玄部经书《真诰》的一部分。《真诰》计20卷，包括《运题象》《甄命授》《协昌期》《稽神枢》《阐幽微》《握真辅》《翼真检》7篇，不仅记载传道之事，谈论修道养生之术，而且记述了许多修仙之地，具有重要的道教史料价值。

⊙3　烛龙：据《山海经》记载，烛龙也称烛九阴，是人面蛇身的形象，赤红色，身长千里，睁开眼就为白昼，闭上眼则为夜晚，吹气为冬天，呼气为夏天，又能呼风唤雨，不喝水不进食，不睡觉也不休息，一呼吸就长风万里，其光芒能照亮北极的阴暗。

⊙4　鳌背：即鳌背山，位于河南省济源市西王屋山中，海拔1929m，是析城山向西南延伸的一座孤峰，雄踞群峰之冠，苍翠挺拔，直插云端，山顶则广而平坦，中间地带稍凸，呈东海巨鳌之背状，故称鳌背，山名也由此而来。

⊙5　亲炙：亲身受到教益。

⊙6　琳宇：殿宇宫观的美称。

⊙7　褰裳（qiān cháng）：褰，揭起，用手扯起；裳，下身衣裳。古时衣服，上曰衣，下曰裳。

□ 说明

王屋山道教进入兴盛期的一个重要标志是道教宫观的大规模兴建。王屋山在唐朝时修建了大量道教宫观，可谓道教在此地发展的第一个高潮。这些宫观在唐末、五代的战乱中遭到了严重毁坏，虽然北宋、金也进行了一定的重修，但未达到唐代时的规模。金末元初，随着全真道的发展，王屋山地区的道观得到了大规模的重修，从而形成了王屋山道教发展的第二个高潮。这一时期，对王屋山道观进行大规模重建的领导人员，主要是全真道的第三代传人，即刘处玄、丘处机等“七真”的弟子及再传弟子，如莹然子周真人、披云宋真人、栖神子王志祐、宁神子张志谨、洞真子解志通等，当然也包括他们的弟子们。本文即对此修建过程的翔实记载。

明清时期，天坛山上的住山道士已不见记载。此后，道教逐渐趋于衰落，大多数宫观废圮。至今仅存阳台宫、奉仙观若干建筑。阳台宫内有玉皇阁、三清殿等。奉仙观内有山门、玉皇殿、三清大殿等。唐代诗人刘禹锡曾经有诗云“阳洛天坛上，依稀似玉京。夜分先见日，月静远闻笙”，描述了古代天坛的盛况。

今王屋山主峰天坛山

今天坛神路

今天坛阁

天坛十方大紫微宫结瓦殿记

李志全

◎本文节选自《全元文》（李修生主编，江苏古籍出版社，1999年）卷四十六。

◎文中主要记述了李志昭向杜、王夫妇募捐，使紫微宫覆瓦成殿的经过。

正文

谨按唐杜天师《广圣义释序》云：太上老君将显明大教，布化万方，以谓道不可无师尊，教不可阙宗主，乃师事玉晨大道君。道君即元始天尊弟子也。道君审道之本，洞道之元，生于亿劫之前，蔚为万气之祖。天尊为五亿天之主，亿万圣之君，所以道君为老君之师，天尊为道君之师。三尊既立，各居一境，即：始气为玉清圣境，号清微天中，元始极尊所制也；元气为上清真境，号禹余天中，灵宝道君所御也；玄气为太清仙境，号大赤天中，太上老君所治也。总摄于大罗天上，玄都玉京镇于其巅，极道之境，高而无上，三圣虚夷，万帝朝轩，所由造天地，生阴阳，悬三光，运五行，育群品，殊四裔，洞天棋布，福地区分，仙官神祇，各有典司，察人间善恶功过而赏罚之。劫有成坏，而道礼常存；运有兴亡，而玄门弗闭。是以方方设教，帝帝为师。凡修建宫观者，必先构三清巨殿，然后及于四帝二后，其次三界诸真，各以尊卑而侍卫，方能朝礼而圆全。无忏于焚修[1]备奉之心，相称于祝寿祈□之地。

今此上方紫微宫[2]者，乃清虚小有第一洞天，优处中华，群仙朝会。东莱披云真人乘道运恢弘，国朝崇奉，思欲增修贲饰[3]。遂令门众撤去旧来殿庑，以卑隘朽坏故也。命提点崔志明等轮斩材植，崇峻基址，新构大殿一座。既成，忽逾三载未能结瓦。道众议言，昔披云师真欲以纯琉璃瓦覆之，有道人薛志□能其事，忻然愿结此胜缘。然共计买锡资并酬诸工匠价，约用白金伍佰两。方竭力营办之际，遽遭岁旱，众恐半途而废，不果如愿，提点李志昭首唱曰："仆往年于沁州杜长官及王夫人处得施物状，奉道多年，盟心喜舍，曾许王、杜二仙官所主小有洞天结缘，试托圣贤荫祐，往祷之。"众释然忻跃[4]，乃与一二志友，徒步千里，款侯门。礼谒毕，具说天坛上方结瓦琉璃宝殿阙费之事，艰剧之由。长官、夫人一闻言而俱便首肯⊙5，乃曰："某等昔年钦奉朝旨，令提领雕造《三洞藏经》，兼修建诸宫观事，素有增饰上方念。今提点又言，正符前意。弊家虽财力浅薄，愿落成之。费用然多，更无他适，直圆备三清大殿了耳。"志昭等起谢，不□赞美，若非宽大长者，未易肯办此一段奇事。即退而谓志全曰："杜侯一门，自于长春国师几前亲受法训。长官名德康，道号保安居士，汾州平遥县人氏。夫人名体善，道号悟真散人，平阳府录事司人氏。其信道纯熟，方今天下所共知，然于后世何尔。宜述其结缘造福诸处师德，悉皆布施功德无限，成一通碑词，志昭等当刊诸翠琰⊙6，永传不朽，且以励其余，不亦可乎?"仆怃然顿辞以荒鄙不敏，当审求大手笔能文者铭之。吾宗特不允他托，遂援古摭实⊙7而应命。然世间或有一奇木怪石，片善独行可纪者，尚前哲镌石而文饰之，何况尊敬虚玄真圣造物者乎，不啻霄壤悬隔。老氏昌言，天道无亲，常与善人。宜□喟叹，君子周急不继富，复称博施济众。仆窃谓居士、散人深符玄圣、素王之训旨，将见垂裕后昆⊙8，德厚流长矣。乐道其所以然，幸览者以意逆志焉。时大朝岁次庚戌八月□日。

⊙ 注释

⊙1　焚修：焚香修行之意。

⊙2　紫微宫位于天坛山南麓中岩台上，为唐代高道司马承祯所创建。司马承祯一生仙迹甚多，著述又丰，玉真公主从之修道。紫微宫在历史上香火不断，十分繁盛。民国期间败落，"文革"中损毁殆尽，遗留有唐、宋、元、明、清碑碣数十通，其中的《大唐王屋山中岩台大紫薇宫贞一先生墓碣》是研究司马承祯的珍贵资料。宫殿遗址中发现的一通唐碑，上刻有司马承祯《坐忘论》，可谓价值连城之珍宝。

⊙3　贲饰：装饰，文饰。

⊙4　忻跃：高兴地跳起来，欢欣鼓舞。

⊙5　首肯：点头表示同意。

⊙6　翠琰（cuì yǎn）：碑石的美称。

⊙7　摭实：摘取事实，指据实说明道理。

⊙8　后昆：亦作"后绲"，后嗣，子孙。

□ 说明

紫微宫为王屋山道教三大宫之一。当时，王屋山天坛修复之后，又复建紫微宫，由崔志明负责。紫微宫修成之后，三年未能结瓦，覆盖纯琉璃瓦连工带料需要白金五百两。为解决经费问题，提点李志昭远赴千里之外的沁州，找沁州长官杜德康和夫人王体善，长官夫妇是虔诚的道教信徒，欣然答应捐钱解决三清大殿的结瓦问题。

紫微宫全盛时期中轴线上依次建有朝真门、天王殿、三清殿、通明殿等，东侧依次建钟鼓楼、道院大门、关帝殿、三官殿、角门、东王殿，西侧依次建钟鼓楼、药王殿、七星殿、四神殿、西王母殿、藏经阁，宫的东侧还有道院，俨然一座微缩的皇宫。

今日紫微宫

今非昔比的紫微宫

（1231年），王栖云道行于此，深爱志真颖悟过人，遂收为徒，赐名志真，号知常子。从游盘山，日听教诲。元宪宗二年（1252年）李真常掌教，起置玄学于燕京大长春宫，志真亦附之，递主法席，传授生徒。甲寅（1254年）春，还汴梁，居朝元宫。未几，王栖云卒，志真乃嗣主教。至元四年（1267年）2月，诏赐『文醇德懿知常真人』。至元五年（1268年）病逝。传世有《云山集》《道德经总章》《周易直解》等。

◎文中记述了丘处机创建太虚观及其弟子范全生重建太虚观的经过。

滨都重建太虚观记

姬志真

◎本文选自《全元文》（李修生主编，江苏古籍出版社，1999年）卷五十一。

◎作者：姬志真（1192—1268），金元时山西晋城人。原名翼，字辅之。世系原出长安雍氏，金世宗即位，避御讳，易为姬姓。志真自幼父母双亡，四岁读书，年十三能赋诗。甫弱冠，天文地理、阴阳律历之学，无不精究。辛巳年（1221年）兵乱河东泽潞，志真子然一身寓冀州南宫。元太宗六年

正文

大壑混茫，镜含万象。八纮九野[1]之水，众派百川之流，咸辐凑焉。以其善下而能容，既广而且大，故几于道[2]。神变之所在，颢气[3]之所钟，往古来今，神仙异士，多生于其侧。登莱之域，近东海之涘[4]。登之南邑曰栖霞，邑之北墅曰滨都[5]。处公艾二山之颜，东之山曰忘忧，西之台曰凤凰。金水流其前，玉冈阜其后。左及丹砂井，右挹金鳞泉。隐约之间，太虚道观独建于斯。原[6]其所从，实长春丘真人之所经始也[7]。初，真人志道刚决，修炼有年，闻望远及而达圣聪。大定戊申正月，起而应召，奏对有嘉，宠锡优渥[8]。己酉春二月，得旨还山，西历陕右，特以随机接物，杖履游方，建立玄门，不遑宁处。明昌冬十月，复之海上，而及滨都，营葺斯观，堂构陷茨[9]，与众共之。坤母负基，海神贡具，治秦鞭之石，萃楚有之材。暮止朝勤，日改月化，连年不息，方见成功。殿宇峥嵘，丹青炳焕，洞房特室，寮舍三间，莫不严饰，及列玄藏，以蓄群经。弘规壮丽，为东方道林之冠也。承安庚申，敕赐额曰太虚。无几何，贞祐之末，车骑南迁，兵尘蔽野，势移陵谷，崑冈火炽，人物殆尽。观之所有，俱扫地矣。真人方在骚屑[10]之间，天祐神相，获无恙焉。戊寅，徙居莱之昊天观。己卯冬十月，诏下。庚辰春正月，发轫北行，以观付清虚大师范公洎姜公、武公，命主张，是乃重兴之。范公讳全生，道号虚真子。本齐之济阳人。自幼而道，师事长春。赋性敦厚，服膺师训，终身不忘，故能克绍箕裘，而道价诸方，以其纯信而无疑也。故偏得师之妙，侧闻一语，铭骨以酬。壬午春正月，与议观之规。始鸠工董役，积力选材，采之筑之，勿亟勿怠。其徒数百，未尝暂息。越明年，真人复起自龙庭，敕住燕然之长春宫。教门方盛，学徒云集，百倍于常。太虚之观，不谋而作，不虑而成。土木云屯，栋宇鳞次。下院盈十所，圣位列三区。方丈宾寮，靖庐他室，便房杂舍，约百余楹。坛埠肃清，门庭旷达。所以将迎风驭，栖止云朋。仰叩圆穹，祝延皇祚，以报洪恩之万一也。及蒙行省李公夫人杨氏为外护功德主，凡所不给，悉裨助之。戊申七月，嗣教宗师承朝旨，凡师真遗迹，命革为宫。太虚仍存旧号，为太虚宫。此重修之大略也。由是观之，道之所存，充塞四虚，其运无乎不在。虽有升降出没，消长存亡，日新之变，而大常者存乎中，故本迹相继，而终古不泯。是宫，长春真人起本于前，范公大师张拓于后。虽经暂废而遽兴之，百倍于前，天祚⊙11之也。夫修天爵者来人爵，建大功者立大名。功成名遂而不居焉。继其后者无穷匮已，乌知其尽哉？道之神化也如是。

⊙ 注释

⊙1　八纮九野：八纮，指八方极遥远之地；九野，指九州之地。

⊙2　故几于道：出自《道德经》："上善若水，水善利万物而不争，处众人之所恶，故几于道。"意思是说，最高境界的善行就像水的品性一样，泽被万物而不争名利，处于众人所不注意的地方或者细微的地方，所以是最接近道的。换言之，水总是流向低洼、众人所"恶"之地，看似低下平庸，然而正是这样，它才可以包容一切，也才最接近于道。

⊙3　颢气（hào qì）：清新洁白盛大之气。

⊙4　涘（sì）：水边。

⊙5　滨都，即古代栖霞的滨都里村，今天栖霞市的北郊。是丘处机故里。

⊙6　原：这里是"推究"之意。

⊙7　太虚观，为丘处机所建宫观之一。1191年，丘处机东归故里，在滨都修建了这处修道之所，金章宗皇帝赐匾额"太虚观"，即后来的"太虚宫"，当地人也称滨都宫。

⊙8　宠锡优渥：指皇帝的恩赐丰足优厚。

⊙9　埳茨：坚硬的墙壁及茅草覆盖的屋顶。

⊙10　骚屑：动荡混乱之世。

⊙11　天祚：上天赐福。

说明

太虚宫始建于金大定二十六年（1186年）。就在这一年，丘处机的父亲去世，丘处机的弟子以丘氏故居为基营建长春观。金明昌二年（1191年），丘处机由陕西终南山祖庵东归山东栖霞，又在长春观的基础上大建琳宇，经一年而成滨都观。滨都观风景秀丽、气象宏伟，号称"东方道林之冠"。清光绪《栖霞县志》言："滨都宫，北十里，真人丘处机建，一曰太虚宫。极壮丽，神曰三清。"金承安二年（1197年），金章宗敕赐丘处机观额"太虚"，滨都观更名太虚观。蒙古太祖二年（1207年），元妃遥拜丘处机为师，并赠《道藏》六千余卷，驿送"太虚观"，作为镇观之宝。当时，太虚宫规模宏大、气象雄伟，影响深远，被誉为"东方道林之冠"。太虚宫内主要建筑有三清殿、玉皇殿、十八罗汉庙、老母阁等。贞祐元年（1213年），太虚观毁于战火，金元光元年（1222年），丘处机的弟子范全生开始重修太虚观，历时三年而成。至南宋淳祐五年（1245年），太虚观升为太虚宫。自金明昌二年（1191年）至金兴定二年（1218年），丘处机在太虚观共生活了三十年，太虚观是他一生中居住时间最长的一个地方。据光绪《栖霞县志》记载，太虚观中曾有丘真人考妣墓、长春仙井、丘处机《满庭芳》词刻石、《元太祖征丘真人制》碑、《清虚纯德辅教真人祠堂记》碑、《长春仙井遗址碑》等多处与丘处机有关的文化遗迹，但这些文化遗迹，包括太虚宫，后来在多次浩劫中被毁。1995年，栖霞市在原规模和轮廓的基础上对太虚宫进行恢复性修建，2003年作为宗教活动场所对外开放。

修复后的太虚观

修复后的太虚宫

终南山栖云观碑⊙1

姬志真

◎本文选自姬志真著《云山集》卷七。

◎文中记述了长春祖师派郝祖之徒栖云真人王志谨的弟子任公创建栖云观的经过。

◎文中所记之终南山栖云观在今陕西省西安市户县祖庵镇境内。金正大二年春（1225年），栖云子高弟任公别师下山，西游晋陕。在陕西户县重阳万寿宫东五里之梁家庄，古有洞清庵，乃重阳祖师神化之所立，已荒芜。任公先生在洞清庵遗址上，申请恢复建观，京兆府总管给了公据，遂与弟子李志勤、温志清等数十人，建成了占地70余亩的道观，掌教大宗师清和真人为之题名曰『栖云』，由此可知，该观的建造及其宗教活动得到了全真教管理层的许可，是独立从事宗教活动的道观，也是盘山栖云真人一系在西北所建第一道观。

正文

全真之旨，酝酿有年，薪焰相传，古今不绝。然而藏身深杳[2]，未易发畅者，盖葆光[3]灭迹、遗物离人，而为于独者也。其教以重玄向上为宗，以无为清净为常，以法相应感为末。摭实去华，还淳返朴，得老氏[4]之心印者欤？皇统之初，重阳祖师杰出尘表，存神遇化，方始辉光。遂以是道传诸海滨数子，所谓马谭刘丘之伦也。虽复强本，而其教未始大弘也。至于国朝隆兴，长春真人起而应召之后，玄风大振，化洽[5]诸方，学徒所在，随立宫观，往古来今，未有如是之盛也。门下有任公先生者，其族相台人也。舍俗投玄，北游燕蓟，师事栖云真人，从道有年，密传其妙。乙酉春，下山飞舄行化于秦晋之间，以及终南，至于重阳万寿之官。东约五里，有墅曰梁家庄，世传古有洞清庵，乃重阳神化之所立也。未详其实。经易世之后，荒芜四合，通鼪鼬之径而已。因有是迹，及承京兆府总管给据，令射占开擗。住持先生乃率其门弟李志葱、温志清等数十辈，同心戮力，经营建立，复成是观。前后约七十余亩，径穿修竹，环以清流，堂殿仅完，廊应序列，方壶在后，特室处幽。乃蒙宣差权省移剌公主张，赞成其事。清和真人为之题其额曰“栖云”，以为祝延圣寿之乡，荐享祈禳[6]之地。心香[7]频炷，光扬玄祖之风；性烛常然，开示全真之化。落成之日，命刻翠珉，以传不朽。勉为之铭云：

圆机日新，乃全乃真。持以重静，保以真淳。祖师之来，如新斯旨。东海之滨，传之数子。大振玄风，神舟普示。浩劫难逢，尤宜立志。归其门者，岂不示思。夙兴夜寐，勉而效之。

老子讲经处——楼观台

⊙ 注释

⊙1 栖云观：位于今陕西省户县祖庵镇。创建于元代，创立者为栖云真人弟子任公。文中记其前身为洞清庵，乃王重阳神化所在地。另有河南洛阳栖云观、天津蓟县盘山栖云观、山西万荣县栖云观、河南开封栖云观等。

⊙2 深杳：深邃幽暗之意。

⊙3 葆光：隐蔽其光辉，比喻才智不外露。

⊙4 老氏：即老子。

⊙5 化洽：教化普沾，即广施教化。

⊙6 祈禳（qí ráng）：即祈福、禳灾，指祷告神明，以求平息灾祸、福庆延长。祈禳是道教最富特色的法术。祈禳法事有两种情况：如所禳之事为小灾小祸，则请道士用符镇帖，或请法师禹步念咒洒符即可；如祈禳之事重大，或是碰到大灾突至、小灾连续不断，就要请道士举行斋醮科仪。

⊙7 心香：古代称内心虔诚，就能感通佛道，同焚香一样，比喻十分真诚的心意。

□ 说明

终南山，又名太一山、地肺山、中南山、周南山，简称南山，是秦岭山脉的一段，在陕西省西安市长安区城南15km处，它东起盛产美玉的蓝田山，西至秦岭主峰太白山，横跨蓝田、长安、户县、周至等区县，绵延200余里，千峰叠翠，景色幽美，素有“仙都”“洞天之冠”和“天下第一福地”的美称。终南山自古即为道教发祥地之一，据传，今日楼观台的说经台就是当年老子讲经之处。至金元之际，全真道创始人王重阳又修道于终南山附近之刘蒋村、南时村，终南山遂成为全真道最早的发祥地。因此，当邱处机大兴全真道后，即大力开拓终南山之宫观，使终南山道教走向鼎盛。史载，从元初起，终南山即相继建起了以重阳万寿宫为中心的大批宫观，如重阳成道宫、遇仙观、通仙万寿宫、栖云观、集仙观、太一观、玉华观、白鹿观等。明清时期，终南山道教渐趋衰落，除说经台（即楼观台）外，其他宫观大多因年久失修而废圮。

洛阳（朱葛村）栖云观碑[1]

姬志真

◎本文选自姬志真著《云山集》卷七。

◎文中记述了栖云真人门下四弟子从1236年起创建朱葛村栖云观及撰志的经过。

正文

皇朝圣祖御极[2]之初，思征有道。长春真人应召之后，化洽无垠，道日重光，玄风大振。簪裳[3]之侣，雾集云臻[4]，宫观之修，星罗棋布。遐荒若此，况中夏乎。兹洛京之南及一舍，古墅曰朱葛，左连嵩少，右顾龙门，万安之山[5]峙其前，伊洛之川注其北，中立道观曰栖云。究其迹之本末，寔栖云真人门下四子，经始而建之也。辛巳秋，真人开道盘山，方来修炼之士，多往质疑。令闻远播，黄冠野服游其门者，不可胜计，亦当时辅教之首出者。而四子一曰崔志隐、二曰管志道、次曰董道亨、次曰李志希，俱在席下。参学有年，皆蒙印可，其心莫逆，相与为友。甲午秋九月，共议采真之游。乃自北而南，遍历燕赵齐鲁之间，乘流坎止[6]，未及覃怀[7]。当是时也，始经壬辰之革[8]，河南拱北城郭墟厉，居民索寞[9]。自关而东，千有余里，悉为屯戍之地，荒芜塞路，人烟杳绝，唯荷戈之役者往来而已。丙申夏四月，数子渡孟津而游洛京，暮及陈昌，遇故人石公，见而惊喜，相待甚厚，眷恋不已，留居数月。周览山川明秀与心会处，以安蓬华，而及朱葛。顾视四方，何异深山大泽，迥绝人境，栖真养浩，不无助焉。访其邻，寔董道亨之故里也。备知土地硗肥，彼此畔埒，皆荒芜四塞，藜藋参天，殊无主者，惟存废址瓦砾而已。数子于是议经道观，为之张本。继而王杨江李寻至，同心戮力，有作争先，卜筑埳茨[10]，芟薙[11]垦擗。摧枯拉朽，剪荒榛枳棘之丛；解秽除纷，树火枣交梨之木。朝勤暮止，日改月化，几二十年，是观浸兴。立正殿以奉三清，后真堂以尊众圣，云会在右，芬积居东。附近门墙，膏腴之田六百亩，栽培覆护果实之木千余株，桧柏萧森，门庭清肃。养生储蓄，取诸左右而丰；敬接方来，兼有自他之利。尊师报本，奉国熏修，祝赞璿图，祈禳士庶，云霞萃止，师真往还，乃为东道主也。甫成而后，额之曰栖云。盖取其师之道号云，冀不忘师也。三子之能事既毕，从师归汴，唯李志希主之有年而不替，克成其事，善守者也。崔子复赞成其像。岁次昭阳大渊献春正月，执事者不远而来致敬，祈予赞语，以纪其实。义不可辞，勉从而直书，其铭曰：

大哉至道，无门无旁。不即不离，四远皇皇。圣人得之，终身所存。老氏发源，传嗣万世。近代重阳，其龙其光。长春相继，真风益彰。栖云至德，知白守黑。惠慈利物，为天下则。四子明俦，克绍箕裘。采真龟洛，朱葛兴修。琳宇一区，芝田六顷。火枣千株，具瞻万境。晨香夕灯，众善奉行。自天降祐，何福不臻。

⊙ 注释

⊙1　朱葛村，应是指今天河南省洛阳市伊洛园区诸葛镇的诸葛村。

⊙2　御极：登极，即位。

⊙3　簪裳（zān cháng）：冠簪和章服。古代仕宦者所服，因以借指仕宦。

⊙4　雾集云臻：雾气及行云很快聚集，此处比喻众多的人纷纷加入道教。

⊙5　万安之山：即万安山，位于偃师市寇店镇与伊川县吕店镇交界处，海拔937.3m。此山在层峦叠嶂中巍然耸起，东接嵩岳，西达伊阙，共同构成洛阳南面的屏障。山上石怪林密，果木尤多，清泉涌流，曲径通幽。山北坡较缓，山腰依次有白龙王庙、玉泉寺、朝阳洞、磨针宫等古建筑。山东坡稍陡，半坡处有自然山洞“仙姑庵”，山脚下为寇店镇水泉口村，古有名关“大谷口”。水泉村有著名的水泉石窟，窟内二主佛并立的结构在北魏造像中尚属罕见。山南坡最陡，高处山崖壁立，人须绕行。山西边峰峦连绵，有“南天门”险景。山最高处，紧临南边崖嘴建有祖师庙，山因此又称“北金顶”，与南边武当山金顶相对而言。

⊙6　乘流坎止：乘流则行，遇坎而止。比喻依据环境的逆顺确定进退行止。

⊙7　覃怀：夏代地名，在今河南省沁阳市、温县所辖地域。

⊙8　壬辰之革：当指金朝末年历史事件。1230年，窝阔台确定了灭金战略，由其本人率中路军，攻金的河中府，直下洛阳，蒙将斡陈那颜率左路军直下济南，窝阔台的弟弟拖雷率右路军由宝鸡南下，借道南宋境内，沿汉水出唐州、邓州。1232年蒙古大军围困汴京，当年12月，金哀宗率众弃城出逃，走向了灭亡之路。1232年按照中国古代的干支纪年法为壬辰年，故而历史上将此次蒙古围攻汴京、金哀宗出逃蔡州的事件称为“壬辰之乱”。本文“壬辰之革”也当指此事。

⊙9　索寞：荒凉萧索貌。

⊙10　埴茨：用纯净的茅或苇覆盖房子。

⊙11　芟薙：除去藤蔓等植物。

□ 说明

文中所记内容大概是：崔志隐、管志道、董道亨、李志希四人皆随栖云真人在盘山学道，元太宗六年秋（1234年9月），蒙古联南宋灭金，四子从盘山随蒙古军而南下云游。一路上经过了河北与山东，由于战争，遍地荒芜，少有人烟，路上往来的都是士兵。丙申夏（1236年4月），四子渡孟津来到了洛阳，遇到了老朋友石公，于是有了在此长住的想法，最后在董道亨的故乡朱葛村找到一个废弃的庙址，开始修筑道观，经过近20年的修建，建成了有600亩田产、千余株果树的道观，作为栖云子“往来乎燕汴”之落脚点。以师傅的道号为观名，是不忘师傅的意思。随后李志希长住于此，其余三人随师回到汴梁的朝元万寿宫，元中统四年（1263年）春正月，请知常真人为其书碑文，以证其实。

高唐重修慧冲道观碑[1]

姬志真

◎本文选自姬志真著《云山集》卷七。

◎文中记述了贾志希、李志端两位道人相遇相交，并一同创建慧冲道观的经过。

正文

无何之乡[2]，广漠之野，有方外之游者二子焉，一曰延真，次曰永真。延姓贾氏，名志希。永姓李氏，名志端。延真之祖出于钧，永真之家起于岚[3]。钧南岚北，途经数千。之二子者，相与游于世，胥如志[4]也。俱以服膺道术为业，继长春、清和之风，而历久不渝。其纯信之笃，而能剖心厉志，扫除狂妄，以至骨立，而能超卓于世俗者。其所见无全牛，而游刃恢恢有余地耳。时无止，分无常，水金禅代之交，陵谷变迁之际，诸夏云扰，朔南未宁。生民涂炭，迫侧而心迹自致灰槁[5]者有之，况久于其道者乎。怀玉于中，同尘于外，人无识者。壬辰之运，延与永相遇于漯水之城限，目击神会，相视而笑，莫逆于心，遂与为友。或裹饭相饷，或力作自娱，二十余年，犹断金臭兰，未始相离也。崇墉之颜有菴之故基。二子于是拓摭瓦甓，治平高下，采之筑之，堂之构之。畦蔬园圃，倚阜临溪，列植苍官，杂以文木。阆苑壶天之邃，灵源洞府之幽，未异此也。是谓慧冲道观。之二子者，挹挹[6]然于其间，虽市井之喧阗，而耳若无闻，境色之纷华，而目若无见。机械不藏于胸次，虚白不昧于厥中，所作与人同，所养与人异，真修混沌氏之卫者欤。与夫登垄而争先，坐干没而无足者，固有间矣。讵可同日而语哉。亦内外之不相及已。丙辰夏五月朔，叙而铭之。其铭曰：

玄教心铭，资深性成。了真非妄，惟一惟精。大体完全，必静必清。中主而正，自成而明。道传二子，延永其名。断金之友，兰若斯馨。俯存方舆，仰事圆灵。若愚若慧，如醉如醒。在撄而宁，与物皆作。山路不迷，洞扉无钥。秀木萧森，灵苗间错。忘怀市井，无异丘壑。鸡犬放收，蓬庐寄托。嚼蜡世味，分甘天爵。膏粱不愿，随宜饮啄。无几无时，仰参寥廓。

⊙ 注释

⊙1 高唐：当指今天山东省德州市的禹城。
⊙2 无何之乡：原为“无何有之乡”，出自《庄子·逍遥游》，指空无所有的地方，多用以指空洞而虚幻的境界或梦境。
⊙3 岚：岚州，即今岚州市（原为岚县），位于山西省中西部，为吕梁山北端重要的区域城市，东南邻太原，区位优势明显。在古代，岚州被誉为“天上云间”。北魏孝庄帝建义元年（528年），分肆州之秀容县、肆卢县、平寇县，并州之阳曲县设置了广州，治所在秀容，即今岚州市区南古城村；孝武帝永熙二年（533年），撤销广州，新设岚州；隋大业三年（607年）为楼烦郡，大业八年（612年）置岚城县（今岚州市岚城镇）为楼烦郡治；唐武德元年（618年）改东会州，武德六年（623年）又改为岚州，领元年将娄烦郡改称岚州，后废；宋岚州领三县，元至元二年（1265年）省入管州，至元五年（1268年）复置宜芳、静乐、临津三县，治所在宜芳县（岚城县改），天宝元年复为楼烦郡。肃宗乾元，却无领县，明降为县。
⊙4 胥如志：彼此随顺意愿，当为意气相投之意。
⊙5 灰槁：即灰心槁形、意志消沉、形体枯槁之意。出自《庄子·齐物论》：“形固可使如槁木，而心固可使如死灰乎？”
⊙6 挹挹：谦逊之意。

□ 说明

胡孚琛主编的《中华道教大辞典》（北京：中国社会科学出版社，1995年，第165页）中载：贾志希，字延真。金末元初钧州（今河南禹县）人。据《云山集》载，贾志希服膺全真道术，纯信笃诚，超卓于世俗之外。金哀宗开兴元年（1232年）与李志端相遇于漯水城，遂为莫逆道友。两人力作自娱，或裹饭相饷，犹断金臭兰，未始相离达二十余年。志希与志端于崇墉之旧庵拾摭瓦石，采筑窀穸，名“慧冲道观”，二人修混沌氏之术于其间，颇有时名。

（屯庄）南昌观碑

姬志真

◎本文选自姬志真著《云山集》卷八。

◎文中主要记述了元代道士葆光大师朱志明创建南昌观的经过。

（屯莊）南昌觀碑

正文

道无弃物，物无非道，通六合之内外，贯万有之洪纤，莫不皆存。是以天得之而清，地得之而宁，三景[1]得之而明，四序[2]得之而运，圣人得之所以垂世立教。盖禀无名之朴，降为镇化之师，妙用滋彰，神功昭著，灵源一发，正振横流，虽步骤之殊时，亦污隆而顺世。道无增损，用有行藏，开辟以来，洪荒莫纪，中古以来，盘举其人。伏羲之时郁华子，神农之时大成子，黄帝之时广成子[3]，颛顼之时赤精子，高辛之时录图子，尧有务成子，舜有尹寿子，禹有真行子，汤有锡则子[4]。之人也，之德也，皆出经传道，代为帝师，玄泒洪澜，波及群品，具载玄藏。问有销声拂迹，嘉迟忘名者，莫知纪极。殷周之世，老氏出焉。挫锐解纷，随机应化，复之以虚极静笃，申之以治人事天。二篇四辅之存，诸子百家之学，琼林竞秀，兰友争芳。霜心雪臆之伦，被褐怀玉；月被星冠之侣，负岌担双。经籍图录之支分，科律典章之蔓衍，制玉醴琼浆之饮，服五金八石之丹。或炼形行气，或吐故纳新，辟恶祛邪，行符治鬼。此应世养形之急，皆辅道之事，非为道之道也。其于归根复命之理，有所忽诸。近代重阳，天挺神授，绝累捐尘，建立夫根干泉源，扫荡乎波澜枝叶，辅之以清净真实，应之以柔顺谦冲，具天地之大全，完古今之大体也。道传东海数子，皆能鼓舞服膺，闻风唱和，天下化之。洎乎皇朝圣祖御极之初，兼崇道德；长春真人应召之后，大阐[5]门庭。室中之席不虚，户外之屦常满。及嗣教清和真人作大宗师，宠膺上命，簪裳接迹，宫观相望，虽遐荒远裔、深山大泽，皆有其人。兹历亭之北，里不及舍，聚落之墅曰屯庄，富里之观曰南昌，爰自葆光大师之所建也。师姓朱氏，名志明，本土居人，葆光则其道号云。盛年颖悟，捐俗而道，师事抱阳子刘志甫，即太古真人之高弟也。大师亲炙左右，日改月化，大蒙印可。中年复经父母之邦，周览故居，荒芜四塞，仍存基址而已。大师率徒就荒，开径垦僻，其地以亩计者顷之半。及蒙州主张侯，给文以主之。于是梂之筑之，经之营之，鸠功缔构，曾未浃辰⊙6，大成其事。太上有殿，云会有堂，瞻真境之粹容，副舆人之至愿，荐邮肃于谷旦，笃香火于晨昏。丕赞皇图，延洪宝命，善沾遐迩，波及生灵，报本尊师，酬恩育德，其在兹乎。甫成之始，请名于宗师，额之曰南昌。功成之后，师藏其狂言，与其不可言者而往矣。古今相继而传者，皆不闻可见之迹也。迹非其本也。其本则恬淡寂寞，虚无无为，乃天地之平，道德之正，存乎吾宗而已，非见闻之可接也。所以纷华泯绝，枯朽回春，人非幻化之人，物非幻境之物，此圣人之所以教人，而有师资之道焉。宫观之作，取象以明有孚显若之礼，所以为国熏修，厥有旨哉。知观刘某不远而来，祈余纪实，将追述前人之功业，冀未来之勉旃。故不可以赛浅辞，姑从其说而直书。其铭曰：

历代真仙，枢环应圆。污隆顺世，隐显从天。重阳发源，长春尤盛。大振真风，全提正令。有曰抱阳，其嗣葆光。太古之孙，道价诸方。故里经营，圆成胜盘。福羽以持，德输以载。游居寝息，焚修敢忘。皇寿以祝，地久天长。民福以祈，简简禳禳。殷葱旦夕，一炷心香。

⊙ 注释

⊙1　三景：是指日、月、星三光。

⊙2　四序：是指春、夏、秋、冬四季。

⊙3　多种道教经典对老子有各种神化说法，大致说老子以“道”为身，无形无名，生于天地之先，住于太清仙境，长存不灭，常分身化形降生人间，为历代帝王之师，比如伏羲时为郁华子，神农时为大成子，祝融时为广成子。

⊙4　赤精子、录图子、务成子、尹寿子、真行子、锡则子等均为道教十二金仙之一，是历代帝王之师。

⊙5　大阐：大力阐明弘扬。

⊙6　浃辰：我国古代以干支纪日，称自子至亥一周十二日为“浃辰”。《左传·成公九年》：“浃辰之间，而楚克其三都。”杜预注：“浃辰，十二日也。”

□ 说明

南昌观旧在历亭（山东省德州市武城县）北20里之屯庄，由葆光大师朱志明所建，州主张侯给文，葆光大师率徒建成占地50余亩的道观，并请掌教宗师赐额，清和真人额之曰“南昌”，知观刘某请姬志真为之撰《屯庄南昌观碑》，今废。

咸宁县夏侯村清华观碑[1]

姬志真

◎本文选自姬志真著《云山集》卷七。

◎文中主要记述元代道士儒志久创建清华观的经过。

正文

京兆[2]之西四十里，川曰华严。山水明秀之所钟，竹木郁茂之所庇。左连杜曲[3]，右接白云，玉案之平极于南，凤栖之原倚其后，中之墅曰夏侯，琳琅腌蔼之间，有观曰清华。穷[4]其所起，自宣差总管田侯，洎[5]儒公大师之张本也。贞祐南迁之末，金汤[6]坌粉，人物劫灰[7]，河外陕右之民，废而后复之，未遽宁也。兵尘骚屑[8]，旷野平芜，视向之所有，失之者十九。思以振僵植仆，救疗民痍，谁其尸之。蒙宣差田侯奉命来苏，疾小间也。田侯讳雄祖，全州人。初以勇武闻，壬午擢为阳州元帅，兼节度使。四方向风慕义，不召而归者多有之。癸巳秋九月，以征讨有功，迁陕西五路总管。存恤军民，怀来郡邑，治政之暇，兼崇道德。凡所营葺，皆力赞之。与儒公大师有昆弟之旧，闻謦欬而敬信之笃，而能服膺履践，俊恶而善者从之，释俘虏之族千余辈，其易悟者欤。儒公大师，讳志久，儒其姓也，全州人，自幼而道，师事楼云真人，亲炙有年，密通其奥，杖履诸方，西游吉阳。丙戌，耆艾[9]请住祈真观。癸巳，田侯请住京兆迎祥观。暨而寻及夏侯之里，踌躅四顾，清绝可观。曩[10]为名公达士游息采真之地，忍视芜没，纵狐兔豺狼之嗥啸于其间。遂择隐约，摭瓦萝荒垣而限之。经内外之田，以亩计者二百八十有奇，立文以界之。儒公乃卜筑于是，以至圣宇真堂，靖庐特室，随宜序立，足以栖迟清侣。郑重熏修，夤敬盟真，祝延皇祚，以报洪恩之罔极也。落成之始，走请于宗师，额之曰清华。壬子夏四月，真常真人承旨，代祀名山大川，以暇及此，喜其地秀人杰，住宿而达。观夫天之开图，地之孕秀，山之静，水之流苍翠，惟此君周旋无俗物，清入毛骨，豁爽神襟。宜乎柄心炼性者之所居，固可朝夕于是，造次颠沛而不离于是。神物俯仰，不无助焉。其自得之妙，可尽模哉。一日执事者不远而来，嘱予纪实。不可以赛浅辞，辄从其说而直书。其铭曰：

森碧琅玕，凤原之颜。观曰清华，腌蔼之问。迥入毛骨，静扫神奸。云霞其侣，玉笋其班。爰游爰处，以安以间。居以持室，应以枢环。灵扉无钥，洞户无关。所以为达者之莲庐，冀真仙之往还也。

⊙ 注释

⊙1　咸宁：陕西省西安市属的旧地名，古为其下辖的一个县，今并入西安市。
⊙2　京兆：古地名，是古代西安（长安）及其附近地区的总称，始于汉代。
⊙3　杜曲：古地名，在今陕西省西安市东南，樊川、御宿川流经其间。唐大姓杜氏世居于此，故名。
⊙4　窍：此处是贯通之意。
⊙5　洎：到。
⊙6　金汤："金城汤池"的略语，是指金属造的城，沸水流淌的护城河。形容城池险固。
⊙7　劫灰：指遭刀兵水火等毁坏后的残余。
⊙8　骚屑：扰乱，动乱。
⊙9　耆艾（qí ài）：耆，老；艾，此处意为艾叶的颜色苍白，引为老之意。中国古时以六十岁为耆，五十岁为艾，故耆艾泛指老年人。
⊙10　曩（nǎng）：以往，从前，过去的。

说明

清华观位于陕西省西安市南 16km 的华严川，这一带因曾是樊哙的封地，故称樊川，因位于华严寺南，又称华严川。栖云大师的高徒儒志久于贞祐后杖履西游，金天兴二年（1233 年）应陕西五路总管田雄之邀来到华严川，田雄在华严川的夏侯村给了他 280 亩的土地使用权。儒志久便在这里建起了一座道观，建成之后，掌教清和真人额之曰"清华"，就是文中所记的"清华观"。

增修长春大元都宫碑

达庄康璧

◎本文选自王宗昱编《金元全真教石刻新编》（北京大学出版社，2005年）。

◎作者：达庄康璧，曾任礼部侍郎，生平不详。

◎文中记述了史志照于至元十八年（1201年）主高唐长春大元都宫期间对其的扩建情况，其中包括『增修宫宇七十余楹』，外加『守遗宫田四百余亩』等，可谓盛极一时。

正文

高唐坤维[1]，有福地曰长春大元都宫。基于宋金，名曰慧云观。圣元大宗师真常真人承制，革斯宫额。先是辛卯岁，盘山栖云王真君高第弟子邓志迴、卜志平、杨志友，大为经营，广其制。知宫大师杨道明谒三洞讲经师知常子姬志真，文纪诸石。后五十年，守正盟真冲和大师、道门提点史公志照，方童丱，以吾高唐世家子簪裳入院，师通妙颐真重显大师刘公志和。其为学日益，为道日进，学博而道且深造。窃惟前功未完，志在举废益新。时，宫廪乏积，奋躬稼力田，节用度，薄滋味，克勤俭。月累岁储，逾两纪[2]，羡余视昔什百。首以太极殿虚元元圣像谋及师，敬为绘塑。或以天花幔版阖道藏以尊经也。夫辇石[3]于山，周固殿址。五德七元[4]更为之，英济灵官经始之，东华殿修饰之。门昭金扁，以起瞻仰。中支醮坛，以严禳祈。廊庑斋□仓库，沉沉翼翼，轮奂之美，宫制于乎备。又于太极西偏为丈室，为重楼，花竹静深，馆宾栖真之所也。公在昔誓以弗用敛化，弗听赞缘，冥中自祝，罄己力，称所愿而后已。一念之诚，积四十年之久，天辅神相，克厥成功，兹亦艰哉！有日，公介前河东山西道宣慰使孙中奉，洎吾宗友和甫处士，持和甫子□州儒学正□□所述兴造始末事状，踵门求老耄为之文，再拜稽首曰：志□奉师教，资师力，增修宫宇七十余楹，守遗宫田四百余亩，固吾职分所当为，惧将来守之不固，夜半为有力者所负，惟金石可以寿永久。先师逝矣，诲言在耳。先生为我图之。余曰：不然。凡若之门徒皆以若之心为心，继继承承，传之百世无难。第恐不以若之心为心，远而愈疏，尘欲汩，道性凿，元教弗嗣，妙门弗兴，补罅举坠者谁？何□□列琢磨兹石之纪载，罔彼利己无复□籍反庸鄙之弗如，是可忍而孰不可忍。若欲试之而又可乎？余诚为若图。若深于道者也，博于学者也。从师孜孜不怠，务践履之实。师病，夙夜[5]奉汤药唯谨。终，以厚礼葬之。母老无所依，僦舍近宫[6]，晨昏便养，寿终天年，孝心纯至。为国祝厘[7]，诚一无间，祈祷有征。授紫衣金襕，筮仕道判，历道录，转提点。今而后，嗣教者继公志，述公事，习公学，传公道。道悟于心，忘物我，洞幽明，参天地，造乎清净无为之境，守之以不守之守，传之以不传之传。全真至是，有未易以名言者。顾彼屑屑为身外目前计者，仙凡悬绝矣。后生可畏焉，知来者之不如今也？吾夫子待人之厚也如此，若传若徒也厚罄。若得而授若徒，如彼如此，机由若发。若年几八秩[8]，黔首童颜，精神无异壮岁，非得道者能之乎？矧[9]若之行与吾道同，兹故乐为若图。经不云乎：圣人执左契[10]而不责于人。故有德司契，无德司彻[11]。天道无□，常与善人。请继此系之以铭，为将来左契云。辞曰：混元元教，清净无为。后天而生，先天弗违。不守之守，大化洪基。不传之传，至道精微。悟化漆园，知来希夷。乾坤鳌负，日月萤飞。小特大已，忘我云谁？功修未已，化成与归。先难后易，升高自卑。人非圣人，顿悟者希。瓜甜于苦，缯坏于疵。持犹糠秕，业视筌蹄。子□知夫，万殊不同。一本而推，一乎太极，参乎两仪。人人固有，至公无私。粤惟志照，烛伦彝□。孝以奉亲，义以尊师。崇宇广敬，所守所传，盖业施慈。不从外得，私在心思。与吾同道，孰为二岐？念兹在兹，勿谓神明幽邃之弗睹，勿谓彼苍元远而弗知。石可磨道不可磨，人可欺心不可欺。赘以蔓言，为得道者之所持。有德者之司，继业者之所归。噫嘻！天与善人，夫复何辞？

⊙ 注释

⊙1　坤维：即西南方。
⊙2　纪：古代的纪年法，一纪为十二年。
⊙3　辇石：用手拉车运送石头。
⊙4　七元：道教称北斗七星为七元解厄星君，居北斗七宫，即天枢宫贪狼星君、天璇宫巨门星君、天玑宫禄存星君、天权宫文曲星君、玉衡宫廉贞星君、开阳宫武曲星君、摇光宫破军星君。
⊙5　夙夜：朝夕，日夜。
⊙6　僦舍近宫：在宫观附近租赁房屋。
⊙7　祝厘：祈求福佑，祝福。
⊙8　八秩：八十岁。
⊙9　矧（shěn）：况且，何况。
⊙10　契：即契券，古代借贷金钱、粮米等财物都用契券。它是用竹木制成的，中间刻横画，两边刻相同的文字，记财物的名称、数量等。劈为两片：左片是左契，刻着负债人姓名，由债权人保存；右片叫右契，刻着债权人的姓名，由负债人保存。索物还物时，以两契相合为凭据。
⊙11　有德司契，无德司彻：有德之人利用人们认可的规则；无德之人无所不用其极，为了自己的利益，根本就不会考虑别人的感受。简言之，有德讲原则，无德讲功利。彻，极端。

□ 说明

元都宫也称玄都宫，原址位于古代高唐州城（今山东省聊城市高唐县）西南、南街路西，为宋时创建的道观。金时名慧云观；元时，有道士真常真人承制，又名长春元都宫；清初，名三清观。今已不存。

持此山。正大三年春（1226年），请长春真人至盘山作黄录醮事，真人题额曰『栖云』。这是栖云大师第一个传道之所，自此栖云门第一代祖始有『盘山』之称谓。知常真人称其『造始于中盘，大成于梁苑』，其高弟如杨志谷、任公先生、张志信、李志希、论志元、张志格、姬志真、贾志福等皆从栖云大师于此。元中统三年（1262年）归浮屠氏。民国时废。

盘山栖云观碑

姬志真

◎本文选自姬志真著《云山集》卷七。

◎文中记述了盘山的历史渊源及盘山栖云观的历史变迁。

◎据史料记载，盘山栖云观在天津蓟县盘山之中盘，由栖云大师高弟张志格于金兴定四年（1220年）修建。兴定五年春（1221年），蓟州同知（副职）许公请栖云大师住

正文

道无形埒，得人则行；山无高下，有仙即名。此物理之冥符，人事之脗合也。渔阳西北之山，本名四正，古有田盘先生者，田其姓也。未详何代自齐而来，栖迟此山，岁历已久，得道成真。虽犷猎庸樵，莫不敬仰，远近风化，人因名此山为盘山焉。兹山之颜，紫峰之下，怀抱爽恺，明秀端正，号曰中盘，缥渺云霞之洞府也。累经劫代，为浮图氏所居。会金天失驭，劫火流行，陵谷推迁，物更人换，复为茂林丰草，豺虎之所据焉。时膺大朝隆兴，崇奉道德，栖霞长春真人起而应召。甲申正月，复还燕然，建长春宫。由是玄风大振，四方翕然，道俗景仰，学徒云集。门下有栖云子者，密通玄奥，颇喜林泉飞鸟择地。其徒有张志格等，庚辰岁，预及此山，薙荒擗径，披寻故址，巧与心会，遂营卜筑。辛巳春，承本州同知许公，议请栖云真人住持此山，应命而至。居无几，参学奔赴，虚往实归日数之而不及也。席下皆茂德耆宿，履践皆抱朴明真，徒辈日增，遂营为观。丙戌春，疏请长春真人作黄录醮事，真人因题其额曰栖云观焉。厥后名播诸方，京师官僚士庶复请出山，住燕京天长观。丁亥秋，真人升霞[1]之后，大师由是率众南迈。所过者化，郡县郊迎，随立宫观，创新葺故者不可胜数，皆其门弟所主焉。特于南京重阳祖师升霞之所，郑重倾心拘朝元宫，最为壮丽也。原夫栖云大师，立德建功，造始于中盘，大成于梁苑[2]。其赞助真风，辅成玄教，亦由时之盛者也。此特纪其实迹，而师之所以迹者，殆不可以言传也。后之学者，亦宜勉旃。敬为之铭：

田公先生，人物之英。玉石之荣，泉源之清。神变罔测，不留影迹。山有其名，公怀其实。久假浮屠，于今始归。猿鹤并集，云霞以依。栖云老师，复主张是。敷畅玄风，无远不至。王之与田，削去二边。千载一合，薪火之传。松风竹月，水声山色。出示吾宗，惟居之得。山舟密移，行莫迟迟。重玄向上，勉而效之。

⊙ 注释

⊙ 1　升霞：原意为得道成仙，这里指死去。

⊙ 2　栖云观是道教栖云大师住持的第一个传道之所，故栖云门派的第一代祖始被称为“盘山”，所建观宇被称为“栖云观”，后者是指汴梁城内的延庆观。当时的延庆观被誉为“广袤七里，壮丽甲四方”，元太宗窝阔台赐名“大朝元万寿宫”。元末毁于战火，明初重建，更名为“延庆观”。

说明

天津市蓟县城东北十多公里有座盘山，风光秀丽，其主峰挂月峰海拔 864.4m，自古即避暑胜地。盘山依地势高低分为上盘、中盘、下盘三大部分。至元二十七年（1291 年）的《至元辨伪录》记载：“初，盘山中盘法兴寺，亥子年间天兵始过，罕有僧人。海山本无老师之嗣振公长老首居上方，橡栗充粮，以度朝夕。全真之徒，挟丘公之力，谋占中盘。乃就振公假言借住。振公以谓道人栖宿犹胜荒凉，且令权止。占据既久，遂规永定。王道政、陈知观、吴先生等，乃改拆殿宇，打损佛像，又冒奏国母太后娘娘，立碑改额为‘栖云观’。院内古佛舍利宝塔高二百尺，又复平荡；影堂、正殿、三门、云堂，悉皆拆坏……”由此引发了佛教和道教为争夺这座寺院而进行的多年争斗。

相关文献显示，本文所记之栖云观原名“法兴寺”，始建于魏晋，是蓟县县志记载的当地最早的佛教寺院，也是天津最早的寺院。元至元二十三年（1286 年），道教栖云子派其徒张志格到处选择观址，最终选中了盘山，并将原有的寺院改名为栖云观，原有建筑也多有拆毁。元延祐二年（1315 年），元仁宗降旨将栖云观恢复为僧院，更名为“北少林禅寺”。此后历代多有修葺，抗战期间遭到损毁，仅剩山门基址、碑刻、多宝佛塔、摩崖石刻等。

多宝佛塔

拟修复的建筑全景

大元重修古楼观宗圣宫记

李鼎

◎本文选自元朱象先编撰的《古楼观紫云衍庆集》（三卷）。

◎作者：李鼎，生平不详。

◎文中主要记述李志柔奉全真道掌教尹志平之命大修楼观并出任宫主的经过，反映了楼观道改奉全真道的历史。本文是道教全真派主持楼观后最早且最为翔实的文献。

正文

终南山者，中国之巨镇[1]也，稽之古典，《书·大禹》《诗·小雅》，皆所称美焉，亦曰中南，以其在天之中，居都之南也。至若盘地纪[2]，承天维[3]，奔走群仙，包滀玄泽，灵气浮动，草木光怪，则又为天下洞天之冠，故古之闳衍[4]博大真人，以游以处，谓之仙都焉。古楼观者，真人尹氏之故宅，终南名胜之尤者也。按《史记》，真人当姬周之世，结楼以草，望气徯[5]真，已而果遇太上老君，延之斯第，执弟子礼，斋薰问道，遂受道德二篇五千言焉。真经既传，大教于是乎起矣。原其旨也，主之以太一，建之以常无，有以冲虚恬淡养其内，以柔弱谦下济其外，盖将使人穷天地之始，会万物之终，去智与故，动合于自然。以之修身则寿而康，以之齐家则吉而昌，以之治国平天下则民安而祚久长。其指甚简，其事易行。由是，时君世主，莫不尊是道而贵是德。周穆王亲访灵躅[6]，为建祠宇，度道士七人，号曰楼观，是则度人立观之始也。始皇好神仙，于此构清庙；汉文慕黄老，于是立斋宫；魏、晋、周、隋以来，或銮兴躬谒，或诏敕缮修，给户洒扫，赐田养道；有唐启运，高祖武德三年，诏改楼观为宗圣观；宋室兴，端拱元年，复赐观额曰"顺天兴国"。是则历朝崇建之略也。若夫玄孙道子，聚则形，散则气，坐在立亡者有之；通真达灵，曰升举、曰尸解者[7]有之；以道辅世、为帝师者有之；飞篆馘魔、拯民瘼[8]者有之；垂科立教、开化人天者有之；枕流漱石、不屑世务、高尚其事者有之。历观先师传所载，祖玄述妙，世有其人。是又知源深而流长，仙脉绵绵而未艾也。爰自白鹿升虚之后，陵迁谷变以来，圣迹未湮、斑斑可寻者，可指数也。骜然若赴谷之龟，凸然如覆几之盂。古殿隐隐而见乎木杪者，授经台也。邃而幽，深而旷，窈窕而入，蜿蜒而上者，文仙谷也。望之巍巍然，蒸岚郁黛，朝夕乎其上，灵光宝气，秀发乎其间者，炼丹峰也。淳天一之水，舍内景，吐玉津，为金液大还之用者，丹井也。裹九曲之势，呈千岁之姿，不逐炎凉变迁者，系牛柏也。传有云：老君既升，所乘薄畚车[9]并药臼等，宝而传之者，千余岁矣。唐开元中，诏入内府，遂亡焉。又《关尹》九篇，名闻旧矣，而世亡其书。唐宋崇道之代，诏访逸书屡矣，竟不获。大元癸巳之岁，政清和典教之日，有张仲才，沂水羽客[10]

也，得是书于浙，特诣师席献之，一时惊异焉。嘻，以千载之前之尹书，归千载之后之尹氏，意者天昌是道，而斯文应期而出也。不然，何针芥[11]机投如是之妙欤。顷者金天失驭，戈革炽兴，累代宏规，例堕灰劫。暨国朝抚定，纪纲初复，于时清和大宗师以真仙之胄掌天下教，每念祖宫隳圮，尽然于怀。岁丙申，自燕来秦，躬行祀礼，四方宿德，不召而集。裴回[12]遗址，其存者惟三门、钟楼并二亭耳，遂议兴复。时有前道士张致坚，状其旧业以献，宗师深稽冥数，每得人于词色之表，顾谓同尘真人李公曰：祖道中兴，玄功是勉，绍隆修建，公不宜后。乃以观事付之，公谢不敏[13]，不获命[14]，受之。仍请行省田相君雄、干州长官刘侯德山为功德主，继承总府文据，以近观旧有地土，明斥四止，永为赡众恒产。公于是率徒千指[15]，以宗师所委大师韩志元、张志朴纠领其事，薙榛棘，除瓦臂，辇材植，斫者、陶者、规构者，耕以饷给者，莫不同诚竭力。弥月漫岁，有馨鼓弗胜之意。逮于壬寅，稍克就绪，建殿三，曰金阙寥阳，曰文始，曰玄门列祖；为楼三，曰紫云衍庆，曰景阳，曰宝章；为堂二，曰真官，曰斋心。宾有馆，众有寮[16]，焚诵有室，山门、方文、厨库、蔬圃、水轮至于下院别业，以次而具。丹垩[17]藻绘[18]，赫然一新。其用广，其功速，转天关，旋地轴，华日月而平北斗，其为力也大哉。由是观之，非清和不能知同尘，非同尘不能了此缘。故一时有尹李、古今仙契之语，非偶然也。中统元年夏六月，以朝命易观为宫，仍旧宗圣之名，作大斋以落之。公之门人提点成志远、知宫仕志安等议云：此宫自有周以来，累朝崇建，事迹或载在传记，或勒之碑铭，固已传之无穷矣，惟今吾师重修之盛绩，独无纪述见于后，我辈出于门下者几三千人，于师之德不得为无负也。乃状其始末，诣燕之长春宫，请记于掌教诚明真人。以润文见命，予以年迈，且废笔砚久矣，度其不可违，乃案来状，并录到历代碑志，相与参较而编次之。李公名志柔，字谦叔，家世洺水，自其父志微素喜冲澹，尝事开玄李真人，学为全真。公既长，亦与弟子列。开玄爱其禀气特异，数于根本愤悱之地启迪之，公亦心领神喻。一旦气质变化，有一日千里之敏。其兄志端，弟志藏、志雍，皆从之游。初隐于仙翁、广阳两山十年，及闻长春宗师奉诏南下，乃迎谒于燕山，玄关秘锁迎刃而解。其后道价益重，名彻上听，赐号同尘洪妙真人，并金冠锦服。诸方建立，若宫、若观、若庵，殆三百余区，然皆以是宫为指南，故兴造之日，凡在门下者，莫不迢递来自数千里之外，服勤效劳，惟恐其后，是以功成如是之速也。虽然是宫之复，其亦天时道运之所为乎。昔自玄元、文始，契遇于兹，抉先天之机，辟众妙之门，二经授受而教行矣。世既下降，传之者或异，一变而为秦汉之方药，再变而为魏晋之虚玄，三变而为隋唐之禳禬，其余曲学小数，不可殚纪，使五千言之玄训束之高阁，为无用之具矣。金大定初，重阳祖师出焉，以道德性命之学唱为全真，洗百家之流弊，绍千载之绝学，天下靡然从之。圣朝启运之初，其高弟丘长春征诣行在，当广成之问，以应对契旨，礼遇隆渥⊙19，且付之道教。自王侯贵戚，咸师尊之。于是玄元之教，风行雷动，辉光海宇。虽三家聚落、万里邮亭，莫不有玄学以相师授。教法之盛，自有初以来，未有若此降也。今焉革故鼎新，岂惟一古楼观之复。其人归户奉，琳宇相望，盖又作新天下万楼观也。呜呼，非天时道运，其能如是乎？因历言之，使后之学者有以观考而知勉云，于是乎书。太原李鼎撰，中统四年三月十二日建，元贞二年重阳日重上石。

⊙ 注释

⊙1　巨镇：此处指一方之主山。顾炎武在《金石文字记序》中言："所至名山、巨镇、祠庙、伽蓝之迹，无不寻求。"

⊙2　地纪：指维系大地的绳子。古代认为天圆地方，传说天有九柱支撑，使天不下陷；地有大绳维系四角，使地有定位。此处形容地理位置的重要性。

⊙3　天维：天命之意。

⊙4　闳衍：胸怀广阔。

⊙5　徯：等待。

⊙6　躅（zhú）：见"踯"，足迹。

⊙7　尸解：道教认为道士得道后可遗弃肉体而仙去，或不留遗体，只假托一物（如衣、杖、剑）遗世而升天，谓之尸解。《后汉书·王和平传》李贤等注云："尸解者，言将登仙，假托为尸以解化也。"

⊙8　民瘼：人民的疾苦。瘼，疾，疾苦。

⊙9　薄畚车：一种制作粗简而行驶不快的车子。

⊙10　羽客：即道士。

⊙11　针芥：磁石能引针，琥珀能收芥，常以情性投合为针芥相投。

⊙12　裴回：彷徨，徘徊。

⊙13　谢不敏：敬谢不敏，用作自谦或推托之辞。谢，推辞；不敏，不聪明，无能力。以自己能力不够为理由恭敬地推辞。

⊙14　不获命：得不到同意。

⊙15　千指：一人十指，千指形容人多。

⊙16　寮：小屋。

⊙17　丹垩：涂红刷白，泛指油漆粉刷。

⊙18　藻绘：藻井的彩绘，也泛指建筑的装饰。

⊙19　隆渥：优厚。

修复后的宗圣宫

□ 说明

宗圣宫位于陕西省西安市楼观台风景名胜区前景区，是陕西省重点文物保护单位，占地面积约 112 亩。

宗圣宫原为周代星象学家尹喜观星望气之地，由于老子李耳曾在此讲述《道德经》而在我国思想发展史、道文化发展史及道教发展史上享有崇高的地位。据载，宗圣宫创建于南北朝时期，唐武德二年（619 年）和元太宗八年（1236 年）相继扩建，坐北向南，自南向北沿中轴线依次排列有山门、宗圣宫、玄门、列祖殿、紫云衎庆楼、三清殿、文始殿、四子堂等。宋代章子厚诗赞“初入山门气象幽，春风先到紫云楼。雪消碧瓦六花尽，烟绕丹楹五色浮”；元萨都剌诗曰“瑶花琪树间霓旌，十二珠楼接五城”，可见其时盛况。现均已毁。2000 年 9 月依照碑石所载元代宗圣宫全貌图再次重修。

院事、枢密副使等职，对元初军政制度的创建有诸多贡献。九年（1272年）10月，赴京兆皇子王相府任王相。十五年（1278年）以王府内讧，株连罢职、籍家。无罪获赦后，隐居不出，死于京城。仁宗延祐初年，追封推诚协谋佐运功臣、太师、开府仪同三司、上柱国、鲁国公，谥『文定』。能诗赋，兼工书法。著有《藏春集》6卷。

◎文中记述了清平老人赵志渊及其弟子赵志古等人在太傅移剌宝俭、京兆总管田德灿支助下历经15年整修华清宫的经过。

增修华清宫记

商挺

◎本文选自《全元文》（李修生主编，江苏古籍出版社，1999年）卷七十三。

◎作者：商挺（1209—1288），元初大臣。字孟卿，晚号左山老人。曹州济阴（今山东省菏泽市）人。宪宗三年（1253年），奉忽必烈征召至盐州任京兆宣抚司郎中，抚定关中。又升空抚司副使，受命兼治怀孟。八年（1258年），复得忽必烈召见，与商军政要务。次年，力助忽必烈取得汗位。任陕西、四川等路宣抚副使，与宣抚使廉希宪等共同挫败蒙古将领哈剌不花、浑都海等人的叛乱。改佥陕西、四川行省事，晋参知政事。世祖至元元年（1264年），入京拜为中书参知政事。历任同佥枢密院事、佥枢密

正文

始余从先大夫右司君宦游长安，道过华清。周行廊庑间，因读唐宋以来名贤石刻，其间兴废沿革，炳然如在目前。重楼延阁，层台邃沼，虽不逮[1]承平盛时，而规模制度，宛然故在。迨天兵南下，居民东迁，所在宫观，例堕灰劫，秦为兵冲，焚毁尤甚，所谓华清者，亦不免莽为秽区矣！岁癸丑，奉命西来，复过故宫，意谓荡然无复向日。及见其屋宇修整，阶序廓大，为殿者八：曰三清、曰紫微、曰御容、曰四圣、曰三官、曰列祖、曰真武、曰玉女；为阁者二：曰朝元、曰经藏；为汤所者二：曰九龙、曰芙蓉。钟鼓有楼，灵官有堂，星坛云室，蔬圃水轮，以次而具；丹垩藻绘，灿然一新，若初未毁，而又有加焉者。诘其故，主宫赵志古等合辞言曰："辛丑春，先师清平老人赵公志渊，自洛州从清和宗师会葬祖庭，还过骊山，四顾彷徨，悯宫室之凋废，遂慨然以修复为事。乃命其徒剪榛棘、砻柱础、陶瓴甓、勤垣墉。于是四方道侣，各执其艺来会宫下，鼓舞忻跃，咸愿荐力，土木之功，以时竞举。斜倾者起之，腐败者易之，破缺者完之，漫漶者饰之。又得太傅移剌公[2]、总管田公[3]，输资助役，相与翼成，稍稍兴葺，仅见伦叙[4]。事未竟，不幸先师捐馆[5]，命弟子张志静主之。无何，张亦厌世[6]。志古等才谫[7]力绵，大惧不任，以坠宗绪[8]。自是胁不沾席，食不甘味，饥寒疾苦不以累其业者，逾十五年，始克有成。敢以记请，庶征石书辞，俾先师之功勤，永有传焉。"属时多故，辞未能也。中统改元，与平章廉公，再被隆委，殿邦[9]坤隅[10]。志古辈复以其师行实来竭，且迫促前记。余谓秦中名山水多矣，可取者唯华清为最，辟门可以瞰清渭，登高可以临商於[11]，高甍巨栋，绵亘盘郁，寒藤老树，蒙络摇缀，而汉唐之离宫别馆咸在焉。斯则华清之奇观也，前人述之备矣。又况东西奔走，实当冲要，而能洁斋馆以待宾僚，蓄刍藁以备传客，饥者食之，寒者隩之，疲者休之，大小毕慰，其意咸充然若有所得，此其与时迁徙，应物变化，随俗施事，无所往而不宜者也。向非清平玄应感人，曷能新宫宇，还旧观。非志古辈竭力尽悴，曷能勤堂构，绍宗风。而喑无一言，是使师弟子之功泯然而不传也。聊推次营造始末，俾刻诸石，用纪岁月云。时中统二年九月记。

今日华清宫

华清宫鸟瞰

唐御汤遗址

⊙ 注释

⊙1　不逮：比不上，赶不上。

⊙2　移剌公：即移剌宝俭，即耶律阿海，辽之故族，后归元，攻西击金，屡立战功，拜太师，又从太祖进兵西域，留监寻思干，专任抚绥之责。

⊙3　田公：即田德灿，曾任京兆总管，非常支持全真道在西安地区的发展。

⊙4　伦叙：有条理，有次序。

⊙5　捐馆：去世的委婉说法，“捐”指放弃，“馆”指官邸，意即放弃了自己的官邸，故一般是指官员的去世。后遂以“捐馆”为死亡的婉辞。亦省作“捐舍”。

⊙6　厌世：这里也指去世，死的婉辞，而非指厌恶尘世。

⊙7　谫：浅薄之意，谦词。

⊙8　宗绪：祖先的绪业，绪业指事业、遗业。

⊙9　殿邦：安邦定国。

⊙10　坤隅：西南方。

⊙11　商於：今陕南商县一带，大体在陕豫鄂交界处。

□ 说明

华清宫，在今陕西省西安市临潼区骊山北麓，原为中国古代离宫，以温泉汤池著称。据文献记载，秦始皇曾在此“砌石起宇”，西汉、北魏、北周、隋代亦建汤池。唐贞观十八年（644年），唐太宗诏令在此造殿，赐名汤泉宫。天宝六年（747年），改名华清宫。当时这里台殿环列，盛况空前，安史之乱之后，逐渐废圮，五代、宋元时期改成道观。民国时期，华清宫内仅存环园（华清池部分），建筑只剩下清代光绪年间（1875—1908年）修建的五间厅等20多间房屋与景观。1936年发生西安事变之后，在此地修建了兵谏亭。1955年至今，华清池不断得以修复扩建，迄今已占地30余亩。1982—1986年在这里进行了考古发掘，清理出汤池8个，验证了当时的繁华景象。

修了《道藏》，从而为元代玄都宝藏的完成立下了汗马功劳。在编纂《道藏》的同时，秦志安还广开教门，在道众中宣讲道经，培养了一大批全真后学。就在编纂工作完成之后，秦志安仙逝，享年57岁。弟子有李志实、郭志希、刘志玄、唐志清、史志冲、赵志久、杨志素、张志久等。

◎文中记述了段志寥、姚志玄等人重修洛西地区上庄村中玉阳道院的概况。

重修玉阳道院记

秦志安

◎本文选自《全元文》（李修生主编，江苏古籍出版社，1999年）卷一一五。

◎作者：秦志安（1188—1244），字彦容，号通真子，山西陵川人。生于书香世家，早年中进士，丁忧未仕。后出家学道，拜宋德方为师，并遵师重托，于蒙古太宗窝阔台九年（1237年）起历经八年时间主持整理编

正文

古洛之西南，形势平正，土壤膏腴，名曰三乡，最为天下甲。四水回环，三川围绕，富于桑麻秔稻；翠竹成林，红椒满圃，真人间繁华锦绣之地也。在唐为连昌宫⊙1。昌水之南，洛水之北，名为上庄，中有玉阳道院，乃紫虚教主三于老仙修真炼气之所也。老仙蜕壳飞而上天，百战之后，荒芜福田。孰主张是，狐藏兔眠。干戈稍息，遗民载还。有水云客⊙2段志寥、姚志玄荷锸负畚来求故尘⊙3，诛茅杀茨，辟云构烟。尚未十稔⊙4，周基筑垣。贝馆就绪，琳宫日鲜。香庖丈室，纵横流泉。粥鱼斋鼓，早晏阗阗⊙5。展狭而阔，续短而长，殆四十亩。此畴昔所遗坛埠之旧址，内承李道、李瑞之故宅，将三倍有余矣。东郊西社，南邻北里，见先生之慎言语，谨行止，皆擎拳曲跽而为之礼，比比若慕羶之蚁，皆曰："此莹然子，周尊师入室弟子也。"尊师方住持天坛之上方院，仍提点小有洞天之纲纪，乃长生刘真人之法嗣也。古人有言曰："源清者其流不浊，表正者其影必直。"吾于先生见之矣。先生之来撑拄玄关，扶持教垒，安可以袖手傍观而掩襟坐视者乎？于是富者为之舍财，巧者为之献技，拙者为之竭劳，辨者为之赞成而已。既成之后，开轩南望，正与岳顶相对，又狭小华与女儿，岚光接天，瀑布落地，如列琉璃，如横翡翠，千态毕见，万状争出，盖不可得而名也。焉知异月安期、羡门⊙6不骑鹤而下憩？法弟杨道正、李志显者，不远千里来求作记。予闻其说，喜而不寐。夜色未央，索烛而书其大概云耳。

⊙ 注释

⊙1　连昌宫：又名兰昌宫、玉阳宫，故址在今河南省宜阳县三乡镇福昌村西19里，也是诗鬼李贺的故乡。连昌宫是隋唐时期著名的行宫之一，建于隋朝大业年间，唐高宗李治、女皇武则天、唐玄宗李隆基等都曾到此游玩。唐代肃宗年间废置，不仅见证了150年的历史变迁，也留下了许多动人的传说。古时，这一地带地势平坦开阔，有三乡、东柏坡、上庄、下庄、南寨、后寨、后院等村落，且村村相连，绿竹成园，风景优美，武则天、唐玄宗、张九龄、岑参、韩愈、白居易、皇甫缇、元镇和杜牧等，在这里都有吟咏唱和的诗文。史料显示，隋唐时期，从西京长安到东都洛阳，御路官道上除了众多驿站，还有不少寺庙道观和帝王行宫，其中规模较大的行宫，要数陕西境内的华清宫、宜阳境内的连昌宫和兴泰宫。

⊙2　水云客：云游四方之人。

⊙3　故尘：故址。

⊙4　稔：年，古代谷一熟为年。

⊙5　早晏阒阒：很多人都是早出晚归。

⊙6　安期、羡门：均为传说中的仙人。

玉阳道院原址

治国之道。中统元年（1260年）任翰林学士承旨，制度典章多由其裁定。至元五年（1268年）致仕。卒，谥文康。诗文均有时名，有《应物集》40卷，未见传世；《全元文》录其文22篇；《元诗选·癸集》乙集有其诗一首；另著有笔记《汝南遗事》4卷，以及《论语集义》1卷。

◎文中主要记述了吕洞宾的生平及宋德芳等人重建永乐宫的经过。

重修大纯阳万寿宫之碑

王鹗

◎本文选自《全元文》（李修生主编，江苏古籍出版社，1999年）卷二四六。

◎作者：王鹗（1190—1273），字百一，曹州东明（今山东省东明县）人。金哀宗正大元年（1224年）状元，授翰林应奉，任职于归德（今河南省商丘市）、汝阳（今河南省汝阳县）等地。累迁尚书省郎中。金哀宗天兴三年（1234年）蒙古军攻破蔡州（今河南省汝南县），为张柔所俘。马真后称制三年（1244年）忽必烈召见，他进献

正文

粤自两仪奠位，万类赋形[1]，凡天壤间名山大川、地灵物秀之处，必有高人异士毓[2]焉。厥惟[3]中条之南，大河之北，有镇曰永乐，东邻古芮，西腋首阳，昔称天下福地之一，信哉！镇之东北仅百步许，曰招贤里，土膏泉冽，草木畅茂，是纯阳真人吕公之世居也。

公讳岩，字洞宾，父祖皆第进士，为唐名臣。公以德宗贞元丙子四月十四日生，幼而颖悟，长擢进士甲科，未赴调。因暮春游沣水之上，遇钟离子，授内丹秘旨及天遁剑法，自是谢绝尘累，结茅于庐山，号纯阳子，与楚人梁伯真、巨鹿魏子明为方外友，年五十而道成。或显或隐，世莫之测。尝自称回山人，或称回道士。平生所为诗二百余篇，名《浑成集》。辞意高妙，气象豪逸，殆非烟火食人所能拟议[4]近代。题岳阳楼云："朝遵南越暮三吴，袖里青蛇胆气粗。三入岳阳人不识，朗吟飞过洞庭湖。"游湖州沈东老庵，酒后用石榴皮书于壁云："西邻已富忧不足，东老虽贫乐有余。白酒酿来缘好客，黄金散尽为收书。"东坡和云："符离道士唐兴际，华岳先生尸解余。忽见黄庭丹篆字，由传青纸小朱书。"又云："至用榴皮缘底事，中书君岂不中书。"《东轩笔谈》载，滕宗亮守巴陵，有回道士来谒，宗亮口占一诗为赠云："华州回道士，来到岳阳城。别我游何处，秋空一剑横。"《刘贡父诗话》纪吕老与黄觉大钱七，中钱十，小钱三，曰："数止此耳。"后觉果寿七十有三。顷年，王侍郎博文从事鄂州回，谒及仙翁，题《汉宫春词》于黄鹤楼："横吹声沈，倚危楼，红日江□转天斜。"末云："乾水辛火，归来兮，煮石煎砂。回首处，幅巾藜杖，云间笑指桃花。"至今墨光可浥。其地灵踪胜迹，见于书者，不可概举。故世之言神仙，必宗钟、吕。

唐末以来，土人即其故居室以事之，榜曰吕公祠。每遇毓秀之辰，远近士庶毕集其下，张乐置酒，终日乃罢。近世土官以隘陋故，增修门庑，以祠为观，择道流高□者主之。

逮国朝开创，长春子应诏北还，凡祖师仙迹，一为发扬。自是其功日益兴，其徒日益广。岁甲辰暮冬，野火延之，一夕而烬，识者以为革故鼎新之兆。明年有敕，升观为宫，进真人号曰天尊披云真人。宋德方在陕右，谓其徒曰：师升其号，观易以宫，苟不修崇曷以称是？以是闻诸长春之主教清和真常二真人，乃命燕京都道録冲和大师潘德冲，充河东南北路道门都提点办其事，以完颜志古、韩志元辅翼之。远近助役，源源而来。其指授作新，则潘之力居多。庚戌，朝命以披云所刊《道藏经》板，委官辇贮是宫，故门宫益崇。壬子真常奉旨祀五岳回，驻于此，翌日登九峰，憩于纯阳洞，爱其峰峦秀拔，以王椅名之，且命其徒刘若水辈别营上宫，倾囊倒橐，悉为潘助。于是为殿三：曰无极，以奉三清；曰混成，以奉纯阳；曰袭明，以奉七真。三师有堂，真官有祠，凡徒众之所居，宾旅之所寓，斋厨库厩，园圃井湢，靡不毕备。甲寅，设普天醮于燕京大长春宫，潘预高道之选。事竟，荐李无尘志烈为本宫提点之副。俄真常与潘相继谢世。辛酉，诚明真人就命韩冲虚志元兼知州东南北路教门事，有未完者，俾终成之。岁玄默阉茂春三月初告成，列状前后事迹以示慎独老人曰："窃惟道家之教，肇自玄元，洞灵、通玄、冲虚、南华，发辉于后，至东华君而令真之名立。东华传之正阳，正阳传之纯阳，纯阳显化日河，得重阳真人，始克光大之。重阳传界[⊙5]玄教，其高弟曰丹阳，而长真、长生、长春、玉阳、太古次焉。长春遭际盛时，独能增浚化源，嶷然为一代大宗师。嗣其教者，凡三叶矣。不肖忝袭余庇，常恐不克负荷。顾是宫之成，非一朝夕，一手足所能集。不假丰碑记述，以传永久，则先辈勤勚[⊙6]，泯灭无闻。今巨石已砻[⊙7]，敢以斯文为请。"予谓纯阳之显现，虽幽闺妇女、山野小人，皆饱闻而乐之。历代名儒，有所著撰，往往为书其事，则仙翁之瑞，世可知已。

今之学道者，尊重阳为祖师，扣其源实自纯阳启之耳。然则纯阳于玄教，有培植之功，而奕世联芳，继继不忘，崇奉之意，是不可不书。乃为书之，而系铭其后。铭曰：中条之阳，有福其地。维岳降灵，亦祇以异。异人伊何，世称仙翁。神变不测，邈乎高风。历代相沿，立祠以事。易观而宫，圣朝所赐。是宫之作，肇于德冲。十年于兹，告成朔功。厥功茂哉，树碑以识。日月逝矣，道基不坠。琳宫载崇，羽衣载充。祝我皇家，福寿无穷。

⊙ 注释

⊙ 1　赋形：谓赋予人或物以某种形体。

⊙ 2　毓：产生，出现。

⊙ 3　厥惟：尤其是。

⊙ 4　拟议：揣度议论，多指事前的考虑。

⊙ 5　畀：给予。

⊙ 6　勤勚（qín yì）：辛劳之意。

⊙ 7　砻（lóng）：这里是动词，磨制之意，如磨砻底厉。

□ 说明

永乐宫是我国道教三大祖庭之一，地处山西省芮城县永乐镇境内，始建于1247年，1358年竣工，历时111年，为纪念八仙之一吕洞宾而建，是现存最大的元代道教宫观，以建筑艺术及壁画艺术驰名中外。1961年永乐宫入列第一批全国重点文物保护单位名录。1959年至1964年，由于修建三门峡水库，国家投资220万余元，将永乐宫整体迁到新址（即现址）保存，其搬迁成为世界建筑史和文物史上一大壮举。

永乐宫建筑群规模宏大，建筑面积约8000m^2，在南北长1000m的中轴线上耸立着7座古建筑——山门、文瀛湖、遇仙桥、宫门、无极段、纯阳段、重阳段，两侧有民俗博物馆、吕公祠、王母娘娘殿、真武庙、石牌坊、吕祖坟等，布局严谨，主次有序。

永乐宫现存元代壁画1005.28m^2，以无极殿的《朝元图》为代表。在402m^2的画面上，描绘出朝元神286位，8位主像3m以上，玉女像1.9m以上。画面按对称美的仪仗形势排列，以青龙、白虎为先导，32位天帝君为后卫，8位主神为领班展开浩大的朝拜仪式。画面和谐自然，主次分明，色调优雅；神像表情逼真，衣饰千变万化；场面波澜壮阔，气势雄伟。郑振铎先生称赞永乐宫是："大规模的汉宫威仪展览，大组织的人物画汇集。"

永乐宫正门

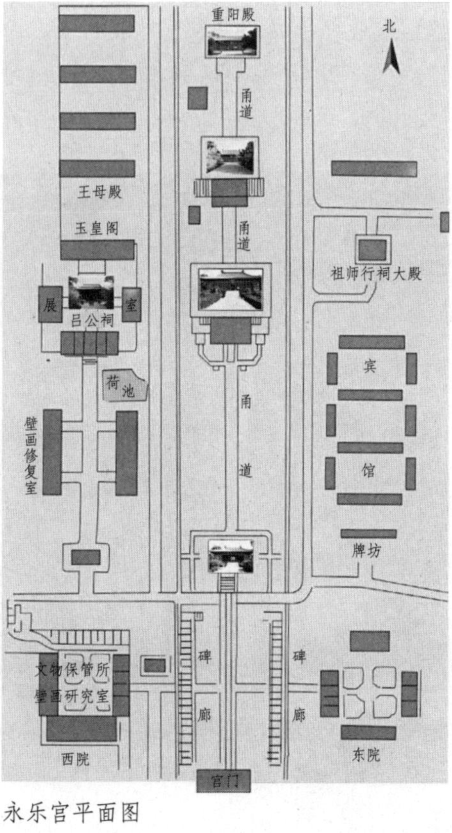

永乐宫平面图

壁画（一）

壁画（二）

大东华宫紫府洞记

邓文原

◎本文选自《金元全真教石刻新编》（王宗昱著，北京大学出版社，2005年）。

◎作者：邓文原，人称邓巴西、素履先生，迁寓浙江杭州。因绵州古属巴西郡，人称邓文原为『邓巴西』。历官江浙儒学提举、江南浙西道肃政廉访司事、集贤直学士兼国子监祭酒、翰林侍讲学士，卒谥文肃。政绩卓著，为一代廉吏。文章出众，堪称元初文坛泰斗。著述有《巴西文集》《内制集》《素履斋稿》等。擅行书、草书。与赵孟頫、鲜于枢齐名，号称『元初三大书法家』。

◎文中记述了马丹阳、李道元师徒等人开凿紫府洞、修建东华宫的经过。

正文

文登之崑嵛山[1]肇建东华宫，详见集贤学士焦公所为记。初，丹阳师马君还自秦，卜庐白玉台下，是为契遇庵。其东南则紫金峰。尝曰：兹紫府洞天，往圣修真之地。山川灵迹，秘而复启，其在后百年乎？自是室宇虚构。视其教日崇，而洞犹未辟，数若有待也。大德甲辰，主是山者李道元，顾瞻巨石如峰之趾，根从云蟠，势凌空浮，孤起峻峙，巉岩[2]磊砢[3]，若太古欲判，人谋鬼谋。时至冥会[4]，始运椎凿。坚旷未化，则又规以炉炭，鼓以橐籥。烈火所焮，石理迎解，易若朽壤。呀然而空穴开，泠然而阴风生。乃斫白石为五祖七真像祠其中，期与兹山不朽。工成，有群鹤翔空，观者以为瑞。稽其岁月，适与前言符。窃意仙者深根宁极[5]，故知来若神。不然，其协焉若此哉？夫阴阳者，天地之大橐籥也，万物之胚腪[6]也，变化盈虚合散，有异学道之舍妄归真、易昏为明乎？洞之空同，合道之中；洞之突奥，观道之妙；抱元守一，与洞同寂；神游化先，廓乎洞天。或讥以凿混沌者，道元曰：道无不为而无为也。庸讵[7]知塞者非实有而辟者非实无乎？语类[8]知道者。先是庚子岁，王道宽始拓宫之故基而新之。武道彬、萧道固等缵[9]其遗规，鸠工抡材，百役具举，而洞卒成于道元也。虽废兴有数，亦由其人敦朴勤瘁，道协诚孚，故信士乐附。彼特以孤亢矫俗为无为者，焉足以臻此？有司常疏其行业及菑沴[10]祷禳[11]之应，第其名以闻，由是诞降温纶[12]，焕乎龙光，下烛沧海，而紫府洞邃，可增崑嵛之胜。道元又尝试为石址，高逾丈，纵广二百尺有奇，其上为长阑，为三门，皆辇巨石加砻琢[13]。若白石像，则处士王秉道等乐善竞劝，用克底于成[14]。云峰岳道崇请备书以示来者，俾勿忘。于是乎书。至大三年七月望日记。

⊙ 注释

⊙1 崑嵛山：即昆嵛山，闻名全国的道教名山、道教主流全真派圣地，《齐乘》云，昆嵛山“秀拔为群山之冠”。据传神话里的海上三仙山蓬莱、方丈、瀛洲就是由昆嵛山山脉延伸出来的。据《宁海州志》记载，自隋唐以来，昆嵛山便寺观林立，洞庵毗连，香火缭绕，朝暮不断。神话里的麻姑大仙在此得道。金大定七年（1167年）全真鼻祖王重阳从陕西咸阳到昆嵛山，聚徒（丘处机等北七真人）讲道于烟霞洞中，创立了全真教，故此，昆嵛山成为全真教的发祥地。

⊙2 巉岩：高而险的山岩，形容险峻陡峭，山石高耸的样子。

⊙3 磊砢（lěi luǒ）：亦作“磊坷”“磥砢”，是指石头众多、高壮。

⊙4 冥会：是指对玄理的领会与认知。

⊙5 深根宁极：指深藏静处、根柢牢固。

⊙6 胚腪：亦作“胚浑”，指胚芽、萌芽。

⊙7 庸讵：何以、怎么。

⊙8 语类：分类汇辑的语录。

⊙9 缵（zuǎn）：继承之意。

⊙10 菑沴（zī lì）：灾害。

⊙11 祷禳：祈祷鬼神求福除灾。

⊙12 温纶：皇帝的诏令。

⊙13 砻琢：磨制、雕凿。

⊙14 克底于成：克勤克俭，不断努力，直至完成。克，努力；底，古通“抵”。

说明

紫金峰位于昆嵛山主峰泰礴顶南麓，地属山东文登区，距圣经山2km处，海拔257m。因其山形似古代皇帝头戴的“紫金冠”而得名。紫金峰三面依峻岭，南临平原。康熙九年（1670年）紫金峰发生山崩，一条深数10m、宽不足1m、东西走向的“天沟”将山峰南北一分为二，成为天然奇观。七真人之一马丹阳路过紫金峰，喜曰：“此洞天福地名胜处也。”遂在峰后筑契遇庵，传道修炼，至今遗迹尚存。1993年，文登人民政府在原址恢复马丹阳命名的“九阳池”和“契遇庵”。庵内有丹阳石像和生平简介。

东华宫位于紫金峰前，为昆嵛山道教全真派主要遗迹之一。金大定二十二年（1182年），马丹阳发现峰前有石坛花圃、丹灶神炉，推知此地乃教祖东华帝君之故宅，于是召集众道，建东华宫。元大德六年（1302年），马丹阳的弟子李道元来到紫金峰，继续兴筑，使其规模扩大，并建八角琉璃阁和五华碑亭，亭中立东华帝君碑，此碑由著名书法家赵孟頫篆额，邓文原撰文，张仲寿书丹。原宫北石崖之上凿有一个石洞，上刻“东华洞”三个楷书大字，为元大德六年（1302年）开造，洞内昔有汉白玉石雕七真人像。元至大元年（1308年），东华宫已成为占地1万平方米、碑碣林立、气势雄伟的道教宫观。元至正三年（1343年），道士耿道清曾在洞上方建一石阁，内奉玉皇大帝之像，故名玉皇阁。明代中叶，宫殿毁于兵火。今尚存的“紫府洞天之门”东华宫山门和残碑、石狮等，皆为金、元时道教遗迹。现原址已重建气势宏伟的三清殿，初见当年东华宫之一斑。

东华宫三清殿

东华宫五祖殿

十台怀古（并序）

吴师道

◎作者：吴师道（1283—1344），字正传，婺州兰溪县城隆礼坊人。19岁诵宋儒真德秀遗书，随致力理学研究。元至治元年（1321年）进士，授高邮县丞，主持兴筑漕渠以通运，后调宁国录事。曾采取多种措施赈济灾民，百姓广为颂德。至元初年任建德县尹，强制豪民退出学田700亩，并一再上书使茶税得以减轻。因为官清正，被荐任国子助教；延祐间，为国子博士，六馆诸生皆以为得师；后再迁奉议大夫。以礼部郎中致仕，终于家。生平以道学自任，晚年益精于学，剖析精严。撰有《敬乡录》《敬乡后录》《战国策校注》《礼部集》《易杂说》《书杂说》《诗杂说》《春秋胡氏传附辨》以及《兰溪山房类稿》等行于世。

正文

友人自杭来，示及济南王君《十台怀古》诗，读之感慨不已。夫江山故宫，歌舞遗迹，千载之上，英雄游焉。千载之下，狐兔行焉。俯仰废兴，孰能无情？而诗人尤甚。发为咏歌，词虽不同，而意总合。若物之鸣，以类而应，余安得忘言哉，余生好游，尝闻司马子长、杜拾遗览观四方山川之胜，以壮其文，心窃慕之。异时浮江淮，泝湘沅，上巴峡，过秦、汉故都。历燕、赵、齐、鲁之阳，所见如十台尚多。访遗老，询故实，足以发一时之兴，快宿昔之愿。归而读马、杜之诗文，以证其所得焉耳。

姑苏台

百花洲上姑苏台，吴王宴时花正开。半空画烛西子醉，三更铁甲东门来。吴波渺渺吴山簇，不见娇嚬倚阑曲。丹枫落月怨啼乌，碧草东风惊走鹿。阖闾丘墓相连处，应恨夫差迷不悟。断指千年血未干，游魂夜哭台前路。

章华台

灵王倾国崇台宇，按剑章华睨中土。弁裳伏地走诸侯，钟鼓凌空震三楚。骋骄不畏伍子谋，落成乞与吴兵游。孤舟竟走江上路，块土独枕山中愁。十年伯气终萧索，回首华容归不得。饥魂漂泊啼秋烟，细腰却舞新王前。

朝阳台

神娥缥缈高唐上，楚宫楼阁森相向。丹枫苍桂涌孤阙，锦石清江簇连嶂。行云漠漠（一作“冥冥”）飞雨寒，孤猿咽咽秋（一作“千”）花间。翠旗龙驾杳何处？断魂残梦愁空山。微臣宋玉夸能赋，当日襄王岂真遇。千古秋风恨未平，高泉飞落三巴怒。

黄金台

昭王锐志移青社，筑土悬金奉贤者。四方剑佩集强燕，千里风尘驰（一作“空”）骏马。郭君自举先群豪，乐生独步超凡曹。酬恩一雪伯国耻，建功并倚云天高。君臣意气千年少，落日荒墟没秋草。黄金买贵满长安，惆怅英雄布衣老。

戏马台

项王战马从东来，意气蹴踏全秦摧。入关不并沛公辔，还乡却上彭城台。重瞳按剑风云靡，万匹腾空烟雾起。凄凉垓下泣名骓，零落江边（一作“滨”）余数骑。寄奴千载心争雄，登高把酒临秋风。诈移晋鼎非男子，君看百战东城死。

歌风台

沛宫置酒君王归，酒酣思惨风云飞。儿童环台和击筑，父老满坐同沾衣。一歌丰沛白日动，再歌淮楚长波涌。龙髯气拂半空寒，虎士心驰四方勇。河山萧瑟长陵荒，野中怒响犹飞扬。高台未倾风未息，故乡之恨那有极。

望思台

桐人气迫前星黯，思子宫成翠华晚。高台有恨碧草新，大野无踪金犊远。一朝弄兵儿罪轻，百年钟爱天伦深。戾园魂魄夜寂寂，湖城风雨秋阴阴。汉宫楼观连天起，方士熏香召仙鬼。望思望思终不归，茂陵老泪如倾水。

铜雀台

半空高栋翔金雀，玉扆穗帷尘漠漠。西陵老树暝色寒，建安残妓春情薄。曲终红袖辞樽前，檐倾断甓飞人间。分香老泪恨不灭，秋风吹入苔花斑。汉家一片当时土，肯为奸雄载歌舞。销尽曹瞒万古魂，落日漳河咽寒雨。

凤皇台

金陵王气飞祥云，凤皇台上声和鸣。凤来春风花冥冥，凤去秋风荒草生。娇娥舞散高城暮，青山迥隔丹丘路。斜阳门巷语乌衣，细雨汀洲飞白鹭。江空天阔凤影遥，谪仙吟罢谁能招。六朝宫阙烟萧萧，月明半夜人吹箫。

凌歊台

大明（一作“宋家”）天子游南国，红粉三千台百尺。歌钟激浪楚日白，帘栊凝树湘云碧。凌歊高宴金舆来，侍臣狎笑朱颜开。台城宫扉锁花柳，寄奴土障生尘埃。昏昏醉梦春风儿，不顾江东数千里。酒罢歌阑帝业销，青山空映当涂水。

□ **说明**

姑苏台，又名姑胥台，在苏州城外西南隅的姑苏山上。姑苏台遗址即今天的灵岩山。据载，姑苏台高300丈，宽84丈，有九曲石路可拾级而上，登上巍巍高台可饱览方圆200里范围内的湖光山色和田园风光，高台四周栽有四季之花、八节之果，横亘五里，还建灵馆、挖天池、造龙舟、围猎物，供吴王夫差逍遥享乐。后被越兵付之一炬，变成废墟。

章华台，又称章华宫，是楚灵王六年（公元前535年）修建的离宫，“举国营之，数年乃成”，规模宏大，被誉为当时的“天下第一台”。史载，章华台台高10丈，基广15丈，曲栏拾级而上，中途得休息三次才能到达顶点，故又称“三休台”；又因楚灵王特别喜欢细腰女子在宫内轻歌曼舞，不少宫女为求媚于王，少食忍饿，以求细腰，故亦称“细腰宫”。《左传》《国语》《韩非子》和《史记》《汉书》《后汉书》以及《水经注》等典籍文献中均有记载。章华台后毁于兵乱，其具体位置，目前有湖北说、湖南说、安徽说、河南说。

黄金台，亦称招贤台，位于河北省定兴县高里乡北章村台上（台上隶属于北章村，因黄金台在此而得名），是战国时燕昭王于公元前310年为宴请天下士而筑。当时高台略成方形，占地约20亩，高约20m，台顶平台约10亩。其后。台顶建有昭王殿、招贤馆、钟鼓楼、观音殿、药王庙、孙圣殿、露天石佛等建筑共25间，树木花卉盈庭。后建筑尽毁于兵燹。明万历二十七年（1599年）8月复建昭王祠，亦因年久失修倾圮。民国36年（1947年）后，土台被民居占用，台基全部变为村民住宅区，唯古井独存。1984年，县将台址、古井、碑刻均列为文物加以保护。

戏马台，为徐州现存最早的古迹之一。公元前 206 年，项羽灭秦后，自立为西楚霸王，定都彭城，于城南里许的南山上构筑祟台，以观戏马，故名戏马台。历代在台上营造了不少建筑，如台头寺、三义庙、名宦祠、聚奎书院、耸翠山房、碑亭等。随着岁月的流逝，时移世变，昔日的建筑物已湮没殆尽。戏马台现已重修，辟为景区。

歌风台，为纪念汉高祖刘邦衣锦还乡并颂《大风歌》而兴建，位于徐州市沛县县城中心汉城公园内。公元前 196 年，汉高祖刘邦平定叛乱的淮南王英布，还归故里，置酒沛宫，邀家乡父老欢宴，把酒话旧，感慨万千，酒酣兴起，刘备击筑高歌："大风起兮云飞扬，威加海内兮归故乡，安得猛士兮守四方！"。歌风台为"沛县古八景"之一。1982 年被江苏省人民政府列为重点文物保护单位，是现今重要的观光旅游景点。

望思台，位于今河南省灵宝市，全称为"归来望思台"，是汉武帝下令修筑而成。晚年的汉武帝常站在这个台上老泪纵横呼号，思念他的儿子刘据。汉武帝晚年，听信佞臣江充谗言，逼迫太子刘据出逃并自杀。事后汉武帝了解了事情的真相，追悔莫及，就在太子自杀地修建了这处"归来望思台"，并重新安葬了太子及其儿子。

凤皇台，在今南京凤凰山上，相传南朝刘宋永嘉年间有凤凰集于此山，乃筑台。唐朝诗人李白曾来此登眺，留下了千古吟唱的诗篇《登金陵凤凰台》。

凌歊（xiāo）台，又作陵歊台，位于安徽省当涂县城关镇（姑孰），在黄山塔南。相传为南朝宋武帝刘裕所建，孝武帝刘骏于其上筑避暑离宫。陆游《入蜀记》记载了宋高祖营建凌歊台的情况。据载，古凌歊台宏伟巨丽，高出尘埃，有"笙镛黛绿之胜"，从历代诗人描写凌歊台的"宋祖凌歊乐未回，三千歌舞宿层台""宋家天子游南国，红粉三千百尺台"等的诗句中，可一窥凌歊台当时之雄姿。今仅存遗址。明代顾炎武在《肇域志》中记道："凌歊台在山顶，有石如案，高者五尺，顶平而圆，径丈许"，描述了凌歊台遗址概况。

另有岑安卿（1286—1355，元代诗人，余姚人。字静能，因其所居之地临近栲栳峰，故自号栲栳山人。志行高洁，穷阨以终，尝作《三哀诗》，吊宋遗民之在里中者，寄托深远，脍炙人口。著有《栲栳山人集》3 卷，《四库总目》评其诗戛戛孤往，如其为人）也留有类似的诗词，在此一并附上。

章华台

周纲陵夷九鼎轻，玉帛交错朝蛮荆。熊虔北睨志未已，积材垒土搀青冥。姬姜丽质郑卫音，台中燕乐森如林。汾沮远略肘腋变，乾溪一散愁人心。荒山饥走归无所，睡酣又失涓人股。棘闱深闭魂魄飞，申亥负尸埋浅土。章华台上空子规，啼杀游魂终不归。

姑苏台

吴王筑土山为址，俯视水云三百里。台中歌舞萃华丽，金碧巑屼眩珠翠。江花泛泛浮鸱夷，会稽思霸甘卑辞。千金不买西子笑，一舫竟逐陶朱归。丹砌草深麋鹿卧，凄凄棘露沾人衣。阖庐丘墓虎为卫，至今钟磬闻余悲。游人不悟国倾亡，松间援笔题真娘。

朝阳台

巫峰十二青参差，石形俨现仙娥姿。苍藤翠木怯凄冷，精诚夜感襄王思。仙衣缥缈仙裙湿，云影飘飖雨声急。阳台朝暮不胜情，高唐想象愁无极。梦中寄遇事杳冥，公子雕辞亦胸臆。荒凉古庙屹江干，台空不见行云迹。游人怅望尚徘徊，古碑寂寂荒莓苔。

黄金台

雕墙峻宇无不亡，蓟城筑宫国乃昌。屈身延士礼优异，四方英俊如云翔。郭生马喻真良策，亟拜乐卿为上客。兵行旬日入临淄，秦楚诸君咸辟易。夙心已雪先王耻，七十齐城只余二。君王仙去主帅逃，叹息后人非继志。巍台悲惨朔风号，不知骑劫何时招。

歌风台

嬴秦北筑声万里，芒砀无人识云气。鸿门斗碎骊山焚，汉楚残民半为鬼。重瞳失道身首分，沛公酒叙还乡恩。风云飞动白日永，歌声激烈悲勋亲。四方备御思虎士，进取守成良不易。长陵崇奉四百春，歌台遗筑今荆杞。壮哉一曲《大风歌》，千古英雄尽怀愧。

戏马台

彭城负险河为障，南屹崇台势雄壮。重瞳奋迹入秦回，诸侯揽辔皆东向。酒酣蹴马升崔嵬，鬉翻鬣振云烟开。倚鞭四顾示无敌，指挥貔虎心雄哉。黄金间行亚父去，帐下茫然失谋主。楚歌声合溃重围，昔日名骓空故步。千年积恨气未消，绕台泗水撞飞涛。

望思台

金茎擎露空崔嵬，湖台筑恨心犹哀。剖桐殡土事暧昧，祸机元自长生来。寿踰大耋世已稀，赵国憸人心险巇。盗兵诛佞两非是，屈牦督战犹惊疑。衔冤竟殒鸠泉里，壶关三老言非迟。向无少卿护病已，上林僵柳何缘起。空余老泪滴纹甃，斑斑相间苔花紫。

铜雀台

汉室分崩成鼎峙，铜雀翚飞邺宫起。碧甃漾日覆纹鸳，蕙帐凝香集余妓。我观创始既骄逸，后裔焉知惕奢侈。洛阳宫阙凌青霄，公卿负土何焦劳。玉音亲责役夫缓，瞬息身首横霜刀。荒游日恣典午肆，西陵空掩欺孤智。至今砚墨抱遗羞，千古奸雄秽青史。

凤凰台

万里长江东入海，千年高台今尚在。当时谁道凤凰来，览德何人足相待。凤声悠悠梧叶空，谪仙文采流长虹。跨鲸一去不复返，后人欲语羞雷同。海上三山渺何许，群仙骑凤隔风雨。登临空咏谪仙诗，白鹭斜飞过秋浦。

姑苏台消夏宫图

湖北潜江章华台遗址保护工程

今日黄金台

燕昭王在黄金台招贤纳士

今日戏马台

今日歌风台

今日望思台

今日凤凰台

今日凌歊台

九宫山重建钦天瑞庆宫记[1]

赵孟頫

◎本文选自《全元文》（李修生主编，江苏古籍出版社，1999年）卷五九六。

◎文中主要记述了九宫山的自然环境及瑞庆宫的兴废；重点记述了冲隐大师封太本及罗希絓重建钦天瑞庆宫的过程，以及瑞庆宫的建筑布局。

正文

九宫之山，真人居之。其山之高，去地[2]且四十里，殆与人境绝，多寿木灵草、幽花上药，荟蔚藿靡[3]，蒙笼蔓延于其上，清泠之泉，喷薄飞流于其下，盖游仙之馆而栖真之地也。

自真人之居是山，祷焉而雨旸[4]时，祈焉而年谷熟。故宋人筑宫而严事之，其事则司业易公之记可考矣。

己未，江上之役[5]，兵既解，而宫毁于盗。冲隐大师封君大本与其徒思复于古昔，拾瓦砾，除蓁莽，度才鸠工，作而新之，乃作妙应之殿。殿西南乡为渊静之居，东为方丈殿，南为天光之堂。其上曰朝元之阁，阁西龙神殿，东为藏室，皆南乡。阁之南为仙游之殿。又南为通明之殿，殿西为西庑，庑西为道院，其东亦为庑，东庑之东为斋厨、仓廪。庑南为天声之楼，悬大钟其上。楼东西面又为道院。庭西东面为朝真之馆。中庭为虚皇[6]之坛，坛南为碑亭，亭南为三门，门东为化士之局，西亦如之。三门之南为华表，其东西皆属以周廊。门南为壶天[7]之亭，又南为天上九宫之门。合数百间，皆雄杰壮丽，俨若清都[8]；缥缈靓深，疑出尘境。虽仙灵之宅阴有相者，亦不可谓非人力之极致也。

当封君时，则有若某某同其劳。封君既老，戴君继之，最后得法师罗君希紸某某成其终。由封君以来，历年三十，更有道之士十数，然后毁者复完，废者复兴，卑者崇之，缺者增之。百神之像，祭酒之器，养生之田，鼓钟幕帟供张[9]之具，视昔有加焉。

至元丁亥，孟頫奉诏赴阙，始识法师罗君于京师，而又与予同邸舍，居久之，以记为请，不得辞，乃叙其事而记之。然余于此重有感焉：使世之儒者不废先儒之说，以正谊[10]明道为心，令议者不得以迂阔而非之，则斯文当日新，庠序当日兴，《子衿》之刺[11]不作矣。岂惟是哉？使天下之人，农、工、商、贾，皆不坠其先人之业，各善其事，则家日以益富，生日以益厚，安有坏家毁屋者哉？余于此重有感焉，故併书使刻之石。后之人其尚思余言，毋俾其成之难者，败于易也。今天子崇信道德，凡兹山之田，皆已复其租矣。衣食于山中者，盍亦思庶人师子若弟，终岁勤动以供赋役，而吾乃得优游消摇，茹蔬饮水，以自乐其道，宜何以报帝力哉？罗君方以道术受知圣明，其必有以也。

⊙ 注释

⊙1　九宫山：位于湖北省咸宁市通山县城东南。绵亘百里，主峰海拔1583m，境内千峰争翠，万壑竟幽，峰、岭、岩、台、洞、泉、池等奇丽景物引人入胜。九宫山是湖北省7个国家级风景名胜区之一，国家地质公园，也是中国道教名山。

⊙2　去地：距离地面，形容山之高。

⊙3　荟蔚藿靡：意为山高林密，草木茂盛。

⊙4　雨旸（yáng）：雨过天晴。旸，日出。

⊙5　此处指的是1259年，蒙古大军越过长江进入九江，当地军民奋起反抗，战火蔓延至九宫山，导致诸多宫殿被毁的情况。

⊙6　虚皇：道教神名，或为元始天尊。

⊙7　壶天：圣境、仙境之意。

⊙8　清都：神话传说中天帝居住的宫阙。

⊙9　幕帟（yì）供张：殿内陈设用的帷帐、用具、饮食等物。供张即“供帐”。

⊙10　正谊：辩正意义。

⊙11　子衿：是《诗·郑风》篇名，该诗旨在“刺学校废”，亦即乱世则学校不修而废。

重建后的钦天瑞庆宫

□ 说明

钦天瑞庆宫，位于湖北省通山县境九宫山巅，创建于南宋中期，其时，著名道人张道清奉诏入山大建道场，宁宗赵扩赐张为开山祖师，并赐其龙袍一件，令其集结江南两年税赋，精心构筑“钦天瑞庆宫”，钦天瑞庆宫遂成为我国道教五大丛林之一、著名的道教圣地。宋元之际，百余间道观宫殿被付之一炬。入元后，张道清徒孙封太本、罗希紸又奉忽必烈之诏，历30年之久，重建了拥有数百间屋宇的九宫山瑞庆宫。此后几经损毁与修复。今已重建。

073

玉隆万寿宫兴修记

柳贯

玉隆萬壽宮興修記

◎本文选自《全元文》（李修生主编，江苏古籍出版社，1999年）卷七九一。

◎作者：柳贯，自号乌蜀山人。先世居河东，宋建炎中，柳贯七世祖柳铸始迁杭，再迁浦江乌蜀山（今兰溪横溪）。元代著名文学家、诗人、哲学家、教育家、书画家。经史、百氏、数术、方技、释道之书，无不贯通。

◎文中记述了玉隆万寿宫的历史变迁，着重记述了胡仲容、朱思本、玄教大宗师吴公等人兴修宫内各处建筑的过程。

正文

郭景纯[1]与许旌阳[2]同时，尝为旌阳相宅，得豫章[3]西山[4]之阳曰逍遥山者居焉。后于其地拔宅升真，即建游帷观，改玉隆万寿宫。游帷者，昔旌阳上升时尝飘堕锦帷其处，名之即以其实也。玉隆者，度人经[5]：三十二天，号有太释玉隆腾胜天。谓是宫为群帝所馆，安知玉隆腾胜，不在兹乎？实之欲以其名也。观肇兴于晋，而盛于唐，尤莫盛于宋。宋祀将四百，而是宫之营缮，见于纪载者二：大中祥符之缔构，其力出于郡人光禄寺丞胡公仲容，而王冀公实记之。政和丙申之恢拓，其费出于系省之官钱，其图准西京崇福之旧制，于是内出玉册，遣帅臣加上尊号，又诏侍从升朝官为提举宫事，其祠秩之次，浸比隆于岳镇矣。然则祀隆而宫盛，非以昭应之受书，玉清之定鼎，适会乎其时哉？至元丙子，宋社既屋，有司上江南名山仙迹之宜祠者于礼部，玉隆与居其一。故凡主是宫，率被受玺书如令。至治元年，临川朱君思本实嗣居其席。始至，见十一大曜、十一真君殿，祖师祠堂，摧剥弗治，位置非据，谋将改为，则以状请于教主嗣汉天师。会玄教大宗师吴公亦以香币来祠，因各捐赀倡首焉。而施者稍集，抡材庀工，有其具矣。盖宫制：二殿中峙，厢序参列于前，而分画其中，以左右拱翼。乃相藏室之北，撤故揭新，作别殿六楹。东以奉十一曜真形之像，西以奉吴黄十一真君之像，夹辅面背，各有攸尊，亦既无紊于礼。又即十一真殿旧址筑重屋一区，上为青玄阁，下为祠。凡自唐以来，尝有所施，与尝主兴造之官僚，以及历代住持、同袍、士庶之有功有绩者，皆列主而祠。每三、七日集众焚诵，岁时洁羞荐饗[6]，视子孙妥侑[7]之意，无弗逮焉。经始于泰定二年之八月，阅三年而考其成。朱君过余请记。余与君有雅[8]，故知其猷为敏裕，而信其成此不难也。然余闻鬼神之交，古有其道，而若受明祈永，则固帝王一心运量之所致，民无与焉。降秦及汉，礼坏乐崩，黄老最先出，一时怪迂之士，乘其淫昏，劓之以祈禬禳却之方，大抵末矣。然而曰宫曰观，犹不过踵夫寿宫、交门、棫阳、蜚廉之迹，而更斥之大，坛席文镂，黼黻极盛，人以为宜然耳。呜呼！其去黄老为治之本，何其远哉！古者明于神事，必皆精爽不贰、聪明齐肃之民。而今之为道士法者，抑岂其徒欤！不然，所谓重黎氏之遗胤，而果能胜夫宗祝之任者欤？旌阳晋人，是尝有德于吴楚之民。及其功崇行成，超然上征，而山川炳灵，鼎灶斯在。今虽去之千载，霓旌羽盖，犹时临睨乎故乡。则夫骖群帝之御，挟飞仙以遨游，不即于是，而奚即哉？十一大曜，天神也；十一仙真，神人也。吾无间然矣。乃若列主于祠，而享有烝尝之奉者，又安知不出于八百地仙之籍也哉？虽然，精爽不贰，必朱君而后足以当之。自始有宫，迨今何啻千年，营缮之功不一，而独祥符、政和得传，以其有记故也。然则朱君之为是役，绩用章灼如是，欲不记，得乎？无其时而有其人，天下之事焉不可哉？朱君字本初，受道于龙虎山中，而从张仁靖真人扈直两京最久。学有源委，尝著《舆地圆》二卷，刊石于上清之三华院云。

⊙ 注释

⊙1　郭景纯：即东晋学者郭璞，晋元帝时期升至著作佐郎、迁尚书郎，又任将军王敦的记室参军。324年，力阻驻守荆州的王敦谋逆，被杀，时年49岁。事后，郭璞被追赐为“弘农太守”。晋明帝在玄武湖边建了郭璞的衣冠冢，名“郭公墩”。郭璞曾注释《周易》《山海经》《穆天子传》《尔雅》《方言》和《楚辞》等古籍，著有《游仙诗》十四首和《江赋》等。郭璞除家传易学外，还承袭了道教的术数学理论，是两晋时代最著名的方术士，传说擅长诸多奇异的方术。

⊙2　许旌阳：即许逊（239—374），江西南昌人，道教著名人物，净明道、闾山派尊奉的祖师，晋太康元年（280年）举孝廉，出任旌阳令，人称许旌阳。作为汉族民间信仰的神仙之一，在江南地区留下了斩蛟龙治水的传说，受历代朝廷嘉许和百姓爱戴，誉为“神功妙济真君”“忠孝神仙”，又称许天师、许真君。传说许逊活到136岁，于东晋宁康二年（374年）八月初一，合家四十二人一齐飞天成仙，连房屋和鸡犬也一起飞去。“一人得道鸡犬升天”的典故就出自许旌阳的传说事迹。

⊙3　豫章：古代郡名，今江西省，治所在南昌。

⊙4　西山：又名逍遥山，位于江西省新建县西部，被称为江南最大的“飞来峰”，是中国音乐发源地、道教净明宗发祥地。西山是道教名山，为36小洞天之中的第12小洞天（曰“天柱宝极玄天洞”）和72福地之中的第38福地，西山万寿宫为道教发展历史上的著名庙观，宋元时期“净明宗”在这里发源。其梅岭以“翠、幽、俊、奇”著称，景色秀美，有翠岩禅寺、天宁古寺、紫阳宫、洪崖丹井、洗药湖、长春湖、皇姑墓、主峰、狮子峰、方志敏烈士墓等。

⊙5　度人经：全称《太上洞玄灵宝无量度人上品妙经》，是一部包含象数易学内容的道教神学作品，被后世明代《正统道藏》列为开篇经书，号称群经之首、万法之宗、一切一法界之源头，是道教正一三山符箓灵宝派的核心经典，宣扬“仙道贵生，无量度人”“齐同慈爱，异骨成亲，国安民丰，欣乐太平”等非常典型的中国古代神仙信仰和思想。

⊙6　洁羞荐饗：准备清洁的珍美食品进行祭献。

⊙7　妥侑（tuǒ yòu）：劝酒之意。

⊙8　雅：平素的交情。

说明

西山万寿宫，又名玉隆万寿宫，是为纪念许真君而修建的一座宫殿，为中国道教名刹，位于江西省南昌市新建县西山镇。为道教净明忠孝道的发祥地，已有1600多年的历史。是江南著名道教宫观和游览胜地。

西山万寿宫始建于东晋太元元年（376年），初名许仙洞，南北朝改游帷观，宋真宗大中祥符三年（1010年）升观为宫，皇帝亲书“玉隆万寿宫”赐额。政和六年（1116年），徽宗订下诏书，赐额并以当时西京（洛阳）崇福宫为蓝本建成一座拥有3大院建筑体系的宏伟宫苑，共有6大殿（高明殿、关帝殿、谌母殿、三清殿、老祖殿、玄帝殿）、6阁（玉皇阁、玉册阁、三官阁、紫微阁、敕书阁、冲升阁）、12小殿、7楼、3廊、7门、36堂，宫外还有太虚观、偶耒松下、接仙台、会仙阁等附属建筑。

明武宗正德十五年（1520年），皇帝题额“妙济万寿宫”，对宫内建筑又作了重大修葺，清朝增建万寿宫山门、文昌阁、魁星阁、翠苍山云等建筑。万寿宫鼎盛时期占地面积32000多平方米，规模之大，“埒于王者之居”，成为中国最大的道教圣地之一，历经废兴，至中华人民共和国成立时，仍存五殿和院墙、山门、仪门等。

1983年，新建县人民政府特组织专门机构，设置专人，募款重修。经过十几年的努力，已恢复8座巍峨大殿和一些附属建筑。

今日万寿宫(一)

今日万寿宫(二)

东岳仁圣宫碑

虞集

◎本文选自《全元文》（李修生主编，江苏古籍出版社，1999年）卷八六九。

◎文中主要记述了东岳仁圣宫的地理位置、形式和宫殿形制。

正文

延祐中，故开府仪同三司[1]、上卿、玄教大宗师张留孙，买地于大都[2]齐化门[3]外，规以为宫，奉祠东岳天齐仁圣帝。仁宗皇帝闻之，给以大农之财。辞不拜。第降诏书护作。方鸠工，而留孙殁。后某年，今特进、上卿、玄教大宗师吴全节，大发累朝赐金，以成其先师之志。至治壬戌，作大殿，作大门殿，以祀大生帝。前作露台，以设乐门，有卫神。明年，作东西庑，东西庑之间，特起如殿者四，以奉其佐神之尊贵者。列庑如官舍，各有职掌，皆肖人而位之。筑馆于东，以居奉祠之士，总名之曰东岳仁圣宫。泰定乙丑，鲁国大长公主，自京师归其食邑之全宁，道出东门，有祷于大生帝。出私钱钜万，俾作神寝，象帝与其妃夫人媟寺之容。天历建元，今上皇帝即大位。道使迎大长公主于全宁还，及国门。皇后迎母于郊，主礼神拜贶，而后即其邸。天子乃赐神寝，名曰昭德殿云。宫广深若干亩，为屋若干楹。高大弘丽，足以久远。岁时内廷出香币致祭，都人有祷祈，咸得至焉。有敕，命巨集撰文，勒诸丽牲之碑。其辞曰：帝奠九土，辨方秩祀。封岳维五，咸在天子。有严岱宗，望之东郊。雨云来敷，曾不崇朝。有坛有宫，神师攸作。苍龙青旗，百示祗若。天子神圣，惠于民人。眷言度思，昭德维新。丹楹朱户，纳陛登陟[4]。青青五组，兼币加璧。礼有举之，祗益以因。即祠不违，天子之仁。徂徕有原，新甫有隰。乐具在廷，远于来辑。庖盈大享，寝陈燕诗。神具乐康，以惠我私。春日载阳，帝藉于耜。以先农人，祈我穑事。我观我稼，视迩知远。尔煦尔泽，自我畿甸。相彼柔桑，被于沃饶。相彼玄鸟，亦集其条。滮滮流水，骞言来祓。受弓载执，思皇朱芾。出其阛[5]阇，士女车徒。来尸来宗，寿夭在予。佑我民庶，克修孝弟。以养以赋，以受多祉。兵祲弗惊，菑疠弗婴。熙熙有生，以乐治平。天子万年，成功则告。刻文登封，则有贞玉。

⊙ 注释

⊙1　开府仪同三司：魏晋南北朝时期的一种高级官位，隋唐至元文散官的最高官阶，从一品。开，开垦，设置。府，府邸，府第。开府，古代指高级官员（如三公、大将军、将军等）建立府署并自选僚属之意。仪，仪式。开府仪同三司的意思是设置的府邸和进出仪式都跟三司一样。级别不同，古人设置的府第形制、规模也不一样，即使有钱，也不能盖更大的府第，否则就是违制，而违制是谋反的前兆，是很重的罪。同样，出门的仪式也有严格的制度，鸣锣开道，对旗、牌、伞、扇都有严格的等级要求。所以，开府仪同三司尽管不是具体的职务，却是种荣誉，也是对社会地位的肯定。

⊙2　大都：北京旧称，即元大都，或称大都，突厥语称为“汗八里”，意为“大汗之居处”。自元世祖忽必烈至元四年（1267年）至元顺帝至正二十八年（1368年），为元朝国都。其城址位于今北京市区，北至元大都土城遗址，南至长安街，东西至二环路。

⊙3　齐化门：即朝阳门。

⊙4　登陟：登上。

⊙5　闉（yīn）：古指瓮城的门。

说明

本文所记即今天的北京东岳庙，位于北京市朝阳门外神路街，为全国重点文物保护单位，是道教正一派在华北地区最大的庙宇。始建于元延祐六年（1319年），由玄教大宗师张留孙和其弟子吴全节募资兴建。至治三年（1323年）完工，赐名东岳仁圣宫，主祀泰山神东岳大帝。清道光年间扩建。坐北朝南，由正院、东院、西院三部分组成。正门前有高大雄伟的三洞七幢琉璃牌楼。正院内的建筑主要有山门、戟门、岱宗宝殿（即仁圣宫）、育德殿、玉皇殿、地狱七十六司殿、广嗣殿、太子殿、阜财殿、太子殿、三茅真君祠堂、吴金节祠堂、张留孙祠堂、山府君祠堂、蒿里丈人祠堂、后罩楼等；东院原为花园，西院为规制不一的小型殿宇。东岳庙虽经重修，但其主体建筑仍保持元代风格，现已辟为中国民俗博物馆。

075

崇寿观碑

虞集

崇寿观碑

◎本文选自《全元文》（李修生主编，江苏古籍出版社，1999年）卷八八六。

◎文中主要记述了崇寿观历代观主经营该观的历史概况，并对崇寿观的地理和自然环境以及大体布局进行了描述。

正文

大茅山[1]之下，当华阳南洞之便门[2]，有崇寿观者，本晋洞天观馆主任敦故宅。宋元嘉十一年，路太后始建坛宇。太始中，庐陵太守孔嗣之重立，以奉曲阿高士华文贤。齐建元二年，敕句容王文清，仍立而主之，名崇元馆，武帝以太子时至焉。唐贞观初，敕改为崇元观。有太极元年所树碑，石完而文泯，可识者，左拾遗孙处玄文，扬幽经书，数字而已。天宝七年，李玄静先生奉敕重修，复民百家，备修葺。宝历三年，主者有贺思宝，则因器物铭识而考见者也。宋大中祥符七年，敕赐今名。大元至治二年，句曲外史张君嗣真，始来主之，顾瞻方台，近对南面，左峰叠玉，右引大茅之支而回合焉。定录君受言，大茅山下有泉水，近水口处可立静舍。陶隐居云，近南大洞口，有好流水，而多石，出便平比，有王文清居之。则此观是矣。乃叹曰："山中馆宇，自齐、梁、唐、宋，至于今，代有增益。求诸晋人之旧，惟此与玉晨许长史宅耳。而吾所治乃倾废，隘陋特甚，岂不在我耶？"于是度材鸠工，更后堂为太元殿，以复旧规。象三茅君于中，东为任、华、王、李、贺五君祠，西为陶隐居祠，充前殿基为弘道坛，自制铭其上。坛东为玄武祠，西为广惠祠，后为文贤讲堂，而前为都门。门外浚古玉津池，尽受大茅南面诸原之水。循池西南，得昭明太子读书台。台东有井，曰福乡井。福乡者，因昭明道馆名也。出诸榛莽[3]，著文刻石，覆之以亭。而严洞泉石之胜，近在百步内者，皆按图表之，可以观览。泰定元年，上清四十五代宗师刘君大彬，朝京师，授予始末，俾为之次第焉。张君吴郡人，名天雨，内名嗣真，字伯雨，别号贞居，年二十，弃家入道，徧游天台、括苍诸名山。吴人周大静，先为许宗师弟子，得杨、许遗书。张君从而以为师，悉受其说。尝从开元王君寿衍入朝，被玺书，赐驿传，显受教门擢任，非其志也。即自誓，不希荣进，因从三茅之招，追奉任君而下五君，为文而告之，愿毕力兹宇。所著《外史山世集》三卷，《碧严玄会录》二卷，又《寻山志》十五卷，考索极精博云。乌乎！自任君始居此，余数百年才五人传焉。其自致于久远者，果何托也，岂若后世，各诱门人，系以私属，如家人父子者哉？故宁希阔而有待。今张君无前代赐予之助，徒草衣木食以营此，而旷然思与四方之士，共为千载之期，岂非豁落丈夫也哉？予故与君为方外友，奇其能先予远举也。故系之以诗曰：

大茅南垂元气积，阴开阖扉阳洞辟。曲穴流泉保灵宅，任君来饵黄赤石。天一召锡太元册，曲阿受养良有择。构宫方严自王伯，清跸临止灵向格。虚林森爽化赫奕，福乡帝子发甘液。不食何年丧遗甓，白云□□□□□。开元全盛烦百役，持节旁午致缥璧。尔来萧条世代隔，□□□文土漫画。谁其启之规古昔，句曲外史美冠舄。研书千卷视贞白，天真景随玄系绎，玉室金堂万无斁。

⊙ 注释

⊙1　大茅山：坐落于江西省德兴市境内，地处三清山、龙虎山、婺源、景德镇围合的地理中心，与三清山东西并峙，是怀玉山脉的又一高峰。

⊙2　华阳南洞之便门：茅山素有“第一福地，第八洞天”之美称，被盛誉为第八洞天的即“金坛华阳洞天”。据清《茅山志》载，华阳洞在距地面13至14里处，四周长160里，东西长45里，南北长35里，洞内是一个长方形，洞中四周都是石头，洞中最高处达170丈。洞中地基之上有原始的土山和田埂横卧在上面，洞顶较为平坦，洞顶中央有天窗洞（在印宫左巧石亭下，又称巧石洞），太阳和月亮的光辉透过天窗照入洞中，将洞内照亮得如同洞外一样，天窗洞在洞天中央，称“金坛百丈”，故有“金坛华阳洞天”之称。华阳洞共有东西南北五个洞口（南有两个），也称五便门，三显二隐（东西二门未显）。五个洞口（即五个便门）具体位置如下：华阳南洞在大茅峰下柏枝垄中（今金牛附近），唐朝越州刺史裴肃（字中明）曾在洞口设石案用以朝真。南面另一个洞口称茅洞，在元阳观石坛下，即南面之西便门。二茅真君茅固曾经说过，在大茅峰的南面有一小洞，是华阳洞的南便门，只有诚心向道的人礼之，并在有两个太阳照至山上的时候，洞门才会打开，才能入洞见到三茅真君，也才可以进入阴宫结识左慈仙人（葛玄的师父）。二茅峰的东面山坡上有一小洞，是华阳洞的东便门，洞口小如狗洞，勉强可以容一个人通过，洞内愈向前愈宽阔，洞口外用石块掩塞，留有一个如杯口大的小孔，里面有山灵守卫。此洞是华阳洞中阴宫的阿门，从此门进入，要比从北便

门（良常洞）好走，良常洞内多沙路，且弯曲偏僻，还要经过水路，很不方便。路程又没有从茅洞（南洞西门）去远，直下三四里便可到达阴宫了，只有成仙得道之人才可由此门进入。华阳西洞在积金峰东岭下，人们通常所说的华阳洞都是指这个洞口。陶弘景曾描述说，在积金峰的东面有一横垄，上面都是奇形怪状的石头，在西南面有一大石壁，壁下有洞，进入数丈之后便渐渐狭小，人无法进入，洞中有飕飕冷风吹出。过去历朝举办大型金箓道场，都要向此洞中投掷龙简（此习源于三官信仰，过去做道场，要准备三份文书，道场结束后，三份文书，一份藏于深山石缝中，交给天官；一份埋在地下，交给地官；一份投入水中，交给水官。后来人们将文书改为龙简，只在举行金箓道场时使用）。1986 年首次开发华阳洞时便发掘出多枚金龙玉简，由此推断，此洞当为华阳洞西洞无误。良常洞是华阳洞北大便门，在良常山北，从洞口沿岭向南走两百步远，便是秦始皇埋白璧的地方，秦始皇在此埋藏白璧一双，上面覆以石块，旁边石壁上还有丞相李斯书刻的壁文，大概意思是说，秦始皇巡视各地，每经过一处，都要埋下玉璧，以示纪念，不单是在茅山一处埋。洞北有一石坛，是许真人烧香礼拜以及解化飞升的地方，所以《真诰》中有“北洞告终”的句子。另据《茅山志辑要》记载，华阳洞共有五个便门通向人间，五个门都有石级从虚空中通向洞门，有道之士礼之，则洞门打开，妄意探求的凡夫俗子寻之，则洞门闭合。对于华阳洞的描述可见于诸多诗词，如唐代诗人刘长卿写道：“渐临华阳口，微路入葱茜。七曜悬洞宫，五云抱深殿。”宋代周文璞的《华阳南洞》云：“稽首游灵山，驾言入华阳；南洞极闷怪，松深泉水香。曲几妙隶画，钜石刊灵章；俯首窥云门，冷风袭绡裳。守庵敬爱客，暖我紫术汤；遗我鹅眼钱，云是洞里藏。往有寻幽客，入见黄金墙；侈心或已起，几受夺鬼戕。凡身倘会迂，敢恨飞蓬霜；更丐尺宅地，便筑安闲房；朝披神芝图，暮试饥饭方。”

⊙3　榛莽：杂乱丛生的草木。

说明

茅山崇寿观，属道教古迹，在江苏省句容与金坛两县之间的茅山大茅峰下华阳洞南。据《茅山志》记载，该观为晋代真人任敦成道之故宅；南朝宋元嘉十一年（434 年）始建坛宇，建元二年（480 年）敕立崇元观；唐天宝七年（748 年），李含光奉敕重修；宋大中祥符七年（1014 年），敕赐崇寿观。后遭毁。现已修复。

重修奉元明道宫记

孛术鲁翀

重修奉元明道宫记

◎本文节选自《全元文》（李修生主编，江苏古籍出版社，1999年）卷一零二九。

◎作者：孛术鲁翀（1279—1338），本名思温，字伯和，师从萧克翁问学，勤奋刻苦。大德十一年（1307年），以荐授襄阳县儒学教授，升汴梁路儒学正。历翰林国史院编修官、监察御史、国子司业、佥太常礼仪院事、陕西汉中道廉访使、佥太禧宗禋院兼祗承神御殿事、集贤直学士兼国子祭酒、礼部尚书、中宪大夫、江浙行省参知政事等职。至元四年（1338年）卒，追封南阳郡公，谥文靖。著文集60卷，已佚。

◎文中记述了石志玉、李志秘等道士重修太清宫及明道宫的概况。

正文

老子生殷亳社苦县历乡曲仁里[1]。距县东不半舍[2]，九龙井在焉。

崇事宫庙，历代相因。宪宗皇帝四年，龙集甲寅，故太师汝南忠武张王阃亳[3]，得太清、明道两宫遗址，兵烬[4]，悉为荒墟。以文之燕，请事修复。长春祠教真常大真人李宗师遣隐真大师提点石志玉、通微大师知宫李志秘综其务。岁丙辰，诚明真人张宗师奏请明道真人张尊师、栖云真人王尊师主其宫制。无几何，栖云蜕化[5]，其门人辈亦皆协力崇道，始终不懈，未逾一纪[6]，缔构宏丽。允惟明道故宫以河、涡混汇圮溺。迨乎石、李二公相继为真人，结庐垦田，充盈岁廪，事修治，疏河流出北门。由是，洼下淀而窿，漫漶涸而燥[7]。至元壬辰，栖神真人陈志微以陈道润、张道渊、杨道和等率众除荒实堑，陶甓峙材，准基定位[8]；以陈志和、李道坚等协襄事，功达之，长春玄逸真人张宗师用道润提举宫事。大德己亥，栋宇克完，百度鲜整。栖真真人李志本荐道润、志和、道坚等升提点。今凝元真人马道逸饬旧图新，日益充大，谓宜立石镵[9]铭，示众永久。

⊙ 注释

⊙1　文献记载，老子生于“殷武丁庚辰年二月十五日”，出生地为“亳之苦县濑乡曲仁里”，故文中如是说。

⊙2　不半舍：不超过15里的距离。舍，古代行军一宿或30里为一舍。

⊙3　阃亳：领兵驻扎在亳。

⊙4　兵烬：兵火，战火。

⊙5　蜕化：变化，演变。道教谓人死亡解脱成仙，故蜕化。

⊙6　一纪：岁星（木星）绕太阳一周约需12年，故古称12年为一纪。

⊙7　“由是”句：自此以后，低洼积水之处因黄河泥沙沉淀而地势变高，被水长期浸泡模糊不清之处因水尽而干燥。

⊙8　“除荒实堑”句：削高填洼，备材备料，选址定位。

⊙9　镵（chán）：刺，凿。

明道宫

明道宫内的老君台

□ 说明

明道宫位于老子故里鹿邑县城内。光绪《鹿邑县志·古迹·明道宫》载："明道宫在东门内升仙台前，唐名紫极宫，天宝二年（743 年）为太清坛。"可知，该台始建于唐代，至迟也应在天宝年之前，距今已有 1200 多年的历史。以后历经宋、元、明、清各代，皆有整修增建。现宫内建筑有伊人宛在坊、升仙桥、犹龙堤、迎禧殿、玄元殿、享殿、升仙台，规模宏大，构筑严谨，内涵丰富。

1978 年，鹿邑县政府公布其为县重点文物保护单位。1983 年辟建博物馆。1986 年入列河南省重点文物保护单位。2001 被国务院列为全国重点文物保护单位。

劳山聚仙宫记[1]

张起岩

◎本文节选自《全元文》（李修生主编，江苏古籍出版社，1999年）卷一一四零。

◎作者：张起岩（1285—1354），字梦臣，元代著名政治家、史学家、文学家。祖籍章丘，移家禹城。文宗延祐二年（1314年），元朝首开科举，张起岩状元及第，授登州同知。此后，相继任集贤院修撰、国子监丞、国史院编修、监察御史，礼部尚书、中书省参议、翰林院侍讲、陕西行台御史、中书侍御史、燕南廉访使、御史中丞，入翰林为承旨，辽、金、宋三史总裁等职，对元朝政治贡献卓著，其史学、文学造诣也极高，善篆隶书，有多种著作传世。

◎本文记述了崂山上清宫、聚仙宫所在的环境及其发展历史。

正文

自王重阳之东也，而全真氏之教盛行，其徒林立山峙，云蒸波涌，以播敷[2]恢宏其说，于是并海之名山胜境，率为所有。至若下插巨海，高出天半，连峰复岭，绵结环抱，蟠据数百里，长松交荫，飞泉喷薄，玠草奇木，骈生间出，檐楹轩户，隐见于烟云杳霭之间，凭高引领，历览无际，使人有遗世之念，则为劳山上清宫。盖即墨[3]为齐东饶邑，而山在邑东南五十里，陡绝入海，鲸波滐洄，挟倭本，引吴会，顾揖莱牟[4]，襟带齐楚，风飘浪舶，瞬息千里。上清宫据山之岭，又全得其胜，是宜为仙真之窟宅，人天之洞府也。然其地峻极，众颇以登降为劳。南下转而西二十里，近山之趾始得平衍，为宫殿，为门垣，请于掌教大宗师，赐额“聚仙宫”。而簪裳之士[5]云集于是，即山垦田，以供其饩[6]，取材以供其用。通元隐真子李志明，实主张是；提点王志真，实纲维[7]是；助其成者，则县尉栾克刚也。工既告成，为塑像，又礲[8]石欲志其迹，俾道士沈志和持书来请文。栾在胶西为名族，尝从事山东宣阃，与余有一日之雅。计志和跋履往返千余里，乌乎可拒？遂即其图记，以叙列之。当五代时，有华盖真人刘姓者自蜀而来，遁迹兹山。宋祖闻其有道，召至阙庭，留未几，坚求还山，敕建太平兴国院以处之，上清、太清二宫，其别馆也。志明大德初元受华楼刘尊师之请，爱其胜绝，奠居。又阅一纪，其徒林志远、志全即昆仑云霞洞延之至，筑为环堵明霞洞。洞在上清之岭，又三里许。块处二十五年，远近信向，稽首问道者络绎相属。今年八十，步履轻健，计平昔迁居四十处，度徒几五百，其志行可知已。夫老氏之为道，以虚无为宗，以重元为门。秦汉以来，号方士者始有神仙不死之说。若全真为教，大概务以安恬冲淡，合其自然，含垢忍辱，苦心励行，持之久而行之力，斯为得之。隐真子心契道真，处于环堵，恬然自如，不言而人自化，不动而众皆劝。是其真积之至，故能易硗确而轮奂于斯，以为祈天永命之所，是则可尚也已。

铭曰：“兹山峻秀横天东，下插沧海高凌空。丹崖翠壁何穹窿，琼枝琪树分蒙茸。明霞霁映扶桑红，灵扃太宇相昭融。仙驭隐见空明中，鸾鹤缥缈翔天风。有客寓迹白云峰，翠华为盖冰雪容。道价辉赫闻九重，凤书远召来崆峒。卜基芟落荆榛丛，翠飞鸟革如神工。长春宴毕留仙踪，乘云一去追无从。空余夜鹤号长松，隐真学道知其宗。环堵块居神内充，志行超卓惊凡庸。谈说恳款开愚聋，向风景仰众所同。善誉殷殷声隆隆，作室要嗣先人功。徒役竭蹶惟虔共，平地突起真仙宫。隐然背负层冈雄，高门朱碧环崇墉。秘境清廓犹方蓬，簪裳云集必敬恭。上祝国祚绵无穷，为民祈佑除灾凶。占云望海元关通，姑射仙人或可逢。愿斥物厉成年丰，庙堂无事安夔龙。”泰定二年记。

⊙ 注释

⊙1　劳山：崂山的古称，位于黄海之滨，历代文人名士都在此留下游踪，号称“道教全真天下第二丛林”。盛时有九宫、八观、七十二庵，崂山道士更是闻名遐迩。山上多奇石怪洞，清泉流瀑，峰回路转，享有“海上名山第一”的美誉。

⊙2　播敷：传播、弘扬之意。

⊙3　即墨：即墨市，位于中国山东半岛西南部。秦代置县，隋朝建城，历史悠久。

⊙4　莱牟：即莱芜。

⊙5　簪裳：冠簪和章服，借指仕宦。

⊙6　饩：米粮等食物。

⊙7　纲维：维系，护持。

⊙8　辇：载运，运送。

说明

聚仙宫为道教宫观，在山东省青岛市境内的崂山烟霞洞东南。由文中记述可知，聚仙宫为李志明、王志真所创建，其时殿宇宏伟，建筑精美，可惜后被毁不存。遗址前朝大海，形势自然，旁有太湖石、椅子石等名胜古迹。

上清宫距离聚仙宫不远。从文中可知，宋太祖赵匡胤在此为华盖真人刘若拙敕建道场，宋代末年倾圮，元大德元年（1297 年）道士李志明再次重建。其后历代均有重修，但至青岛解放前夕，道观已成颓垣断墙。1982 年，上清宫入列青岛市重点文物保护单位。1991 年，青岛市道教协会筹集资金进行修缮。

祠寺建筑

阳城县重修圣王庙记

李俊民

◎本文选自《全元文》（李修生主编，江苏古籍出版社，1999年）卷三。

◎文中不仅记述了汤庙（即圣王庙）的重修概况，而且对阳城县的行宫也多有述及。

正文

按《图经》[1]，阳城盖汉之获泽县也，属河东郡，今县西三十里故城是也。晋隶平阳郡，后魏文成兴安二年癸巳自故城移于今治。隋属长平郡，唐武德元年，于此置泽州，玄宗天宝元年改为阳城县。又云，殷汤庙在县西南七十五里析城山上，宋熙宁九年，河东路旱，委通判王伾亲诣[2]析城山祈祷，即获休应[3]。十年五月某日，牒[4]封析城山神为诚应侯。政和六年三月二十九日，析城山殷汤庙可特赐广渊之庙为额，诚应侯可特封嘉润公。宣和七年重修庙记云：本路漕司给系省钱，命官增饰庙像。及广其庭坛，高其垣墉，列东西二庑，斋厨厩库客次，靡不毕备。华榱彩桷，上下相焕，以称前代帝王之居，而致崇极之意。以其余材完嘉润公祠，合二庙凡二百有余楹。大金革命，庙止存九间，共六十椽。大朝壬寅年春，因野火所延，存者亦废，民间往往即行宫而祭之。本县行宫，在郭内东西街北，右去城门五十余步，左距县衙一里强。至大金壬寅午，历一百二十八年而毁。邑人王元、武全、王升、张义、王通、王汉等，虽在扰攘之际，相与鸠工，复起正殿三间，元帅延陵珍补盖西庑。岁有水旱疾疫，祷无不应，民之戴商，厥惟旧哉。噫！神依于人，庙食百世，亦岂有升沉时耶！抑成坏之数，幽显莫能逃耶？何天祸未悔如此之酷耶？仆重过是邑，王元等托友人燕子和求识其始末，故书以示之。时壬寅十月庚戌朔。

⊙ 注释

⊙1 图经：是指以图为主或图文并重记述地方情况的专门著作，又称图志、图记，是中国方志发展过程中的一种编纂形式。“图”是指一个行政区划的疆域图、沿革图、山川图、名胜图、寺观图、宫衙图、关隘图、海防图等；“经”是对图的文字说明，包括境界、道里、户口、出产、风俗、职官等情况。图经由地记发展而来，内容比地记完备得多。现知图经以东汉的《巴郡图经》为最早。魏晋南北朝时期，中国各地逐步纂修图经；隋、唐、北宋时期，图经最为发达，成为当时方志的通称；元代编修简易图经一度较为普遍。此处当指元代的这类图经。

⊙2 诣：(yì)。前往，去到。

⊙3 休应：吉兆之意。

⊙4 牒：文书，证件。

今日析城山

今日圣王庙

□ 说明

阳城，古称濩泽，地处山西东南部，隶属晋城市，居于太行、太岳、中条三山交会之处。在阳城境内，至今还保存着百余座规模宏大、建筑精美的汤庙古建筑群。成汤之庙，全国都有，但阳城数量最多、分布最广。据载，宋元以来，阳城县的汤庙最多曾达 380 多处。析城山位于阳城县西南 30km 处，方圆 $20km^2$，主峰海拔 1888m，其山顶部宽阔如坪，很能满足古代帝王祭祀时人数众多的场面需求；其中有一个圆形的终年不竭的“天汤”，这正是祷雨必不可少的要素之一，故自古即为商汤祈雨之地，世代俗称为圣王坪。清康熙版《阳城县志》写道：“县西南七十里，相传为成汤祷雨处，上有成汤庙，每岁数百里外，咸虔祷以祈有年。”成汤庙就是本文所述的圣王庙，是阳城最早的成汤庙，北宋正和六年（1116 年），宋徽宗赐“广渊之庙”庙额，把析城山的爵位从“诚应侯”提升到了“嘉润公”。

今天的汤帝庙，占地面积约 $2134m^2$，现存建筑 19 座 80 间，其中正殿广渊殿、拜殿，创建于宋元祐元年（1086 年），而位于拜殿南侧的舞楼，则创建于金大安二年（1210 年），其他为元明清时期建筑。虽经明清两代增建、重修，但广渊殿、拜殿及舞楼至今仍保持宋金时期遗构。

大阳资圣寺记

李俊民

◎本文选自《全元文》（李修生主编，江苏古籍出版社，1999年）卷三。

◎文中主要记述了山西省晋城市泽州县大阳古镇内资圣寺的兴建、复建历史及其规模，同时对晋城市的历史沿革也作了详细追述。

正文

晋城县，汉之高都县也，属上党郡。晋因之。后魏改属建兴郡，明帝移建兴于高都城，孝庄帝复改建兴郡为高都郡，县属焉。北齐置长平、高都二县。后周又以长平、安平二郡并入，为高都郡。隋开皇初，郡废，为泽州；十八年，改高都县为丹川县，因县北丹水为名，属长平郡。唐武德元年，移于源漳水北；三年，析丹川于古高都城，置晋城县，属建州。六年，州废，县属盖州；是年，省丹川县，盖州入晋城。贞观元年，盖州废，为泽州县，亦属焉。宋及大金，因之不改。本县境内寺院二十一区，大金贞祐甲戌至甲午，存者十之三四。

资圣寺，在县北四十里大阳社，北齐文宣天保四年癸酉、梁元帝承圣二年也，号永建寺，至武成河清二年癸未，建石塔二级。后唐明宗长兴四年癸巳，立尊胜幢。宋真宗天禧四年庚申，改赐资圣寺。周围二百六十三步，屋宇二十八间，共一百二十椽，与碧落治平院、泽州浴室院皆法眷[⊙1]也。本寺素乏常住，且过者稀。

贞祐[⊙2]兵火后，居民荡析[⊙3]，乡井荆棘，寺几于废。里人王简等亦流落四方，艰苦万状，默有所祷："异日平安到家，当舍所有，以答佛力。"既归，乃以所居之正堂五间与本寺，修香积位，其殿宇寮舍，缺者完之，弊者新之，靡不用心焉。且语耆老曰："本社宋阿李生前为无后，将本户下地土一顷五十余亩，施与本寺充常住，见今荒闲有无，借众力开耕，给赡本寺，为修饰润色之费，仍与住持僧添钵，不负我辈报恩之愿。"众忻然诺之，命本寺僧行广主其事。行广，俗姓李，本社人，纯悫[⊙4]谨愿可托，故令专之。

自齐文宣天保四年至今癸卯，七百五十一年，其间升沉兴废者屡矣！虐焰之酷，未有甚于此时者，赖有其人，家风不坠，不幸中之幸者也。刘巨川济之欲传于久远，求碑以实之，故书。

癸卯年四月初六日壬子记。

⊙ 注释

⊙1　法眷：指共同修行的道友。李梦阳《功德寺》诗曰："法眷撞钟鼓，宫女拭御床。"

⊙2　贞祐：1213—1217年，是金宣宗的第一个年号。此间，蒙古不断南侵，双方经常争战。

⊙3　荡析：离散，指家人离散，居无定所。《尚书·盘庚下》："今我民用荡析离居，罔有定极。"

⊙4　纯悫（chún què）：纯朴诚实之意。

□ 说明

由记述可知，资圣寺兴建之初，寺内建有石塔一座，到了唐明宗时期增建经幢一座，宋真宗年间改称资圣寺，寺院建筑28间，后因战火几近蔽废，在王简、行广等的努力下得以重建。明万历十七年（1589年），大阳名士张养蒙筹资重修资圣寺。清乾隆四十四年（1779年）增建耳房。

资圣寺大殿

资圣寺耳房

郓国夫人殿记

杨奂

◎本文选自《全元文》（李修生主编，江苏古籍出版社，1999年）卷七。

◎文中主要记述了郓国夫人殿重修的过程以及郓国夫人的品行。

正文

祀天而不祀地，祭日而不祭月，是岂礼也哉！况圣人之教，始于夫妇，达于天下，不尔[⊙1]，父子、君臣、上下泯矣。前庙后寝，三代之定制，而吾夫子之祀，本用王者事。阙里之旧有郓国夫人[⊙2]殿久矣，由唐、宋降及于金，号称尤盛。贞祐之乱，扫地无余，故老彷徨，莫不痛心。东平行台严公忠济，仰体朝廷尊师重道之意，以兴废补弊为所务，经始于己酉八月，落成于壬子之七月。先是，夫人之神座生木芍药一本，见者异之。明年，修庙之令下，适造舟者犯我林庙，伐我民冢，珍材堆积如阜[⊙3]，闻公之至，尽委[⊙4]而去。乃命参佐王玉汝、监修官兼摄祀事孔梻召匠计之，佥[⊙5]曰："构正位[⊙6]则不足，营寝宫则有余。"众志既协，遂讫兹役。花之祥验矣，而工食涂饰之费不论也。夫神怪之不语固然，而有开必先之说，如之何其废之也。夫人姓亓官氏，宋女也，泗水侯鲤息也。沂水侯伋，息之子也。先圣之为中都宰，为大司寇，摄行相事，夫人不以为泰。畏于匡，拔树于宋，削迹于卫，绝粮于陈、蔡，夫人不以为否。穷通出处，无一而不预，所以血食者，其斯乎！彼湘水之娥皇，郜城之姜嫄，祠宇之显者也。拟诸乡邑子孙，每四仲之月，肃三献之礼，歷千万世而下弗绝者，不有则矣乎！噫！当崇奉者，圣人之功也；当践履者，圣人之道也。苟知其功，而不知其道，则与事淫祠野庙等矣！吾恐神意一日不能安乎此，孰谓圣人安之耶！尚来者无忽。

⊙ 注释

⊙1　不尔：不如此，不然。

⊙2　郓国夫人：亓官（qí guān）氏，宋国人，孔子19岁时嫁与为妻，先孔子七年去世。大中祥符元年（1008年），宋真宗赵恒追封为"郓国夫人"；元至顺三年（1332年），又被加封为"大成至圣文宣王夫人"；明嘉靖八年（1529年），孔子改称"至圣先师"，她也被称为"至圣先师夫人"。孔子死后，"即孔子所居之堂为庙"，亓官氏也同孔子一起被祭祀，唐代始有寝殿专祠，早期曾有塑像，清雍正火后重修时已为神主牌位。

⊙3　堆积如阜：堆积如山。

⊙4　委：这里是丢弃、抛弃之意。

⊙5　佥：大家，众人。

⊙6　正位：正中的位置，此处借指孔庙正殿，即大成殿。

郓国夫人殿（寝殿）

郓国夫人神位

□ **说明**

从文中可知，亓官氏一生都追随着孔子，并且不以孔子的得志而大喜，不以孔子的失志而悲伤，有良好的修养与德行，故在其逝后立祠祭祀，即郓国夫人殿，也就是今天的孔庙寝殿。该殿位于山东省曲阜孔庙大成殿之后，为孔庙三大建筑之一（另两大建筑为奎文阁、大成殿），是供奉孔子夫人亓官氏的专祠。殿面阔 7 间，进深 4 间，重檐歇山顶，间金妆绘，枋檩游龙和藻井团凤均由金箔贴成，回廊 22 根擎檐石柱浅刻凤凰牡丹，一如皇后宫室制度。殿内神龛木雕游龙戏凤，精美异常，龛内有木牌，上书“至圣先师夫人神位”。

燕京大觉禅寺创建经藏记

耶律楚材

◎本文选自《全元文》（李修生主编，江苏古籍出版社，1999年）卷十二。

◎作者：耶律楚材（1190—1244），元代杰出政治家，蒙古帝国时期著名大臣，契丹族人。1215年，成吉思汗的蒙古大军攻占燕京时，听说他才华横溢、满腹经纶，遂向他询问治国大计。而耶律楚材也因对腐朽的大金失去信心，决心转投成吉思汗帐下以拯救处于水深火热中的百姓，对成吉思汗及其子孙产生了深远影响，他采取的各种措施为元朝的建立与统治奠定了基础。

◎文中主要记述了大觉禅寺创建的过程及壁藏的规模及装饰。

正文

辽重熙、清宁间，筑义井精舍[1]于开阳门之郭，傍有古井，清凉甘滑，因以名焉。金朝天德三年，展筑京城，仍开阳之名为其里。大定中，寺僧善祖有因缘力，道俗归向者众，朝廷嘉之，赐额大觉。贞祐初，天兵南伐，京城既降，兵火之余，僧童绝迹，官吏不为之恤，寺舍悉为居民有之。戊子之春，宣差刘公从立与其僚佐高从遇辈，疏请奥公和尚为国焚修，因革律为禅，奥公罄常住之所有，赎换寮舍，悉隶本寺。稍成丛席，可容千指。瑞像殿之前，无垢净光佛舍利塔在焉，残缺几仆。提控李德者，素党于糠蘗，不信佛教，至是改辙施财，完葺其塔。继有提控晋元者，施蔬圃一区于寺之南，以给众用，糊口粗给。庚寅之冬，刘公以状闻朝廷，招提院所贮余经一藏，乞迁于本寺安置，许之。于是奥公转化檀越，创建壁藏斗帐龙龛一周，凡二十架，饰之以金，缋之以彩，穷工极巧，焕然一新，计所费之直，白金百笏[2]。

能事告成，累书请湛然居士为记。余慨然曰：昔者圣人之藏书也，贮之以金匮[3]，写之于琬琰[4]，重道尊书，以示于将来也。浮屠氏之建宝藏者，亦犹是乎！吾夫子删《诗》定《书》，明《礼》赞《易》，六经之下，流为诸子，《春秋》以降，散为史书，较其卷轴，不为不多矣。兵革以来，率散落于尘埃中。吾儒得志于时者，曾无一人为之裒集[5]，置之净室，安之宝架，岂止今日也哉！承平之世，间有儒冠率集士民，修葺宣圣之庙貌者，曾未卒功，已为有司纠劾矣，且以擅兴之罪罪之。噫！吾道衰而不振者，良以此夫！昔雪岩示寂[6]于王山时，万松老人方应诏住持仰峤，讣问既至，不俟驾而行，遇完颜子玉诸涂。子玉叹曰："士人闻受业之师物故也，虽相去信宿之地，未闻躬与其祭者，岂有千里奔丧者邪！佛祖之教，源远流长者，有自来矣！"子玉屡以此事语及士大夫。今奥公禅师非为子孙计，无取功名心，汲汲皇皇丐乞于道路，唯以佛宫秘藏为务，可谓不忘本矣。余已致书于诸道士大夫之居官守者，各使营葺宣父之故宫，亦由奥公激之也云。癸巳中秋日记。

⊙ 注释

⊙1　精舍：据《佛学大辞典》，是佛门术语，为寺院别称，指精进修行之人居住的屋舍，故曰精舍。《学林新编》曰："晋孝武幼奉佛法，立静舍于殿门，引沙门居之。因此俗谓佛寺曰静舍，亦曰精舍。"古时，汉儒者教授生徒时所居悉之处也称精舍。

⊙2　百笏：即百条。古代官员上朝时皆手持长方形笏板，后因金条亦为长方形，故借"笏"字代"条"字，以表其量，兼状其形。清姚燮《双鸩篇》："梦郎三城归，黄金百笏青騊骊。"

⊙3　金匮（jīn kuì）：亦作"金柜""金鐀"，含义有多种：一是铜制的柜。古时用以收藏文献或文物。汉贾谊《新书·胎教》："胎教之道，书之玉版，藏之金柜，置之宗庙，以为后世戒。"《汉书·晁错传》："陛下之德厚而得贤佐，皆有司之所览，刻于玉版，藏于金匮，历之春秋，纪之后世，为帝者祖宗。"晋王隐《晋书·瑞异记》："甘卓家金匮鸣，声似槌镜，清而悲。"清龚自珍《己亥杂诗》之十二："他年金鐀如搜采，来叩空山夜雨门。"孙犁《〈秀露集〉后记》："金柜之藏，不必永存；流落村野，不必永失。"二是引申谓传之久远。《汉书·外戚传下·孝成赵皇后》："愚臣既不能深援安危，定金匮之计；又不知推演圣德，述先帝之志。"颜师古注："金匮，言长久之法可藏于金匮石室者也。"三是借指藏书。章炳麟《訄书·序种姓下》："李善长、宋濂、王祎并起自蒿莱，不睹金匮，古学废秏，而姓氏失其律度，兹无谪焉。"四是比喻博学。清李斗《扬州画舫录·草河录上》："先生以金匮之才，历石渠之选。"五是相士术语。谓富贵之相。唐马总《意林·物理论》："三亭九侯，定于一尺之面；愚智勇怯，形于一寸之目；天仓、金匮以别贫富贵贱。"文中之意为铜制的柜。

⊙4　此处指"碑石"，唐玄宗《孝经序》："写之琬琰，庶有补于将来。"宋苏轼《贺林待制启》："箸书已成，特未写之琬琰；立功何晚，会当收之桑榆。"明张居正《拟唐回鹘率众内附贺表》："写诸琬琰，播狼胥瀚海之声；炳若丹青，掩麟阁云台之美。"

⊙5　裒集（póu jí）：聚集，裒辑，裒敛。

⊙6　示寂：即指涅槃，又作圆寂、归寂、入寂、寂灭、寂。一般用于佛、菩萨、高僧等之示现涅槃而言。示寂者为示现涅槃之义，言佛菩萨及高德之死也。

□ 说明

大觉寺又称西山大觉寺、大觉禅寺，位于北京市海淀区阳台山麓，始建于辽咸雍四年（1068年），称清水院，金大定年间改名"大觉寺"，为金章宗西山八大水院之一，后又改名灵泉寺。寺庙坐西朝东，符合寺院建立者契丹人的文化习俗，殿宇依山而建，自东向西由天王殿、大雄宝殿、无量寿佛殿、大悲坛四进院落组成。此外还有四宜堂、憩云轩、领要亭、龙王堂等建筑，寺内供奉的佛像造型优美、形象生动。《阳台山清水院创造藏经记》碑可与本文相互印证，是寺中的珍贵文物。

大觉寺

叶县中岳庙记

元好问

◎本文选自《元遗山集》卷三十二。

◎叶县地属河南省平顶山市，境内以内涵丰富的明代县衙而著称于世，具有十分悠久的历史、深厚的文化底蕴。古为豫州地，周时属应侯国，春秋时期为楚国附属国许国国都，是著名政治家、军事家叶姓始祖沈诸梁的封地，是世界上2300万叶氏后裔的祖地。

葉縣中嶽廟記

正文

河南，中镇所在，在所率有祠庙，以奉岳祗。叶距崧[1]三百里而近，独无有也。邑门之南百举武[2]，少折而西有地焉，直居民之冲，顾望崇显，父老规为岳祠旧矣。泰和末，太原祁人樊道真，始以邑人之意而经度焉。地本故堤，废圮已久，荆棘瓦砾，蛇鼯[3]所舍。樊身执畚锸，铲治芜秽，实以板筑，百日而庙基成。邑之人知其坚固可任也，乃群起而助之，实乡豪张祐、孙宁秦，商人党圭为之倡。庙既成，祁人有以白石为中天像，欲辇而北者，道真请而事焉。

予尝谓：小人之情，畏之而有不义，耻之而有不仁，威之而有不惩，独于事神若有所儆[4]焉。何耶？徼福[5]于方来[6]，逃罪于已然；百求而百不可得，然终不以百不可得而废其所以求也。富贵、光荣、寿考、繁昌，人既有以求诸神；忠信、孝弟、廉让、笃实、神亦有以望于人。吾尝见夫世俗之所以事神者矣：崇祠宇、严像设、封羊豕、具仪卫，巫觋[7]、倡优[8]杂然而前，拜跪甚劳，迎送甚勤；求神之所以望于人者，无有也！阴害贼诈，刮利次骨[9]，利之所在，无复天理。公噬潜搏，难得是期。内人于沟不恤也，血人于牙不餍也。志得而意满，则曰："我求于神，神报我者如是也。"故搏噬愈获，报谢愈丰，祷求愈奢，香火未收而阴害贼诈之心已怫然[10]于胸中矣；此直蛇神牛鬼之所不忍临，而谓岳只[11]之聪明正直者而临之乎？

《记》有之："虽有恶人，斋戒沐浴，可以事上帝。"谓小人之不可以事神，不可也；岂弟君子，求福不回，好是正直，介以景福，谓神之可欺，尤不可也！呜呼！神有固然，三尺童子所能知，而人有不能知者，特溺于贪而不能自还耳。惜乎！莫有三尺童子之所知者而告之也。

癸未之夏，予过昆阳，进士韦仲安道樊之意，欲得吾文以记其经营之始，故为书之；且告以福不可徼、祸不可逃也。如是，庶几来者有所儆焉。

⊙ 注释

⊙1　崧：通“嵩”，当指嵩山。
⊙2　举武：举足，举步。
⊙3　鼯：一种哺乳动物，似松鼠，住在树洞中，昼伏夜出。
⊙4　儆（jǐng）：使人警醒，不犯过错。
⊙5　儌福：祈福，求福。儌（yāo），通邀。
⊙6　方来：将来，未来。
⊙7　巫觋（xí）：古代称女巫为“巫”，男巫为“觋”，合称“巫觋”。
⊙8　倡优：古代称以音乐歌舞或杂技戏谑娱人的艺人为倡优，是娼妓及优伶的合称。倡，指乐人；优，指伎人。
⊙9　次骨：即入骨，形容程度极深。
⊙10　怫然：愤怒的样子，脸上现出愤怒之色。
⊙11　岳只（yuè qí）：岳祇，亦作“岳祇”，即山神。

说明

叶县历史上曾建有一座中岳庙，据明嘉靖二十一年《叶县志》卷一《祀典》载：“中岳庙：在县治南门外，元祐二年（1087年）创建，洪武十五年知县胡正重修。”文中对叶县中岳庙的记载十分简单，重在揭露某些人一边奉神祈福，一边作恶多端的丑陋行径。

（550—559年）扩建晋祠，『大起楼观，穿筑池塘』。唐贞观二十年（646年），太宗李世民游晋祠，撰《晋祠之铭并序》碑文，又一次扩建。太平兴国九年（984年），依山枕建正殿，供奉唐叔虞，至北宋天圣年间（1023—1032年）追封唐叔虞为汾东王，其母邑姜亦供奉于正殿之中。熙宁年间（1068—1077年），封邑姜为『显灵昭济圣母』，遂有圣母殿之称。其后，唐叔虞祠则迁于北侧，遂成晋祠今日格局。祠内现有几十座古建筑，环境幽雅舒适，风景优美秀丽，极具汉族文化特色，素以雄伟的建筑群、高超的塑像艺术闻名于世，其中最为重要的建筑为建造于宋代的圣母殿、鱼沼飞梁等，可谓集中国古代祭祀建筑、园林、雕塑、壁画、碑刻艺术于一体的珍贵历史文化遗产，也是世界建筑、园林、雕刻艺术中心。

◎文中记述了晋祠的沿革、地理环境以及大门重建的过程。

惠远庙新建外门记

元好问

◎本文选自《元遗山集》卷三十三。

◎晋祠位于山西省太原市西南25km悬翁山下，自古为晋水发源地。晋祠始建于北魏前，是为纪念周武王次子叔虞而建。武王灭商之后分封诸侯，把次子叔虞封于唐，叔虞死后，其子燮继位，因有晋水，改唐为晋国。后人在悬瓮山麓、晋水源头建祠立设，以祭祀叔虞。郦道元《水经注》记载『际山枕水，有唐叔虞祠』，即今晋祠。晋祠历代均有修建和扩建。南北朝天保年间

正文

晋溪神曰“昭济”，祠曰“惠远”[⊙1]，自宋以来云然。然晋祠本以祠唐侯，乃今以昭济主之，名实之紊久矣，[⊙2]不必置论。盖魏、齐而下，晋阳有北门之重[⊙3]，山川盘结，士马强盛，天下名藩巨镇，无有出其右者。此水去城才跬步闲耳。山之麓出两大泉，喷薄湍驶，流不数步，遂可以载舟楫。汇为巨陂，派为通渠，稻胜莲荡，延袤百余里，望之令人渺焉有吴儿洲渚[⊙4]之想。若济源之清旷、苏门之古澹、济南之秀润，以知水者言之，皆吾余波之所及也！太平兴国初，汉入于宋。城阙虽毁而风物故在。旁近之民擅灌溉之利，春祈秋报，唯神之为归，割牲酾酒[⊙5]，日月不绝。宫庭靖深，丹碧纷耀，遗台老树，朱楼画舫，承平游览之盛，予儿时尚及见之。庙旧有殿、有别殿、有廊庑、有门。贞祐之兵迄今三十年，虽不尽废，而腐败，故暗极矣！创罢之人，迫于调度，故未暇补葺。父老过之，有潸然出涕者。南北路驿使宝坻高侯天辅悯外门之颓毁也，力为新之[⊙6]。起于辛丑之正月，而成于其年之七月。请予记之。予谓：昭济庙之在吾晋，有决不能废者；然其废而兴之，则存乎人焉尔。夫一门之役，固不可谓之全功；异时有以全功自任者，安知其不自高侯发之？是可纪也，故乐为之书。明年五月吉日，新兴元某记。

⊙ 注释

⊙1　即晋祠，北宋熙宁中称晋祠为惠远祠。

⊙2　晋祠原本是奉祀西周晋国首任诸侯唐叔虞的专祠，宋代时在唐叔虞祠原址建起了祭祀叔虞之母邑姜的圣母殿，成为晋祠的核心建筑，而唐叔虞祠在重建时被移到了别处，故本文作者认为这是“名实之紊”，即名实不符，发生了错乱。其实还有紊乱之处：圣母殿内祭祀的本是西周时姜太公之女、武王之后、成王和叔虞的母亲邑姜，是实有其人的，但自宋神宗熙宁十年“以祷雨应，加号昭济圣母”之后，邑姜却当起了水神，并在以后的历代加封赐号中，都按水神奉祀。

⊙3　意为晋阳是北方重镇，是中原地区的北大门。

⊙4　洲渚（zhōu zhǔ）：指水中小块陆地。

⊙5　酾（shī）酒：滤酒、斟酒，即饮酒之意。

⊙6　据文献显示，晋祠至少在金元时期还是两门各立，一为景清门，唐叔虞祠之正门，南向；一为惠远门，惠远祠（圣母殿）之正门，东向。因景清门在祠内，惠远门在其外侧，故文中所称外门应为后者。

竹林禅院记[1]

元好问

◎本文选自《元遗山集》卷三十五。

正文

竹林寺在永宁[2]之白马原，其初为佛屋，居人以修香火之供，既废矣。乡豪麻昌及其族弟岊稍完葺之，以龙门僧广居焉。广，解梁人，自言白云杲之徒，居而安之，即以兴造自任。兴定中，请于县官，得今名，乃为殿、为堂、为门、为斋厨、为库厩，凡三年而寺事备。南原当大川之阴，壤地衍沃，分流交贯，嘉木高荫，良谷美稷，号称“河南韦杜”[3]，而寺居其上游。东望女几[4]，地位尊大，居然有岳镇[5]之旧；偎靡劫立，莫可梯接。仙人诸峰颜行而前，如进而侍，如退而听，如敬而慕，如畏而服。重冈复岭，络脉下属。至白马，则千仞突起，朗出天外，俨然一敌国之不可犯。金门乌啄，奔走来会。小山累累，如祖龙[6]之石，随鞭而东。云烟杳霭，浓淡覆露，朝窗夕扉，万景岔入[7]，广一揽而洛西之胜尽。盖尝叹焉！佛法之入中国，至梁而后大，至唐而后固。寺无定区，僧无限员。四方万里，根结盘互。地穷天下之选，寺当民居之半，而其传特未空也。予行天下多矣！自承平时，通都大州若民居、若官寺，初未有闳丽伟绝之观；至于公宫侯第，世俗所谓动心而骇目者，校之传记所传，曾不能前世十分之一。南渡以来，尤以营建为重，百司之治或侨寓于编户细民之间。佛之徒则不然，以为佛功德海大矣，非尽大地为塔庙，则不足以报称、故诞幻[8]之所骇、坚苦之所动、冥报之所耆[9]、后福之所徼[10]，意有所向，群起而赴之。富者以赀、工者以巧、壮者以力，咄嗟[11]顾盼，化草莱[12]为金碧。撞钟击鼓，列坐而食，见于百家之聚者乃如此。其说曰：“以力言者，佛为大，国次之。”吁，可谅哉！正大庚辰，予闲居空上，广因进士康国仲宁以记请。仲宁为予言：“广业专而心通，且喜从吾属游。其进也，有足与之者。”因为记其事，并著予之所感。四月望日，前内乡县令元某记。

⊙ 注释

⊙1　洛宁是世界上纬度最高的淡竹原产地，有古竹林1万余亩，素有“北国竹乡”之美誉，文中所记禅院当在竹林之中。

⊙2　永宁：即今天的洛宁县。《洛宁县志》载：“县曰永宁，示罢兵革安井里之意。”李渊自说：“起兵志在平息干戈，宁靖天下。”大业初年（605年），废崤、洛水二县入熊耳。唐武德元年（618年），熊耳县更名永宁，徙治所于永固城（今城关镇老城）。长渊县更名长水县。元至正三年（1266年），长水、永宁合县，称永宁县，治所永固城。属河南府。明、清时，永宁县属河南府。民国2年（1913年），以洛河为名，永宁县改为洛宁县，属河洛道。

⊙3　当指韦济、杜甫。韦济（生卒年不详），唐代大臣、诗人。唐郑州阳武（今河南省原阳县）人。少以能文知名。开元初为鄄城令，三迁库部员外郎。又历任户部侍郎、河南尹、尚书左丞、冯翊太守等职。史评其“从容雅度，以简易为政”。韦济早年以文辞扬名，与大诗人杜甫等多有交往。杜甫的文学成就更是巨大。此处意在将地理环境与两位诗人的作品之广博内容、多样体式、多彩风格相类比。

⊙4　女几：即女几山，又名花果山，据传为《西游记》中孙悟空成圣之处，被古人喻为仙山。古地理书中将它与江西庐山、湖北武当山、河南嵩山并称为七十二福地，历史悠久，素负盛名。山中奇峰林立，雄奇险峻；异石密布，神韵生动；飞瀑高悬，流水鸣琴；烟云浩渺，气象万千。女几山山光水色，风景秀丽，古时即是游览胜地，历代文人墨客不断题诗作画，留传至今。

⊙5　岳镇：指四岳等名山。

⊙6　祖龙：一种古代生物，生活在三叠纪时代，是鳄鱼、恐龙、鸟类等动物的共同祖先。

⊙7　岔入：交错映入眼帘之意。

⊙8　诞幻：荒诞虚幻。

⊙9　詟（zhé）：丧胆，惧怕。

⊙10　徼：求取。

⊙11　咄嗟（duō jiē）：霎时。

⊙12　草莱（cǎo lái）：犹草莽，杂生的草，指荒芜之地。

□ 说明

根据文献，文中描述似乎是指地处今河南省洛宁县境内的龙穴白马寺。该寺位于洛宁县涧口乡东塔沟村河西。河名为白马涧河，由南向北注入洛河。这条涧河从大鱼沟口分东西两条涧河，形成一个河套，河套顶端沙石积成丘状，叫珠山，白马寺建于珠山脚下、山河之滨，依山傍水，面观洛河，环周梭树森林，树粗高大，遮天盖地，巨石堆山，一片阴森。古刹白马寺富丽堂皇，雄伟、挺拔、壮丽，格致别具。整个建筑计有山门三间、天王殿五间、正殿五间、后殿一座、东厢房九间、西厢房五间，历代碑刻七通，丹池一方。大殿前后出檐，坐南朝北，六根石柱，上刻龙纹图案，殿顶兽头龙脊，殿内雕梁画栋，并设藏经楼，正面台上三尊大铜佛、四位童子，台下两边十八罗汉，后殿中铁神一尊面向珠山，墙壁上有刘伯温等历代名人留诗。

085

羑里城

葛逻禄乃贤

◎本文选自《河朔访古记》。

◎文中记述了羑里城的概貌与周文王的事迹以及时人的题诗内容。

正文

羑里城文王庙。羑城在汤阴县北六里道左，朱绰门，门榜题曰“羑里城”，周文王之庙。其城，周回二百五十步，高二丈余。门榜，则正议大夫、河南江北道肃政廉访使康里回回所书也。庙有一碑，则太常博士、借注户部员外郎兼奉翰林文字胡祗遹记，大元至元六年夏十有二日建庙壁龛，翰林承旨永年王磐五言古诗石刻一通。按《史记音义》：“羑里，盖狱名也。夏曰均台，商曰羑里，周曰囹圄，皆圆土也。”又按《史记》：“崇侯虎，谮西伯于商纣，纣囚之羑里，西伯乃演《周易》，作六十四卦。其臣闳夭、太颠[⊙1]之徒，求有莘氏美女、骊戎之文马、九驷及他奇怪，因商嬖臣[⊙2]费仲，献之纣，纣大悦，乃赦西伯，赐之弓矢、铁钺，使得征伐。”又曰：“纣囚文王，将杀之，或曰：‘西伯圣人也，不可杀。’纣曰：‘吾闻圣人有灵德，吾将验焉。’乃杀伯邑考，醢之以食文王。文王食之，已而，呕于羑里之门外。于是众信文王为圣人，因以土封其呕处，谓之‘呕子冢’。”其冢今尚存，土人讹为“狗子冢”云。王承旨鹿庵庙壁所刻诗曰：“羑水浅且清，羑里余荒城。文王德如日，曾此夷其明。陕树憩召伯，箕山栖许生。后人起敬爱，木石含芳荣。嗟尔一抔土，耕犁未全平。千秋不磨洗，永被囚圣名。我行荡阴道，过之为停征。念昔有殷季，虐主方狂酲。羑锋戮贤圣，若刈寸草茎。左啖鄂侯脯，右啜鬼侯羹。兹时无羑里，何以纾淫刑。羑里深杳杳，羑里高亭亭。君王在缧绁，不异南面听。淑气发神虑，淳和助心灵。演开伏羲画，剖出天地精。一时虽冥昧，万古垂日星。若无羑里拘，易经何由成。易经在所重，羑里那可轻。”康里公，字子渊，积官至辽阳平章。布呼密文贞王之子，翰林承旨库库之兄，父子皆国之名臣也。

羑里城今貌

文王演易台

⊙ **注释**

⊙1　闳夭、太颠：均为西周的开国功臣，共同辅佐姬昌。
⊙2　嬖臣：受宠幸的近臣。

□ **说明**

羑里城，又称文王庙，位于河南省安阳市汤阴县城北约 4km 处羑、汤两河之间的空旷原野上，是3000 年前殷纣王关押周文王姬昌 7 年之处，可谓世界上遗存的最早的国家监狱，也是古老的周易文化发祥地，以博大精深的文化内涵而名扬海内外，“画地为牢”“文王拘而演周易”的历史典故均源自于此。

羑里城遗址，为一片高出地面约丈余的土台，南北长 105m，东西宽 103m，面积达万余平方米。台上有文王庙，坐北向南，古柏苍翠。现存建筑有演易坊、山门、周文王演易台、古殿基址，还有《周文王羑里城》《禹碑》《文王易》等碑刻十余通，对研究《周易》和历史、书法，有重要的史料价值。由于羑里城遗址（含文王庙）有重要价值，1996 年被列为全国第四批重点文物保护单位。

白马寺

葛逻禄乃贤

◎本文选自《河朔访古记》。

◎文中主要通过《大元重修释源大白马寺赐田功德之碑》记述了白马寺肇建及在元初重修、赐田的经过。

正文

洛阳城西雍门外白马寺，即汉之鸿胪寺也。永平十四年，摩腾三藏法师，以白马驮经至此，因建寺以白马名。鸿胪寺[1]，汉为掌四译客官署，三藏以西域僧，故得馆于此。自古惟官府有寺，佛庙得名，盖踵鸿胪之名始于白马也。寺有斗圣堂一所，世传三藏与褚善信雠校[2]经义之所。又有三藏赞碑一通，撰文、书篆，皆宋真宗御制也。又有翰林学士苏易简所撰碑一通，备载寺之兴废始末甚详，至钦宗靖康时，毁于金人兵火。逮国朝至元七年，世祖皇帝，从帝师帕克巴之请，大为兴建，门庑堂殿，楼阁台观，郁然天人之居矣。庭中一巨碑，龟趺螭首，高四丈余，碑首刻曰："大元重修释源大白马寺赐田功德之碑。"荣禄大夫、翰林承旨阎复奉敕撰碑，曰："圣上大德改元之四年冬十月，释源[3]大白马寺告成，诏以护国仁王寺水陆田在怀孟六县者，千六百顷，充此恒产[4]，永为皇家子孙祈福之地。仍命翰林词臣书其事于石，臣复谨按清慧真觉大师文才，所具事迹，汉永平中，摩腾、竺法兰[5]以白马驮经，至于西雍，初假馆[6]于鸿胪，后即东都雍门外，建白马寺，为译经之所。嗣后，沙门踵至，若康僧会[7]之于吴，佛图澄之于晋，鸠摩罗什、求那跋摩[8]之于宋，元奘无畏之于唐。千载而下，经论日繁，教风日竞，北至幽都[9]，南逾瘴海[10]，东极扶桑，西还月窟[11]，莲宫梵宇，弥亘大千[12]，实权舆于此，绵历劫火，寺之兴废，有可考者宋翰林学士苏易简文石在焉。国初，有僧曰英山主，以医术居洛，罄药囊之赀，谋为起废。或讶其规模太广，工用莫继，则曰：'兹寺中华佛教根柢，他日必有大事，因缘余第为张本尔。'至元七年，帝师大宝法王帕克巴，集郡国教释诸僧，登坛演法，从容询于众曰：'佛法至中国，始于何时？首居何刹？'扶宗宏教大师龙川主行育，时在众中，乃引水平之事以对，且以营建为请。会白马寺僧行政言与行育，协帝师嘉纳[13]闻于世祖。圣德神功文武皇帝，特敕行育，综领修寺之役。经度之始，无所取财，遍访檀施于诸方，洊更岁龠而未睹成效。帝师闻之，申命大师丹巴董其事。丹巴请假护国仁王寺田租，以供土木之费，诏允其请。裕宗文惠明孝皇帝，时在东宫，亦出帛币为助。于是工役始大作，为殿九楹，法堂五楹。前三其门，傍翼以阁云房、精舍斋、庖库厩，以次完具，位置尊严，绘塑精妙，盖与都城万安、兴教、仁王三大刹比绩焉。始终阅二纪之久，缘甫集而行育卒，诏赠司空鸿胪卿，谥'护法大师'。文才继主席酬酢众，务率其属敏于事者，曰净汴等以毕寺之余功落成之际，仁王寺欲复所假田租。文才即遣僧言于丹巴曰：'转经颂禧，寺所以来众僧也。有寺无田，众安仰？'丹巴令宣政院官达什爱满等奉请，遂有赐田之命，且敕有司世世勿夺"云。寺二：一在宜阳县治西九十里，又一在永宁县东南二十五里。

⊙ 注释

⊙1　鸿胪寺：官署名。秦曰典客，汉改为大行令，武帝时又改名大鸿胪。鸿胪，本为大声传赞、引导仪节之意。所以大鸿胪在古代主要管理外宾之事，至北齐，置鸿胪寺，后代沿置。南宋、金、元不设，明清复置，主官为鸿胪寺卿。清末废。相当于今之外交部。

⊙2　雠校：校勘，考订书籍，纠正讹误。

⊙3　释源：在佛教中特指开创各大宗派的祖师即初祖居住、弘法布道之意。

⊙4　恒产：指长期占有的财产（生产资料），包括土地、田园、房屋等。恒产论是春秋战国时期孟子的重要经济思想。《孟子·滕文公上》言："民之为道也，有恒产者有恒心，无恒产者无恒心。苟无恒心，放辟邪侈，无不为已。"意为人们拥有一定数量的财产，是稳定社会秩序、维持"善良习惯"的必要条件。孟子提出要"制民之产"，使他们"仰足以事父母，俯足以畜妻子，乐岁终身饱，凶年免于死亡"（《孟子·梁惠王上》）。

⊙5　摩腾、竺法兰：迦叶摩腾为中国古代大月氏高僧，竺法兰为天竺学者之师。永平十年（公元67年）两人结伴前来中国，居于洛阳白马寺，与迦叶摩腾合译《四十二章经》，同被尊为中国佛教的鼻祖。

⊙6　假馆：借用馆舍。

⊙7　康僧会：三国时期大僧人，文献记载：其先康居国（今新疆北至中亚一带）人，世居天竺，其父因经商移居交趾。十九岁时二亲并亡，乃出家，励行甚峻，明解三，博学多识，兼善文学。东吴赤乌十年（公元247年）到建业，营立茅茨，设像行道，因感得舍利以献孙权。权遂为其建塔寺，以始有佛寺，遂称建初寺。从此长江沿岸佛法大兴。僧会先后译出、注解《六度集经》《杂譬喻经》《安般守意》《法镜》《道树》等多部佛经，并制经序。其解说禅教的《安般守意经》注解，被当时习禅之人奉为龟鉴。

⊙8　鸠摩罗什、求那跋摩：两人均为我国南北朝时期的译经家。

⊙9　幽都：北方之地。高诱注"阴气所聚，故曰幽都，今雁门以北是"。

⊙10　瘴海：南方海域。

⊙11　月窟：月亮的归宿之地，即西方边远之地。

⊙12　弥亘大千：广泛地分布在各个地方。

⊙13　嘉纳：赞许并采纳。

□ 说明

白马寺位于河南省洛阳老城以东12km处，创建于东汉永平十一年（公元68年），为中国第一古刹，世界著名伽蓝，是佛教传入中国后兴建的第一座寺院，有中国佛教的"祖庭"和"释源"之称。现存的遗址古迹为元、明、清时所留。寺内保存了大量元代夹纻干漆造像，如三世佛、二天将、十八罗汉等，弥足珍贵。今天的白马寺总面积约4万m^2，包括五重大殿、四个大院以及东西厢房，南北向中轴线上的主要建筑有天王殿、大佛殿、大雄宝殿、接引殿、毗卢阁等。1961年，白马寺被公布为第一批全国重点文物保护单位。

白马寺正门

白马寺大雄宝殿

丹凤楼

杨维桢

丹凤楼

正文

十二危楼百尺梯，飞飞丹凤五云齐。

天垂翠盖东皇⊙1近，地拂银河北斗低。

花靥秋空戎马顺，神灯夜烛海鸡啼。

仙童与报麻姑会，应说蓬莱水又西。

丹凤楼雷祖殿旧景

⊙ **注释**

⊙1　东皇：即东皇太一，是远古时代汉族神话中的天神，其地位比黄帝还要高。也是星名。

□ **说明**

诗中所言丹凤楼即天后宫。原址位于今上海市新开河路。南宋咸淳七年（1271年）始建，元至元二十七年（1290年）建成。为顺济庙中一座楼阁，悬青龙市舶司提举陈珩所书“丹凤楼”匾额。元末屋朽楼毁。明万历年间重修，仍悬“顺济庙”旧额，并增建文昌阁、关侯祠。清乾隆五十五年（1790年），李筠嘉增建前殿山门。嘉庆五年（1800年），住持募建殿旁两庑和桐荫楼，后殿旁增建“绛雪”“南阜”两堂和隐商楼。咸丰年间，几经损毁，多次修建。民国元年（1912年），上海拆城修路，楼废。

原丹凤楼共有三层，最上一层是魁星阁，祀文昌帝君；二层为关帝祠，祀关羽；楼下为雷祖殿，祀雷神，并祀三十六天将。

龙泽宗贤祠记

范登

◎本文选自《全元文》（李修生主编，江苏古籍出版社，1999年）卷五四六。

◎作者：范登，宋末元初人。其余生平不详。

◎文中主要记述了胡先生等人对龙泽宗贤祠进行修缮的经过。

正文

宋景定甲子，尚书雷公为粤连帅[1]，明年春范登以录曹辱置幕府。公尝为登言：吾乡储山之龙泽，东汉徐孺子读书其间，堂址犹存。绍兴壬子，文定胡先生，偕致堂及学徒，繇[2]浙西来憩于山之寺，曰智度，父子师友，讲授《春秋》。于时，松溪范左司后来，先大父司户、主一张宝章、西堂范理卿、泉谷徐礼侍，莫不往来观游，嘉其清胜。胡先生旧有祠堂，宝祐癸丑季春朔，同后林李公奠谒祠下，顾瞻倾漏，意图更筑，并以乡邦诸先达侑祀[3]，俟丐闲[4]归里，此为首事。又明年三月，诏入觐，留内久之。咸淳己巳，始相攸[5]于寺之西偏，鸠工建堂。峙阁于前，东西庑序，上下窗儿，规模粗就。门左有溪，跨桥而屋，藏书万卷。将议位置诸贤，乃分符畀节，自袁而建，自建而粤，王事驱驰，志卒不就。德祐乙亥，天命既改，皇路险巇[6]，公竟南寓而不复矣。孺子书堂，矩山徐资，亦相率族众兴废，才就随毁，寺与堂阁幸无恙，而藏书悉为乘时媒进者所取，有识惜之。丙子迨今，又复一纪，公之犹子国登、德俊，景慕前修，思承先志，因所已创，益所未完。乃绘高士、给事及西冈以次十有二像，序列龛奉，公与司户与焉。盖公在辟雍，雄文直气，名闻海内，迨跻显立要，每以古人自任。尚论东都南渡人物，全身全名如高士，明经明务如给事，居游斯地，流风余泽，久而愈新。社稷尸祝，宁不有庚桑之爱。而诸先达之所植立，表表事业，昭昭议刑，其持循师法，终始靡他者，莫不著声于州邑。其翊扶大义，正直不阿者，自足以增重于朝廷。至如刚廉敏毅，卓为吏师，清端重懿，见称国器。世守理学，而文行明粹，身兼才艺，而论议崇闳，讵非后之人所赏瞻仰而取则者。合而祀之，以配二贤，夫岂徒侈山寺之荣观而已哉！德后属登为之记，顾衰且陋，焉用僭？抑表励之机，既有倡于前哲；绍成之美，复有赖于后人。以道而重斯地，以人而重斯山、斯寺，盖不特为一时之重，其必将为千载重，若许之箕山，夷之西山，皓之商山，所以名重今古，而不可灭者皆是也，又果假记以傅耶？特立祠登实知其筑，则忱不容无述，以谂来者尔。

⊙ 注释

⊙1　连帅：古代曾指十国诸侯之长，唐代多指观察使、按察使，后泛指地方高级长官。

⊙2　繇：古同“由”，从、自。

⊙3　侑祀：配享，从祀。

⊙4　丐闲：请求辞官家居。

⊙5　相攸：察看、选择善地。

⊙6　巇（xī）：险恶，险峻。

重修敕赐天王寺记

胡炳文

◎本文选自《全元文》（李修生主编，江苏古籍出版社，1999年）卷五五一。

◎文中主要记述了天王寺寺名的缘起、寺院的肇建及兴衰始末，描述了僧人法超、一嗣、行超等创建该寺的艰辛。

正文

天王寺额自唐中和始，寺初名丰乐，在茅山[1]之阳，后迁浮山[2]。伽蓝神显大神通，环金陵数百里，祈水旱疾沴如响应，声灵闻于朝，咸以为伽蓝神即毗沙门天王[3]，乃赐今额。天祐二年，诏天下无额寺皆毁，近如承仙、道德、敬仁三乡凡九寺，毁其八，惟天王以额存。宋至道二年，诏如天祐寺存如初。元符间，寺弊，僧法超刻志募缘，撤而新之，辛勤余十年乃成。居无何，宋南渡，金兵沿江火及寺，殿桷水出如注，泥像观世音眼有水如泣。金人骇惧，火随止。建炎后，僧守一嗣，葺唯谨，治之未几而坏已随之矣。大德丁酉，僧行超号物外，不假众缘，慨然倾己橐[4]创大殿。越三年，佛像供设具。又数年，创僧堂厨堂，堂后浚大井。复得众耆旧及富豪相之，宝藏、经阁、钟楼、两廊、三门成。栋宇宏丽，金碧焜煌。超公又买田一千亩，岁入米八百石。钟鱼之响不艳，包笠之来如归，自有天王以来，斯为盛矣。徒孙法间从日述修建始末余记，且曰："开山融禅师受法茅山，贞观中居牛头石室。永徽以来，负米丹阳，朝往暮还八十里，供僧三百。众又念山之废兴凡四，天王著灵在唐僖时，前超经营、一嗣葺在宋南北将分时。今有田可食，且可赡往来，视开山负米时何如？今超公建造当天下太平无事，视前超修创时何如？知恩报恩，吾徒当何如用力耶？"余闻其语，叹而言曰：其不昧所自，而持心坚固如此，为吾圣人之徒者可愧矣。遂为之记。

⊙ 注释

⊙1 茅山：中国道教圣山，是道教上清派的发源地，被道家称为"上清宗坛"。位于江苏省句容市与金坛市交界处，距南京大约60km，南北长约10km，东西宽约5km，面积约50km²。

⊙2 浮山：又名浮渡山，古名符度山，亦作浮度山，为安徽省历史名山，位于皖中偏西南、长江北岸的白荡湖滨，最高峰海拔165m，面积15km²，以摩崖石刻为特色，是一处与河湖风光相辉映的风景名胜区。

⊙3 毗沙门天王：即四大天王中的多闻天王。

⊙4 橐：口袋。

兴圣寺重修宝塔记

任士林

◎本文选自《全元文》（李修生主编，江苏古籍出版社，1999年）卷五八三。

◎作者：任士林（1253—1309），字叔实，号松乡，奉化（一作四明）人。先居蜀緜竹，再徙而居埼山。六岁能属文，诸子百家，靡不周览，乡子弟多从之学。尝讲道会稽，授徒钱塘，至大初（1308年），以郝大挺荐授安定书院山长。著有《松乡集》10卷，《四库总目》又有中庸论语指要，并传于世。

◎文中主要记述后汉张司空，宋代僧人希介、如讷、如礼、行高、清裕等相继修造兴教寺宝塔的经过以及宝塔建成后的盛貌与影响。不失为研究该塔历史的珍贵史料。

正文

兴圣寺在今松江府[1]治之东南。汉乾祐五年，镇东军张司空舍宅建也。寺三门之外甃[2]石梁，其南步石梁，而西有塔，屹立如空中住，其高若干丈，九檐四面，崇峙而方，纵广正等。宋熙宁、元祐间，赐紫[3]沙门希介，与如讷、如礼，协力建置。岁且久，砖瓦颓蚀，丹垩剥落。四方瞻仰，或怠或慊。至元二十有一年，僧行高，竭囊钵之入，尝葺而新之。大德四年，行高逝而清裕主之。明年七月，飓风大作，塔不得完立。上而相轮，下而栏楯，掣入空中，堕掷如弃。故颓蚀而葺者不以支，剥落而新者不以具矣。裕乃叹曰："当吾世而塔废之，不可也。"乃出资剩为倡，众缘骈来。砖瓦泥土，车通舟输。甃补加密，椽桷栏槛，云拥星附，庄校益精。双珠七轮插其危，金绳宝铎悬其觚。九叠崔嵬，千灯周匝。丹梯上通，白蜃[4]外饰。中分佛如来坐，层立菩萨神天。殊特妙好，视创始为有光。既成，铃铎扬声，山河倒影。神光千尺，晓夜发露。戍守之士，瞻拜失容，可谓伟矣！余惟古圣王之治天下也，布治象于象魏[5]，振木铎以徇之，所以示教化而民知向方也。今佛氏之宫，设宝塔于阛域[6]之外，饰诸佛像，崇示万目，使乐善者赴焉，非其意欤？然而佛住世时，而从地涌出，遂分多宝之坐。佛灭度后，而为供舍利甃。阿育之藏，是固神通愿力之所致也。夫以塔身山立，巍巍然万物之表。崇善避恶，揭迷途而有归，使表正欲从之心，一以破邪见稠林之惑，兹非政化者之助乎？清裕师有精进心，为殊胜事。一塔之成，岂易为力哉！遂乐为之记。

⊙ 注释

⊙ 1　松江府：是中国元代设立的地区行政建制区，是上海历史文化之根，有"先有松江府，后有上海滩"之说。松江府地区最早出现的城池大概是南武城。据《汉书·地理志》和《越绝书》记载，相传春秋末吴王阖闾始筑南武城，也称"郛城""鸿城"，其位置大约在今闵行区纪王镇西南。松江府地区曾先后隶属吴郡（治苏州）、秀州（今嘉兴）、南直隶、江苏省、上海市。松江府的地域在今上海市苏州河以南地区。松江府的府治（衙门）在今上海市松江区中山街道松江二中附近。

⊙ 2　甃（zhòu）：垒砌之意。

⊙ 3　赐紫：唐宋时期三品以上官员公服为紫色，五品以上为绯色（大红），官位不及而有大功，或为皇帝所宠爱者，特加赐紫或绯，以示尊宠。僧人有时受赐紫袈裟。

⊙ 4　白蜃：用蜃壳烧成的灰，白灰。

⊙ 5　象魏：古代天子、诸侯宫门外的一对高建筑，亦叫"阙"或"观"，为悬示教令之地。《周礼·天官·太宰》："正月之吉，始和，布治于邦国都鄙，乃县治象之灋于象魏，使万民观治象，挟日而敛之。"郑玄注引郑司农曰："象魏，阙也。"贾公彦疏："郑司农云：'象魏，阙也'者，周公谓之象魏，雉门之外，两观阙高魏魏然，孔子谓之观。"

⊙ 6　阃域（kǔn yù）：境地、境界，或内宅之地。

今日松江方塔

□ 说明

兴圣教寺塔，俗名"方塔"，坐落在今上海市松江区方塔园内。该塔在宋代熙宁至元祐年间（1068—1094年）建于兴圣教寺（寺院建于五代后汉乾祐二年，即949年，在元代被毁）内，故名兴圣教寺塔。于1975—1977年经历复原大修。塔为楼阁式砖木结构，高42.5m，四面九级，因塔的平面呈四方形而俗称方塔。该塔大出檐，瘦塔身，沿袭了唐代砖塔的建筑风格，被认为是江南造型最美的塔之一。另外，它保留了大量宋代原物，为江南古塔建筑所罕见。1996年由国务院公布为全国重点文物保护单位。

余姚州建福院记⊙1

任士林

◎本文选自《全元文》（李修生主编，江苏古籍出版社，1999年）卷五八三。

◎文中主要记述了余姚建福院的历史沿革，重点描述了惟在、智寂、经师相继修造建福院的经过与艰辛。

正文

州西北行三十里，其山曰大小何山，其浸汝仇湖[2]又东北行，有院曰建福。云川映带，殆名刹也。其地无城郭车马之烦，故深以寂；无丘陵崖石之胜，故平以虚。喧静两忘，万法不漏。初院曰天香，创于梁天监，毁于隋大业。周显德二年，始复建，改曰天华。宋大中祥符，改曰觉朗。今额则崇宁二年也。乾道癸亥毁，宝祐丙辰又毁。何创之难而成之不易也！于是甲乙之徒，相与谋曰："当吾世而失宁宇，独究竟事乎？"既而浴室以惟在成，僧堂以智寂成。弥陀净土之居，法堂庑序，县金藏宝，方丈之室，废者兴，圮者理，人咸视其力书于栋，以有徵也。独前后宝殿，规模特壮，犹俟迈施时授。经师方坐鹿苑山中，出巾瓶之剩，输以心识，斫美材，砻密石，金碧眩奇，有觉且丽。自咸淳丙寅迨壬申，凡九载而绩成。大德八年春，师之法嗣孙为隐，始克求记于余。余闻如来氏以成住坏空[3]示法天下，而宫室制度，日壮日广，独非其徒之侈乎？然严其居所以尊其道，侈其可已乎？夫以道为徒，故其教为不替；以法为子孙，故其志为有承。吾观建福之役，且创且废，而荐更[4]，而再毁。众方有为，乃卒大遂于经师之手，固岂其数乎？亦其人之为也？起视人世，以富贵种子孙，百年乃有传，而复何人？而成住坏空之道，顾乃有常。如是独无愧乎？是宜书。

⊙ 注释

⊙1　元元贞元年（1295年）升余姚县为余姚州，属绍兴路（治今绍兴市越城区）。明太祖丙午年（1366年）改属绍兴府。洪武九年（1376年）降余姚州为县。

⊙2　汝仇湖：是古代余姚境内面积最大的一个湖泊，它由汉晋时的潟湖发展而成。历史上，姚西北近百万亩农田全赖汝仇湖灌溉，汝仇湖是姚西北人民赖以生存的母亲湖，历代官府和民间都重视对它的水利建设。自形成后，汝仇湖不仅哺育了众多的乡贤学者，还以其秀丽的自然风光吸引着众多的名人高士前来游玩，并留下大量的诗词歌赋。明洪武年间，信国公汤和以汝仇湖地势险要，在湖西北角建临山卫城，为明代著名的“浙东三卫”之一，戚继光、俞大猷、卢镗等抗倭名将均在此立下赫赫战功。千百年来，伴随着官府和民众对汝仇湖水利的建设，盗湖造田与废田复湖之争亦从未间断，最终于清康熙七年（1669年）被垦殖为田。

⊙3　成、住、坏、空：指的是佛教界的四劫，是佛教对于世界生灭变化的基本观点。在佛教的宇宙观中，一个世界之成立、持续、破坏，又转变为另一世界之成立、持续、破坏，其过程可分为成、住、坏、空四时期，称为“四劫”。

⊙4　荐更：经历屡次的变化。

□ 说明

建福院大致位于今余姚市朗霞街道天华村，距余姚市城区西北12km。光绪《余姚县志》引《嘉靖志》载：“天华禅寺在开元乡，梁天监元年建，号天香院。隋大业元年毁，周显德二年重建，改天华院。宋大中祥符元年改觉朗院，崇宁元年改赐建福院，洪武间改今额（即天华禅寺），康熙间毁。”

重修玉皇七佛庙记

韩仲元

◎本文选自《全元文》（李修生主编，江苏古籍出版社，1999年）卷五八六。

◎作者：韩仲元，上党壶关（今山西省长治市）人，曾任本县教谕。

◎文中主要记述壶关县的玉皇七佛庙的大致情况，综述了其地理位置、创设缘由，及其在发展中的兴废。

正文

直壶关县[1]治之南二十五里所，有聚落曰沙窟，其西土山曰古圣。面炎帝之祠，背紫徽之堙，翠屏处其左，黄台处其右。诸峰环合，原野既平，每凭高寓目，胜筑可尽，是诚一方秀绝之地。兵荒而后，本村都统牛成之甥路仲平，小字福童，泽州解庄人也。忘形落魄，如为神所凭依者，日于其处凿地运土而不以为劳。岁余，得巨石高约一丈五尺，广阔如之，其下石室二所，东西相背，左玉皇，右七佛，石像俨然。于是饰以金碧，外则构以檐楹，凡乡民之祈请者，雨旸[2]疾疫，无不如愿。神异既著，香火踵来，至于邻邑及他郡仰其威灵蒙其利泽者，皆置为行祠而奉事焉。泽州高平县前长官段□，次男段绍先作功德主于通义□□庙。有以见神之庇民者广。爰有本县前县令王公讳全，鸠工伐木，营建小殿于其侧，又别为屋数间，俾主庙者居之。国朝至元五年，洺州肥乡县郅公彦明来尹是邑，适以比岁[3]荐罹[4]蝗旱，常于祠下祷请，致膏雨应祈，蝗不为灾。深思所以酬神惠者，于石室之外，上栋下宇以壅覆之。又视其故地狭隘，无以重神明之威，于次东百许武，卜得爽垲[5]之地，经营基址，肇立新庙，为岁时致祭之所。功未及完，而公移位武安，迨至元十六年己卯，以承事郎同知潞州事，且以前功未竟为慊，又与敦武校尉壶关县尹牛天麟有平生之旧，遂同心协虑，谋于众而营葺之。人乐为之用，以赀以力，未期年而厥功告成，轮焉奂焉，壮丽于昔日矣。又设玉皇七佛之像于其中，巍然尊大，极天人之相。不惟新一方之观望，抑可使祈禳报本者有所依附。则数君子之敬以事神，义以使民，又可见矣。庙主元妙真等谒余曰："自路仲平得石像以来，五十余年于兹矣，初阶一蒉之勤，终致有成之效。言念此事，上则官长尽规划之劳，下则乡社之人多所借力，将刻之于石，以示后人可乎？"余以乡里之故，不获终辞，且为直书其事云。

⊙ 注释

⊙1 壶关县：位于山西东南部，东与河南省林州、辉市相连，西与长治市为邻，北与平顺县隔界，南与陵川县壤。因古治北有百谷山（今名老顶山），南有双龙山、两山夹峙，中间空断，山形似壶，且以壶口为关，而得名壶关。壶关县属长治市管辖。

⊙2 雨旸：雨天和晴天。

⊙3 比岁：连年。

⊙4 荐罹：一再遭受。

⊙5 爽垲（shuǎng kǎi）：高爽干燥。

七佛殿

砂石窑内石雕像

说明

玉皇七佛庙也称玉皇庙，始建于元初，占地 20 余亩，盛时房屋殿宇曾达百余间，主要建筑有玉皇殿、七佛殿、牛王殿、三峻殿、奶奶殿、钟鼓楼、戏楼等，造型优美，错落有致。玉皇庙后为七佛殿所在，院内仅剩两座小殿，殿前有长宽高均约 3 米的砂石窟，其下石室两所，东西相背，内刻佛像七尊，雕于北魏孝文帝时期，距今已有 1500 多年的历史。据清道光年间编修的《壶关县志》记载：西室供奉玉皇，东室供奉七佛。从残余石刻看，佛像大都深回高髻、斜袒右肩，带有浓厚的印度犍陀罗风格。文物部门考证为北魏（386—534 年）时期的石刻，同时反映了北魏孝文帝接受汉族先进文化、促进民族融合的历史。

据民间传说，北魏孝文帝迁都洛阳时到壶关巡游，见辛村凤凰山有王者气，于是“垒石三封”以镇其气，又看到古圣山景观罕见，心想莫非玉皇大帝居之，正在这时忽见一团紫气立地升天，于是俯首惊叹，感慨万千，遂拨银修洞，即此七佛洞。

大雄寺佛阁记

赵孟頫

◎本文选自《全元文》（李修生主编，江苏古籍出版社，1999年）卷五九六。

◎文中主要记述道成和尚兴修大雄寺的经过，以及寺庙的兴废历史。

正文

阏逢[1]涒滩[2]之岁春正月，长兴大雄寺僧道成，使其徒得恩以书来谒，曰：大雄，故陈之报德寺，而今名则宋治平间所更也。广延大殿，规制伟杰。殿北故有华严殿，荒陋迫阨，见者咸谓弗称。道成乃与居拱者谋，即其地建佛阁三十楹。既成，中置大像，复作小像千翼之，黄金庄严，胜相备具。盖裒[3]人之施，竭己之资，崇积铢寸[4]，忍可[5]誓愿，历一星周[6]而仅有济。今拱既死，而道成亦已老矣，恐遂泯泯无以示后人，敢以记请。予窃嘉其志，乃为之，即曰：天下之事，类非苟且欲速者所能为也。夫欲速则志不达，苟且则功易堕。吾观二子经营谋度，忘十年之久，而以必成为期，故能辟隘陋为高明，化荆棘为岑楼[7]，缭以朱阑，覆以重檐，然后视殿若廷，始若无愧。微夫二子坚持之操，勤笃之行，弗邃弗挠，安能以小致大，以难致易，讫不违其志如此哉！其视世之苟且欲速、侥幸旦莫者，所成就为何如？是可书已。按，长兴为陈高祖故里，寺其宅也，有桧在廷，直殿之西偏。邑长老言：当时故物也。苍皮赤文，破裂奇诡，而茂悦之色，千载不渝，余故每至辄盘桓其下而不能去。及登斯阁，为之四顾，山川寂寥，万像苍茫，古人遗迹皆已湮没无余矣！而此树婆娑，独以浮屠氏故得全，是岂偶然也哉？则又为之咨嗟叹息而不能已。寺在唐会昌间尝废，至大中乃复，又一百余年，当宋天圣三年，寺僧志荤等始新作三门，又二百□□年，而阁始建。由陈天嘉至于今，其废兴大略如此。寺故无纪载，故余并及之，使来者有考焉。

⊙ 注释

⊙ 1　阏逢（yān féng）：亦作“阏蓬”。十干中“甲”的别称，用以纪年。

⊙ 2　涒滩（tūn tān）：岁阴申的别称，用以纪年。涒，古代十二地支中“申”的别称。

⊙ 3　裒（póu）：聚集之意。

⊙ 4　崇积铢寸：一点一滴有了不少积累。

⊙ 5　忍可：即认可。

⊙ 6　星周：星辰视运动历一周天为一星周，即一年。

⊙ 7　岑楼：即高楼。朱熹集注：“岑楼，楼之高锐似山者。”

□ 说明

长兴县为中国浙江省下辖县，隶属湖州市，由浙江省直接管辖，属省辖县。据文献记载，560 年，南朝陈文帝亲下江南，在陈氏一脉的生养故土，即长兴县城西一里处选了址，建起了一座报德寺，周围建钟楼、鼓楼，古树林立，晨钟暮鼓，清音缭绕。陈亡后，古寺被保留下来，在宋时更名为大雄教寺，元时毁于战火。明初，元帅耿炳文驻长兴城内筑城壕时发现了大雄教寺的遗址，遂将寺庙及其钟楼迁建到城内，并于明洪武八年（1375 年）新建大雄教寺，重铸铜钟。

重建慧聚寺诸殿记

陆垕

◎本文选自《全元文》（李修生主编，江苏古籍出版社，1999年）卷六四六。

◎作者：陆垕（1258—1307），字仁重，江阴人。自幼以孝友闻。至元间，丞相伯颜以师南下，垕是时年未冠，而志强气锐，率其乡人见之，论议有合，兵遂不涉其境，乡人义之。伯颜奏授为同知徽州路总管府事，以廉能擢置台宪，累迁至湖南肃政廉访副使，升浙西廉访使。所至以黜赃吏、洗冤狱为己任，且尝上章奏免儒役，及举行浙西助役法。年五十卒，赐谥庄简。

◎文中主要记述了慧聚寺的历史沿革以及僧人启嵩、良珙、延福、希范、本荃等重建寺内各殿的始末。

正文

圣天子嗣大历服十有二年，慎简耳目臣行宣政院事于杭，钦奉国家尊崇释教之意，凡有贿进尸阿兰若[1]者，是屏[2]是黜[3]，泾渭一分，间无愧色。乃命甲乙相授之刹悉自择其清净徒，使长治昆山州[4]马鞍山慧聚寺。僧启嵩实应岁选。既祇事，访金石旧文罔攸徵，大惧湮没无传，弗克章明于后，以图来言曰："公知我创立之由乎？吾祖慧向禅师戒行昭于梁时，武帝延入内廷师事之，历年久，告归。晏坐山中石室，二虎侍卫。一日，思构精舍，忽神灵现形，愿致千夫工。是夜风雷撼赫，林木怒号，殿基欻[5]成。有司上其事。天监十年诏建寺，唐会昌废，大中旋复。宋淳熙端平荐[6]毁，栋宇内外，小大俱为瓦砾。于是张僧繇龙柱，杨惠之天神塑像，吴越所创塔，南唐所扁经钟台，上方、妙峰、翠屏、夕秀、凌峰、垂云诸轩阁，遗迹荡无一存矣。淳祐七年，神运大雄氏殿始成。咸淳八年，门庑成。国朝至元念四年，石像观音殿成。元贞二年，经藏殿成。大德三年，至尊多宝佛塔成。嵩也辱主斯役，谒文用垂不朽。"余辞谢不获，因记。岁庚寅二月，集事行吴属邑，注观焉，寺犹未克完。既完矣，可勿记乎？尝闻夏后氏之王天下也，铸鼎象物，使民入川泽山林不逢不若。而梁、唐以来，乃有鬼献厥址、龙让其湫，开浮屠氏道场者。此固方外之士至诚所感，然其事亦异哉！世运推移，精庐浮馆或废或兴，系乎其时，抑存乎其人。兹寺之兴也，偾者起，堕者复，土木瓴甓之所经营，金碧丹臒之所藻饰，拮据将荼，积岁月而底于成。僧勤且劳，为可尚矣。况遭时盛明，极寅奉之诚，其兴也固宜。遂为历序颠末，使来者有考焉。建殿僧良珙，建塔僧延福、希范，运经藏僧本筌。今住持僧启嵩，嘉定人也。大德十年良月既望记。

今日慧聚寺

⊙ 注释

⊙1　阿兰若：佛教用语，原意是森林、树林，也指旷野、荒凉之地，广义指供古印度的修道人禅修的寂静处。
⊙2　屏：除去，赶走。
⊙3　黜：贬斥。
⊙4　元贞元年（1295年），升昆山县为昆山州，仍属平江路。至正十六年（1356年），张士诚取平江路，改称隆平府，昆山县属隆平府。次年，张士诚降元，隆平府复为平江路，昆山州属平江路。至正二十七年（1367年），平江路改为苏州府，昆山州属苏州府。明洪武二年（1369年），降昆山州为县，仍属苏州府。
⊙5　欻（xū）：快速之意。
⊙6　荐：频仍，屡次。

说明

慧聚寺原位于江苏省昆山市马鞍山南，始建于梁天监十年（511年），经梁武帝恩准，由吴兴沙门慧向大师所建（慧向大师为梁武帝之师），在历史上成为江南颇具影响的佛教丛林，是一座人文历史悠久、艺术文化灿烂的千年名刹。“南朝四百八十寺，多少楼台烟雨中”，其中就有慧聚寺。康熙皇帝曾四次巡幸昆山慧聚寺，并赋诗云：“万里人烟春雨浓，菜花麦秀滋丰茸。登高欲识江湖性，染瀚留题文笔峰。”南唐后主李煜曾为大殿前的经台、钟台题写匾额，唐代诗人孟郊、张祜所作的慧聚寺题咏，以及宋代王安石的诗曾被世人尊为“山中四绝”。清末，寺院多次遭受雷火和兵劫，抗战期间又遭日机轰炸，目前仅存马鞍山西山之巅的至尊宝塔。2005年于昆山开发区太仓塘南岸、洞庭湖路西侧重建慧聚寺。

重修飞英舍利塔记

孟淳

◎本文选自《全元文》（李修生主编，江苏古籍出版社，1999年）卷六八零。

◎作者：孟淳，生平不详。

◎文中主要记述吴兴飞英舍利塔的兴废演变以及俞氏、密印、海庵、惠日、妙演等人继修舍利塔的过程。

正文

飞英舍利塔者，《吴兴[1]志》云：凡三十七层，高六十五丈，神光现于绝顶，院周于塔，肇自唐中和年，创名上乘石塔舍利院，至宋绍兴庚午毁焉，岁久未复。端平初，沂王夫人俞氏施赀，命钱唐妙净禅寺比丘尼[2]密印董其事，卒成之，减三十层，高半之。其后，海菴重修，遂属妙净，为子院。以无常产，主僧弗留，颓圮荒落，不能自振。乃请毗山[3]普光兰若[4]僧惠日住持，以图起废，未遂兹愿，复还普光。其徒妙演，继主斯席，立志兴修。然赤手视之，历十数年，一木一甓未加也。迺悉捐衣钵，倡其役，尽瘁营度，不为私计。尔时施者益众，佛事大集。然后木塔之阙者复完，山门法堂之仆者复起，像设庄严，墁垩明丽，寮居[5]靓深，铃语清越。自延祐甲寅，讫于戊午，五年而成。噫！勤矣哉。于是演来求记，予辞之而请益力，因谓演："塔何所托？"始曰："以舍利。"为言舍利所从来甚悉。当其灵异奇秘，固不得而控诘，而毁劫之余，变化莫测，邦之人犹奔走皈慕信施之不倦，至再废而再兴之，亦可以知人心之乐善矣。故尝异夫浮屠氏，往往持空言，集大缘，事莫不如志，亦其所以能然者，虽其愿力，而亦有道矣。夫捐己有以示无我，所用必雠，所得以示信，至其勇猛精进勤悬专一，则又若果于为义者。是皆有以触人心之所同。既又怵之以因果，以来其好善恶恶之至情，故坐以来天下之施无难也。是其道也，然则校其行与名，有不同者矣。嗟夫！生人以来，所赖以存而不可离者，吾观浮屠氏益信矣！妙演勤矣！所就亦盛矣，故为之记。使其徒知所以树立者，有道焉耳矣。延祐六年十又一月旦日记。

今日飞英塔

⊙ 注释

⊙1 吴兴：浙江省湖州市的古称，三国吴甘露二年（公元266年），吴主孙皓取“吴国兴盛”之意，改乌程为吴兴，并设吴兴郡，辖地相当于湖州市全境、钱塘（今杭州）、阳羡（今宜兴）。

⊙2 比丘尼：梵文 Bhikkhuni 音译，又作苾雏尼、比呼尼、沙门尼等，俗称尼姑。满二十岁出家，受了具足戒的女子，称为比丘尼。

⊙3 毗山：位于湖州城东，由于近城，所以名毗山，风景优美，周围遗迹众多。

⊙4 兰若：寺庙，禅院。

⊙5 寮居：原为在海滩上悬空搭起的棚屋，这里当指供香客临时用的棚屋。

□ 说明

湖州飞英塔有内外两个塔。内为石塔，又在石塔的外围建造一座砖木结构的外塔，形成塔中有塔的奇观。塔原位于飞英寺西侧的舍利石塔院内。寺院始建于唐懿宗咸通五年（864年），唐僖宗中和五年（885年）更名为“上乘寺”，北宋真宗景德二年（1005年）始改为今名。据志书记载，唐咸通年间（860—874年），有僧名云皎，游历长安时，得僧伽大师（又名泗州大圣菩萨）所授“舍利七粒及阿育王饲虎面像”，归来后建石塔藏之。石塔（即内塔）始建于中和四年（884年），成于乾宁元年（894年），名上乘寺舍利石塔。后因称有神光见于绝顶，遂于北宋开宝年间（968—976年），于石塔之外增建木塔经罩护之，从而形成别具一格的“塔里塔”。根据建外塔缘由，取佛家语“舍利飞轮，英光普照”中之二字为塔名，更名为飞英塔。绍兴二十年（1150年）塔遭雷击塌毁，南宋端平年间（1234—1236年）重新修建，元、明、清三代又经过了多次修葺。1961年4月，飞英塔被列为浙江省重点文物保护单位。1982年起又历时五年进行了大修。1988年1月，国务院批准公布为全国重点文物保护单位。

飞英塔体现了独特的中国建筑技艺：内塔为仿木构楼阁式，八面五层，下设须弥座，由一百多块太湖青白石雕凿拼叠而成，不含塔刹高为15m。各层腰檐、平座及其斗栱等建筑构件雕刻精细，型制规整，均合宋《营造法式》制度，石刻斗栱采用偷心造，其形式较古老。尤其是塔身转角雕出梭形瓜楞状倚柱，覆盆式柱础，此种做法除宁波保国寺大殿外，已不多见。塔身各面均辟壶门状佛龛，内雕大幅佛传故事及千佛造像，构图严谨，刻画入微。外塔七层八面，通高55m。副阶宽敞明亮，塔体收分自然，塔刹高峻挺拔，雄浑古朴，端庄秀丽。其中最具宋代建筑风格的是平伸舒展的翼角，简洁朴实的檐面，用材硕大的斗栱和寻杖望柱式栏杆。由于内含石塔，致使外塔构造更为奇特。四层以下中空，沿内壁悬挑出各层平座和楼梯，与各层外平座相通；上三层统设楼面，四层、七层施平綦式顶棚，六层底架设计十字交叉的千斤梁，悬挑27m高的塔心柱直插刹尖。顶檐梁架为斜柱结构，坚实稳固，颇为壮观。外塔斗栱用材硕大，规格甚多，亦为一大特色。全塔内外共施木质斗栱348攒，此外还有乳栿下的丁头栱以及大量的砖刻扶壁斗栱。其中尤以二层内平座下斗栱采用“七铺作重栱出双杪双上昂偷心造”做法，实为现存木结构古建筑中所鲜见。

净慈报恩寺记

虞集

◎本文选自《全元文》（李修生主编，江苏古籍出版社，1999年）卷八五九。

◎文中记述了杭州净慈寺的发展过程，描述了吴越国王钱俶以及历代高僧定慧、智觉、圆照、大通、道容、妙嵩、石田、虚堂、无文、愚极至慧、雪庭正传、晦机元熙、东屿得海、千濑善庆、平山处林等人相继住持经营净慈寺的概况。

正文

杭州路[1]净慈报恩禅寺，在郡城之阴，面临湖水。后周时，钱氏国于吴越，忠懿王俶迎衢州慈化定慧禅师道潜至其府，受菩萨戒，建慧日永明寺以居之，今净慈是也。潜常从忠懿求塔下金铜十六罗汉像，忠懿适梦十六人者从潜行，异而与之，斯有罗汉殿之始也。智觉禅师延寿者，本余杭人，宋建隆初，忠懿王迎居灵隐山，遂住永明，居十五年，作《宗镜录》一百卷，则寺所以有宗镜台也。熙宁中，郡守陈襄，请圆照宗本居之。岁旱，湖水尽涸，寺西隅甘泉出，有金色鳗鱼游焉。因凿为井亭，众千余饮之不竭，名之曰圆照井。元丰初，继者其门人大通善本，时所谓大小本也。宋南渡，寺毁而复兴。绍兴初，高宗临幸，延湖州道容住居，复十六大士之旧，并塑五百罗汉像，皆出一僧之手，像成而化去。九年始赐净慈之额。既而又毁。孝宗时，赐金成之，未数十年又毁。住山者退谷义云闻于朝，给钱以更作。后数十年，少林妙崧主之，赐曰泰宁庄。绍定四年，主者石田法薰，犹以寺之取水为远，以杖扣佛殿前地，因使凿双井，大出泉以给众。景定五年，虚堂至愚主之，又赐曰天赐庄。不十余年，而宋亡矣。宋时定京辅佛寺，推次甲乙，尊表五山，为诸刹之纲领，而净慈在其中。惟我圣朝，尤重象教。至元中，住山无文义传置田若干亩，名至元庄。庚寅岁，寺又毁。独传泾毗尊者不坏，自是住者以次复之。古田得垕作蒙堂，以居诸方之尊。宿次作库堂、旃檀林、观音殿。愚极至慧建佛殿、法堂、罗汉殿，皆有像。雪庭正传作选佛场、宗镜堂。晦机元熙作千佛阁，辟门外之道，则提点广泽相之也。东屿得海作钟楼。方丈千獭善庆作藏殿。历数十年，累数师之勤，各效其功，犹有待也。至正壬午，平山处林自中天竺，受宣政院使高公纳麟之请，来主兹山，积其余以备营建。于是观音罗汉之殿，严饰相好，学众游息安禅之所，增益完美。尊而祖堂，幽而三塔，廊庑之修，库庾之积，凡所宜有，莫不备具。诸方以为议，则昔高公自枢密同知，外领宣政，出其经济之绪余，施于佛刹，丛林风致，焕然一新。右丞相别怯里不花，躬为外护，先后左右名公大臣，赞襄文治底于无为，使浮屠氏之人，大得以行其道，后之览者，又将观于一刹，而有考于一代之盛乎！至正五年，岁乙酉，六月吉日书。

⊙ 注释

⊙1 杭州路：至元十三年（1276年），元政府设两浙大都督府，后改设安抚司，十五年（1278年）升杭州路。杭州路治钱塘县、仁和县（杭州市），领钱塘、仁和、余杭、临安、新城、富阳（浙江省富阳市）、于潜、昌化八县和海宁州。至正二十六年末（1367年），朱元璋改置杭州府。

说明

五代十国时期，吴越诸王以国君之尊，大力提倡佛教，上行下效，带动吴越地区信佛的风气。钱俶夙知敬佛，奉佛极诚，自谓“凡于万机之暇，口不辍诵释氏之书，手不停披释氏之典”。在位期间（948—978年），于所治之地广兴佛法：在首府杭州重修灵隐寺、创建永明禅寺（今文中所言净慈寺），建造六和塔、保俶塔、雷峰塔，修凿烟霞洞、慈云岭、天龙寺、飞来峰等几处南方地区少见的石窟，大量刊印佛经并分颁各地，遣使往高丽、日本寻求佛教诸宗典籍等，护教事迹显著。在钱俶数十年的用心经营下，佛法兴隆，尤其都城杭州，更是佛刹梵宇林立，高僧大德辈出，真正成就“东南佛国”之美名。

净慈寺位于西湖南岸，初名“慧日永明院”，始建于后周显德元年（954年）。因历代君主多崇佛，故净慈寺在历史上是杭城最大的寺院群。“南山净慈，北山灵隐”，净慈寺曾是东南两大名刹之一。自创建以来，净慈寺屡毁屡建，“文革”期间又遭损毁。20世纪80年代初，净慈禅寺得以修复，主要建筑有金刚殿、大雄宝殿、钟楼、观音殿、三圣殿、念佛堂等。

重修狄梁公祠记

滕宾

◎本文选自《全元文》（李修生主编，江苏古籍出版社，1999年）卷八九七。

◎作者：滕宾，一名斌，字玉霄，河南睢阳（今河南省商丘市）人，一说黄冈（今湖北省黄冈市）人。中年游历于燕、赵、齐、鲁、吴、越、交、广、江、淮、汶、济、漯间。至大间为应奉翰林文字同知制诰兼国史院编修，皇庆、延祐出为文林郎。江西等处儒学提举。后弃家人入天台山为道士。

◎文中主要记述元皇庆年间重修彭泽县狄梁公祠的事件。

正文

余尝读唐史，至则天武后称狄仁杰曰：“公，社稷臣也。”信乎，则天盖亦知公之深矣！公直言大节，拨乱反正，使唐三百年天下如不周既触而屹乎擎天之一柱，三神已摇而岿乎负海之六鳌。不然，当时岂无李峤[1]、苏味道[2]辈儒雅风流，浮沉俯仰，唐之天下周矣。是以天地著其诚，鬼神畏其烈，而臣子景慕其忠孝，则彭泽之有祠有碑，隐然世道人物之所系，有足以证不死之在人心者。呜呼！自公谪令于斯，距今七百祀，瞻仰如新，水旱必祷。公之精灵眷眷斯土，抑如水之在地中，无所往而不在耶？皇庆初元，翰林学士买住简齐公通议大夫，长江州。郡侯按邑，见祠宇倾圮，亟捐俸度工，撤而新之，翚飞改观。士民忻悦，请记其事。余惟梁公相业著在史册，文正范公笔之已详[3]，彭泽之人与四方上下之士诵之习矣。古者，卿大夫没而祭于社。公为唐社稷臣，宜乎庙食百世，岂但祭于社而已！礼有捍大灾、御大难勋者，则祀之。公勋烈与天地不朽，日月争光，岂止一待捍御之劳哉？独惟侯之为郡，实能广公为邑之心。下车及今，民怀其惠，吏畏其明。狱讼以平，饥窘以济。其立朝，则清忠自许；于治郡，则政教并行；睹前贤往哲，则企慕企及，高山仰止，景行行止，谅不独于梁公为然。初，公使江南安抚时，奏毁淫祠千七百所[4]，惟存夏禹、太伯、季札、伍员四庙，曰：“毋使无功血食，以乱明哲之祀。”今侯之为郡，所从祀未及他而首营膳公庙，以慰民望，其亦尊明哲之意，而还以祀公也。夫生而贤者，死必为神明；亦必生而贤者，则其祀神明也无为愧。又按，公在彭泽时，值岁告歉[5]，公曰：“天也！令可诿责[6]乎？”疏于朝，蠲[7]其年租税，民悦。又纵囚三百余，令归度岁[8]，如期果还。凡可以惠彭之民者无一不至，而范碑阙之，故余又书其事于末，以见公之得祀于是邑也以此。噫！庐山苍苍，我思太行。后先相望，而公之德何可忘！此重记之所由作也。

⊙ 注释

⊙1　李峤（644—713）：字巨山，赵州赞皇（今属河北省）人，唐代诗人。李峤对唐代律诗和歌行的发展有一定的作用与影响。他前与王勃、杨炯相接，又和杜审言、崔融、苏味道并称“文章四友”。诸人死后，他成了文坛老宿，为时人所宗仰。其诗绝大部分为五言近体，风格近似苏味道而词采过之。唐代曾以汉代苏武、李陵比苏味道、李峤，亦称“苏李”。

⊙2　苏味道（648—706）：赵州栾城（今河北省石家庄市栾城区南赵村）人，唐代大臣，文学家。少年时便和李峤以文辞著名，时称“苏李”，并与李峤、崔融、杜审言合称初唐“文章四友”。在初唐诗人中，“苏李”往往又与“沈宋”（沈佺期、宋之问）相提并论，他们都大力创作近体诗，对唐代律诗的发展起了推动作用。

⊙3　文正范公笔之已详：此处当指宋代诗人范仲淹所撰唐狄梁公碑文。宋仁宗宝元元年（1038年）正月十三日，范仲淹被贬，从饶州（即鄱阳郡）去润州（即丹徒郡，今江苏省镇江市）任知州，途经彭泽县，拜祭了此间的狄梁公祠，他为狄梁公的功德所感动，洋洋洒洒写下了一千九百零七字的包含敬仰之情的《唐狄梁公碑》。全篇碑文，不但盛赞了狄梁公一生重大的功绩，而且抒发了自己愿以狄梁公为榜样，报效国家、报效民众的思想感情。《唐狄梁公碑》内容分为四部分：第一部分高度赞扬了狄梁公的丰功伟绩，并交代了他的名字和籍贯；第二部分从十五个方面列举了狄梁公忠与孝的事实，并在每一二件事实后面进行了极简短的评议；第三部分作了总结；第四部分为碑文的铭文。

⊙4　淫祠：指滥建的祠庙，不在祀典的祠庙。《新唐书·狄仁杰传》：“吴楚俗多淫祠，仁杰一禁止，凡毁千七百房，止留夏禹、吴太伯、季札、伍员四祠而已。”古人因为迷信，所以祠庙是很重要的，也是文化的象征。要统一文化，当然要禁止“额外的”祠庙。这里“淫”是过多的、额外的意思（古人有将非正统的称为“淫”“邪”等贬义词的习惯，所以此处“淫”字有可能是诽词。）

⊙5　值岁告歉：正逢当年受灾歉收。

⊙6　诿责：推卸责任。

⊙7　蠲（juān）：除去，免除。

⊙8　令归度岁：让其回家过年。

□ 说明

文中所记狄梁公祠，是为纪念唐代著名贤相狄仁杰（607—700）所修建的祠堂。狄仁杰逝后被追赠为梁国公，世人称其为“狄梁公”。狄仁杰曾于多地为官，百姓念其功德而修建祠堂。据载，狄仁杰在长寿元年（692年）遭诬陷，被贬任彭泽县令，适逢大旱灾年，狄公遂为民请命，免除了彭泽民间税赋。他在任期间还处理了很多冤案，使很多死囚免死开释。于是当地民众建起了狄梁公祠，以感其恩德。祠后遭损毁。1994年在原遗址重建。

重修五龙庙记

杨仁风

◎本文选自《全元文》（李修生主编，江苏古籍出版社，1999年）卷九八七。

◎作者：杨仁风，字文卿，潞州襄垣（今属山西省）人。生卒年不详。中统元年（1260年）为燕京行中书省奏事官。至元初，历刑部郎中，怀庆路、顺德路、河南府路治中。之后，曾任江州路总管、东京等处行中书省参知政事、辽阳等处行尚书省参知政事、真定等路宣慰使、中书左丞致仕等职。大德九年（1305年）仍在世。

◎文中记述了知州侯耀卿等人为民请命并重修五龙庙的概况。

正文

寰宇之内，茫茫禹迹。有山川则有水土，有水土则有人民，有人民则有城社[1]，有城社则冥冥然有神明，赫赫然有师尹[2]，各职其职。山川水土，雨风露雷，则神明主之，以征休咎[3]。人民城社，礼乐刑政，则师尹主之，以敷[4]教化。故能裁成天地之道，辅相天地之宜，以左右民。人神相资，理若影响。

潞[5]之东南，距城二十有五里，有山曰五龙。环山皆长松，黛色参天，巍然森耸。拱岚锁翠，郁郁[6]葱葱。上有龙祠，能兴云致雨，每遇旱乾，有祷必应。前代封会应五龙王爵[7]。庙貌深严，历代奉祀，居民香火，不特岁时[8]。元贞改元，天下大熟，独本境高寒，雨鲜霜早，害于西成[9]，民有饥色。又迫年例远输之役，人情恟惧，道路嗷嗷，牒诵有司，稽延不报。适会侯公耀卿来知是州，下车之始，首劝农民勉种二麦，为明年计。仍即同僚共义曰："民惟邦本，食乃民天。食歉民饥，义当赈济，而复董远输，是在上弗及知也。我等亲临，安忍坐视。"遂与达鲁花赤小迷失径诣府庭，伸恳得免阖境远仓之输。百姓感悦，咸德二公。既而冬无积雪，将出土牛，公为之忧，而内自讼曰："旱乾水溢，予乃知州，不得不任其责。"乃敬谒龙祠，密有所祷。神感其诚，翌日乃雪，相继沾足，除夜又复大作。元日贺正，扫阶拜舞[10]，臣民同乐，望阙欢呼。春满四郊，滞积涌出，饥民获安，举欣欣然有喜色。公暨同僚诣祠报谢，乡民有不期而会者数十百人。礼毕，因遍历前后，顾瞻庙貌，悯其庭宇荒凉，门墙颓缺，风檐雨壁，毁瓦画镘，人所不堪，神何宁只？乃谓耆宿[11]曰："神其能福汝等，汝等复能报神之贶[12]？与我共兴此废？"众皆曰："诺。"于是首捐己俸，施及同僚属吏，部民皆悦，而愿为之助。上下如一，不谋而同。命匠鸠工，有坏必葺，乃屏其蒭[13]牧，禁其樵苏，瓦其缭垣，石其阶砌。中门舞榭载起其楼，正殿长廊悉完所损，神龙圣像绘彩维新。望之俨然，尤壮丽于曩[14]者也。厥功告成，岁则大熟，乡民咸相谓曰："尝闻神依人而致灵，人赖神以获福，人神感应固不诬矣。岂若我等以守臣之德，蒙神明之惠，身亲见之，可不记乎？"耆老韩广、董善忠等，摭其实以请其文，且告且叹曰："是庙也，一方水旱之所系者也。宫是州者非不多也，谒是廟者非不先也，游晏者非不屡也，祈祷者非不频也。向也，盖自牲酒献斟而往者，岂复顾夫庙貌之狼藉也耶？今也，祈则尽诚，报则尽礼，弊者复完，发者复起，感而遂通，所以致时和岁丰者也。愿刻诸石。"予谕之曰："善为政者，在公无不到之心，到手无不了之事，岂独庙乎？吾州起废补弊之务尚多，将见其续举而皆毕之，自此为始。吾为汝记之。"元贞二年九月二十日中奉大夫前辽阳等处行尚书省知政事杨仁风记。

⊙ 注释

⊙1 城社：城池和祭地神的土坛。社在古代指土地神，也指祭祀土地神的地方、日子以及祭礼，例如春社、秋社、社日。常见"社稷"一词（"社"是土神，"稷"是谷神，古代君主都祭社稷，后用以借指国家）。
⊙2 师尹：原指周太师尹氏，后泛指各属官之长。
⊙3 休咎：吉凶，善恶。
⊙4 敷：施予。
⊙5 潞：今山西省长治市潞城区。
⊙6 郁郁：茂盛的样子。
⊙7 会应五龙王爵：《宋会要辑稿》记载，熙宁十年（1077年）8月，信州五龙庙"祷雨有应"，神宗皇帝便赐以"会应"的匾额。到了大观二年（1108年）10月，徽宗皇帝将天下的五龙神都诏封以王爵——青龙神封广仁王，赤龙神封嘉泽王，黄龙神封孚应王，白龙神封义济王，黑龙神封灵泽王。五龙神因"祷雨有应"而封王。
⊙8 不特岁时：不仅仅局限于特定的时间。此处意为香火旺盛。
⊙9 西成：指秋天庄稼已熟、农事告成之时。
⊙10 拜舞：下跪叩首之后舞蹈而退。是古代朝拜的礼节。
⊙11 耆宿（qí sù）：指年高德望之人。
⊙12 贶：赠送、赏赐之意。
⊙13 蒭（chú）：同"刍"，割草。
⊙14 曩：以往，从前，过去的。

□ 说明

文中所记五龙庙当为今天位于山西省襄垣县城北关的五龙庙，因在元代，襄垣属潞州下辖县。五龙庙的具体肇建时间不详，元至正十年（1273年）重建，明清时期均有修葺。庙坐北朝南，主要建筑有山门、乐楼、正殿、东西厢房，占地面积800m^2。正殿面阔五间，进深六椽，单檐悬山顶，六铺作斗栱，殿内梁架简练，用材较小。为山西省重点文物保护单位、第七批全国重点文物保护单位。

应天寺记

李存

◎本文选自《全元文》（李修生主编，江苏古籍出版社，1999年）卷一零六六。

◎作者：李存（1281—1354），字明远，又字仲公，人称『俟庵先生』。饶州安仁（今江西省鄱阳县）人。精于天文、地理、医药、卜筮、道家、法家、浮屠诸名家之书，长于古文词，与祝蕃、舒衍、吴谦并称『江东四先生』。延祐年间一试不第，即决计隐居，葺讲堂曰『竹庄』，居家讲授，从游者极多。著有《番阳仲公李先生文集》等。

◎文中所记载的应天寺位于江西省上饶市余干县梅港乡。始建于南朝宋，历经义晓、智宥、智宏、孙某、胡某、王某、李某等多人次第增补修建，至今形成了穿斗式木构架，加之寺庙有多处浮雕碑文，故颇具艺术价值。

正文

余干州[1]习泰乡梅港之上有寺焉。按郡志，创宋太平兴国间，用望气者[2]言有所厌[3]，故额曰“应天”云。建炎初，兵火焚荡尽，无碑碣可考。僧义晓者藉施助，首构佛殿成。顷之，智宥、智宏、正勤、继荣、可胜共力，而法堂、两庑、外门、经藏成。又顷之，可久干财闽广，而钟楼成。里郡某为铸钟，且田舍若干亩。文殊寺僧立亦田舍若干亩。孙某为像观音于堂，复图刻诸因果故事壁间。胡某建圣僧堂，亦田舍及园。先是，经藏所隘，王某移置宽隙，饰以金碧，取经钱塘以实焉。李某命工作香按堂上，他日，众相与谋曰：“寺之毁，顾经管五十年而粗完，不亦难乎？且故无土田，今则不饥，岂可以弗之记也！”皆曰：“然。”初，长沙吴文王芮有将曰梅鋗，亦以功多封侯，相传生此，殁葬此，故有姓港，而居人至今多梅氏，寺因有其专祠。至正初，同郡彭君某来巡检钟方寨，逐逋寇[4]于闽道，谒祠下，谓寺众曰：“侯以材智翼[5]楚汉，蹶[6]强秦，固见诸史几二千载，而其神犹赫赫如是，亦不可弗之纪也。”众又皆曰：“然。”于是可久造吾庐以请。因曰：古今天下浮屠之宫，率悠久而不废。纵废而复兴不旋踵者，何也？由其多得山川之胜，且世有人焉故也。吾闻应天之山，自大江之右，蜿蜒百里而至，左右复多奇石以翼卫之。大溪小涧，凝清流驶，长松高竹，掩映空隙。其僧自义晓而下，凡七八辈，皆苦而敏于事，故能致君子长者之助如此其盛，而废以备举，可谓有其人。然则寺之昌且久也，盖有不待度而前知者矣。是为记。

⊙ 注释

⊙1　余干州：今江西省上饶市余干县。

⊙2　望气者：依靠望天气而预测吉凶祸福的方士。

⊙3　此句源于：相传，有风水师说道，此地有天子之气。到南朝宋文帝元嘉年间，梅鋗墓果然有紫气薄天，皇帝急命当地官员截断其脉。故寺名为“应天”。

⊙4　逋寇：逃寇，流寇。

⊙5　翼：帮助，辅佐。

⊙6　蹶：原意为跌倒，这里指打败、灭掉。

□ 说明

应天寺又名梅王殿，是纪念西汉开国大将梅鋗的专寺。寺院背山而建，坐北朝南，前后两进，前低后高，中有天井。内有大雄宝殿、小殿、钟鼓楼、观音殿、大小铜佛像100多尊。后山建有一座老僧人纪念塔。寺院后有茂林修竹和挺拔的高山，前临水流清澈的信河，景色秀丽，为县级文物保护单位。

重修嘉显侯庙记

孛术鲁翀

◎本文节选自《全元文》（李修生主编，江苏古籍出版社，1999年）卷一零二九。

◎文中记述了镇平县嘉显侯庙的历史沿革以及县主簿李昱率众重修嘉显侯庙的经过。

正文

南阳北境之山，东嵩、西华，绵亘数千里。至镇之西北，五峰突起，曰“五朵山”。其一挺出众峰之间者曰“骑立山”，源泉涌其上，三注而成湫[1]，一山顶，一山胁[2]，再则山之址[3]，故民俗有“三潭”之目。其顶人迹难至。有司即其址筑祠，大旱则诣潭请水，至阛阓[4]乡社，集众而雩[5]，未有不应。其境先属邓之穰，宋乾德间，武胜军节度观察使张永德莅邓凡数十年，祷而辄澍[6]，始创湫祠。熙宁十年，邓守刘忱奏，封嘉显侯。崇宁三年，赐庙额曰“普润”。金即故阳管镇立县，曰镇平。我朝因之。泰定二年夏，久不雨。主簿李昱率众步谒湫水，至县集祷，密云聚散者数日。于是，昱谓众曰：“始，吾见其庙宇、神像，摧腐零落，意欲修饰，方有所请，言未敢白。神之爵爵[7]未濡甘泽者，岂坐是耶?”遂与众输情致祷。俄而风作云合，雨大沾足，秋遂丰熟。造中潭报谢，召募工役，率众出财，以佐其事。庙貌、神容之在中、下潭者，焕然完备。监县谙普、监税路士荣、耆士张文炳等，诣[8]穰城，求纪其绩。予惟有功于民，则祀之。山川能兴云致雨，其大者，天子所以望秩[9]；其小者，得祀于方士之臣，固其宜也。守是土者，牧是民也，不慎其职以忧其忧，五尺童子未易诬也，而况神乎。

李君名昱，字明甫，始乎出尉，有能绩，今以将侍郎主镇平簿。其令久缺，政由己出，能忧其民而动其神，盖良有司也。泰定三□年□月□日，河南行省右司郎中鲁翀记。

⊙ 注释

⊙ 1　湫：水潭。
⊙ 2　山胁：半山腰。
⊙ 3　山之趾：指山脚。
⊙ 4　阛阓（huán huì）：街市、街道，民间。
⊙ 5　雩（yú）：古代为求雨而举行的一种祭祀活动。
⊙ 6　祷而辄澍（shù）：一经祷告就会下雨。澍，及时雨。
⊙ 7　欝：同“郁”。
⊙ 8　诣：到，旧时特指到尊长那里去。
⊙ 9　望秩：按等级望祭山川。

□ 说明

文中所记的嘉显侯庙，即唐代所建之万福宫，元代称之为嘉显侯庙。建筑坐落在河南省南阳镇平西北的五朵山中，由玉皇殿、药王殿、文昌庙、财神庙、土地庙等庙宇道观组成，规模宏大，气势恢宏。唐贞观年间肇建，初为祈雨之地。宋代称骑立山龙堂，元代称嘉显侯庙，明代称祖师庙。

重修真泽二真人祠记

宋渤

◎本文节选自《全元文》（李修生主编，江苏古籍出版社，1999年）卷一零一六。

◎作者：宋渤，元代诗人、书法家。至正（1341—1370年）前后在世。字彦齐。官至集贤殿学士，元至正年间，曾任湖南按部。

◎真泽二真人祠，即真泽二仙宫，俗称二仙庙、奶奶庙，位于山西省壶关县树掌镇神郊村中，为第六批全国重点保护单位。建筑坐北向南，五进院落，始建于唐昭宗乾宁二年（895年），宋、元、明、清历代均有修葺。现存建筑有牌房、山门、望河楼、钟鼓楼、戏楼、梳妆楼等。当央殿为主体建筑，面阔五间，进深六椽，单檐歇山顶。斗栱五铺作，单抄双下昂，计心造。殿内梁架粗犷，为典型的元代建筑。

◎文中记述了郅朗、杨端等人重修二真人祠的经过。

正文

《祀典》："法施于民，以劳定国。能御大菑[1]，能捍大患者，祀之。"四方名山大泽，林谷丘陵，为邦域之望，能出云为雨、生财资民者，宜有神守之，以血食[2]其土，尚矣。上党[3]之俗，质直好礼，勤俭力穑，民勇于公役，怯于私斗，自昔称为易治。然独丰于事神，凡井邑聚落之间，皆有神祠，岁时致享。其神非伏羲神农、尧舜禹汤，则山川之望也。以雩[4]以荣，先穑邮畷[5]，皆于是奔走焉。岁正月始和，农事作，父老率男女数百人会于里中祠下，丰牲洁盛，大作乐，置酒三日乃罢。香火相望，比邑皆然。至十月，农事毕，乃止。岁以为常。壶关县[6]紫团山有两女仙祠，居人传仙人姓乐，学道此山，得仙去。相与率而奉祀之，灵应如响。宋大观中旱，祷之而雨。有司上闻，得庙额曰"真泽"，仙人号曰"冲惠""冲淑"，大建祠宇。金末丧乱，风雨倾圮，盖什三四。国朝至元五年，魏人郅朗来守邑，雩萗之请，应不逾夕，乃约里人杨端、道士连士英辈，鸠功补完之，谒予纪其事。予以中统三年秋七月西归，尝道出祠下，而止宿焉。峻岭峙前，重阜环后，茂林郁如，内外严邃。殿堂廊庑，凡百余间，如大邦君之居，信列仙之灵区、神明之伟观也。特列而直书之。至若仙人族世，雨旸灵异，具于政和诰词，县令李元儒之刻文详矣，此不复赘。七年七月壬寅，上党宋渤记及书。

⊙ **注释**

⊙1　菑：这里同"灾"。

⊙2　血食：指享受祭祀用品或直接指祭祀用的食物。中国古代尤其是春秋战国时期，常常以"血食""不血食"分别指代国家的存续和灭亡。

⊙3　上党：位于山西省东南部，上党地区主要指今天的长治市。

⊙4　雩（yú）：古代为求雨举行的一种祭祀仪式。

⊙5　邮畷：邮为田间庐舍，畷为田土相连界址。

⊙6　壶关县：位于山西省东南部。元大德九年（1305年），为晋宁路潞州所辖。

□ **说明**

真泽二真人祠里供奉着冲惠、冲淑二位地方神祇。据传，冲惠、冲淑两位女真人系孪生姊妹，原籍山西屯留。出生后亲母杨氏去世，二人饱受继母吕氏虐待，但仍然无怨行孝，感动上天。唐乾宁二年（895年），二人在翠微山升仙台被黄龙驮去，上天做了神仙。当地百姓在翠微山北建庙祭祀。宋崇宁四年（1105年），宋军攻打西夏，路经二真人庙时，军粮用光。忽见有二位女子煮粥供士兵食用，随吃随有，带兵将领这才知道是两位女真人显灵，连忙向宋徽宗报告。宋徽宗大惊，随即封两位女真人仙号冲惠、冲淑，庙号真泽二仙宫。元至元五年（1268年），县令郓朗与乡民杨端、道士连士英等人共同筹划重修了真泽二仙宫。

鸡鸣山永宁寺记

欧阳玄

◎本文节选自《全元文》（李修生主编，江苏古籍出版社，1999年）卷一零九八。

◎作者：欧阳玄（1274—1358），字元功，号圭斋，祖籍庐陵（今江西省吉安市），生于浏阳，为欧阳修之后裔，元代史学家、文学家。延祐年间（1314—1320年），欧阳玄任芜湖县尹三年，不畏权贵，清理积案，严正执法，注重发展农业，深得百姓拥戴，有『教化大行，飞蝗不入境』之誉。在任内，对芜湖名胜古迹多加保护修葺，据传『芜湖八景』是其在任时所形成。欧阳玄在任期间常游『荆山寒壁』，因与家乡荆州的荆山同名，所以其有『三年楚客江东寓，每见荆山忆故乡』之句。离任时，对芜湖依念绵绵。后人将荆山之水取名『欧阳湖』，简称『欧湖』，以志纪念。

◎文中所记鸡鸣山永宁寺位于今河北省张家口市，始建于辽。至元年间，京师发生大地震，鸡鸣山为震中，山崩地裂，庙宇损毁惨重。太师右丞相秦王伯颜答剌罕随皇帝出巡回京，路经此地目睹惨状，便捐资修复了寺院。

正文

太师右丞相秦王伯颜答剌罕，以己赀复建鸡鸣山永宁寺，既成，皇帝有旨，命臣玄纪其绩于石。

惟鸡鸣山[1]在居庸关北，势连云中，雄据上谷，为燕代巨镇。旧史言唐太宗尝驻跸兹山，夜间鸡鸣，因以名之。山绝秀丽，有寺屹于山之巅，是为永宁。建于辽圣宗太平四年，岁久隳坏，累朝屡敕有司修之。至元丁丑八月，地道失宁，寺临阽[2]危，其屋尽压，钟及山王祠仅存。太师秦王扈从[3]南还，目睹其变，思克复之。乃捐己赀，命工构材傭力，除去瓦砾，堙塞陵堑，治为大途，以运木石。重作正殿四楹，伽蓝、圣僧各一室，僧房、斋厨通为三间。又建大小浮图各一，俱在山顶，设为栏楯以捍险。山之腰作救度观音殿一所，山之麓作堂八间，塑文殊、普贤像各一，狮子吼观音像一，自在观音像一。造于大都华严寺，辇而致之，各置殿堂。延请西域上士宣演佛法，为国祝厘[4]。自至元戊寅八月鸠工，明年乙卯三月落成。大都路达鲁花赤答罕出实董其役。一椽之直，一篑之资，皆太师之力也。官助军士十三百之外，秋毫无预焉。臣窃闻之：鸡鸣为山，当大驾经行之途；水宁为寺，有列圣修营之绩。国家闲暇，固无坐视其废而不加修葺之理。然出于官，则上耗国用，下劳民力，郡县供亿，征求百端，其弊有不可胜言者。今太师身为元勋，务自撙约，出其赢余，成是茂举，遂使国无锱铢之耗，民无刻剥之苦，可谓难矣。迹其体国之诚，爱民之切，自佐命大臣未见有若是者。异时大驾时巡，呈览寓目，有山川宏丽之美，无陵谷变迁之虞，圣心亦可怡然而释虑矣。抑太师尚义好施，有不可尽述者。其赐田汴梁，以五百顷供帝师；赐田武清，以二百顷捨入大都庆寿禅寺。其志皆以集禧皇家，上报人主。又自奏陈请，以私币钞十万锭，赈济居庸以北至于朔漠驿户之匮乏者。无非纾国裕民事也，附著于斯为宜。

⊙ 注释

⊙1　鸡鸣山：指河北省张家口市鸡鸣山。
⊙2　阽：临近边缘，一般指险境而言。
⊙3　扈从：随从。
⊙4　祝厘：祈求福佑，祝福。

□ 说明

《怀来县志》载，唐贞观年间，东突厥犯中原，边民不得安宁，太宗李世民亲征，驻跸此山，夜闻山上有鸡鸣声，故称鸡鸣山。从北魏起，历代均在鸡鸣山兴寺建观，最大的寺院即坐落于半山腰的永宁寺。寺始建于辽圣宗太平四年（1024 年），名曰中寺，后改为永宁寺。

万寿讲寺记

贯云石

◎本文选自《全元文》（李修生主编，江苏古籍出版社，1999年）卷一一四四。

◎作者：贯云石（1286—1324），字浮岑，号成斋、疏仙，自号酸斋。元代散曲作家，著名诗人、散文作家。元朝畏兀儿人，精通汉文。从姚燧学。仁宗时拜翰林侍读学士、中奉大夫，知制诰同修国史。不久称疾辞官，隐于杭州一带，改名『易服』，自号『芦花道人』。有专集《酸斋乐府》传于世。

◎文中记述的万寿寺，位于今上海市金山区，建于宋淳熙六年（1179年）。历史上几经修复。1993年移地重建，1995年正式对外开放，有山门、三圣殿、大雄宝殿、伽蓝殿、功德堂、钟鼓楼等建筑。

正文

皇元有国，惟兹广福，在念在民。是以经教宏扬，西意大觉，缘力千万，不自一门而入。或由声闻，或由庄严，六根蔓鼓，直抵心地。谓证如来身者，必造是妙，故自教其像而禅其性，可定可慧，靡不在焉。若一像有见，则刹那为千万亿像；若一像有心，则刹那为千万亿心；若一心成佛，则刹那无心亦无像。《圆觉经》云：“于此证中，亦无证者，一切法性，平等不坏。”是知一灯二灯，恒河沙灯，盖由一灯之光，统继道者，虽百千释业，盖出一佛之心，一师之舌耳。若一天台立教之基，当作如是。

闻玄悟道应普润广教石田大师良珦以童祝髮，示勤于南翔[⊙1]丈室。南翔者，梁之名刹也，碑具存焉。少述祖于慧日大师了融，亦胜国衣紫僧也。师有志寂静，每至餐寝，卷帙近膝，虽吹照几何，志无少困，怡然自如。所谓有志竟成者，果可诬乎？师愕然曰：“近百光阴，本非我有，既以佛日处身，宜尚报本。妙庄广被群生，上有所酬，下有所济，昭昭如也，冥冥如也。”乃于嘉定州治东南廿余里，以一顷为基，环而池之。当南甃石为梁，其流西溯太湖，东走沧海。梁外矗石阿育王[⊙2]塔，又列屋以朝寺，备茗以润行旅。梁北两井皆亭，左右峙之。门初内也，库店相望凑。大山门东，钟其楼而阁其藏，廊绕两厢，楹数不可枚纪。对照二殿，左像观音，继以香积库楼；右像无量寿佛，属以云堂浴堂。转势而迎，大雄殿位。殿后法廊百余步，如人双膊，由肩之项也，直抵大阁。位尊庐舍那，居千佛中，金身铸刻，半之下列五方，凡五佛。夹道而行，西又其位，前池而后殿，总曰“观堂”，环匝重廊，列其僚舍。夹道而行，东又其位，阁弥勒尊佛及阿罗汉，数尊半千，以覆丈室。诸殿阁总枕于万寿之山前，照七极宝塔，铃风摇汉，叠嶂宾列，云气袭人，春晓含情，生意不艳，物物自能润泽。星斗舒芒，雨煦露濡，气象凌空，遥遥然有若南山万寿之祝，奚俟乎嵩岳三呼者哉！惟师已囊土地年粒入寺，永备营缮之产。寺规宏修，钟楼彩椽，金璧绚燦，画垣朱壁，玉石栏砌，九檐流翠，万影参差。巍巍乎雄绝海滨，西壁繁费，莫已知也。然而不求施于众，不经劳于人，诸匠百工不邀而至。比邱众一心非懈，讽经雍肃，亦师之有道也。

呜呼！余尝观夫有官或于廨第营诸食库，指其匠而有刑，取诸工而有罪，尚或避役而不趋。使其不刑不罪，调诸掌握，来如腥蚁，其有望望然不舍去者，果何道而能若是哉！成庙十一年，成额曰“大德万寿寺”。武庙至大初元、皇帝皇庆初元，二制悉优其刹。圣人好生有位，师以报本为心。盖一人以大德为心，四海以万寿为祝，实师之愿焉。寺之永焉，甲乙传焉，子孙保焉。师开山祖焉，其嗣嫡圆明妙智真觉即翁大师宗具，膺师之心，以宣相力。嗟夫！凡物出师之一心，成合万人之祝，由师之志诚，感人之共志也。其合志者，非师之力也，师之诚也。今夫行之有道，传之得人，岂偶然哉！余生北庭，历方儒业，以文游东南，偶憩海滨，以所见闻为师述翰文石，欲传不泯。予美其精诚报本之意，故记。

⊙ 注释

⊙1　南翔：即南翔寺，位于上海古猗园内。

⊙2　阿育王：公元前273—前236年在位，古代印度摩揭陀国孔雀王朝的第三代国王，又被称为“无忧王”。即位之初的阿育王四处征战，不断通过军事力量来扩大自己的领土，故其前半生被称作“黑阿育王”时代。后来笃信佛教，停止武力扩张，后半生被称作“白阿育王”时代。他统治时期是古印度史上空前强盛的时代。

□ 说明

上海万寿寺，原名万寿院，为千年古刹，可谓上海最古老的寺院之一。原为三国时期东吴大帝孙权赐建。历史上，万寿寺曾几度毁于战火，又几度修复。如今的万寿寺殿宇轩昂，结构严整。寺院占地38亩，建筑面积达5300m^2。寺内环境幽雅，林木葱郁。既展现了佛教文化的博大精深，又体现了精湛的建筑技术与艺术。

乾明寺记

许有壬

◎本文选自《全元文》（李修生主编，江苏古籍出版社，1999年）卷一一九二。

◎作者：许有壬（1287—1364），字可用，河南省汤阴县人。元代文学家，元七朝重臣。先后任同知辽州事、山北廉访司、吏部主事、江南行台监察御史、监察御史、参知政事、中书左丞、右司郎中、左司郎中、两淮都转运盐司使、河南行省左丞、集贤大学士、枢密副使、光禄大夫等职。著作有《至正集》《圭塘小稿》等。

正文

余谢事[1]归里，有寺曰乾明，主僧德训时过余，既乃相告曰："佛居西方，以七宝[2]为宫室，中华事之，每躬土木之役，然茅屋越席，神亦安之，亦诚而已。吾寺无贮储，业精者骄，荒者怠，骄与怠相遭，济之以贫，寺日废矣。训祝发事佛，主讲若坛，信者礼施，丰约不敢校，岁久，积楮币[3]为缗万五千有奇，乃构大雄殿，像设藻绘，堂室庖[4]湢[5]，大小俱兴。经始至正甲申二月，落以乙酉十月，虽不足比隆杰刹，计佛亦与其诚而安之矣。且训见吾徒竞锥刀[6]如市商，惟私其身，一旦捐衣钵，启争贻笑，故就今尚健，盖以奉佛焉。公不我挥，故敢以告。"其徒福佑、德成复踵门，请曰："微师，吾寺几坠。愿纪于石。"相城故多寺，由隋迄五季，有兴无废。周显德中废，省存者仅二十，而无所谓乾明者，宋李回作郡志，始列乾明禅院，岂宋所建耶？易院为寺，又不知何时。唐赐额者为寺，私为招提兰若，若山台野邑皆是也。佛以清俭为宗，其见劳人糜财，果乐此乎？昔之佛者，断薪续床，把茅盖头，未闻以缔构雄侈为宝也。长芦宗颐师谓梁武之祸，由崇奉不能清俭所致，讵[7]不信哉！训也居而能俭，积而能散，啬于身而丰于佛，惩其徒而矫其弊，亦贤乎哉！今海内名山，寺据者十八九，富埒王侯[8]，有兴作犹资于众，因而利之。此虽大小不侔，而得失亦判然矣。佛之说，高者凌青天，深者入黄泉，其浅而近者，曰不贫不痴，训也其庶乎！余既闻训之言，又重远其徒之请，求其故，掇其法之绪余，为之祀，俾嗣者有所徵焉。

⊙ 注释

⊙1　谢事：指辞官归隐。

⊙2　七宝：指七种珍宝，又称七珍。“七宝”指的是砗磲、玛瑙、水晶、珊瑚、琥珀、珍珠、麝香。“七宝”还有另一个含义，表七菩提分。不同经书所译的“七宝”不尽相同，鸠摩罗什译的《阿弥陀经》所说“七宝”为金、银、琉璃、玻璃、砗磲、赤珠、玛瑙，玄奘译《称赞净土经》所说“七宝”为金、银、吠琉璃、颇胝迦、牟娑落揭拉婆、赤真珠、阿湿摩揭拉婆，《般若经》所说的“七宝”是金、银、琉璃、珊瑚、琥珀、砗渠、玛瑙，《法华经》所说的“七宝”是金、银、琉璃、砗渠、玛瑙、珍珠、玫瑰，《阿弥陀经》所说的“七宝”是金、银、琉璃、玻璃、砗渠、赤珠、玛瑙。

⊙3　楮币（chǔ bì）：也称楮券，中国旧式纸币的别称，指宋、金、元时发行的“会子”“宝券”等纸币，因其多用楮皮纸制成，故名。后亦泛指一般的纸币。

⊙4　庖：厨房。

⊙5　湢：浴室。

⊙6　锥刀：小刀。这里比喻从事微贱的工作。

⊙7　讵：岂，怎。表示反问。

⊙8　富埒（liè）王侯：富有的程度与国王诸侯相当，形容非常富有。埒，等同。

□ 说明

乾明寺位于河南省许昌市襄城县。始建于唐武德年间，后几经重建。乾明寺又称背影寺。其照壁是省内保存不多的明代照壁之一，至为珍贵，正面为《黄帝首山采铜图》，记载了“黄帝采首山之铜，铸九鼎以定天下”的传说。照壁的背面为《七圣迷径图》，记载了“轩辕帝与方明、昌寓、张若、谞朋、昆阍、滑稽七位圣贤，前去具茨山拜见圣贤大隗，问计安天下”的传说。照壁砖雕精细，有很强的地域特征，做工精致，保存完整，在内容和形式上具有独特性，对研究明代建筑装饰有很高的参考价值。1963 年被河南省人民政府列为省级文物保护单位。2013 年国务院核定公布为第七批全国重点文物保护单位。现存建筑有照壁、天王殿、中佛殿、禅堂、方丈室等。

乾明寺

乾明寺照壁

园林建筑

临水殿赋

杨宏道

◎本文选自《全元文》（李修生主编，江苏古籍出版社，1999年）卷八。

◎作者：杨宏道（1189—1270年以后），字叔能，号素庵，淄川人。金哀宗时，尝监麟游酒税。仕宋，为襄阳府学教谕，摄唐州司户。旋北迁，居于济源。工诗，与元好问等皆以诗名，为北方巨擘。著有《小亨集》6卷行于世。

◎文中主要描述金明池临水殿及其周边的风景。

正文

王者之营宫室也，先卜贡赋适中之地，然后揆日[1]以立表，法天[2]以正位。外则双阙雄峙，觚棱嶕峣[3]；内则紫气配极，钩陈按次。朝焉会焉而穹隆，游焉息焉而严邃。此亦崇极于壮丽，而天下后世无异议者，何哉？盖以尊国而观四方，俾子孙无复生心于增益也。维嗣君谓之守文，盍考其义而加详。既获承于休德[4]，当率由乎旧章。楚之章华未必峻于周之灵台，秦之阿房未必大于汉之未央。一毁一誉，孰存孰亡。是知周、汉之示制度，异夫秦、楚之为淫荒者耶。以祖宗为不可法，以制度为未尽美，以法宫为隘陋，以内苑为荒圮。于是起假山于大内之东，出奇石于太湖之里，栋负断民之腰膂[5]，椒涂[6]沥民之膏髓。赤祲[7]示变，侈心未已，又作清旷纯熙之殿，今汴人目之曰临水者是也。想夫临幸之初，纷杂遝而骈阗[8]。笑孝武之太液兮，陋明皇之温泉。饰锦绣以裹地兮，奏歌吹而沸天。耀风漪于阳景兮，舞藻丈于绮筵。命画师摹异鸟之状，诏侍臣进春苑之篇。妃姬嫔嫒，极态尽妍，连臂踏歌，而挽裙留仙。增糟丘[9]而为山，溢酒池而成川。委庶政于沉湎之表，置万几于康乐之边。谓千秋万岁长享此乐，俄掩涕而北迁。俛仰于今几何？指日繁华歇，欢乐毕，倾榱桷[10]，暗丹漆，木石呈材，墙壁露质。讶典型之犹存，存千万之十一。但波光渺茫，风声萧瑟。噫嘻！自古侈美奇特之观，奉当时之欢，无几而为后人悲伤嗟叹之资，盖无穷悉也。余尝欲一临其上而赋之，友人劝余曰："失志易沮，苦心多感。今子三十无成，仕途不进，可谓失志也；千里羁旅[11]，再丧家室，可谓苦心也。正使坐子于歌舞之场，犹且不乐，奈何游览乎欹倾摧败之余哉！诚虑感怛[12]无聊，损伤天和，而病夫子也。"余曰："不然。夫哀情生于欢乐之极，故齐景公登牛山[13]而哭[14]，孟尝君闻雍门弹琴，泪下沾襟[15]。今余遇繁盛荣华之事，辄潸然出涕，乃知与是相反也。意其获见贵盈而微促者，因悟夫天道之难，人事之不常。引喻取譬，或能自宽。计宣政之间风流人物，以仆方之，何啻邓林[16]一缄[17]草尔。庶几有以解释其意乎？"友人曰："诚如是也，愿从子往焉。"乃历蔡河之南、天街之东。左界法云之寺，右临太乙之宫。就前檐而趺坐，受水面之凉风。俄而身世两忘，心神俱融，感伤阻恨，豁然一空。

⊙ 注释

⊙1　揆日：测量日影，中国古代多以此确定营造方位。语出《诗·鄘风·定之方中》："揆之以日，作于楚室。"
⊙2　法天：观察、效法自然和天道，也即尊重自然规律。古时常见"法天象地"之词。
⊙3　觚棱嶕峣（jiāo yáo）：宫室巍峨挺立。觚棱，宫阙上转角处的瓦脊成方角棱瓣之形，借指宫阙；嶕峣意为峻峭、高耸。
⊙4　休德：美德。
⊙5　腰膂（yāo lǚ）：腰背。
⊙6　椒涂：一是指用椒泥涂饰的道路；二是指皇后居住的宫室，因用椒和泥涂壁，故名。
⊙7　赤祲：五行家谓赤色妖气。语出《左传·昭公十五年》："吾见赤黑之祲，非祭祥也，丧氛也。"杜预注："祲，妖氛也。"
⊙8　骈阗（pián tián）：聚集。
⊙9　糟丘：积糟成丘，极言酿酒之多，沉湎之甚。
⊙10　榱桷（cuī jué）：椽子。
⊙11　羁旅：客居异乡。
⊙12　怛（dá）：忧伤，悲苦。
⊙13　牛山：位于临淄城南7km处，海拔174m，为临淄名山之一。
⊙14　齐景公登牛山而哭：齐景公在牛山游览时，向北观望着他的国都临淄城而流着眼泪说："真美啊，我的国都！草木浓密茂盛，我为什么还要随着时光的流逝离开这个国都而去死亡呢？假使古代没有死亡的人，那我将离开此地到哪里去呢？"史孔和梁丘据都跟着垂泪说："我们依靠国君的恩赐，一般的饭菜可以吃得到，一般的车马可以乘坐，尚且还不想死，又何况您呢！"晏子一个人在旁边发笑。景公揩干眼泪面向晏子说："我今天游览觉得悲伤，史孔和梁丘据都跟着我流泪，你却一个人发笑，为什么呢？"晏子回答说："假使贤明的君主能够长久地拥有自己的国家，那么太公、桓公就会长久地拥有这个国家了；假使勇敢的君主能够长久地拥有自己的国家，那么庄公、灵公就会长久地拥有这个国家了。这么多君主都将拥有这个国家，那您现在就只能披着蓑衣、戴着斗笠站在田地之中，一心只考虑农活了，哪有闲暇想到死呢？您又怎么能得到国君的位置而成为国君呢？就是因为他们一个个成为国君，又一个个相继死去，才轮到了您，您却偏要为此而流泪，这是不仁义的。我看到了不仁不义的君主，又看到了阿谀奉承的大臣。看到了这两种人，我所以一个人私下发笑。"景公觉得惭愧，举起杯子自己罚自己喝酒，又罚了史孔、梁丘据各两杯酒。这其实就是一种自然的对死亡的哀叹。
⊙15　孟尝君闻雍门弹琴，泪下沾襟：雍门子周是战国时候的音乐家，琴弹得非常出色。一天，雍门子周带着琴去拜见齐国的相国孟尝君，希望能为孟尝君弹奏一曲。孟尝君用怀疑的口气问："先生善弹哀伤的曲调，也能使我悲伤吗？"雍门子周说："我弹出的曲调，怎能令你悲伤呢？你手中有兵车千辆，住的是深宫大厦，吃的是山珍海味，回家有美女歌舞作乐，出外骑快马奔驰打猎，威权无比，得意非凡，即使最能弹琴的人，也无法令你悲伤。"孟尝君摇摇头说："我认为你讲的并不全对。"于是，雍门子周话锋一转，又接下去说："是的，我也有一件事情为你担忧。你曾经联合韩、魏等国，出兵打败秦国和楚国，你和这两个国家结下深仇。现在天下的形势不是合纵，就是连横。如果合纵成功，则楚国称王；如果连横成功，则秦国称帝。无论楚国称王还是秦国称帝，都一定要攻打你被封的薛地报仇。天下有见识的人，没有一个不为你伤心悲哀。多少年以后，你的庙堂就没有人祭祀了，亭台楼阁也都荒芜了，连坟墓都变成平地了。那时候，人们见了，都会叹气说：像孟尝君这样尊贵的人，竟会落到这样的地步！"孟尝君听了，不禁心中酸楚，眼眶中充满了泪水，好像要哭泣的样子。于是雍门子周拿起琴来，弹起了哀伤的曲调，孟尝君越听越悲痛，眼泪和冷汗混在一起。
⊙16　邓林：此处是指桃林或树林。
⊙17　纖（xiān）：同"纤"。

《龙舟夺标图》局部

今日金明池

金明池全景

□ 说明

《东京梦华录》记载："入（金明）池门内，南岸西去百余步，有面北临水殿，车驾临幸，观争标、赐宴于此。"金明池是宋代汴梁城内著名的皇室御苑，但是每年三月初一至四月初八也对市民开放，允许百姓进入游览。金明池始建于五代后周显德四年（957 年），原供演习水军之用。宋太平兴国七年（982 年），宋太宗幸其池，阅习水战。政和年间，宋徽宗于池内建殿宇，为春游和观看夺标水戏之所。金明池周长九里三十步，池形方整，四周有围墙，设门多座，正南门为棂星门，南与琼林苑的宝津楼相对，门内彩楼对峙。在其门内自南岸至池中心，有一巨型拱桥——仙桥，长数百步，桥面宽阔。桥有三拱，"朱漆栏盾，下排雁柱"，中央隆起，如飞虹状，称为"骆驼虹"。桥尽处，建有一组殿堂，称为五殿，是皇帝游乐期间的起居处。北岸遥对五殿，建有一"奥屋"，又名龙奥，是停放大龙舟处。仙桥以北近东岸处，有面北的临水殿，是赐宴群臣的地方。每年三月，金明池春意盎然，桃红似锦，柳绿如烟，京城居民倾城而出，郊游于此。每逢阴雨绵绵之夜，人们多爱到此地听雨打荷叶的声音，雨过天晴万物清新，更有一番新气象，故有"金池夜雨"之称。

东游记

杨奂

◎本文选自《全元文》（李修生主编，江苏古籍出版社，1999年）卷七。

◎本文是杨奂告老归隐之后的游记，撰于蒙古宪宗二年（1252年）。所谓东游，是指作者远赴齐鲁，拜访曲阜孔圣故居之行。在侍者与陪客的引导下，作者历游遍览了齐鲁境内的名胜古迹，如孔子庙、孟子庙，颜子墓、孟母墓、鲁城胜迹、峄山风光，等等，令人目不暇接，却写得有条不紊，许多感慨也启人深思。虽为游记之作，却具有重要的文献价值，为研究齐鲁历史建筑遗产及其丰富内涵提供了重要参考。

正文

壬子春三月十六日庚子，东平行台公宴予东园。是日，衣冠毕集，既而请谒阙里[1]。迨丙午，乃命监修官卢龙韩文献德华、上谷刘诩子中相其行。丁未，同德华、子中，暨摄祀事孔偁器之、梁山张宇子渊、汴人郭敏伯达出望岳门，幕府[2]诸君若曹南商挺孟卿、范阳卢武贤叔贤、亳社李祯周卿、江陵勾龙瀛英儒、信都李简仲敬、济阴江绂孝卿、梁园李绂绶卿、华亭段弼辅之，祖于东湖之上。既别，自西而东行六十里，宿汶上县刘令之客厅。汶上，古之中都也，先圣之旧治，鲁定公九年宰于此，县署之思圣堂是也。有杜子美《望岳》诗刻。王彦章坟、祠在西城外，以斯人而仕于梁，时可知也。

戊申，晨起，器之从间道[3]先往。是日，至兖州，会州佐孟谦伯益、教官张铎振文。振文话峄山之胜[4]为甚详。子美所谓“浮云连海岱，平野入青徐”，《登南城楼》诗[5]也。徐在南四百里，青在东北七百里，海在东北又不啻千里，岱岳二百余里。吁！二三千里之远，今一举而至，与其终其身、拘拘儒儒[6]于二百里内者，不亦异乎？

己酉，拉振文而东，不四五里，过泗水，地颇高敞，南望凫峄诸峰，出没于烟芜云树之表，使人豁然也。又一舍许，达于曲阜。见曳而断者，其鲁城欤！郁而合者，其孔林欤！不觉喜色津津，溢于眉睫也。未几，器之辈跃马出迓[7]，入自归德门。鲁门一十有二，正南曰稷，左曰章，右曰雩；正北曰闲，左曰齐，右曰龙；正东曰建春，左曰始明，右曰鹿；正西曰史，右曰麦，归德其左也。当时天下学者多由是门入，故鲁人以此名之。族长德纲又率诸子弟迓于庙之西。相与却马鞠躬，趋大中门而东，由庙宅过庙学，自毓粹门之北入，斋厅在金丝堂南、燕申门之北，堂取鲁恭王事也。是日私忌，不敢谒。

庚戌，钟鸣，班杏坛之下，痛庙貌焚毁，北向郓国夫人新殿绘像修谒，而板祝如礼。告先圣文宣王曰……降阶，谒齐国公、鲁国夫人之故殿。殿西而南向者，尼山毓圣侯也。次西而东向者，五贤堂也，谓孟也，荀、扬也，王与韩也。碑，孔中丞道辅文。中丞笃于信道者也，于家法无愧矣。遂饮福于斋厅，宾主凡二十有五人，酒三行而起，执事者族中子弟也，进退揖让，例可观。信乎！遗泽之未涸也。焉知教养之久，明诏之下，人物彬彬，不有经学如安国、政绩如不疑者乎？"杏坛"二字，竹溪党怀英书。坛之北，世传子路捻丁石，盖石之靥[8]也。夫所谓勇于义而已，岂区区若是耶？一有率尔之对，而不免流俗之口，盍不亦慎诸？坛南十步许，真宗御赞殿也，《七十二贤并诸儒赞》，从臣所撰，贞祐火余物也。手植桧三，两株在赞殿之前，一株在坛之南，焚橛无复孑遗。好事者或为圣像，或为簪笏，而香气特异。赵大学秉文、麻征君九畴有颂有诗，世多传颂之。次南碑亭二，东亭宋碑一，吕蒙正撰，白崇矩书，太平兴国八年十月建。金碑一，党怀英撰并书篆。西亭皆唐碑也，一碑崔行功撰，孙师范书，碑阴刻武德九年十二月诏，又刻乾封元年二月祭庙文；一碑江夏李邕撰，范阳张庭珪书，开元七年十月建。次南奎文阁，章宗时创，明昌二年八月也，开州刺史高德裔监修。阁之东偏门，刻顾恺之行教、吴道子小影二像。东庑碑六，皆隶书，而《鲁郡太守张府君碑》非也。西庑之碑八，隶书者四，余皆唐、宋碑也。是日宴罢，并出北偏门，由袭封廨署读姓系碑。又北行，由陋巷观颜井亭，亭废矣。北出龙门，入孔林，徘徊思堂之上。由辇路而北，夹路石表二、石兽四、石人二，兽作仰号之状。拜奠先圣墓，如初礼。前有坛，石厚三尺许，方如之，其数四十有九，后汉永嘉元年，鲁相韩叔节造。东连泗水侯伯鱼墓，南连沂水侯子思墓。《世家》云"相去十步耳"，而密迩若此，疑后人增筑之也，然规制甚小，礼之所谓"马鬣[9]而封"者是也。子思之西石坛，居摄元年二月造，有曰"上谷府卿"者，有曰"祝其卿"者。先圣墓西北，白兔沟也，二石兽状甚怪。林广十余里，竹木繁茂，未见其比。而楷木以文，为世所贵。无荆棘，无鸟巢，将吾道终不可芜没，而凤鸟有时而至欤！林东三里，讲堂也。林与堂俱在洙北泗南。按《世家》云，周敬王三十六年，孔子自卫返鲁，删《诗》《书》，定"礼""乐"，系《易》于此。砚台井在其西，惜去秋为水漫没矣。

辛亥，谒周公庙。庙居孔庙之东北五里，有真宗御赞碑。车辋井在正东少南，水清白而甘，俗呼浆水井者是也。庙北双石梁井，石上绠痕有深指许者。百步许得胜果寺，鲁故宫地也。殿之东北大井，圆径六十尺，深二丈，水色墨如也。东过颜侍郎墓林。城之址，颜庙也，庙中孤桧高五丈许。由曲阜西复东北行一里，入景灵废宫观、寿陵，陵，避讳而改也。东，轩辕葬所，宋时叠石而饰之也。前有白石象，为火爆裂。坛之石栏，穷工极巧，殆神鬼所刻也。读碑记，始知草创于祥符，润饰于政和，而大定中因之而不毁也。此亦人君治平之久，狃[10]于贪侈之心之所激也。福苟可求，则二帝三王必先众而为之，福可求乎哉！大碑四，谚云“万人愁”者是也。而二碑广二十有三尺，阔半之，厚四尺，高十有三尺，阔如之，厚四尺，龟趺十有八尺。二碑广二十有四尺，阔半之，厚四尺，高十有八尺，阔十有六尺，厚四尺，龟趺十有九尺。一在城之外，一在城之内，无文字，意者垂成而金兵至也。陵曰寿陵者，诚何谓邪？入东门，饭器之家。复西南，驰观汉之鲁诸陵，大冢四十余所，石兽四，石人三，人胸臆间篆刻，不克尽识，有曰“有汉乐安太守廉君橐冢”者，有曰“府门之某”者。折而北，渡雩水，入大明禅院，观达泉，水中石出，如伏鼋怒鼍。寺碑云，鲁之泉宫也。薄暮，归自稷门，望两观穹然。以少正卯奸雄，而七日之顷，谈笑剔去，则知舜诛四凶，使天下翕然服之明矣，孰谓圣人而有两心哉！后世如操、如懿，得全首领于牖下，不为不幸矣！登泮宫台，台之下水，自西而南，深丈许而无源。吁，僖公一诸侯，能兴学养士如此。三咏采芹之章，而后下。其西，灵光殿基也，破礎断瓦，触目悲凉，而王延寿所谓“俯仰顾盼，东西周章”者，今安在哉？

壬子，复由县城东北行十里许，过桃落村，南望修垅曼延不绝者，周之鲁陵也。东南五里，达胁沟村。拜圣考齐国公墓，而林广四十亩，墓前石刻“甲辰春二月望、五十一世孙元措立石，溢津高翻书”。沟水在林之东北入于泗。其南防山也，而山之东西峰五，云《礼》“合葬于防”是也。林之北，东蒙路也。自西峰而南，谒颜子墓，石刻曰“先师兖国公，大定甲辰三月，先圣五十代孙、承直郎、曲阜令、袭封衍圣公孔摠立石，太原王筠书”。墓前一石，仅二尺许，两甲士背附而坐，一执斧，一执金吾。正北有小塚，不可考。颜氏子孙二房，在少东上宋村。是日东南行，并戈山而西，由白村历西鲁元，达东鲁元，馆房氏家。泗川公古具鸡黍以待。古，孔氏婿也，问之，不知其为公孙、公西也。地多虎狼，牧者为之惧，比晓，幸无所苦。

癸丑，穿林麓而东，约六里许达尼山[11]，三峰隐隐在霄汉间，而中峰迥出，昔之所谓“穹其顶”者是也。庙庭废虽久，而规模犹见。其西智源溪桥也，端南即大成门，次北大成殿也，其东泗水侯殿，其西沂水侯殿。大成之后郓国夫人殿也，其后斋所也，西有齐国、鲁国之殿。齐国之东而南向者，毓圣侯殿也。大成之东，斋厅也，兵余尚存焉。正北中和壑也。庙之西南，观川亭也，瓦砾中得一断石，盖前进士浮阳刘烨《夹芦辨》也，或曰“夹驴”，刘恶其鄙俚，故辨正之。夹芦岘在尼山西，由亭之东回旋而下，得坤灵洞，石角戢戢[12]不可入。族长云：“庙户管用、吉成，尝持火曳绠而入，比三数丈，忽隙间有光，睹一室口，广两楹许，中横石床、石枕，皆天成也，而不可动。今五十年矣，以管与吉幼而瘠，故可入也。”所言如此。洞名，刘烨之所刻也。因涉雩水，过颜母山下，观文德林，以草木障翳，庙与圣井无所见。寻旧路复达鲁元。饭已，西南濒□下而出，由桑家庄历峻山二十里，而近达四基山。遇兵士傅正，徐州人，导至邹国公墓。墓在庙之东北，有泰山孙复碑，孔中丞立石。其西大冢七，正北墓差小，无从考之。南有寺，曰亚圣寺，有碑，傍有古墓三。行四五里，过黄注村，又十里，由石经埠正南少西，行二十里，达邹县，宴彭令之宅。

四月甲寅朔，饭后出南门二十五里许，达峄山。循山之西北绝涧，乱石如屋。既而遇道者李志端为之前导，复西北行，游太湖、悬钟二洞。东南行，入燕子岩，仆以病足，与德华岩下坐，待诸君之还。晡时，子中辈踵至，国祥且示峄山图腊纸，按图指顾。若仙桥之巨石、七真之西轩，下瞰纪侯之重城、汉相之故冢，一如眼底，如玉女峰、千佛塔，尤号奇绝。所至流泉、修竹、杂花、名果，殆若屏面而容缕数哉！逼夕阳下山，迤逦由西北而进，达于县之南关。报孟氏诸孙迎于道左，即造邹国公庙，庭奠已，入县，复宴于旧馆。县父老请见，为欢饮竟夕。

乙卯，出西门，北行十里，入岗山寺。孟氏诸孙复携酒至。由竹径，渡横桥，休于寺之静室。良久，出山，东北行二十五里，达马鞍山，谒孟母墓。北行十五里，达赵山庄，饭孔族家。又十里许，达于鲁城之南，登郊台。台东西五十八步，南北四十步。鲁之台可见者三，是台与泮宫台、庄公台也。不知书云物者何所也，容考之。北涉雩水，由竹径亭登浮香亭，亭以梅得名。少北一石穴，恭泉也，亦竹溪书而不名。缅想前辈风度，又有足敬也。

丙辰，曲阜官佐至，以私忌不敢饮。

丁巳，将访矍相圃，会功叔遣其子治同诸官佐具酒馔复至，不果。时功叔抱乐正子之疾。

戊午，从德刚、子中登西南角台，望射圃。圃在归德门里道侧，积土隐起草中，或其所也。台泰和四年七月六日，故人梦得之所筑也，窃有感于怀。梦得，元措之字也。是夕，孔族设祖席于斋厅。

己未，辞先圣于杏坛之下，族长德刚率族人别于归德门外，国祥暨德刚之子立之护至兖州西。

呜呼！读圣人之书，游圣人之里，幸之幸者也。然有位者多以事夺，而无位者或苦力之不足也。况以丰镐之西，望邹鲁之远，与南北海之所谓不相及者何异焉？流离顿挫中有今日之遇，伯达既绘为图，且属仆记之，敢以衰朽辞，勉强应命，将告未知者。是岁四月五日，紫阳杨奂记。

⊙ 注释

⊙1　阙里：孔子居住之地，这里当指代曲阜。

⊙2　幕府：指出征时将军的府署。“幕”指军队的帐幕、帐篷，“府”指王室等收放财宝和文件的地方。

⊙3　间道：偏僻的小路。

⊙4　峄（yì）山：又名“邹峄山”“邹山”“东山”，海拔582.8m，位于孔孟之乡邹城市东南10km处，自然景观优美奇特，素有“岱南奇观”“邹鲁秀录”“天下第一奇山”等美誉，并以其独特的灵秀引来帝王秦始皇、刘邦、李世民、赵匡胤、朱元璋、乾隆等；文人骚客诸如孔子、孟子、庄子、司马迁、李白、杜甫、苏轼、陆游、赵孟頫、郑板桥等，更是不辞辛劳来此访幽探奇，从而留下众多佳诗墨宝，积淀了深厚的历史文化内涵，使峄山成为齐鲁大地独特的风景名胜。

⊙5　即唐代诗人杜甫的诗作《登兖州城楼》：“东郡趋庭日，南楼纵目初。浮云连海岱，平野入青徐。孤嶂秦碑在，荒城鲁殿馀。从来多古意，临眺独踌躇。”诗歌从地理和历史的角度来写，一方面表现了祖国的壮观美景，一方面回顾前朝的历史。

⊙6　拘拘儒儒：形容局促不安，胆小怕事，无所作为。拘拘，拘束，有所顾忌的样子；儒儒，指软弱、懦弱。

⊙7　出迓：出门迎接。

⊙8　窬：圆窝，圆坑。

⊙9　马鬣（mǎ liè）：指坟墓封土的一种形状，亦指坟墓。

⊙10　狃（niǔ）：因袭，拘泥。

⊙11　尼山：原名尼丘山，孔子父母“祷于尼丘得孔子”，所以孔子名丘，字仲尼，后人避孔子讳称为尼山。为孔子出生地，位于曲阜市城东南30km。海拔约340m，山上有孔子庙、尼山神庙、尼山书院等建筑群。孔子庙内东南角有一观川亭，传为孔子发出“逝者如斯夫，不舍昼夜”之慨叹之地，山东麓有孔子出生的山洞——夫子洞。为纪念孔子，北魏时建庙奉祀，历代重修。现存尼山书院占地25亩，周围数百亩古柏，景色幽美，另有文德林、坤灵洞、中和壑等，被誉之为“尼山八景”。

⊙12　戢戢：密集之意。

□ 说明

该游记在元代流行甚广，受到广泛好评，陈俨称：“紫阳先生《东游记》，记洙泗之迹也。读之，神明之观参于前，竦然不觉起敬。教谕国祥王先生锓诸梓，愿惠来游者。且曰：‘记所见者，迹也。觌圣贤之迹，探圣贤之道，则在乎人焉耳。’俨曰：‘道即吾性，而由外乎哉？虽然，迹不贱，则道美其人。’国祥曰：‘先生之意将在是。’”段廷珪云：“曲阜孔世德，携紫阳先生《东游记》来番。予谓南土多未之见也。勉之再行摹刻，用广其传，且俾郡士稍加纠正。继今披图，览阅圣域，只在棐几间，岂非学者之大幸欤？”由此可见《东游记》在当时已经显现出了各方面的价值。

观川亭

尼山书院

夫子洞

游嵩山

杨奂

◎本文选自《还山遗稿》。

正文

轘辕坂[1]

盘盘十二曲，石岭瘦峥嵘。脚底有平地，何人险处行。

太　室[2]

茂陵骨已朽，万岁恐虚传。莫上中峰顶，秦城隔暮烟。

少　室[3]

方若植鬼冠，森若削寒玉。明月夜中游，谁家借黄鹄。

启母石

顽石本在世，启母人亦知。可怜宋太后，死骂宁馨儿。

少姨庙

路傍双阙老，蔓草入荒祠。时见山家女，烧香乞茧丝。

测影台

一片开元石，愈知天地中。今宵北窗梦，或可见周公。

巢翁冢

既知田间乐，焉知田间苦。惟是唐虞朝，所以有巢父[4]。

⊙ 注释

⊙1　轘辕坂：即轘辕山，位于河南省巩义、登封、偃师交界一带，嵩山太室山与少室山之间，山势陡峻，山道盘旋，将去复还，谓之“十八盘”，古称轘辕道。因状似轘辕而名曰轘辕山，上有轘辕关，为汉置八关之一。古为东都洛阳通往东南的关隘要道。

⊙2　太室：即太室山，位于河南省登封县北，为嵩山之东峰，海拔1440m。据传，禹王的第一个妻子涂山氏生启于此，山下建有启母庙，故称之为“太室”（室，妻也）。

⊙3　少室：即少室山，东距太室山约10km，御寨山上连天峰为嵩山之西峰，海拔1512m，为嵩山最高峰，主要建筑为少林寺。据说，禹王的第二个妻子，涂山氏之妹栖于此，人于山下建少姨庙敬之，故山名谓“少室”。

⊙4　巢父：传说为尧时的隐士。汉王符《潜夫论·交际》：“巢父木栖而自愿。”晋皇甫谧《高士传·巢父》：“巢父者，尧时隐人也，山居不营世利，年老以树为巢而寝其上，故时人号曰巢父。”

□ 说明

嵩山，位于河南省西部，地处登封市西北面，是五岳的中岳，属于伏牛山的一支余脉，由东向西绵延约30km。嵩山古称“外方”，夏商时称“宗高”“宗山”，西周时称为“岳山”。公元前771年周平王迁都洛阳以后，以嵩山位居中央，左岱（泰山）右华（华山），定嵩山为中岳，始称“中岳嵩山”。嵩山地区是中华文明的发源地，历史悠久，是我国古代最早的政治、经济、文化中心，也是我国古代重要的政治、经济、文化中心之一，这里不仅风景优美，而且文化高度繁荣，尤其道、佛、儒三教荟萃，更为其增添了诸多文化魅力。太室山下的中岳庙，始建于秦代，是嵩山道家的象征；太室山南麓的嵩阳书院，是中国古代四大书院之一，是嵩山儒家的象征；少室山中以少林武术闻名于天下的少林寺，是嵩山释家的象征；观星台距今已有700余年历史，是我国现存最古老的天文台，也是世界上最著名的天文科学建筑物之一，充分反映了我国古代科学家在天文学上的卓越成就，在世界天文史、建筑史上都有很高的价值；汉三阙不仅承载了中国古老建筑的诸多信息，而且反映了丰富多彩的华夏民族文化。2010年，包括8处11项建筑的登封“天地之中”历史建筑群成功入选世界文化遗产。

临锦堂记

元好问

◎本文选自《元遗山集》卷三十三。

◎文中记述了幕府从事刘某在元大都御苑之西私家园林临锦堂的情况。

正文

燕城自唐季及辽为名都，金朝贞元迄大安，又以天下之力培植之，风土为人气所移，物产丰润，与赵、魏无异。六飞⊙1既南，禁钥⊙2随废。比焦土之变，其物华天宝所以济宫掖之胜者，固已散落于人闲矣。御苑之西有地焉，深寂古澹，有人外之趣，稍增筑之，则可以坐得西山之起伏。幕府从事刘公子裁其西北隅为小圃，引金沟之水，渠而沼之。竹树葱茜，行布棋列；嘉花珍果，灵峰玉湖，往往而在焉。堂于其中，名之曰"临锦"。癸卯八月，公子觞⊙3予此堂，坐客皆天下之选。酒半，公子请予为堂作记，并志雅集。予亦闻，去秋堂之南，来禽再华，骚人词客多为作乐府、歌诗，以记其异。名章隽语，传播海内。夫营建之盛、游观之美，以今日较之，十倍于临锦者抑多矣！而临锦独以名天下，何耶？盖刘公子出贵家，春秋鼎盛，志得意满，时辈莫敢与抗；乃能折节⊙4下士，敦⊙5布衣之好，以相期于文字间；境用人胜，果不虚语。河朔板荡以来，公宫、侯第、曲室、便房，止以贮管弦、列姬侍，深闭固拒，敕外内不得通。其不为风俗所移者，才一二见耳。异时有向儒术，通宾客，置郑庄之驿，授相如之简，以复承平故事者，予知其自临锦主人发之，故乐为之书。

⊙ 注释

⊙1　六飞：亦作"六騑""六蜚"，指古代皇帝的车驾六马，疾行如飞。泛指皇帝的车驾或皇帝。唐代杜牧有《长安杂题长句》之五曰："六飞南幸芙蓉苑，十里飘香入夹城。"

⊙2　禁钥：即宫门钥匙，泛指宫廷门禁。宋范成大《上元纪吴中节物俳谐体三十二韵》："禁钥通三鼓，归鞭任五更。"

⊙3　觞：饮酒，宴请。

⊙4　折节：这里意为降低自己的身份。

⊙5　敦：注重，推崇。

□ 说明

金章宗泰和年间，蒙古成吉思汗崛起于大漠，铁骑所至，席卷欧亚大陆。贞祐二年（1214 年）金宣宗被迫放弃中都（今北京），迁都汴梁（今开封），次年，成吉思汗攻破金中都，从此燕京地区为蒙古所占领。

蒙古统治时期的燕京地区兵火甫息，于是官宦之家、文人雅士开始渐次兴建新的私家园林。其中最为著名的就是幕府从事刘某的别业"临锦堂"。清代《日下旧闻考》考证其位置"当在今积水潭之南岸以西"，利用中都城外御苑之西的空地修筑；今人萨兆沩先生《元时临锦堂地理方位辨正》则认为应在金中都城内西部。不管其位处何地，从本文记述中可知，此园在当时是以精美的山石和繁盛的花木取胜，又引活水入园形成池沼。其正堂名"临锦堂"，向西还可以远望西山之景，可见地理位置极佳。

李参军友山亭记

元好问

◎本文选自《元遗山集》卷三十三。

正文

由龙门而东，其北为轘辕，南为颍谷。轘辕、崧[1]高在焉，颍谷、颍水在焉。南北道合为告成，告成维天地之中，测景台在焉。又东为阳翟，连延二百里间，少室、大箕、大陉、大熊、大茂、具茨[2]在焉。为山者九，而崧高以峻极为岳。岳有镇、有辅，辅与镇大率皆崧高络脉之所分去也。近代以阳翟为钧之州治，九山[3]环列，颍水中贯，景气清澄，淑览高旷；豫州诸郡，莫与为比，自昔号为“东望”。唐人陈宽记颍亭所见，以为云烟草树，浓淡覆露，望之使人意远，超超然如万里之鹤，唯此地可以当之。市南之西有宅一区，竹木潇洒，迥若尘外。镇人李参军麟居之，筑亭其中，以揽九山之胜；心之所存，目之所见，唯山之为归，故以“友山”名之。庚戌之夏，自汴梁来，请记于予。疑而问焉，参军者复于予曰：“麟故大家，由王父以来，以好事名乡里。家镇之阛阓中，而庭宇高敞，如素封[4]之侯。居有竹，里有堂曰清闷。堂承旨世杰、张都漕仲淹、李都司之纯、李治中彦明、礼部闲闲赵公翰墨故在。一时名胜，若公卿达官，每车骑过门，吾先人必盛为具馆之，或苛留至旬浃。管弦丝竹，杂以棋槊[5]之戏，穷日竟夕而后已。客亦爱主人之贤而不能去也。贞祐初，麟避兵，南渡河，侨寓此州，乐其风土，遂有终焉之志。未几，州废。二十年之间，虽城郭粗立，才有残民数百家而已。麟老矣！遭离丧乱，转徙半天下，仅得复来；时移物换，滋深华表之感。其特用自慰者，赖吾九山在耳！古有之：厌于动者趋静，困于智者归仁。夫仁与智，固圣人示愚者以养福之域也。吾九山之志，一水一石皆昆阆[6]间物，顾揖所不暇，称喻所不能尽。愚独以为岩岩青峙，壁立千仞，如端人神士，朗出天外；云兴霞蔚，光彩溢目；施文章钜公，金玉渊海，漠焉而无情，默焉而意已传；又似夫木食磵饮，隐几而坐忘者。极古今取文，岂复加于此？愧珠玉在侧，无以称副之耳！麟无所以业，无可致宾客；清闳之业，扫地而尽。惟人将拒我是惧，其敢以三损⊙7速戾⊙8，五交⊙9贾衅⊙10，自附于王丹、朱穆、刘孝标之后，褰裳裹足，远引高蹈，以与麋鹿同群而游乎？”予笑之曰：“有是哉！予向所疑释然矣。子归，幸多问草堂之灵。”参军固佳士，而封雕丘方移文以谢逋客⊙11，君乃与之进，初不以欺松桂、诱云壑⊙12而为嫌。紫云仙季能无少望乎？何金衣招隐之书之来之暮也？□年□月□日记。

⊙ 注释

⊙1 崧：即嵩，指嵩山。

⊙2 具茨：即具茨山，也称始祖山，是中华人文始祖轩辕黄帝修德振兵、统一华夏的地方。位于河南省中部新郑市，是伏牛山的余脉，与本文中的少室、大箕、大陉、大熊、大茂、告成、颍谷、轘辕一起被称为中国古代著名的“九山”。

⊙3 九山：指九州的名山。《书·禹贡》：“九山刊旅。”古人对九山的认识各有不同：《吕氏春秋·有始览》《淮南子·墬形训》以会稽、泰、王屋、首、太华、岐、太行、羊肠、孟门为九山。《史记·夏本纪》、司马贞《索隐》以汧、壶口、砥柱、太行、西倾、熊耳、嶓冢、内方、汶为九山。元好问诗《颍亭留别》曰：“七风三日雪，太素秉元化。九山郁峥嵘，了不受陵跨。”施国祈注解“九山，案轘辕、颍谷、告成、少室、大箕、大陉、大熊、大茂、具茨是也”，此即本文所言九山。

⊙4 素封：无官爵封邑而富比封君的人。

⊙5 棋槊：即握槊，古代的一种博戏，相传在南北朝时期传入，后演变为双陆。

⊙6 昆阆：指昆仑山上的阆苑，传说中为神仙所居之地。

⊙7 三损：古代指具有便辟、善柔、便佞三种习性的人。与这三种人交友，有损无益，故称三损。《论语·季氏》载：“孔子曰：益者三友，损者三友。友直、友谅、友多闻，益矣。友便辟、友善柔、友便佞，损矣。”邢昺疏：“便辟，巧辟人之所忌以求容媚者也；善柔，谓面柔和颜悦色以诱人者也；便，辨也，谓佞而复辨。以此三种之人为友则有损于己也。”

⊙8 速戾：招致罪责。

⊙9 五交：指五种非正道的交友，即势交、贿交、谈交、穷交、量交。

⊙10 贾衅：招致事端。

⊙11 逋客（bū kè）：逃离的人，或避世之人，隐士。

⊙12 欺松桂、诱云壑：南齐人周颙隐居钟山（今江苏省南京市江宁区北），后应诏为海盐令，时人孔稚圭作《北山移文》，借山灵之口，指斥他假充隐士，称他“诱我松桂，欺我云壑”。

华林苑

葛逻禄乃贤

◎本文选自《河朔访古记》。

◎文中记述了石虎修建华林苑的经过及建成后的盛况。

正文

在临漳县邺城东二里，苑后即南邺城之西也。按：石虎时，有沙门[1]吴进言："赵运将衰，晋当复兴，宜役晋人以压其气。"虎于是使尚书张群发近郡男女十六万，车万乘，运土筑华林苑。周回数十里，及筑长墙数十里。赵揽等上疏切谏[2]，虎大怒，曰："墙朝成夕坏，吾无恨矣！"乃从张群，以烛夜作起三观、四门，通漳水，皆设铁扉[3]，暴风大雨，死者数万人。又凿北城，引水于华林园，城崩压死百余人。虎于苑中植人间名果，作虾蟆车箱，阔一丈，深一丈，合土载花木，所植无不荣茂。至高齐武成间，增饰华林苑，若神仙所居，改曰"仙都苑"。苑中封土为岳，皆隔水相望，分流为四渎，因为四海。汇为大池曰"大海"，海中置龙舟六艘，其行舟处，可廿五里。又为殿十二间于海中，五岳各有楼、观、堂、殿，四海中亦有宫殿、洲浦。其最知名者，则北岳之飞鸾殿、北海之密作堂也。飞鸾殿十六间，以青石为基，珉石[4]为础，镌刻莲花，内垂五色珠帘，缘以麒麟锦，楹柱皆金龙盘绕，以七宝饰之。柱上悬镜，又用孔雀、翡翠、山鸡、白鹭毛当镜，作七宝金凤，高一尺七寸，口衔金铃，光彩夺目，人不能久视也。密作堂，周回廿四架，以大船浮之，以水为激轮。堂为三层：下层刻木人七，弹筝、琵琶、箜篌、胡鼓、铜钹、拍板、弄盘等，衣以锦绣，进退俯仰莫不中节；中层刻木僧七人，一僧置香奁，立东南角，一僧执香炉，立东北角，五僧左转行道至香奁所，以手拈香，至香炉所，其僧授香炉于行道僧，僧以香置炉中，遂至佛前作礼，礼毕整衣而行，周而复始，与人无异；上层作佛堂，旁列菩萨、卫士，帐上作飞仙右转，又刻紫云左转，往来交错，终日不绝。皆黄门侍郎，博陵崔士顺所制，奇巧机妙，自古罕有。其苑中楼、观、山、池、台、殿，自周乎齐之后，皆废毁矣。今其基址询之故老，犹能记其万一。余以记载可考者，录叙如右。

⊙ 注释

⊙1　沙门：是指僧人。
⊙2　切谏：直言极谏。
⊙3　铁扉：铁门。
⊙4　珉石：似玉的美石。

□ 说明

古代邺城作为六朝都城所在，建有多个御苑，华林苑即其中之一，是后赵皇帝石虎在曹操芳林园的基础上修筑而成的，在当时是浩大的建筑工程，工程5月启动，60万人被征用参与修筑，当年8月天降大雪，数千人冻死。华林苑有四门三观，并引漳水入苑，苑内广植有名果树，如西王母枣、羊角枣、勾鼻桃、安石榴等。在苑中千金堤上，不惜重金做铜龙两条，相向吐水，增加苑中景观。华林苑的建设是一部古代劳动人民的血泪史。

康乐园

葛逻禄乃贤

◎本文选自《河朔访古记》。

◎文中记述了古代安阳地区官署后花园康乐园的修建经过及其内堂、亭的面貌。

正文

彰德路[1]总管府治后花圃，曰康乐园。昔宋至和中，韩魏公[2]以武康之节归[3]，典[4]乡郡，因辟牙城[5]作甲仗库[6]，以备不虞，遂大修亭池，名曰康乐园，取斯民共乐康时之义，故云。魏公自为记，书而刻诸昼锦堂上。园中旧有七堂曰：昼锦、燕申、自公、荣归、忘机、大悲、凉堂。又有八亭曰：御书、红芳、求已、迎合、狎鸥、观鱼、曲水、广春。又有休逸、飞仙二亭。故老相传，黄堂厅事，肇启建于节度韩重赟[7]。宋太宗归自河东，视其厅曰："朕之所居，亦不过也。"上欲留宿，重赟奏曰："臣以一方之力，积岁成此，今陛下居一夕，即虚之矣，不免劳民重建，乞赐守臣，岂胜荣幸？"上乃命设幄宿于厅下而去。至魏公大加完饰，郡廨园亭，雄壮华丽甲于河朔。又传：休逸堂，魏公取邺城冰井台四铁梁为柱，初铁梁弃邺台岁久，光莹无藓剥，人以为神物，诃护不敢动，及以为堂柱，群疑始定。今园亭废毁，皆不可考，惟飞仙台基，在府治敏功堂后，今构观音堂其上。台北十余步，逾小巷，后园有休逸堂基，面山。亭基，金节度完颜熙载作养素楼其上，今废，其碑尚存，其余则不可知矣。昼锦堂记碑，今移至魏公祠堂云。公有《康乐园诗》曰："名园初辟至和中，思与康时共乐同。一纪年光虽易老，万家春色且无穷。归来敢炫吾乡胜，到此须知旧邺荣。病守纵疲犹强葺，欲随民适醉东风。"十二月，余至彰德府治，后因游康乐园，今皆菜畦麦陇，可考者惟休逸台荒基，余皆不复辨矣。

⊙ 注释

⊙1　彰德路：元至元初改彰德府置，治安阳县（今河南安阳市）。

⊙2　韩魏公：指的是北宋宰相韩琦。

⊙3　句意为：魏国公韩琦是相州人，此时以武康节度使身份回相州任知州。

⊙4　典：主持，主管。

⊙5　牙城：古代军中主帅或主将所居的城。依例当建牙旗，故称。《资治通鉴·后梁太祖开平元年》："渥父行密之世，有亲军数千营于牙城之内。"《蜀注》："古者军行有牙，尊者所在。后人因以所治为衙，曰牙城，即衙城也。"此处当指内城。

⊙6　甲仗库：古代贮藏兵器的仓库。

⊙7　韩重赟：（？—974），磁州武安（今属河北省）人。北宋重要将领，开国功臣之一。赵匡胤发动陈桥兵变建立宋朝时，韩重赟参与兵变，"以翊戴功"升为侍卫亲军司马军主力龙捷左厢都指挥使。此后，相继任侍卫马军都指挥使、淮南行营马步军都虞侯、殿前都指挥使、殿前司正长官等职。乾德四年（966年）八月，黄河决口于滑州，韩重赟督军士民夫修河堤功绩卓著，为他人所妒忌，引起赵匡胤的猜忌，险被杀头，军职被解除，出为彰德军（相州，今河南省安阳市）节度使。

□ 说明

据文献记载，宋乾德五年（967年）二月，彰德军节度使韩重赟征召安阳当地百姓到西山伐木，开始建造相州州廊，并在其中兴土木、建厅堂。可见康乐园建于宋初。韩琦曾三次（1055年、1068年、1073年）判相州，每次还乡都对州廨进行整修，营造活动不断。到北宋熙宁八年（1075年），韩琦已把以康乐园为核心的郡园扩建成河朔地区颇负盛名的一处园林。其时，康乐园以池水、亭、堂、台为主题，并定时向民众开放，具有一定的公共性质。

游钟山记 ⊙1

胡炳文

◎本文选自《全元文》（李修生主编，江苏古籍出版社，1999年）卷五五一。

◎作者：胡炳文（1250—1333），字仲虎，号云峰，元代教育家、文学家。婺源考川人，一生致力于研究、弘扬朱子理学，在易学研究上也颇有造诣。在家乡创建明经书院。代表作有《云峰集》《四书通》《周易本义通释》和为儿童编写的《纯正蒙求》等。

◎文中主要记述了胡炳文游历钟山时看到的历史遗存，诸如谢安宅邸、宝公塔、王安石读书处、观音亭、七佛庵、明道书院等。本文对探究钟山丰富的历史文化内涵具有重要的史料价值。

正文

江以南形胜无如升[2]，钟山又升最胜处。予至升，首过上元[3]谒明道先生[4]祠，礼毕，即度关游山。夹路松阴亘八九里，清风时来，寒涛吼空，斯须寂然。路左入半山，先是谢太傅[5]园池，荆公[6]宅之，捐为寺，至今祠公与傅法沙门等。出入三四里，又入一寺，弘丽视半山百倍。龛馊[7]壁绘，光彩夺目，诡状万千。两庑级石而升四五十丈，始至宝公塔[8]。塔边有轩名“木末”，履舄[9]之下天籁徐鸣，浮岚暖翠，可俯而挹。下有羲之墨池，投以小石，远闻声出。丛苇间径狭荒芜，游客罕至，独拜塔者累累不艳。长老云：宝公巢生而人，朱氏取而子之，后成佛，凡祷水旱、疾疫如乡。语多不经。由塔后循山而左，过安石读书所，山石掘坌，忽敞平原。修篁老桧，万绿相扶，风鸣交加，犹作当时吾伊声。又行数里，休于观音亭。其旁八功德泉有声锵然，汩汩至亭下则困然以涵。或谓病者饮此立疗，众皆饮，予以无疾不饮。遂回塔后，攀松升磴六七里至小椒，钜石人立。予登石以坐，凤台鹭洲，眇不知在何许。但觉缭白萦青，隐见烟霞间，城中数万家，楼阁如画。其间旷无人处，六朝故宫也。北视扬子江头，一舟如叶行，移时不能咫，浪楫风帆，想数十里遥矣。蟠龙踞虎，亘以长江，其险也如此。黄旗紫盖，王气犹有时而终，令人凄然久之。下山至七佛庵，白云凄润，嚣壒不来。一僧嘘石炉，灰点须眉如雪。一僧蓬跣崖边拾松子以归。语客质木[10]，绝不与前寺僧类。闻其下有猛公庵、子文庙，山水稍奇丽，率为事神若佛者家焉。予不复往。欲访草堂猿鹤，莫得其处。遂朗吟小山《招隐》，循故道御天风而下，两袂如飞。山僧迎于门，欲设予供，予力辞，亟入关。复至明道精舍[11]，少憩而归。因啃啃曰：升自紫髯翁以来几兴衰矣，眼前花草无复当时光景。伯子春风，千载犹将见之。至若熙宁相业，非不焯焯然炫人耳目，迄不如主上元簿者复祠于学，何哉？欣慨交集，遂为之记。同游者王士晦、黄元卿、茅安、上饶林畔。

⊙ 注释

⊙1　钟山：又名紫金山，位于江苏省南京市东北郊，总面积约 45km²，为江南茅山余脉，横亘于南京中华门外，古名金陵山、圣游山，三国时东吴曾称其为蒋山。

⊙2　升：即升州，古州名，故治在今江苏省南京市。唐乾元元年（758 年），改江宁郡（今南京市）为升州，不久即废，至唐僖宗光启三年（887 年）复立。975 年，北宋灭南唐，复改江宁府（今南京市）为升州。宋真宗以赵受益（后改名赵祯）为升王，不久立为皇太子。天禧二年（1018 年）复升州为江宁府。

⊙3　上元：即上元县，是历史上位于南京地区的一个县。唐上元二年（761 年），改江宁县为上元县。杨吴天佑十四年（917 年），分上元县，另置江宁县，两县同属于升州管辖，并以秦淮河（今内秦淮河）为界，同城而治，河北为上元，河南为江宁。此后两县并存的情况维持了近千年，先后同属于江宁府（北宋）、建康府（南宋）、集庆路（元）、应天府（明）、江宁府（清）管辖。民国元年（1912 年）撤废上元县，并入江宁县。明清两代，上元县治设在今南京市白下路 101 号。明代南京皇宫也位于上元县境内。上元也是唐代对南京的称呼。

⊙4　明道先生：即北宋哲学家、教育家、诗人、北宋理学的奠基者程颢，字伯淳，学者称明道先生。曾任上元县主簿（各级主官属下掌管文书的佐吏）。

⊙5　谢太傅：即谢安，东晋时期政治家、书法家。

⊙6　荆公：即王安石，曾被封为“荆国公”。

⊙7　锼（sōu）：用金属工具掏空木石。

⊙8　宝公塔：宝公名宝志，是南朝高僧。据《南史・陶弘景传》载，南朝宋太始年间（465—471 年）时常出入钟山，来往都邑，披发赤脚，时显灵迹，梁武帝时尤受敬重，俗称他为宝公、志公。梁天监十三年（514 年）卒，葬于南京钟山定林寺前冈独龙阜，永定公主建塔于上，即名宝公塔。

⊙9　履舄（lǚ xì）：履，鞋；舄，复底鞋。指游人。

⊙10　质木：指人品朴实无华。

⊙11　明道精舍：即明道书院，位于今中华门内东侧下江考棚一带，建于南宋，是南京历史上规模最大、南京城内设立最早的书院。

龙兴路重建滕王阁记⊙1

虞集

◎本文选自《全元文》（李修生主编，江苏古籍出版社，1999年）卷八四八。

◎文中主要记述滕王阁重建的经过。

正文

国朝分建行中书省，其镇乎江西者，即龙兴而治焉。郡城之上，有曰“滕王阁”者，俯临章江，面直西山之胜。自唐永徽，至元和十五年，百七十余年之间，其重修而可知者，昌黎韩文公记之。后五百四十九年，当我朝之至元三十有一年，省臣以兹郡贡赋之出，隶属东朝，乃得请隆福皇太后赐钱而修之，记其事者，柳城姚文公也。又四十年，今天子即位，改元元统。其明年甲戌，江南行台御史大夫塔失帖木儿，时以丞相来镇兹省，尝登斯阁而问焉，追惟裕皇先后之遗德，期有以广圣上之孝心。平章马合睦赞之曰：“重熙累洽[2]之余，民力亦既纾息[3]，名迹弗治，将无以致执事之恪恭[4]也。”集众思于僚佐，请于朝而作新之。既而丞相移镇江浙，垂辖以次，或升或迁。平章实克始终其事焉。厥既落成，省府使人适临川之野，而命集记之。集曰：“噫！昔韩文公之记是阁也，犹以名列三王之次为幸。今韩、姚两文公之文，卓然相望于千载之上，而辱俾集继之，能无弗称之惧乎？且一阁之遗，见崇于今昔者如此，彼滕王何其幸欤？”将命者曰：“吾相君之属笔于子也，其咨度[5]于上下也审矣。且子尝从事于国史，今若而寓出其境，于书事为宜。宜勿辞也。”乃为稽诸郡牍，以是年十二月丙子，授工庀役，越明年乙亥，仍改元至元之岁，其五月之吉，柱立梁举。又明年丙子七月竣事。阁之崇为尺四十有四，深如崇之度，而广倍之。材石坚致，位置周密，檐宇虚敞，丹刻华丽，有加于昔焉。会其费，为中统钞十六万五千余缗。因前至元故事，给自内帑[6]，用之有制，民不知劳，赫然足以成大藩之盛观焉！呜呼！洪惟圣天子躬修孝理，化成于天下。登庸[7]宅揆[8]之臣，承之以庆赏刑威之制。风纪之司，振肃中外。自方伯连帅[9]至于郡县，奉行教令，罔敢逾越。其规模宏远，渐被所及，无有不至者矣。顾兹江湖岭峤之交，至于海岛，邈在南服，势若辽远。然而涵煦[⊙10]之久，保障之固。生齿数千万，日滋以庶。无外事以夺农时，舟车毕通，无所底滞。勉焉咸知畏法而安分，以服力于公上，况乎礼义文物，尚有可观于其间者乎？于斯时也，来莅是藩者，及岁时之闲暇，而与往来之公卿大夫，观风之使，四方之宾客，若属吏之来受事者，相与登临，览观于斯阁，优游雍容以歌颂国家之盛，而发挥其尊主庇民之心，不亦伟乎！

⊙ 注释

⊙1　龙兴路：元世祖至元二十一年（1284年），改隆兴路为龙兴路。治所在南昌县、新建县（今江西省南昌市）。下辖南昌县、新建县、富州（丰城县）、进贤县、靖安县、奉新县、武宁县、宁州分宁县（修水县）。明太祖改龙兴路为南昌府。

⊙2　重熙累洽：熙，光明；洽，谐和。指国家接连几代太平安乐。

⊙3　纾息：宽舒安逸。

⊙4　恪恭：恭谨，恭敬。

⊙5　咨度：咨询，商酌。

⊙6　内帑（tǎng）：内指皇室仓库里的钱粮。帑，指库金。

⊙7　登庸：指选拔任用、登帝位和科举考试应考中选等意思。此处当为选拔任用之意。

⊙8　宅揆：总领国政之意，即执掌大权。

⊙9　方伯连帅：诸侯之长。《礼记·王制》载："千里之外设方伯，五国以为属，属有长；十国以为连，连有帅。"泛指地方长官。

⊙10　涵煦：包含（的）恩惠。

□ 说明

滕王阁，位于江西省南昌市西北部沿江路赣江东岸，是南方唯一一座皇家建筑，始建于唐永徽四年（653年），因唐太宗李世民之弟李元婴始建而得名，因初唐诗人王勃诗句"落霞与孤鹜齐飞，秋水共长天一色"而流芳后世。与湖北武汉黄鹤楼、湖南岳阳楼并称为"江南三大名楼"，是中国古代建筑艺术独特风格和辉煌成就的杰出代表，象征着中国积淀五千年的文化、艺术和传统。历史上的滕王阁先后共重建达29次之多，屡毁屡建。现在的滕王阁落成于1989年，共9层，距唐代阁址仅百余米，主体建筑为宋式仿木结构。

龙门记

萨都剌

◎本文选自《全元文》（李修生主编，江苏古籍出版社，1999年）卷九一八。

◎作者：萨都剌（1272—1355），字天锡，号直斋。先世为西域回回族答失蛮氏，祖父居于雁门（今山西省代县）。官至燕南河北道肃政廉访司经历，常游历山水，晚年寓武林。诗多写自然景物，亦工词。有《雁门集》《萨天锡诗集》传世。

◎文中记述了龙门附近的地理自然环境，详细描述了龙门石窟的内容及保存情况。

正文

洛阳[1]南去二十五里许，有两山对峙，崖石壁立，曰龙门[2]。伊水[3]中出，北入洛河[4]，又曰伊阙[5]。禹排伊阙[6]即此。两山下石罅迸出数泉，极清泠。惟东稍北三泉冬月温，曰温泉，西稍北岸，河下一潭极深，相传有灵物居之，曰黑龙潭。两岸间，昔人凿为大洞，为小龛[7]，不啻[8]千数。琢石像诸佛相、菩萨相、大士相、阿罗汉相、金刚相、天王护法神相[9]。有全身者，有就崖石露半身者，极巨者丈六，极细者寸余。趺[10]坐者、立者、侍卫者，又不啻万数。然诸石像，旧有裂衅，及为人所击，或碎首，或损躯。其鼻耳，其手足，或缺焉，或半缺全缺。金碧[11]装饰悉剥落，鲜有完者。旧有八寺，无一存。但东崖巅有垒石址两区，余不可辨。有数石碑，多仆[12]，其立者仅一二，所刻皆佛语，字剥落不可读，未暇[13]详其所始[14]。今观其创作[15]，似非出于一时，其工力财费，不知其几千万计。盖其大者必作自国君，次者必王公贵戚，又其次必富人，而后能有成者。然，予虽不知佛书，抑闻释迦乃西方圣人，生自王公，为国元子[16]，弃尊荣而就卑辱，舍壮观而安僻陋，斥华丽而服朴素，厌浓鲜而甘淡薄[17]，苦身修行，以证佛果。其言曰无人我相[18]，曰色即是空[19]，曰寂灭为乐[20]。其心若浑然无欲，又奚欲费人之财，殚人之力，镌凿山骨，斫丧元气，而假像于顽然之石，饰金施采，以惊世骇俗为哉！是盖学佛者，习妄迷真[21]，先已自惑，谓必极其庄严，始可耸人瞻敬，报佛功德。又参之以轮回果报之说，谓人之富贵、贫贱、寿夭[22]、贤愚，一皆前世所自为，故今世受报如此。今世若何修行，若何布施[23]，可以免祸于地狱，徼福[24]于天堂，获报于来世。前不可见，后不可知，迷人于恍惚茫昧之涂[25]，而好佛者溺于其说，不觉信之深，而甘受其惑，至有舍身然臂施财，至为此穷极之功。设使佛果夸耀于世，其成之者必获善报，毁之者必获恶报，则八寺巍然，诸相整然，朝钟暮鼓，缁流[26]庆赞，灯灯相续于无穷，又岂至于无没其宫，残毁其容，而苍凉落莫如此哉！殊不知佛称仁王，以慈悲为心，利益众生，必不徇私于己，而加祸福于人，亦无意于衒[27]色相[28]以欺人也。予故记其略，复为之说[29]，以祛好佛者之惑。又以戒学佛者，毋背其师说，以求佛于外，而不求佛于内[30]，明心见性，则庶乎[31]其佛之徒也。

⊙ 注释

⊙1　洛阳：位于洛水之北，水之北乃谓“阳”，故名洛阳，又称洛邑、神都。境内山川纵横，西靠秦岭，东临嵩岳，北依王屋山——太行山，又据黄河之险，南望伏牛山，自古便有“八关都邑，八面环山，五水绕洛城”的说法，因此得“河山拱戴，形胜甲于天下”之名、“天下之中、十省通衢”之称。

⊙2　龙门：在河南省洛阳市南，伊河自西南流经此处，河西有龙门山，河东有香山，所以又称伊阙。自北魏至唐，建寺、凿窟多处，现存石窟1000多处，总称龙门石窟，又名伊阙石窟。

⊙3　伊水：即伊河，是黄河南岸支流洛河的支流之一，源于熊耳山南麓的栾川县陶湾镇，流经嵩县、伊川，蜿蜒于熊耳山南麓、伏牛山北麓，穿伊阙而入洛阳，东北至偃师注入洛河，与洛水汇合成伊洛河，与洛河共同撑起了河洛文化的一翼厚重，“伊洛文明”被西方一些历史学家称赞为“东方的两河文明”。著名的世界文化遗产龙门石窟就在伊河两岸。

⊙4　洛河：古称雒水，黄河右岸重要支流。因河南境内的伊河为重要支流，亦称伊洛河，即上古时期河洛地区的洛水。源出陕西省蓝田县东北与渭南、华县交界的箭峪岭侧木岔沟，流经陕西省东北部及河南省西北部，在河南省巩县注入黄河。

⊙5　伊阙：春秋时周所建的阙塞。

⊙6　禹排伊阙：传说上古夏禹治水，曾疏通伊阙山，使伊水流入黄河（见《史记·夏本纪》《水经注·伊水》）。

⊙7　龛（kān）：供佛像、神位的小阁子，此指小洞。

⊙8　不啻（chì）：不止。

⊙9　菩萨，释迦牟尼未成佛时的称号，后也指佛教大乘思想的实行者。大士，佛教对佛和菩萨的尊称。阿罗汉，也称罗汉，释迦牟尼有弟子十六人称为罗汉，后逐渐增加到五百人。金刚，亦称金刚力士，守护佛法的神将。

⊙10　趺（fū）坐：盘腿坐。

⊙11　金碧：指装饰佛像的泥金、石青和石绿等颜料。

⊙12　仆：倒。

⊙13　未暇：没有工夫，来不及。

⊙14　所始：指立碑的起因。

⊙15　创作：指各碑都有各自独创的式样。

⊙16　元子：长子，太子。

⊙17　“弃尊纲”四句：主要写释迦牟尼在地位、居住、穿着、饮食等方面都抛弃尊贵待遇而甘愿接受贫民生活。“纲”，纲纪，掌握国家政治的意思；“尊纲”即谓尊贵的统治者地位。“卑辱”，低下的屈辱地位。“舍”，抛弃。“壮观”，指王宫。“僻陋”，指贫民住处。“服”，穿衣。“厌”，厌恶。“浓鲜”，浓味鲜脆的荤腥食物。“甘”，甘愿。“淡薄”，清淡稀薄的蔬菜饭食。

⊙18　无人我相：即佛教的“无我”或“非我”说。言，学说，理论，指佛教的教义；相，形貌。凡夫俗子认为每个人都有一个实体的“我”，即所谓“人我”。但佛教认为“人”只是人体器官、感觉、意识、动作、思维等的暂时结合，并不存在实体的“人我”，所以说“无人我相”。

⊙19　色即是空：佛教把有形的万物称为色，而万物都是因缘所生，并非实有，故云“即是空”。

⊙20　寂灭：佛教语，指超脱一切境界，入于不生不灭的法门。

⊙21　习妄迷真：习惯于荒诞而迷惑于真实。

⊙ 22　寿夭：长命与夭折，指寿限。

⊙ 23　布施：佛教布施分三种——施舍财物于人，说法度人，从危难中救人。

⊙ 24　徼福（yāo fú）：祈福，求福。徼通“邀”。

⊙ 25　迷人于恍惚茫昧之涂：恍惚，隐约不清，难以捉摸和辨认；茫昧，幽暗不明，不可测度；涂，同“途”，道路。

⊙ 26　缁流：佛教术语，僧着缁衣，故谓之缁流或缁徒，泛指僧人。

⊙ 27　衒（xuàn）：夸耀。

⊙ 28　色相：指佛像雕塑。

⊙ 29　“予故”二句：意谓所以我写下大概情况，并且就此议论一番。

⊙ 30　“又以”三句：意谓还借此劝诫学佛的僧徒们，不要违背他们祖师的学说，从自身以外去寻求佛果，而应当从自己心灵光明、本性显露上去寻求佛果。“师说”，指释迦牟尼的学说。“佛”，指佛果。“外”，身外，指修寺塑佛。“内”，身内，指身体力行，即上文所说释迦牟尼“苦身修行，以证佛果”。

⊙ 31　庶乎：庶几乎，即近似，差不多。

□ 说明

文中针对龙门石窟，既记所见，又述所感。对龙门石窟的位置、山水写得清楚简洁；对石窟佛像的数量及姿态，佛像、石碑的毁坏及残存，也记载具体。可谓不可多得的文献资料。

龙门石窟是中国石刻艺术宝库之一，位于洛阳市南郊 12.5km 伊河两岸的龙门山与香山上，是中国四大石窟之一（另外三大石窟为甘肃敦煌莫高窟、山西大同云冈石窟、天水麦积山石窟），2000 年被联合国教科文组织列为世界文化遗产。龙门石窟开凿于北魏孝文帝时期，之后历经东魏、西魏、北齐、隋、唐、五代、宋等朝代连续大规模营造，时间长达 400 余年之久，南北长 1km，今存有窟龛 2345 个，造像 10 万余尊，碑刻题记 2800 余品。其中“龙门二十品”是书法魏碑精华，褚遂良所书的“伊阙佛龛之碑”则是初唐楷书艺术的典范。潜溪寺是龙门西山北端第一个大窟；宾阳中洞是北魏时期代表性的洞窟；万佛洞因洞内南北两侧雕有整齐排列的 1.5 万尊小佛而得名，洞窟呈前后室结构，前室造二力士、二狮子，后室造一佛、二弟子、二菩萨、二天王，是龙门石窟造像组合最完整的洞窟；莲花洞因窟顶雕有一朵高浮雕的大莲花而得名，大约开凿于北魏年间；奉先寺是龙门石窟规模最大、艺术最为精湛的一组摩崖型群雕，因为它隶属于当时的皇家寺院奉先寺而俗称“奉先寺”；古阳洞在龙门山的南段，开凿于 493 年，是龙门石窟造像群中开凿最早、佛教内容最丰富、书法艺术水平最高的一个洞窟。

龙门石窟延续时间长，跨越朝代多，以大量的实物形象和文字资料从不同侧面反映了中国古代政治、经济、宗教、文化等许多领域的发展变化，对中国石窟艺术的创新与发展作出了重大贡献。

平野亭赋

刘文蔚

◎本文选自《全元文》（李修生主编，江苏古籍出版社，1999年）卷九八八。

◎作者：刘文蔚，元世祖至元时在世，生平不详。

◎文中描写作者登临平野亭之所见所感，记述了平野亭的位置、环境和外观。

正文

琅琊古郡[1]，海右[2]雄藩[3]。介青徐之遐境，跨蒙羽之名山[4]。按经图兮，历二千年之城廓；拘父老兮，曾十万户之廛阛[5]。嗟繁华逝而不返兮，久潇洒于兵革之残。追前贤创造之遗迹兮，认旧碑剥落之苔痕。一台[6]存于公署之左兮，其势俯瞰东北之城垣。寂寂兮瓦砾之墟，森森兮荆棘之攒。昔郡守备边之未暇兮，其来亦孰为之一观。越至元之己卯，属大统之中原。郡守以善政而底誉（谓储企范[7]也），监司由上考而来官（谓老撒公也）。乃因政之暇，乘农之闲。且陶且冶，载伐载刊。役不两旬而既毕，用无百姓之所关。崇峻峭拔兮，葺故基于九仞；轮奂翚飞兮，构新亭之十间。眠其下也，绿树漫漫，市井班班。甍宇参差兮鳞次，车马仿佛兮往还。霭万竈之炊烟兮，隔物我以仙凡。忽一扫其风埃兮，惊梦寐于尘寰。流好音兮幽鸟，生绕砌兮芳兰。楼朝云于画栋，堆野色于危栏。忘万感之纷扰，觉六月之微寒。鹭孤飞于霞际兮，疑星转乎天端；鸥群集于沙上兮，若波起乎平滩。不雕不画兮，入云烟之清雅；无阴无晦兮，极村曲之萦盘。每公余而自适，纵却顾而前看。一带高深兮山水秀，千里沃壤兮邦畿宽。莫不豁词林之风月，泻胸次之波澜。若夫与客共饮，因公置烦，列云霄之雅听，促玉漏[8]之清弹。倒鲸杯而吸翠，发酣歌而怡颜。怀古人之兴感，岂赏心之易阑。非不知役不可兮难举，事不可兮尚繁。盖贤者之所作，能劳民于既安。况乃论之以道兮，人得其欢；使之以时兮，孰惮其难。不徒宴乐于此兮，欲坐观乎稼穑之劳，庶几知民之艰也。

⊙ 注释

⊙1　琅琊古郡：临沂古称琅琊，位于山东省东南部，拥有数千年优秀文化积淀，是东夷文明和凤凰文化的重要发祥地，是著名的文化名城。

⊙2　海右：山东古代有“海右”和“海岱”的雅称。古人在地理上以东为左，以西为右。因为山东在大海西岸，故称海右；中部有五岳独尊的泰山，岱即泰山。大海和泰山是山东最雄伟壮丽的地理自然景观，因此又称“海岱”。考古学界今天还常用“海岱文化”来称齐鲁地区的考古文化。

⊙3　雄藩：地位重要、实力雄厚的藩镇。

⊙4　蒙羽之名山：指蒙山和羽山。蒙山古称东蒙、东山，为泰沂山脉系的一个分支，在古代曾是一座宗教文化名山，有“岱宗之亚”的称号；羽山位于江苏省东海县和山东省临沭县交界，背倚齐鲁、襟怀吴楚，是一座名垂青史的千古名山，是舜帝杀死鲧的地方。

⊙5　廛阛：是指城市。廛（chán），城市平民居住的房地；阛（huán），市场的围墙，也借指市场。

⊙6　一台：即指平野台。

⊙7　储企范：字天章，元新泰县（今新泰市）人。幼年正值天下乱离，高唐郡将刘海将拾为养子，但父子不相闻者三十年。弱冠，海卒，因袭千夫长，右曹州同知权州尹。宰相荐其材，补从仕郎中书省部事。访知父母处后，迎亲奉养。寻迁承务郎，同知泰安州事，再迁知沂州。有文学素养，所到之处多惠政，修举学校，士民怀服。寻授奉议大夫，充山东路都转运使，迁朝列大夫，同知两浙都转运使事。

⊙8　玉漏：古代计时漏壶的美称。

说明

《沂州志》记载：“在州治后东北，上有平野亭……外瞰沂、祊、涑水，内览寺观楼阁，晨中初晓，曙光甫开，爽心悦目。”平野台为全城最高处，登高望远，观望城外，原野稼穑，郁郁葱葱，沂、祊、涑水岸边柳绿桃红；内瞰城中，楼阁亭榭，风光旖旎。因此，“平野晓霁换新颜”曾是著名的琅琊八景之一。惜平野亭建筑早已不存。

梅公亭记

吴师道

◎本文节选自《全元文》（李修生主编，江苏古籍出版社，1999年）卷一零八四。

◎作者：吴师道（1283—1344），字正传，婺州兰溪县城隆礼坊人。少与许谦同师金履祥，与柳贯、吴莱、许谦往来密切，又与黄溍、柳贯、吴莱等往来倡和。元至治元年（1321年）登进士第。授高邮县丞，主持兴筑漕渠以通运。调宁国录事。适逢大旱，礼劝富户输捐助购米3700石平价出售，又用官储及赃罚钱银38400余锭赈济灾民，使30万人赖以存活，百姓颂德。至元初年任建德县尹，强制豪民退出学田700亩。因为官清正，被荐任国子助教，延祐间为国子博士，六馆诸生皆以为得师。后再迁奉议大夫。以礼部郎中致仕，终于家。生平以道学自任，晚年益精于学，剖析精严。著有《敬乡录》《敬乡后录》《战国策校注》《礼部集》《易杂说》《书杂说》《诗杂说》《春秋胡氏传附辨》《兰溪山房类稿》等，均入《四库总目》，并行于世。

正文

士君子游宦之邦，去之数百年，人犹想其风烈而不忘，至于崇表而彰显之，是虽好德之心，然其所以使人至此而为末俗之劝者，岂小补哉！池之建德⊙1，故宋尚书都官员外郎国子监直讲梅公圣俞景祐间为知县事，集中诗几百篇，皆在是邑作，而当时风物官况之大略可考见也。后人尝即官舍西偏为梅公堂以祠之，既废，而今柴梦规重建于县圃之北。世易事更，复改县后之半山亭为梅公亭，以识其旧，未几，亦化为荒墟。师道之来也，按行遗址，见大础⊙2在茀⊙3草中，荛兄牧竖踟蹰其上，老木三数株，错立苍然，为之踌躇太息，自是营构之念往来于怀。越明年，始克就绪，为屋三间，复扁其号，限以周垣，键⊙4以外扃⊙5，飞檐虚楹，高亢疏明，既与邑人慰其景仰之思，而溪山室屋，环绕映带，又得登临之美以相乐也……斯亭之作，既自为之经营，而众来致助，乃命邑人某董其事，不以烦民，庶几可久，尚告来者，嗣有葺焉。其或迂吾之为，漫不加省，任其圮坏泯灭，亦独何心哉？亭成当至元三年丁丑之岁十二月乙亥，明年春三月某日记。

⊙ 注释

⊙1　建德：建德县位于杭州市西南部，钱塘江上游。梅尧臣曾在此做过县令，深受爱戴。

⊙2　础：柱础，即垫在柱下的石墩。

⊙3　茀：杂草。

⊙4　键：插在门上关锁门户的金属棍子。

⊙5　扃（jiōng）：从外面关门的闩、钩等。扃键，锁钥。

□ 说明

据《至德县志》记载，梅尧臣去世之后，县城在宋嘉定年间改称梅城以示缅怀，并于其官舍西偏，建起梅公堂祀之，此后，邑令柴梦规又将梅城后之白象山上半山亭改为梅公亭。元至正二年（1342 年），任建德县令的吴师道，在其旧址重建梅公亭，题“半在山林”额，并作《梅公亭记》，赞颂其“仁厚、乐易、温恭、谨质”之德。其后历代均有修葺，“文革”时梅公亭被毁，仅存遗址。为东至县重点文物保护单位。

桥梁建筑

邢州新石桥记⊙1

元好问

邢州新石桥记

◎本文选自《元遗山集》卷三十三。

◎在邢台县的北郊，有一座北古关桥（古称鸳水桥）。金元战争的时候，这座桥被破坏了，桥身陷在泥淖里。日子一久，竟没有人说得清它的所在了。这给来往的人带来了很大的不便，而且严重影响了当时的农业发展。郭守敬查勘了河道上下游的地形，对旧桥基就有了一个估计。在他的指点下，很快就挖出了久被埋没的桥基。这件事令很多人惊讶。石桥修复后，文学家元好问还特意为此撰文记述，即为本文。这时候，年轻的郭守敬已经能对地理现象作颇为细致的观察了，而这一年，他刚刚20岁。

正文

州北郭[2]有三水焉：其一潦水；其一曰“达活泉”，父老传为佛图澄[3]卓锡[4]而出。“达活”不知何义，非讹传则武乡羯人之遗语也。其一曰“野狐泉”，亦传有妖狐穴于此。潦水由枯港行，并城二三里所稍折而东去，为蔡水。丧乱以来，水散流，得村墟往来取疾之道，溃堤口而出，突入北郭，泥淖弥望，冬且不涸。二泉与港水旧由三桥而行。中桥，古石梁也，淤垫既久，无迹可寻。数年以来，常架木以过二泉。规制俭狭，随作随坏，行者病涉久矣。两安抚张君耘夫、刘君才卿思欲为经久计，询访耆旧，行视地脉，久乃得之。经度既定，言于宣使，宣使亦以为然。乃命里人郭生[5]立准，计工，镇抚李质董[6]其事。分画沟渠，三水各有归宿。果得故石梁于埋没之下，砐石坚整，与始构无异。堤口既完，潦水不得骋，附南桥而行。石梁引二泉分流东注，合于柳公泉之右。逵路[7]平直，往来憧憧[8]，无褰裳[9]濡足[10]之患。凡役工四百有畸，才四旬而成。择可劳而劳，因所利而利，是可纪也。尝谓古人以虑始为难，改作为重，重以恶劳而好逸，安卑而习陋，此天下之能事无所望于后世也欤？且以二君之事言之：有一国之政，有一邑之政，大纲小纪，无非政也。夏官之属曰“司险”[11]，山林之阻，则开凿之；川泽之阻，则桥梁之。僖公春新作南门，《传》谓“启塞有时”。门户、道桥谓之启，城郭、墙堑谓之塞，开闭不可一日而阙，特随其坏而治之。修饰南门非闭塞之急，故以土功之制讥之。是则道桥之为政，不亦甚重矣乎？子路治蒲，沟洫深治，孔子以“恭敬而信”许之。子产以所乘舆济人溱、洧之上，孟轲氏至以“为惠而不知为政”。若二君者，谓不知启闭之急与不知为政，可乎？虽然，此邦之无政有年矣！禁民，政也；作新民，亦政也。禁民所以使之迁善而远罪，作新民所以使之移风而易俗。贤王付畀[12]者如此，二君之奉承者亦如此。犹之陋巷有败屋焉，得善居室者居之，必将正方隅、谨位置，修治杞梓，崇峻堂构，以为子孙无穷之传；岂止补苴罅漏[13]、支柱斜倾而已乎？仆知石梁之役，特此邦百废之一耳。异时过高明之壤，当举酒落之。二君勉哉！

⊙ 注释

⊙1　邢州新石桥：即今天的邢台北古关桥，旧称“鸳水桥”。

⊙2　北郭：城外的北郊。

⊙3　佛图澄：生于232年，卒于348年，三国两晋时期的高僧，西域人，到洛阳之后本想在此建立寺院，适值刘曜攻陷洛阳，地方扰乱，因而潜居草野。据传他能诵经数十万言，知见超群、学识渊博并热忱讲导，曾有天竺、康居名僧佛调、须菩提等不远数万里足涉流沙来从他受学，释道安、竺法雅等也跋涉山川来听他讲说，《高僧传》说他门下受业追随的常有数百，前后门徒几及一万。

⊙4　卓锡：卓，植立；锡，锡杖，又名智杖、德杖，法师云游时皆随身执持。名僧挂单某处，便称为“住锡”或“卓锡”，即立锡杖于某处之意。

⊙5　此处即指郭守敬。郭守敬青年时候就已在建筑工程领域崭露头角，被邢台人称作“郭有准”，意即他对设计、用工和一些水利天文方面的事一说就准，故此建桥让他参与设计。

⊙6　董：监督管理。

⊙7　逵路：四通八达的大道。

⊙8　憧憧：来往不绝之意。

⊙9　褰（qiān）裳：提起衣角。

⊙10　濡足：打湿双脚。

⊙11　司险：古代官名，《周礼》中谓夏官司马的所属有司险，设中士二人、下士四人，以下有史、徒等人员。掌九州（指天下土地）图籍，周知其山川道路有变故兵事时，派胥徒阴塞要道，禁止不持节省通行。

⊙12　付畀（fù bì）：授予、交给，托付、委托。

⊙13　补苴罅漏：苴，鞋底的草垫；罅，缝隙。补好裂缝、堵住漏洞，比喻修补事物的缺陷。

说明

本文记述了郭守敬在河北省邢台鸳水河上修建鸳水桥的概况。古代邢台西北有达活、野狐两泉并流成一条鸳水河，所以邢台又名鸳水。1251年，在邢州太守张耕到任时，城北的潦水、达活、野狐三河因堤埝失修，遇雨泛滥，百姓流离失所。张耕就找来了“素有才名”的郭守敬，令其修建石拱“鸳水桥”。于是在经过数十次的河边实地勘察、测量之后，郭守敬很快绘制出了五孔桥的图画，栏杆、栏板、闸门一应俱全，并制定了施工方案，随后就开始了桥梁的营建，从而演绎了一段佳话。对此，靳小春在其所写《按影垒石》（《金秋科苑》1999年第5期）一文中叙述：

郭守敬画好图，按图一计算，我的老天爷，得用好几百车石头！这会儿刚开春，地里农活正忙，总不能让老百姓扔下地里的活不干，光运石头吧？他琢磨来，琢磨去，眉头一皱，想了个好主意。他叫人在牛尾河岸的工地旁边搭了个十五丈长的人工棚，凡是西山老百姓进城赶集的，每次来捎一车石头，工棚里管吃管住。这样，老百姓既不耽误地里的活，又能运来石头，就是时间稍长点。郭守敬请了个老头专门在工棚里收石头。他对老头说：“以午时三刻的影子为限，在这棚北边，按影垒上三尺高的石头，保证不多不少，正好够用。”老头说：“这么多石头，这么个运法，啥时候才能把石头运齐？”郭守敬说：“我早核计过，到夏至那天运齐，三个月时间够宽绰的吧？”到了夏至这天，桥基打好啦，石头也都运齐啦。郭守敬到工棚北边收料场一看，心里头不高兴了。原来，老头收石头，比工棚的影子多收了二尺多厚。他就问老头：“我不是让你按影子收石头吗？怎么多收了这么多呢？”老头说：“我怕石头不够使，到时候抓瞎，耽误工期。”郭守敬说：“我早就算好啦，一点也差不了，怎么能不够使哩？”老头说：“这样吧，等修完桥，剩下的石头再叫大伙拉回去。”郭守敬暗暗埋怨自己，怎么找了这么个收料老头，一点也不知道心痛老百姓。

这座桥从动工到修好，仅仅用了三十九天的时间。别看时间短，石桥修得又结实又漂亮，郭守敬也从这座桥上出了名了。

桥修好以后，郭守敬还惦记着那剩下来的石头。他到工棚北边一看，咦？石头怎么一块也没啦？他闹不清石头都弄到哪儿去啦，就去问收石头的老头：“你收的石头比我计算的多得多，可石头为啥没剩一点哩？”

老头说：“我就是按你说的数收的，当然正好。你让我收石头那会是春分前后，那时日头偏南，棚北的影长；到夏至那天日头偏北，工棚影子就短。你那会给我说了以后，我就在阴影地方做了个记号，夏至别看按阴影多收二尺多，实际还是你原来算好的数。”

郭守敬一听，把头一拍，赶紧给老头跪下，说道：“我当初错怪你了。要不是你背地给我补台，我这回非丢人不行。看来光懂修桥、盖殿，不懂日月星辰的变化也不行。你就是我以后学天文的进门老师！”从这以后，他开始学习、研究天文学，最终成为著名的天文学家、数学家、水利专家和仪器制造专家。

郭守敬所建驾水桥

今日的北古关桥

创建灞石桥记

李庭

◎本文选自《全元文》（李修生主编，江苏古籍出版社，1999年）卷五十四。

◎作者：李庭，生年不详，卒于1304年，字显卿，小字劳山，号寓庵，祖上为金人，入中原后，改称李氏。先祖时因伐宋有功，官至漠军都元帅。金元争战之时，李庭屡立战功，先后擒获乃颜、塔不台、金刚奴等。先后被封龙虎卫上将军、中书省左丞、荣禄大夫、平章政事等职，卒后，赠推忠翊卫功臣、仪同三司、太保、上柱国，追封益国公，谥武毅。善写诗词，词有寓庵饲一卷，《彊村丛书》传于世。

◎文中记述了山东匠人刘斌历尽艰辛创建西安地区灞桥的经过。

正文

长安以形势雄天下，其来尚[1]矣。左达晋魏，右控陇蜀，冠盖鳞萃，商贾幅辏，实西秦之都会也。距城东三十里，灞水南来，横绝官路，西北十五里入于渭，其源出于商颜山中。每岁夏秋之交，霖潦涨溢，川谷合流，砯崖而下，巨浪澎湃，浩无津涯。行旅病于徒涉，漂溺而死者不可胜数。至元元年秋，山东梓匠刘斌适至此，见之恻然，内誓于心，为横石桥以拯兹苦。既而还家，告其父母亲旧，皆悦而从之，曰："此奇事，当勉力。"各出囊资为赆，斌与誓曰："桥无成，不归东矣。"于是束装戒行，前抵相卫，市锤錾七百余事，辇运而西，结庐灞上，教人以轮为业，敛所得充募工之直。分采华原五攒之石，伐南山之木，以为地钉。其操执斤錾张口待哺者，恒二三百辈，米盐菜茹所费不赀。日既久，有豪杰好事者，六州规措大使牛公、镇抚曹公、引监提领范公等，嘉其诚笃，倡起而助之，凡集楮币[2]二千五百缗以佐其用。六年己巳春，陕西大行台平章赛公用左右司郎中徐琰诸君之议，捐白金二十锭，仍俾役夫二百，令京兆同知巨公督之。签省严东平继发驱男四百指，徧谕所属，乘彼农隙，辇山石八百余载，令京兆府判官寇公董其役。九年壬申夏，会苏太师老仙、吕公伯充在京师，白此事于内侍贺公宽甫，乘简奏闻，驿召斌入觐，应对称旨，天颜喜甚，敕赐京兆官籍没田园，发新收南□长充役作。十年癸酉，皇子安西王开国陕西，王相左山商公以此事启闻，特赐楮币三千五百缗，廪给役者之食。十三年丙子冬，昭勇赵侯鸠赀僦车[3]转石。戊寅岁冬，功始毕。其长六百尺，广二十四尺。两堤隆峙。下为洞门十五，以泄水怒。制以铁键，垩[4]以白灰。其趾山固，其面砥平。磨砻之密，甃叠之工，修栏华柱，望之岿然如天造神设，信千载之奇功，一方之伟观也。由是车不濡轨，人无褰裳[5]，憧憧往来，坦然无阻。自经始至于落成，历一十五年。用石五千于载，铁银锭九千，计铁四千秤，地钉木二万条。前后总糜楮币八千五百缗，舆论之直尚不与焉。按《周礼》："城郭、道路、桥梁、陂泽，以时修之。"此三代之法也。自天地分，此河出，义农以来，貌不可考。周、秦而下，及汉、隋、唐俱都于此。前志虽载曾有石桥，规制狭小，屡经变故，湮没无迹。有司课民，岁驾土梁以渡，迨春水泮而已复败矣，人甚苦之。

于戏！上下数千载，当承平之际，在朝在野，才臣智士代不乏人，忍视斯民沉溺葬鱼腹而莫之救。今也非常奇特之功乃成于一梓匠之手，可叹也已。斌之为人，不特智巧多艺，而宽厚诚悫，重尚信义，此卜子夏所谓"虽曰未学，吾必谓之学矣"，惟斌可以当之。又斌之为是役也，舍父母，弃妻子，久客于斯，未尝一省其家。无官守之责，无监督之严，风经雨营，朝规暮画，曾不少懈。虽诽谤百至，而所守不移；沮挫屡经，而自信益笃。衣不私身，食不异爨[⊙6]，与役夫同甘苦。所荷金赀以百万计，悉付之掌记，尺帛斗粟弗入于己。闲关龃龉[⊙7]，卒践是言[⊙8]，可谓有为之士矣。其至诚感格，神明护持。圣主贤王，不惜帑藏；贵家豪族，乐输金帛。及编户之民，愿同戮力，竟能相与始终，非志坚而力行之，乌能及此。一日，京兆府学教授骆天骧偕斌踵门来告曰："斌之桥成，亦先生之志也。今将勒诸石以纪岁月，文不先生之属而谁欤？"余应之曰："诺。"遂序其颠末，以谂后之人，俾守而勿坏也。

⊙ **注释**

⊙1 尚：古，久远。

⊙2 楮（chǔ）币：亦称楮券，即纸币，指宋、金印发之会子、宝券等，因为当时的纸多用楮皮制成，楮为桑科落叶乔木，故通称纸为楮，名楮币。

⊙3 鸠赀僦车：聚集资财和车辆。

⊙4 垩（è）：可作为名词、动词使用。作名词时，本义为白色土，可用来粉饰墙壁；作动词时，意为用白色涂料粉刷墙壁。此处即用为动词。

⊙5 褰（qiān）裳：提起衣裳。

⊙6 爨（cuàn）：分灶吃饭。

⊙7 闲关龃龉：妥善处理不同的意见。闲关，亦作"间关"，形容转动自如，这里指善于协调处理；龃龉（jǔ yǔ），上下牙齿不相配合，比喻意思不合，有分歧。

⊙8 卒践是言：最终兑现了自己的誓言。

□ **说明**

灞桥位于今天西安市城东，是一座十分著名的古桥。其历史可以追溯至春秋时期，当时秦穆公称霸西戎，将原滋水改为灞水，并于河上建桥，故称"灞"。灞桥也是我国最古老的石墩桥。

隋唐灞桥遗址

1914年的灞桥

安济桥

葛逻禄乃贤

◎本文选自元人葛逻禄乃贤所著的《河朔访古记》。

◎文中记述了赵州桥当时的面貌，并简述了张果老的传说及其所居之地。

正文

赵州城南平棘县⊙1境，通津有大石桥，曰“安济”。长虹高跨通衢，上分作三道，下为环洞，两挽复各为两洞，制作精伟，兰楯⊙2刻蹲狮，细巧奇绝。华表柱上，宋臣使金者刻题甚多，不能尽读。有刻曰：“连鹏举⊙3使大金，至绝域，实居首选，宣和八年八月壬子题。”桥上片石，有驴足迹四所，世传神仙张果老之迹。或云，当时匠者之戏。匠者曰李春，隋寺人也。张果老《列仙传》云：“果，真定蒲吾人，隐封龙山，唐高宗召，不起，明皇迎入禁中，赐号‘通元先生’。后不知所终。”今真定平山县东十三里，有蒲吾古城，即果老居也。

⊙ 注释

⊙1　平棘县：西汉初置县，治所在今河北省赵县城南 1.5km 固城村。两晋时将平棘县治所移至棘蒲（今赵县城），北魏置赵郡，治平棘，平棘县为属县；北齐天保二年（551 年），改殷州为赵州，辖平棘县。至明洪武元年（1368 年），将平棘并入赵州，其辖地由赵州直接管理。

⊙2　兰楯（shǔn）：阑槛横木。这里指石桥栏板中间的立柱。

⊙3　连鹏举：即连南夫（1085—1143），字鹏举，应山（湖北省广水市）人，宋政和二年（1112 年）进士，历任中书舍人、徽猷阁侍制，擢显谟阁学士、知建康府，加兵部尚书衔，兼太平洲广德军制置使，知信州、泉州，进宝文阁学士，知广州，迁广东经略安抚使。宣和间曾以太常少卿两次出使金国。绍兴九年（1139 年），因得罪权相秦桧，被谪知泉州，后隐于龙溪县十一都秀山（今龙海市榜山镇翠林村西）之麓，绍兴十三年（1143 年）卒，谥忠肃，赠左正奉大夫、太子少傅。著有《宣和使金录》。

今日安济桥

□ 说明

安济桥，即赵州桥，又称大石桥。在河北赵县城南 2.5km 处，横跨洨河之上。赵县古称赵州，故又名赵州桥。隋代工匠李春营建于 605—616 年，距今已近 1500 年。桥为单孔，圆弧，南北向，全桥长 50.8m，宽 9.6m，由 28 道独立石拱纵向并列砌筑，跨度大而弧形平，净跨 37.4m。桥拱肩敞开，大石拱两端各建两个小拱。此设计既减少洪水时的水流阻力，又减轻大拱券和地脚的载重，构思精巧，在世界桥梁史上是一项极其伟大的成就，特别是拱肩加拱的“敞肩拱”型桥，是世界桥梁史上首创。桥两侧栏板、望柱雕刻精美，跌宕多姿。安济桥是世界上现存最古老的石拱桥。梁思成、李约瑟、迈耶等均给予高度评价。1961 年被国务院列为第一批全国重点文物保护单位。今已辟入赵州桥景区内。

永通桥

葛逻禄乃贤

◎本文选自《河朔访古记》。

◎文中记述了永通桥当时的面貌、建桥者以及存留的碑刻的情况。

正文

赵州城西门外，平棘县境，有永通桥，俗谓之“小石桥”。方之南桥，差小而石工之制华丽尤精。清波二水合流桥下，此则金明昌间，赵人裒钱[1]而建也。建桥碑文，中宪大夫致仕王革撰。桥左复有小碣，刻桥之图，金儒题咏并刻于下。

永通桥

⊙ 注释

⊙1　裒钱：即众人集资。

□ 说明

永通桥，在河北省赵县城西门外清水河上。因小于安济（大石）桥，而艺术风格和结构形式与之相近，故又称小石桥。金明昌年间（1190—1195年），赵人裒钱所建。为单跨敞肩拱，用一孔石拱横跨清水河，跨度26m，桥东西向，全桥长32m，宽6.34m，弧矢5.2m。桥面弧形近于水平。桥由单券21道排比而成，大券之上伏有小券四个。桥上有正方形望柱22根及石栏板等。华板上有精美的浮雕。在各小券的撞券石上都有河神浮雕，形象生动。1961年被国务院列为第一批全国重点文物保护单位。

过鲁桥

周权

◎本文选自《古今图书集成》经济汇编考工典·第三十三卷·桥梁部。

◎作者：周权（1275—1343），字衡之，号此山，处州（今浙江省丽水市）人。曾两次赴元大都（今北京）。在京城的十年里，结识了不少名士宿儒，受翰林院直学士、国史院检阅官袁桷等人的赏识，并被举荐任开化教谕、福建巡检官等职，后辞官归于故里，以一清悠之地为居，有亭曰『清远堂』，所居之室名为『此山斋』，自号『此山』。其所作诗词备受推崇，为诸多书生传抄，有《此山集》行于世，袁桷、欧阳玄作序，《四库全书》有录。

◎文中形象描述了鲁桥的形势及当时的繁荣景象。

正文

泗河汩汩流青铜，鲁桥突兀横长虹。
惊波荡潏石斗怒，石门空洞如弛弓。
风霜剥蚀势欲压，乱石齿齿填深洪。
南连淮楚九地厚，东导齐鲁群流通。
商贾贸迁百货阜，来帆去棹纷奔冲。
车轮彭鞫⊙1铎声急，马蹄蹴踏尘影红。
我游天京偶经此，一见淳俗真尧封⊙2。
扁舟胶涸守连日，欲去未去心忡忡。
嗟予行役浪自苦，飒飒吟鬓将秋蓬。
摩挲残碣讨遗迹，搔首蹢躅⊙3斜阳中。
衔杯一洗胸芥蒂，浩歌目送吴天鸿。

⊙ **注释**

⊙1 彭鞫：指车轮发出的声响。

⊙2 尧封：原为尧划封的土地，后代指中国的疆域。此处是指当地民风淳朴、历史悠久。

⊙3 蹢躅：徘徊不进貌。

□ **说明**

这是元人咏颂泗水上鲁桥的词句。

鲁桥位于山东省济宁市微山县鲁桥镇北部，是一座古老的石桥，建于何时已无从查考。传说建桥时，有一位长者路过这里，他先是站着看，后坐下来敲打一块石头，丢下就走了。待石桥合龙，横竖摆弄不好。有人提议，把老头丢下的石块搬来试试。结果不大不小，正好，石桥遂成。石匠们这才恍然大悟，那长者原来是鲁班。乡亲为了表达对鲁班的感谢之情，给石桥取名鲁桥。镇因桥得名，称鲁桥镇。

题垂虹桥亭

王逢

◎本文选自《古今图书集成》经济汇编考工典·第三十三卷·桥梁部。

◎作者：王逢（1319—1388），字原吉，号最闲园丁、最贤园丁，又称梧溪子、席帽山人，江阴人，元明之际诗人，所作《河清颂》为世传诵。被举荐以病坚辞不就。后避兵祸于无锡梁鸿山。游松江，筑悟溪精舍于青龙江畔青龙镇（今属上海市青浦区）。1366年5月移居乌泥泾宾贤里。栖隐之所，为宋张氏故居，逢名园为最闲园，居室为闲草堂，并自题园中『藻德池』等八景诗，记得园经过。明洪武年间，以文学征召，谢辞。

正文

长虹垂绝岸，形势压东吴。风雨三江合，梯航百粤趋。葑田⊙1连沮洳⊙2，鲛室⊙3乱鱼凫⊙4。私怪鸱夷子⊙5，初心握霸图。

⊙ 注释

⊙1　葑田：一是湖泽中葑菱积聚处，年久腐化变为泥土，水涸成田，是谓“葑田”；二是将湖泽中葑泥移附木架上，浮于水面，成为可以移动的农田，叫葑田，也叫架田。

⊙2　沮洳：指低湿之地。

⊙3　鲛室：鲛人在水中的居室。鲛人是神话传说中生活在海中的人，其泪珠能变成珍珠，可织水成绡，亦作“蛟人”。

⊙4　凫：水鸟，俗称“野鸭”。

⊙5　鸱夷子：指范蠡，曾自号“鸱夷子”。

□ 说明

垂虹桥位于吴江松陵镇东门外，横卧于古吴淞江正源之上（古吴淞江又名淞江或吴江），原名“利往桥”，俗称“吴江长桥”，因桥上建有垂虹亭，故又称“垂虹桥”。

垂虹桥始创于北宋庆历八年（1048年），原为木桥。南宋德祐元年（1275年）毁于兵乱，同年重建为85孔。元大德八年（1304年）增建至99孔，不久桥又塌塞50余丈。泰定二年（1325年）知县张显祖易木为石，改建为联拱石桥，全用白石垒砌，长500多米，设72孔。据史料记载，当时垂虹桥三起三伏，环如半月，长若垂虹，得名垂虹。桥孔比一般的桥孔高，便于行舟，利于泄洪。桥两堍（tù，指桥两头靠近平地的地方）各有一亭，并有四大石狮，栩栩如生，甚为壮观。桥身中央建有桥亭一座，名垂虹亭。亭作平面正方形，九脊飞檐，前后有拱门二道，可通行人，别具一格。垂虹石桥的建成，消除了苏杭驿道的最后一个险要大渡口，自此商贾云集，墨客会聚，吴江成为车船之会都。历代文人雅士留下了许多描绘垂虹桥的诗篇。1967年桥部分坍塌。现已辟为垂虹遗址公园。

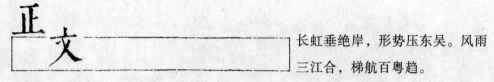

摄于20世纪50年代的垂虹桥

今日垂虹桥

二十三年（1286年），拜侍御史，奉诏求贤江南，荐赵孟頫等二十余人，拜集贤学士。二十六年（1289年），力劾权臣桑哥，险遭不测。三十年（1293年），出为闽海道、江南湖北道、山南江北道、浙东海右道诸处肃政廉访使。曾主修《成宗实录》《武宗实录》。追封楚国公，谥文宪。《元史》有传。著有《雪楼文集》45卷，今存30卷。

◎文中记述了元代建昌路由于河流交通等原因，修缮太平桥的大致历史，记述了太平桥的大致形制，并为之作诗。

建昌路重建太平桥记

[1] [2]

程钜夫

◎本文选自《全元文》（李修生主编，江苏古籍出版社，1999年）卷五三二。

◎作者：程巨夫（1249—1318），初名樵之，字周翰。28岁更名文海，字巨夫，号雪楼先生、远斋先生。其先自徽州徙鄢州京山，后家建昌（今江西省南城县）。至元十三年（1276年），随叔父飞卿人觐元世祖，授千户。十五年（1278年），挈家人备宿卫，改直翰林，授翰林修撰，累迁集贤直学士兼秘书少监，加翰林集贤直学士同领会同馆事。

正文

盱[3]居江闽间，南北往来，必道竟上。郡东旧有桥，横江之垒十有三，跨梁之楹七十有三，中为亭，东西为门，至元丙子毁焉。民病涉，构飞梁以济。壬辰六月，郡侯章公、总管赵公，帅同僚洎郡寓公、大家，度材鸠工。癸巳十一月始事，越明年七月落成。柱石栋宇，高广雄丽，视旧有加。惟盱为江闽要处，而桥又为盱要处，是不可不复。成之日，适际圣天子龙飞之始[4]，河海晏清[5]，霄垠轩廓，郡人名之曰“太平”。既请书于余，则又来告曰：“是役也，君之父若叔与有力焉，敢以记请。”余不得辞。夫一物废兴，莫不有数，由丙子至甲午，几二十年，而桥始复。太平之世，民有余力，一桥虽微，可以观治矣。其自今始，舟车之辅凑，商贾之都会，千万里重译之远，夷然而安，旷然而四达。凡自此途出者，其可不知君上之所赐乎？既以念盱之父老，于是乎书，且诗之曰：

维盱为郡，江闽通衢。郭东有桥，又盱要枢。前此檐楹，星斗可剩。中厄于数，或艇或泭。而后来者，思济舆徒。梯梁虽驾，风雨则虞。比来一载，木运石驱。雁齿翚飞，鬼呵神扶。日东西行，万武奔趍。邦人士语，畴昔所无。伊谁之功，公侯大夫。拜稽对扬，臣何力乎。明明天子，泽被我盱。凉飔暖曦，晴江漫湖。童谣老壤，载歌袴襦。祝桥寿耇，其乐居居。臣赋此诗，天保嵩呼。

今太平桥

⊙ 注释

⊙1　建昌路：可以指建昌路（四川省），元代时设置的路，在今四川省境；亦可指建昌路（江西），元代时设置的路，在今江西省境。本文应指后者。

⊙2　太平桥：原名万寿桥，始建于宋嘉祐五年（1060年）。宋嘉定十三年（1220年）毁。元至元十九年（1282年）募建，改名为太平桥。明万历八年（1580年）桥毁，明益藩捐金首倡重建，改名东郭虹桥、虹桥。清康熙《南城县志》卷一《形胜》载："东郭虹桥即太平桥，在郡东门外江之上……县东北五里乌龙潭。"《津梁》："太平桥在东川门外。旧为浮桥。宋嘉祐五年郡守丰有俊创立石桥……国朝顺治乙酉毁于火。丙申郡守刘公道著、邑令李公正蔚复建。康熙壬寅桥上市民失火悉烬无遗。"清同治二年（1863年）全邑捐资修复，改名为留衣桥。

⊙3　盱：指盱江，又称抚河、汝水，在江西省东部。

⊙4　此句是指元朝刚刚建立之时。

⊙5　河海晏清：晏清，谓安宁静谧。黄河水清了，大海没有浪了。比喻天下太平。

说明

南城县太平桥位于江西省南城县东门外盱江上，又名留衣桥。原为浮桥，后改建为石桥。为半圆形石拱桥，共14孔。江西省重点文物保护单位。

升平桥记

程钜夫

◎本文选自《全元文》（李修生主编，江苏古籍出版社，1999年）卷五三四。

◎文中主要记述里长黄应瑞迁址另建升平桥的经过。

正文

临筠[1]之交，鹄山[2]之阳，梁于灏江之上，曰“升平桥”。灏迅急，岁辄坏。至大元年春，里长者黄君应瑞相桥下流势少杀，谋迁之。易族子田以立其址，买晏氏山以砻[3]其石，更为石桥，掘地丈余，得故桥株十数，石佛像十有三，乃故桥所也，心独喜。经始于是年四月二十有六日，落成于明年三月八日。修丈十，广去其七，高如广之数，上为屋七楹，工凡六千五百，费缗万五千有奇。又为庵其涯，以祠石佛，廪道者守之。配邹出簪珥以相焉。桥成之日，行者歌，休者诵，烟峰流泉，献状增胜。皇庆二年，其诸孙允武来京师谒记，曰：“此乡民之志也。”且言君平生好义，尝于上高[4]之境为二桥，曰“新”，曰“大浒”。又凿新喻、檀岭道数里，作舍道傍，以便蒙山之役者，若此甚众。余观万金之赀，世常有之，不拔一毛利天下，嘐嘐[5]曰：“我为善，我为善。”不过谄土偶、实巫觋、求福田而已，他弗知也。黄其庶乎，昔有结茅度蚁夺高第者，黄所济多矣。黄固涪翁之苗裔也，盛德之门，又浚以益之，其大也必矣。君年八十余，耳目聪明，齿发不衰。子若孙皆谨愿笃学，未必非其报。乌乎，此亦乡人之言也，君何心焉？书畀[6]允武归刻于桥之上。君字国祥，人即其居号之曰“晓山老人”云。正月日记。

⊙ 注释

⊙1　临筠：古州名。唐武德七年（624年）置。以地产筠篁得名。辖境约当今江西省高安、上高、新昌等县地。
⊙2　鹄山：即今武汉市的蛇山。鹄，通“鹤”。北魏郦道元《水经注·江水三》：“鹄山东北对夏口城，魏黄初二年，孙权所筑也。”明丁鹤年《题奚仲英进士鹄山书堂》诗：“已为蟾阙彦，仍就鹄山居。”
⊙3　砻：磨制。
⊙4　上高：即上高县。位于江西省西北部，锦河中游。东界高安市，南邻新余市分宜县和渝水区，西接宜春市袁州区、万载县，北连宜丰县。
⊙5　嘐嘐（xiāo xiāo）：志大而言夸，不办实事。
⊙6　畀：给予。

说明

现今上高县已不存在升平桥及其遗迹，苏州市、成都市、河源市、中山市、佛山市、温州市等几个城市仍保存有不同时期升平桥的建筑。

惠民桥记

萧元益

◎本文选自《全元文》（李修生主编，江苏古籍出版社，1999年）卷五四八。

◎作者：萧元益，生平不详。至元时在世。

◎文中主要描述惠民桥的兴废和复建的简要历史，并概述了惠民桥在当地的作用。

正文

惠民桥列图[1]久矣，前代府尉杨公秩尝一新之。日久颓圮，溪水时涨，摇动涉者滋病。至元癸巳，保定李公领尉之秋，议欲改作。适有广帅经境，公方以一己跋履之劳[2]，易万室筦簟[3]之安，未遑也。已而运米入桂，部卒援鄘，日不暇给，逮次季冬甫就[4]经营。公以身先，民以悦使，越春讫事[5]。桥视昔[6]高三尺，梁柱壮丽称焉。翼以二亭，两岸相望。尝试与客周游四顾，市区麟集，楼观翚飞。客谓予曰："盍记诸？"予惟古者，龙角见而雨毕则除道，天根见而水涸则成梁[7]，非直节观美、济往来，亦裁成辅相之一也。盖道之不除，已非善政，而梁不夙成[8]，则病涉济盈，如流行滞轨何？昔人砚陈议郑，固不越是。第仕州县者，类多假途借径，计日及瓜则去，而蹈龙尾、履凤池，是知津矣，而况东南一尉之繁剧乎？自公以来，坐将二载，征衣之尘未浣，舆梁之功复营，何其韪与！公，儒者也。一命以上，必有所济，匹夫不获，若纳沟中，故不以独贤劳为诿也。充是以思，天下之有溺，斯民之有不被其泽，孰非吾分乎？公之惠固于桥而始，不于桥而止也。予既喜斯桥之坚实远大，睹儒效之深切著明，且廛民[9]也，无能相役用，不能以浅陋辞。公名琮，字君璋云。至元甲午夏五月记。

⊙ 注释

⊙1　列图：在地图上标注显示。

⊙2　跋履之劳：来回奔波之苦。

⊙3　筦簟（wǎn diàn）：蒲席与竹席。《诗·小雅·斯干》："下莞上簟，乃安斯寝。"郑玄笺："莞，小蒲之席也。竹苇曰簟。"《礼记·礼器》："莞簟之安，而稾鞂之设。"唐王维《苦热》诗："莞簟不可近，絺绤再三濯。"古时以蒲席铺垫于竹席下，较安适，因以"莞簟"为安乐之意。

⊙4　甫就：刚刚完成。

⊙5　讫事：完事，竣工。

⊙6　视昔：与过去相比较。

⊙7　雨毕除道，水涸成梁：雨过之后清扫道路，河水干了之后架设桥梁。

⊙8　夙成：早日建成。

⊙9　廛民：平民百姓。

史。至治元年（1321年）迁侍讲学士，参与纂修累朝学录，泰定元年（1324年）辞归。卒赠中奉大夫、江浙中书省参政，封陈留郡公，谥文清。一生喜蓄典籍，继承曾祖父袁韶、祖父袁似道、父袁洪三世之业，广藏书卷。有藏书楼『清容居』，藏书之富，元以来甲于浙东。又搜书万卷，编有《袁氏新旧书目》。所著的《定海县学藏书记》《袁氏新旧书目·序》，是研究藏书史的重要文献。工书法，存世书迹有《同日分涂帖》《旧岁北归帖》。在音乐方面有造诣，著有《琴述》。另著有《易说》《春秋说》《五朝实录》《四明高僧传》《仁宗实录》《读书记》《清容居士集》《延祐四明志》等10余种。《延祐四明志》考核精审，为宋元四明六志之一。

◎文中主要记述吴江县重建垂虹桥的过程。

吴江重建长桥记[1]

袁桷

◎本文选自《全元文》（李修生主编，江苏古籍出版社，1999年）卷七二六。

◎作者：袁桷（1266—1327），元代学官，书院山长。字伯长，号清容居士。庆元鄞县（今属浙江省）人。始从戴表元学，后师事王应麟，以能文名。20岁以茂才异等举为丽泽书院山长。大德元年（1297年），荐为翰林国史院检阅官，其时初建南郊祭社，进郊祀十议，多被采纳。升应奉翰林文字，同知制诰兼国史院编修官，请购求辽、金、宋三代遗书，以作日后编三史的史料。延祐年间（1314—1319年），迁待制，任集贤直学士，未几任翰林直学士，知制诰同修国

正文

震泽[2]东受群川，汪洋巨浸，至吴江尤广衍[3]。地为南北冲，千帆竞发，驶风怒涛，舂击喷薄，一失便利，卒莫能制。唐刺史王仲舒，筑石堤以顺牵挽。宋庆历八年，邑宰[4]李问始造长桥。繇[5]是，各舍舟以途，来往若织。水啮木腐，岁一治葺，益为民病。泰定元年冬，州判官[6]张君显祖始莅事[7]，曰："兹实首政。稽工程财[8]，莫知攸出，当谋于民。民有调役，维浮屠[9]善计度，长衢广殿，瞬息以具。吾语诸，其有获。"广济僧崇敬实来，敬言："伐木为梁，弗克支远。易以石，其迄有济。"参知政事马思忽公，以督运至吴，乃采其议，周询以畴，首捐赀以劝。敬复曰："作事谋始，不可不慎。有善士姚行满，嘉禾人，能任大工役，必屈以委。"绘图相攸[10]，经画毕具，咸服姚议。于是，参政诿郡守郭侯鹏翼。役未兴，丞相答剌罕公朝京师回，道繇吴江。郡白桥议[11]，丞相曰："吾必首倡。"即捐万缗。而府县士民，相胥以劝。平章高公、贯公，繇湖广、江西来自江浙，力嘱张君，俾终是工。杜侯贞来守是土，亦曰："张之言然。"闰正月，建桥。明年二月，桥成。长一千三百尺有奇。揵[12]以巨石，下达层渊。积石既高，环若半月，为梁六十有一，酾其剽悍[13]。广中三梁，为丈三百，以通巨舟。层栏狻猊，危柱赑屃，甃以文甓[14]，过者如席。旧有亭，名"垂虹"，周遭嵯峨，因名以增荣观焉。是役也，敬师鸠徒，输财实三之二，赢财十万，复以为宝带桥助。姚总其纲，张君首议，出于仁政，事有脗合[15]。而是州兴役，见知于丞相，诚出大幸。厥今运舟相联，驿使旁午[16]，咸曰："丞相谋国经远。张君美绩，繇是得书，将永远无极。"系之以诗曰：

茫茫禹甸[17]，昔邻于鱼。维四载功，兹为具区。有失其防，群嗸喁喁[18]。日维李侯，构兹虹梁。经始孔艰，任负扬扬。岁老水泐[19]，临履若惊。张君莅官，饬我初政。曰兹桥匪修，涉者益病。召彼耆老，货布莫竞。相国之来，六辔徐徐。询事审宜，以究以图。割其缗钱，俾民乐输。桥既成矣，虹飞于江。千柱承宇，群流回矼[20]。俨兮层城[21]，烂其轩窗。张君筹思，相国成之。彼清净士，式克承之。千岁永赖，我庸[22]以铭之。

⊙ 注释

⊙1　吴江：即今苏州市吴江区。《读史方舆纪要》卷二十四苏州府吴江县条目载，吴江"在县东门外，即长桥下分太湖之流而东出者，古名笠泽江，亦曰松陵江，亦曰松江"。今称吴淞江。吴以吴江（即吴淞江）为名。

⊙2　震泽：太湖之古名，今亦为江苏省历史文化名镇。唐开元二十九年（741年）设镇，因濒临太湖而得名。

⊙3　至吴江尤广衍：是指太湖水流到了吴江，水面变得极为宽广。

⊙4　邑宰：宋代县令的别称。

⊙5　繇：古同"由"，从，自。

⊙6　判官：元代路、府、州各级所设官职。

⊙7　莅事：执掌权力，处理公务。

⊙8　稽工程财：即计算、衡量所需的工时、财力。

⊙9　浮屠：即佛塔，这里当指代僧人。

⊙10　相攸：观察地形之意。

⊙11　郡白桥议，意为郡守告知建桥的设想。

⊙12　揵（qián）：竖立。

⊙13　釃其剽悍：釃（shī），疏导，分流；剽悍，原意为敏捷而勇猛，灵活而勇敢，此处是指湍急的水流。

⊙14　甃（zhòu）以文甓（pì）：铺砌带有花纹的砖。

⊙15　脗（wěn）：同"吻"。

⊙16　旁午：交错，纷繁。此处当指人来人往，十分繁忙。

⊙17　禹甸：本谓禹所垦辟之地，后称中国之地为禹甸。

⊙18　群嗸喁喁：指世人纷纷私下议论。

⊙19　泐（lè）：石头被水冲激而成的纹理，并逐渐依纹理而裂开。

⊙20　矼（gāng）：（石）桥

⊙21　俨兮层城：俨然成为高大之城。

⊙22　庸：于是。

说明

文中所记长桥即垂虹桥，始建于北宋庆历八年（1048年），原为木桥。德祐元年（1275年）毁于兵乱，同年重建为85孔。元代大德八年（1304年）增建至99孔，不久桥又塌塞五十余丈。泰定二年（1325年）知县张显祖易木为石，改建为联拱石桥，全用白石垒砌，长500多米，设72孔。详见王逢《题垂虹桥亭》。

重修通济桥记

韩性

◎本文选自《全元文》（李修生主编，江苏古籍出版社，1999年）卷七四五。

◎作者：韩性（1266—1341），字明善，元代绍兴人，浙东理学家。祖籍河南安阳，宋朝司徒兼侍中韩琦为其八世祖。韩性天资聪敏，七岁时读书数行俱下，日记万言。九岁为文，操笔立就，文意苍古，博综群籍。精通性理之学，成为元代之大儒。以讲学为业，受业者甚多，据说曾收王冕为徒，授以《春秋》。荐为慈湖书院山长。及卒，月鲁不花请于朝谥『庄节先生』。性文辞博达儁伟，变化不测，自成一家。著《礼记说》四卷，《诗音释》一卷，《书辨疑》一卷，《郡志》八卷及《五云漫稿》十二卷，并传于世。

◎文中记述了苏忠规、王司业及其子孙、杜忠仁、夏杞、赵孟嵩、夏赐孙、僧人慧兴、道士李道宁等人相继修建余姚通济桥的经过，并对该桥的重要作用及其规模予以描述。

正文

至顺三年，余姚州[1]通济桥成。余姚岸北，为州之理所。按《宋图经》，姚江在余姚县南十步，桥曰德惠，即今桥是也。建炎中废，县令苏君忠规，率十五乡民重建。至淳熙戊戌而废，司业王公来方里居，捐赀以创。巨木五接，架空负石，势若虹偃。历岁百余，至咸淳而坏。司业之孙王籍、曾孙应龙，甫[2]创建焉，壮伟加于昔，易名虹桥。建十年而毁，县入职方，县尹杜君仲仁，进王氏子孙而谕之曰："此君先世义事也，不可不勉。"于是应龙即旧址经营，其族人涛、湘等相继尽力。至元二十年九月，桥成，未备獸栏楯，县尹夏君杞使邑人赵孟嵩等助成之。至延祐六年九月而坏，行者藉舟以渡。当是时，余姚既升为州，同知州事夏赐孙率州民造浮桥，屡修屡损，人以为病。有僧慧兴言于官，请作石桥，为永久利。州官许之，经始有绪，而僧亡。州判官牛君彬，恐遂废弛，命羽士李道宁继其后，且捐己俸为倡，而力董之。会奉议大夫监州拜住、奉议大夫李侯恭来知州事，与同知州事帖木耳不华、贾策，判官张志华、唐儁，吏目陈天珏、沈思齐，咸劝成之。至是而石桥成，名之曰通济。风帆浪楫，停潮依汐，鳞居通阛[3]，东西相属，桥之名遂冠之东浙，非特一州伟观而已。道宁于桥旁，浚井以利汲。又为通济道馆以居其徒。又为屋二十二间，积其僦直[4]，以为修桥之用。州之人士，疏其本末，至山阴泽中，使性为之记。夫涉险，生民之甚病。圣人有作，取象于涣，而舟楫之利兴。水涸梁成，著于夏令，造舟为梁，周制略备矣。安固而支久，莫愈于聚石，特其费为重，而成之为难。余姚为州，西抵越，东适勾章，江界其中，邮传之所出入，行旅之所往来，日憧憧焉。江之有桥，不可一日少也。自建炎至今，二百有余年，乍而成，成而倏坏。当其坏时，顾盼千里，资于舟楫，不能无蹴踏倾覆之虞。浮桥少便矣，然而波涛日涉，缆绝舰解，邑人疲于营缮。继材置枋，始若坚密，淋炙之不胜，朽败踵之，犹浮梁也。惟聚石之利，人之所知，必有待于二百年之久，不以其费之重，而成之难乎？今山林之人，不难于劳，远近闻者，不难于施，亦惟长民者有以劝成之也。此人士之所欲记也。兴工于天历二年四月，阅二年而讫工。桥长二十四丈，其高九十六级，下为三洞。用人之力，余三万六千，石以丈计者，大小一千八百，铁以斤记者，余二千五百，竹以束计者，四千五百，费可谓重矣！计其大略，庶几后人知其费之重而成之难，修葺之僦资之不足，则协力而助，俾勿至于大坏，安固支久之利，式被无穷。此又人士之所欲记也。至于成坏之岁月，后之修郡志者所欲考，并记之。

今日通济桥

⊙ 注释

⊙ 1　元元贞元年（1295 年）升余姚县为余姚州，属绍兴路（治今绍兴市越城区）。明太祖丙午年（1366 年）改属绍兴府。洪武九年（1376 年）降余姚州为县。

⊙ 2　甫：刚刚，开始。

⊙ 3　阓（huì）：市区的门。后亦借指市区。

⊙ 4　僦直：雇金，赁金。

□ 说明

余姚通济桥位于浙江省余姚市，又名舜江桥，始建于北宋庆历年间，原系木桥，叫德惠桥，后又改名为虹桥，屡建屡毁。到了元代，和尚惠兴发起筑石桥，可是没有造到一半，便去世了。道士李道宁主持继续造桥，到元至顺三年（1332 年）终于建成，定名为通济桥。桥旁立一块石碑，上面题“海舶过而风帆不解”八个字，可见其高大雄伟之势。现存的桥是清雍正七年至九年（1729—1731 年）重建，用椿木 2100 根，人工约 4 万，全长约 90m，共 106 级。通济桥现为余姚市重点文物保护单位。

安西府咸宁县创建霸桥记 ⊙1

张养浩

◎本文选自《全元文》（李修生主编，江苏古籍出版社，1999年）卷七七三。

◎作者：张养浩（1270—1329），汉族，字希孟，号云庄，又称齐东野人，济南人，元代著名散曲作家。历任县尹、监察御史、礼部尚书等职。至治元年（1321年），因上书谏『元夕放灯』得罪辞官，隐居故乡。至顺二年（1331年），追封滨国公，谥文忠，后人尊称为张文忠公。诗、文兼擅，而以散曲著称。代表作有《山坡羊·潼关怀古》《山坡羊·骊山怀古》等。

◎文中记述了邑民刘斌因伤感人溺死于灞水，而立志兴建霸桥以利民；以及与朝野之间的诏记。

正文

霸桥者，堂邑[2]民刘斌所修，而图之者，臣下归美之义也。初，斌业轮舆[3]，尝游关中，还偕二客道霸上，水卒至，一死于溺，一几殆，而斌独先济，因叩天自誓："吾不桥霸者，如此水。"至语其家，无不仁其心，难其事。斌曰："吾不死，何难为！"乃辞亲，庐霸上，以所业易材于人，人谊其为，皆倍酬之。不给，又募工采秦陇诸山，遂于故迹少西七十举武[4]，酾[5]渠以杀湍悍，夷阻以端地形，下锐木地中，而席石其上，然后累石角起，高仞余，若门而圆其额，俗谓矼者，一十有九。先尝为九矼，水来不能制，至是始益其十矼。广一丈，其隙则锢以铜铁，经轨三途，中备辇路，栏槛柱础，玉立掖分。柱琢以狻猊于上，合柱凡五百六十，桥两端虞其峻甚，又覆石各八十尺。砻甃雕饰，殚极诸巧。袤四十丈，广如干，崇如广而省三丈。隆然卧波，若修蝃下饮，过者莫不骇异嗟讶，以为永世无穷之利。至元三年肇功，溃成于二十五年。石以车计者五千有奇，木以株计者二万五千，灰以石计者千有五百，铜铁以斤计者五千二百五十，始卒糜楮币十万缗，轮舆之酬不列也。先是，平章政事赛天赤行省陕西，谓僚佐曰："桥梁不修，乃有司责，今远方之人来倡斯役，坐视不为一应，民将谓何？"遂捐楮币千缗，调丁力二百佐之。会行省废，嗣至此者诡摇以言，冀其中辍，而斌不懈，益虔。未几，流声朝廷，驿召斌图上其制，且问所需洎兴创之由。入对大称旨，凡有请皆报可，寻诏近臣伯胜驿送楮币二万五千五百缗。皇子安西王始闻斌役，赐楮币五千缗，合前后赐，凡三万五百。后讫功，斌报京师，且为近侍言："安西始割隶潜邸，实圣上畴昔九旒所经之地，前代有天下者，若周、若秦、若汉唐，皆尝都焉。地腴户羡，非他郡比。桥必称是为宜。今幸告成，繄国家之力，斌何有焉？乞文诸石以诏悠久。"近待以闻，上曰："此斌功也。"乃敕尚书省下翰林国史院为辞。臣某忝当执笔。谨按：霸水出蓝田谷，在京兆三十里，古为滋水，周太公望所尝渔者，秦穆始改今称。其水西北流，道铜公水，经二谷，合渥及荆，而北会浐水，入于渭，横绝秦雍要途。逮天运雨，济者多水死，而斌实尝躬其害者。呜呼！向使斌不历霸水之险，国家不知斌矢心之诚，则斯桥获成者能几？不避其难而决于必创，所以跋涉三千余里不为远，绵历二十五年不为迟，利贻后之人不为功，见褒九重而无一毫觊觎荣宠意。人斌若者，讵多得哉！切尝又考夫自昔帝王之靖天下，文纳猷谋，武输威略，英魁豪异，所至景从，微而贾竖刍荛，苟有所挟，亦莫不奔走而愿为之尽。盖天之所与，人必从之，理势固然，有不待威胁利诱者。我国家集天景命，奋迹朔方，神应人叶，明良胥会，内焉若是，田野可知。周诗所谓“中林武夫，莫不好德”者，以斌概之，诚不多让。虽然，一桥梁之功，其成与否，固不足轻重昭代，所可书者，野人有泽世利民之志，朝廷无沮善媢功之嫌，下归美于上，上推功于下，其忠厚雍逊之风，蔼然殿廷之间，而汪濊⊙6乎仁寿之域，虽旷千百载，犹足使人奋激兴起。其为劝善，庸有既乎？视夫季世之君，不能示之以广，至与臣下角功争能者，岂直云泥霄壤哉！夫斌以草泽匹夫，絜寸能自效，圣天子犹遇睐如此，矧⊙7剖符疏爵，为国家树大勋、建大事者乎？盖尝迹是以思，吾元所以有天下者，仁以裕民，诚以孚下，善焉即录用，罪焉即诛夷，其获臣妾多方、冠冕百代、基万世治平之业者，有以矣夫。故臣直不敢以区区木石之观夸示西土，而具述圣人宽仁大度，鸿休盛德，尚彀来世云。

⊙ 注释

⊙1　安西府：宋代时分陕西为永兴路、秦凤路、熙河路、泾原路、环庆路、鄜延路，金朝并陕西为四路。元朝中统三年（1262年），立陕西四川行省，治所在京兆府。至元十六年（1279年），改京兆府为安西路总管府，此即文中所言“安西府”，治所在咸宁县、长安县（今陕西省西安市），辖境相当于今陕西省中部西至眉县、东北至韩城市、东南至商洛市一带。

⊙2　堂邑：今山东省聊城市堂邑镇，历史悠久。隋开皇六年（586年）置县，治所在今堂邑镇政府驻地西北5km处。春秋战国时期为清邑之地，汉代分属乐平县和发干县，隋代置县时沿其西北“汉代堂邑”之名，称堂邑县。宋代属河北路博州，金代归山东西路博州所辖，元代为山东宣慰司东昌路总管府属地，明代隶归山东布政司东昌府，清代为山东东昌府所领。1956年4月堂邑县建制被撤销，堂邑遂为原聊城县堂邑区驻地。1984年改为堂邑镇。

⊙3　轮舆：轮人和舆人，古代造车的工人。泛指有手艺之人。

⊙4　举武：举足，举步。武，步武。宋杨万里《豫章光华馆苦雨》诗：“举武便可至，登临亦无由。”元王恽《挽漕篇》：“咫尺远千里，跬步百举武。”

⊙5　釃（shī）：疏导，分流。

⊙6　汪濊：亦作“汪秽”，深广之意。

⊙7　矧（shěn）：况且。

兴云桥记

虞集

◎本文选自《全元文》（李修生主编，江苏古籍出版社，1999年）卷八五二。

◎文中记述了兴云桥的历史沿革，并对其损毁的原因进行了一定探究。

正文

泰定元年秋，大同路[1]城东新修石桥成，河东连率[2]图绵公题曰“兴云”之桥。明年，寓书[3]京师，请于集贤王公约，以记来属焉。按旧记，大同古平城。如浑之水，循其城东而南行，亦名曰“御河”。朝会转输，东趋京师，必逾是焉。河水本盛，遇积雨益横溢阻行者。故自元魏，以至于唐，河流分合不同。率造桥以达，岁久沿革，不能详焉。其可知者，金天会壬子，留守高庆裔所作。不一年，以大雨震电，有怪物出，坏其十一二。后三年乙卯，居民高居安葺完之。事具宇文虚中记。后四十七年，为大定辛丑，又以大雨震电，坏其十八九。明年壬寅，留守完颜褒重作之。事具边元忠记，今桥是也。至国朝至大三年，凡百三十年，又以水坏，官家葺焉。又十有二年，为至治元年，又坏。郡吏考诸故府，取旧记以请，连率为达诸朝，得给钱市材，役民力如章，岁终会焉。连率属其副孙侯，谐大同路属其判官某，县属其主簿某，上下以次承事。于是孙侯，曰：“财不可以属费，民不可以数劳，必究其所以坏，而求其所以长久者。”工曰：“桥凡二十有七间，其西不坏者，二十有三，石柱也。东当水所趋，而柱皆木。乡徒取其易成，而不计其易坏也。”乃采石于弘山之下，凡为柱二十四。自上下流望之，屹然壁立。然后栈木甃石，植栏楯，表门阙，饰神祠官，舍之属，皆以次成。始八月甲子，毕以九月甲子，凡若干日。夫为梁之役，有民人土地之常事也。今连率总一方，委任甚重，视民事之急，犹请于上而后行。为之以时，而民不劳，用之有度，而财不费，无一不合于理者。揆诸《春秋》之法，常事不书可也，此何以书哉？噫！善为政者，当为其所不可不为，而不敢擅为。其所不得为，与轻为其所不必为，则民力其庶几矣。且革既坏于一日，思持久于方来，不以速成为能，而以他日为虑。盖仁智之事，而斯民之所赖者也。书之者，岂徒纪其功之敏哉？谨具以告来者，俾有所考，以图无斁⊙4 焉可也。

⊙ 注释

⊙1　大同路：元代行政区划政区名。辽兴宗改云州为大同府，元代改为大同路，治所在大同县（今山西省大同市），属中书省直辖。辖境相当今山西省大同市、阳高县、天镇县，河北省怀安县、阳原县等地区；下辖弘州、浑源州、应州、朔州、丰州、云内州、东胜州、武州等州，大同、白登、怀仁、金城、山阴、马邑、宣宁、平地等县。明太祖重新改为大同府。1912 年废除大同府。

⊙2　连率：连帅，古代十国诸侯之长；新朝官职名，相当于太守；统帅，盟主。泛指地方长官。

⊙3　寓书：寄信；传递书信。

⊙4　无斁（yì）：无终，无尽。

□ 说明

御河是大同市极为重要的一条河流，因横亘蜿蜒于大同东城门外，其上修建的桥梁成为有城市建置以来大同历代的重要建设工程。2003—2004 年，大同市在城区东门外御河动工兴建大同生态园，在施工现场发现大量石质桥梁构件，包括华表、栏板、望柱、涵洞，大量青石条、青石板等，另发现石兽 2 头、铁兽 3 头、柱头圆雕残小石狮 1 个、刻神兽头部的石质构件 1 个。经考释文献，可以初步确定，此处乃兴云桥故址，所出土文物为兴云桥遗物。至于兴云桥的建造年代，经专家考证，兴云桥是一座金代形制的桥梁，元明或在原桥的基础上修葺，或依循旧制重建，改变的只是桥的规模而已。

兴云桥位于大同城东关外，跨如浑水上，又名玉河桥。目前所知关于兴云桥的记载见明《大同府志》《云中郡志》及清《大同县志》所录元虞集撰记的《兴云桥碑记》。文中称：自元魏以来，如浑水上均造桥以通行旅，但由于历史久远，沿革已不甚了了。金太宗完颜晟天会十年（1132 年），西京路留守高庆裔重建；天会十三年（1135 年），居民高居安又对因大雨雷电遭到破坏的兴云桥进行了修葺。大定二十二年（1182 年），西京留守完颜褒率众重修。130 余年后，元至大三年（1310 年）官府又出资进行了一定的维修。至治元年（1321 年）桥再一次毁坏，地方官吏集思广益，力图长久，于是采石于宏山之下，在如浑水上进行了大规模的营建，并正式题名"兴云之桥"。明以后的《大同府志》《大同县志》记述详备：洪武十三年，因循其旧，做了简单的修补。明成化十三年（1477 年），巡抚李敏阅兵郊外，见桥面狭窄，拥塞难行，遂不惜财力，扩建了兴云桥。万历八年（1580 年），兴云桥被山洪冲垮，大同总兵郭琥"拓故基更创"，此时的兴云桥长 300 余米，宽 19 余米，是规制宏丽的 19 孔桥。万历三十四年（1606 年），大同总兵焦承勋、参议杨一葵因世远基颓，又对兴云桥做了整修。之后的康熙、乾隆年间也屡有修葺。嘉庆六年（1801 年），大同地区大雨六日，兴云桥受到严重冲击。嘉庆十年（1805 年）如浑水再一次因大雨暴涨，兴云桥倾圮（详见李树云、白勇所撰《大同兴云桥考释》一文）。

道源桥记

揭傒斯

◎本文选自《全元文》（李修生主编，江苏古籍出版社，1999年）卷九二六。

◎文中详细记述了道源桥的历次修建过程，重点描述了刘世英历时六年、耗费巨资修建道源石桥的经过以及桥成后的建筑状况。

正文

澧州[1]西南七十五里，有镇曰余市[2]，市之南有津[3]曰道溪[4]，溪之南有峰曰浮山。按郡乘[5]：昔浮丘子[6]得道是山，浴丹是溪，故山以浮名，溪以道名也。溪之源发于石门、慈利二县，东、西泉曲折漫衍，经流百里，与诸山涧、严谷之水，合于道溪，又东入于澧，溪为常、澧往来之津。春夏霪雨，则溪水洚洞[7]无涯，过者病涉[8]。旧以桴[9]渡，又曰余渡，盖市以余姓，而渡亦因焉。宋宝庆乙酉，僧广海垒石为址[10]，斫木为梁，以利涉者。实出一时草创，而后隳[11]且坏。咸淳戊辰，里人屯田统辖李元佐、进义副尉梅兴祖复输力于众，垒三址，上为石杠[12]，而不及堤。积水之岁久，三址啮于湍而残缺，大水至，且漂桥木。巡徼[13]官责居户游水取木，夜则举爝火，嗷呼[14]达旦。水杀[15]，复布木以济人。一或失木，则号召居户，责其立成，民甚苦之。

刘君慨然曰："吾居此数世，见溪水病斯桥，而又病斯民，卒无瘳[16]岁。苟一日二日无桥，则往来者咨嗟，两岸有千百人弗济焉。鬻薪者不至乎市，有数十家弗食焉。里居者受责于官，有百余家弗宁焉[17]。"乃发帑，命工取石于浮山，葺旧增新，而为八址。甃两堤，釃水为九道，址崇二丈六尺，广二丈七尺，中为行，皆石其面，延袤二十五丈有奇。上为屋二十六楹，中建阁四楹，以奉镇水神。阁之下为左右轩，右署曰"江山有待"，左署曰"风月无边"。南北为门，以司阖辟。建浮图二，范金犀三，琢石犀四，以压水怪，居道人以备洒扫。听民以贾其上，晨合暮散，各得其所。

是役也，为石计一万二千丈，木计五千，瓦计万，工计倍石之数，钱计十万二千缗。始于至顺辛未十一月，成于至元丙子八月。题其桥曰"道源"。凡六年，冒寒暑，忘饥渴，而身亲临之，心筹目视，口吟手画，而不知疲。至一旦告成，合州之人与四方宾旅至者，顾望徘徊，啸歌徜徉而不忍去。

呜呼，岂易哉！百有余年以来，桥凡三建，而乃克成，在刘独任，直以家视桥，百倍其固，以遗子孙也。且素好义，敦尚儒道。尝建道溪书院⊙18，今翰林学士谢公记之。又请余记其桥。余职在太史，乃不辞而记之，以示不忘。是溪之名，与夫子在上之意也。君名世英，字茂卿，尝仕柿溪州蒙古学学正。子南美，西门巡检。世为澧人云。

⊙ 注释

⊙1　澧州：澧县，隶属于湖南省常德市，因澧水贯穿全境而得名，位于长江中游，湖南省西北部，洞庭湖西岸，与长江直线距离80km。梁敬帝绍泰元年（555年）始置澧州。隋开皇九年（589年）罢天门郡，置澧州，新置澧阳县；元代在澧水流域置澧州路，隶属湖广行省江南北道，澧州路治澧阳。元至元十二年（1275年）置澧州安抚司，十四年（1277年）改为澧州路总管府，辖澧阳县、石门县、安乡县、慈利州（宋慈利县升，今慈利县、永定区、临澧县地）、柿溪州（析宋慈利县置，今桑植县地）。

⊙2　佘市：佘市桥镇位于道水中游、县境以西，集镇距县城12.5km。东与安福镇接壤，西与石门县白洋湖镇、三板桥乡交界，距李自成禅隐的夹山寺约15km，南靠陈二乡、文家乡，北接修梅镇、杉板乡。南、西、北三面为丘岗山地。

⊙3　津：渡水之地，渡口。

⊙4　道溪：是九澧之一，为澧水的一级支流，旧志称，按《水经注》："澧水支流有茹温溇澧黄涔澹诸水，而无道水，道水之名不知何时起。"相传昔有浮邱子者，黄帝时人，种苦荬于浮邱之岗，洗药道水之上，丹成得道，道澧之名始此。

⊙5　郡乘（jùn chéng）：郡志，郡史。

⊙6　浮丘子：当指陈绍叔（1243—1313），字克甫，号浮丘子，学者称其为浮丘先生。元末福建莆田县人。崇尚民族气节，不图做官，以个人之力坚持从事天文科学研究，曾先后以木、铜制成测天仪。一生著作甚丰，有《浮丘集》百余卷和《历代纪年》《大元官品》《竞辰》《切字》《择日》等书，惜均已失传，现仅存《郑冢》诗一首。

⊙7　浲洞：大水弥漫泛滥。

⊙8　病涉：苦于涉水渡川。

⊙9　桴：小竹筏或木筏。

⊙10　址：建筑物的地基，此处指桥基。

⊙11　隳（huī）：毁坏，崩毁。

⊙12　石杠：亦作"石矼"。石桥。一说为置于水中供人渡涉的踏脚石。

⊙13　巡徼：巡行视察。

⊙14　噭呼（jiào hū）：高声叫呼。

⊙15　水杀：指水势消弱、收束。

⊙16　瘳：本义为数种疾病一起消除，这里应指彻底消除水患以便于渡河。

⊙17　"苟一日二日无桥"三句，意为：如果没有过河之桥，两岸就有众多百姓不能交往，也会因买不到薪材而无法生活，百姓也会不得安宁。

⊙18　道溪书院：位于湖南临澧，元人刘世英（1264—1340）创建。刘世英字茂卿，祖居今临澧佘市桥南岸。以翰林提督取仕，曾任柿溪州学正多年，于延祐七年（1320年）告老还乡。崇尚儒学，信奉道教，慷慨好义。还乡后捐巨资修建道溪书院，从至治元年（1321年）秋动工，至三年（1323年）春建成。翰林谢端作《道溪书院记》，以记其事。

道源桥

□ 说明

道源桥，即佘市桥，位于湖南省临澧县佘市桥镇，在临澧县城西 13km 处，呈南北向横卧在澧水支流道水之上，因附近佘姓人居多，渐以佘氏桥名之；后因集市兴起，便以佘市桥为名流传至今。该桥是刘世英于 1331 年至 1336 年所建，耗时耗资堪称奇迹，是江南一带现存石桥中历史最悠久的一座古桥，价值堪比赵州桥。学者认为，该桥的结构设计、建筑风格、工艺水平和保护现状，堪称我国桥梁建筑史上一绝。

据《安福县志》(临澧县在 1914 年前称安福县）等古籍记载：南宋宝庆元年（1225 年），在今佘市桥原址建成石墩木梁桥；南宋咸淳四年（1268 年），建成石墩石梁桥。元至顺二年（1331 年），开始取 12km 外的太浮山之石，改建佘市桥；到元至元二年（1336 年），建成一座 2 堤 8 墩 9 孔的连拱石桥，高 8.6m（二丈六），宽 9m（二丈七），长 83.3m（二十五丈余）。桥上有屋，计 26 楹，中建 4 阁，左右为轩，南北为门，还建有石浮屠 2 范，金犀 3 琢，石犀 4 座等。此即本文所记刘世英所建道源桥。清乾隆五十六年（1791 年），洪水冲毁 4 墩，桥上建筑荡然无存。乾隆五十九年（1794 年），桥体按原制补修，并加高至 9m（二丈七），加宽至 10m（三丈），两侧建石栏。现存佘市桥的主要部分是 1336 年所建桥体的“真实遗物”。2000 年被常德市人民政府列为市重点文物保护单位。

敕赐弘济大行禅师创造福州南台石桥碑铭

马祖常

◎本文节选自《全元文》（李修生主编，江苏古籍出版社，1999年）卷一零三九。

◎作者：马祖常（1279—1338），字伯庸，雍古部人，寓居光州（今河南省潢川县）。延祐二年（1315年）进士，先后任监察御史、社稷署令、典宝少盈、太子左赞善、翰林直学士、礼部尚书、参议中书省事、治书侍御史、徽政院副使、江南行台御史中丞、枢密副使等职。谥文贞。著有《石田文集》《皇图大训》《承华事略》《列后金要》《千秋记略》等。

◎文中记述了弘济大行禅师及其弟子嗣玉、法喜、法秀等与闽盐转运使等人创修福州万寿桥及其周边建筑的概况。

正文

福唐[1]，粤闽之会城，三面距江，其水皆自高而下，石错出其间，若骑布兽伏，迅湍回洑[2]，旁折千里，汇而为南台江。昔以舟栉比，连大絙[3]为浮梁以济，每潦涨[4]卒至，则絙绝舟裂于两埼[5]，民多溺焉。师故将桥江以利涉者，先命弟子吴道可走京师，因圆通玄悟大禅郎李公闻于上，天子嘉其意，诏师卒成之。既被命矣，众愈弗疑。于是大姓割其财，小夫奏其力，闽盐转运使王某且率其属合治之。不一年，得钱为贯者数百万。乃为墩二十八，植材木，砻密石，纳水腹而基之。工未告具而师化矣。后二年，其徒曰嗣玉、法喜、法秀、德遇、嗣永实终成之。长一百七十丈有奇。仍积其羸资及故端明殿学士王君某田之岁入，岸南北为亭，北岸之东为寺。御史中丞曹公匾曰“万寿桥”。寺如桥之扁。师所至人争趋之，故居泉则有毗蓝庵、弥勒庵，居兴化则有嵩山院、宝塔院，居南庵则有星聚堂、昆仑堂。凡为庵、为堂、为院、为亭、为塔、为陂[6]、为埭[7]、为杠、为大桥、为三门佛殿，总一百八十有六，状皆瑰诡[8]殊绝，而南台万寿桥，其尤巨者也。此其功甚大。

⊙ 注释

⊙1 福唐：福州在历史上的别称。“福唐”作为县名，曾经专指福清。唐圣历二年（699 年）割长乐县南地成立万安县，天宝元年（742 年）万安县更名福唐县，后梁开平二年（908 年）福唐县更名为永昌县，后唐同光元年（923 年）永昌县复名福唐县，后唐长兴四年（933 年）改福唐县为福清县沿用至今。

⊙2 洑：漩涡，水流回旋的样子。

⊙3 大絙：大粗绳。

⊙4 潦涨：河水大涨。

⊙5 埼：弯曲的岸。

⊙6 陂：池塘。

⊙7 埭：堵水的土坝。

⊙8 瑰诡：奇异之意。

□ 说明

南台石桥即福州万寿桥（现更名为解放大桥）。万寿桥是一座横跨闽江、连接两岸台江与仓山的桥梁，建于 1303 年，当时，万寿寺僧王法助得到元成宗铁穆耳的嘉许，募集了数百万贯资金，奉旨把原来浮桥式的万寿桥改建成石板桥，全长 391m，宽 4.5m，桥下有 37 孔水道，迄今已有六百多年的历史。《马可・波罗游记》有载：“这城的一边，有一条一英里宽的大河，河上有一座美丽的长桥，建筑在木筏上面，横跨河上。”所记就是该桥。

1913 年左右的万寿桥

1932 年左右的万寿桥

2009 年重修后的解放大桥

建灭渡桥记

张元亨

◎本文选自《全元文》（李修生主编，江苏古籍出版社，1999年）卷一一一二。

◎作者：张元亨，大德中为纪县尹，生平不详。

◎文中记述大德年间，敬修、陈玠、张光福等人修建灭渡桥的缘由及经过。

正文

吴城[1]东南有塘，接吴江，达临安孔道也。由赤门湾距蔚门，水道间之，非渡不行。舟人横暴，侵凌旅客，风晨雨昏，或颠越取货。昆山僧敬修几遭其厄，仅得免，走诉公廷，法治之。既思创建石梁，利济永久。偕里人陈玠、张光福徧吁郡城，诚以感物，公以服众，敏以集事。期月，金钱汇萃，爰兴工作。始大德二年十月，讫工四年三月。桥成，长二十八丈四尺，高三丈六尺，广视高之半有加。工万六千有奇，费三千有奇。南北往来，踊跃称庆，名“灭渡”，志平横暴也。杠梁[2]，王政之一，成于空桑氏教[3]，有位者恧[4]焉。因士民请志其缘起，刻于石，以待后之修复者。大德四年，平江路长洲县知县张元亨记。

今日灭渡桥

注释

⊙1 吴城：今苏州古城。
⊙2 杠梁：桥梁。
⊙3 空桑氏教：此处指僧人或佛门。
⊙4 恧：惭愧。

说明

乾隆《元和县志》云：“灭渡桥，一名接渡桥，元大德间昆山僧敬修创建，张元亨记。明正统间，太守况钟重建，西属北三十一都正扇一啚。”桥位于苏州城东南隅，横跨京杭大运河。原设有渡船，但过往旅客常遭欺诈，于是敬修等人集资建桥，并名“灭渡”。桥始建于元大德二年（1298年），至大德四年（1300年）竣工，明、清均有重修。1985年重修时恢复石栏。桥身为单孔拱式，净跨19.3m，矢高8.5m，以满足水流湍急、过往船只体量大、往返频繁的需要；拱顶与面石间不加填层，使大桥平缓易行。大桥高而不峻、稳重大方，堪称江南古桥梁精品。2002年被列为江苏省重点文物保护单位。

彰德路创建鲸背桥记

许有壬

◎本文节选自《全元文》（李修生主编，江苏古籍出版社，1999年）卷一一九一。

◎文中主要记述了鲸背桥修建的经过，描述了桥梁修建的重要性以及苟凯霖、冯思温、阿蓝、毛刺真、赵时敏、杜德远等人与天宁寺众僧、当地民众为修建该桥所付出的种种努力。

正文

圣朝既平宋，经书遐迩，大郡小邑，枝疏脉贯，际天所覆，犹一人身焉。政令之宣布，商旅之通迁，水浮陆驰，舟格梁济，荒陬[1]僻壤，无远不达，犹血气周流，百骸用康，一或壅塞，则身为之病矣。故桥梁若道路，路若府州县，皆专官董之，岁时巡行，而察其废修，此朝廷著令示为政之先物也。彰德[2]实古相[3]，河亶甲[4]所居，《禹贡》冀州之域也。世有废兴，邑有改徙，而山川之流峙，形势之雄伟，津涂之要冲，有不得而变者焉。我朝为路[5]，路则今制，而名则昉[6]自石晋，宋若金皆因之。郡直孔道，驿传屝履，历涉尤剧。郡北四里，洹水所经，夏秋受西山万壑之流，奔横駃悍，灭防啮涘[7]，荡然四溢。官舟济人而要需阻尼，上曝下淖[8]，负挈[9]奔渡，挤排蹴蹋，觭漏中流，惴惴及溺。水涸作桥，因肆掊敛聚，良用恶薄，覆弱支行者，杌陧[10]莫不股慄[11]。岁一修拆，民大有输，缔构之用，百才一二，蠹财病民，不知其几年矣。西域荀公凯霖，尝监安阳县，位卑力小，有志未就。余待罪中书，适赴调京师。尝语及之，慨然曰："使不武长郡，必作石桥。"余既怂恿之，且语之曰："果成，余为若记。"俄升路达鲁花赤，至元二年岁丙子春莅事，首号于庭曰："洹桥病民，耇倪具知。为永逸计，非石不可。且尝请诸冬官，冬官可之。"总管冯公思温继至，而同知阿蓝、判官毛剌真暨幕属诸君，莫不协恭攒画。乃相旧渡，沙深水阔，柢[12]难为植，疏凿引水，人用重劳。东一里，水硙[13]废渠，土性坚良，面势惟允，基是缔构，事半功倍。相距几举武[14]，后先几年莫有迹者。目力一及，若废蔀[15]物出，莫不跃然而喜。地为天宁寺业，世不可牟[16]也。乃召其徒，以其法语之曰："佛以慈航济渡，故凡世之宏益于人者，多若辈为之。且闻有所谓八福田[17]者，而桥梁居其一焉，则是役也，若辈宜为之，况而地乎？惟其力之有不及也，其亦难强于而哉。诚捐此地，吾有司自为之，福田利益其亦肇基于若乎？”师徒闻之，聚而谋曰：“是诚吾徒之当为而不能为，有为者出，尺寸地尚可靳乎！”相与署券入官，约久不畔。既得地，以府帑赢息募工购财，惟石之用，以尺计者，数余二万，攻琢输挽，费劳实繁。得石水冶，近而易致，盖昔非产地也，甓灰铁铤，靡不具集。安阳县尹赵时敏，实集其材，复董其役，恪恭朝夕，用底于成。经始丁丑二月，凡四阅月而建，其陿未广而浅未濬，卑未陻而防未坚者，明年夏，始克讫功。其长亘十五寻[18]，碇[19]基于渊，两端碱[20]岸，中作三墩，析水为四，而锐刃其西，以劈水怒。四环顺列，一脊穹起，植栏两翼，其广可以行四车。凡材假于民直有未归者，冯公入为刑部侍郎，总管杜公德远适来，乃共发帑悉酬之。

予得请归，二公率其属请曰：“桥之成，国家之福，庶民之力。子适归而身履之，昔之言今其酬哉！”予亦昔之冬履危而冒险者也，纪功示后，记宜为也，况有言可食乎？天下之事成于有志，一僧孑然而出，储无宿舂，植一标于荆榛瓦砾之场，而万间金碧不日突起矣。天下之桥以雄律名者，多其徒为之。孰有儋天子之爵，操得致之柄，而反不若彼哉！愚者不能，黠者不为也。其或励志率作，而同僚嫉之，上官搤之，自非先之以定见，守之以定力，奋不顾流议而勇于必为者，鲜有济焉。初，是役之兴，有言韩忠献王三守相，凡渠水之利莫不修复，使桥可作，则必先矣，盖不可作也。殊不知古人盖亦有不及为，而后人为之者，未闻古人事事尽为，而后人无二可为者也。昔杜预启建河桥于富平津，众论以为殷周所都，经圣贤而不作者，必不可作故也。预曰：“昔造舟为梁，则河桥之谓也。”遂作桥成。则知古人之立事，亦未免哗于浮议，而成于定力也。噫，作者之难若是，俾其功勿坏而施于无穷，则有望于继者焉。

⊙ 注释

⊙1　荒陬（huāng zōu）：荒远的角落。
⊙2　彰德：彰德路，元至元初改彰德府置，治安阳县（今河南省安阳市）。辖境相当于今河南省安阳、汤阴、林州、鹤壁及河北省临漳等市县地。明初复为彰德府。
⊙3　相：商朝曾迁都于相，故址在今河南省安阳市西。
⊙4　河亶甲：河亶甲，姓子名整，生卒年不详，商王太戊子，商王仲丁、外壬弟，外壬死后继位。在位九年，迁都于相。
⊙5　路：元代行政区划。元代实行行省制，行省下辖路，路领府、州，府、州辖县。
⊙6　昉（fǎng）：起始，起源。
⊙7　啮涘（niè sì）：毁坏吞噬水岸。
⊙8　淖（nào）：烂泥，泥沼。
⊙9　负挈：背负手提。
⊙10　杌陧（wù niè）：倾危不安的样子。
⊙11　股慄（gǔ lì）：即股栗，因紧张、害怕而两腿发抖。
⊙12　柢（dǐ）：树木的根，引申为基础。
⊙13　水硙（shuǐ wèi）：水磨。
⊙14　举武：举足，举步，不远的距离。武，步武。
⊙15　蔀（bù）：覆盖于棚架上以遮蔽阳光的草席。
⊙16　牟：谋取。
⊙17　八福田：指佛田、圣人田、僧田、和尚田、阇黎田、父田、母田、病田。福田，意为可生福德之田。
⊙18　寻：古代长度单位，八尺为一寻。
⊙19　碇：系船的石墩。
⊙20　礩：柱下的石墩。

今安阳桥

说明

鲸背桥又名安阳桥，坐落于今河南省安阳市北洹河（又名安阳河）之上，桥名始见于后晋时期，元代修整为漫水石桥。明、清时曾多次重修。鲸背桥具有重要的历史价值。站在鲸背桥（安阳桥）上看东西两边，河水波澜，景色十分壮观，故被称为“鲸背观澜”，为“安阳八大景”之一。1988年扩宽安阳桥面至16.7m，两侧设栏杆、路灯，安阳桥成为洹河南北交通的重要桥梁。之后政府又修筑了安阳河堤公园，在安阳桥的四周建了双阳园、双虹园、观澜园、洹春园4个公园。

技术与管理

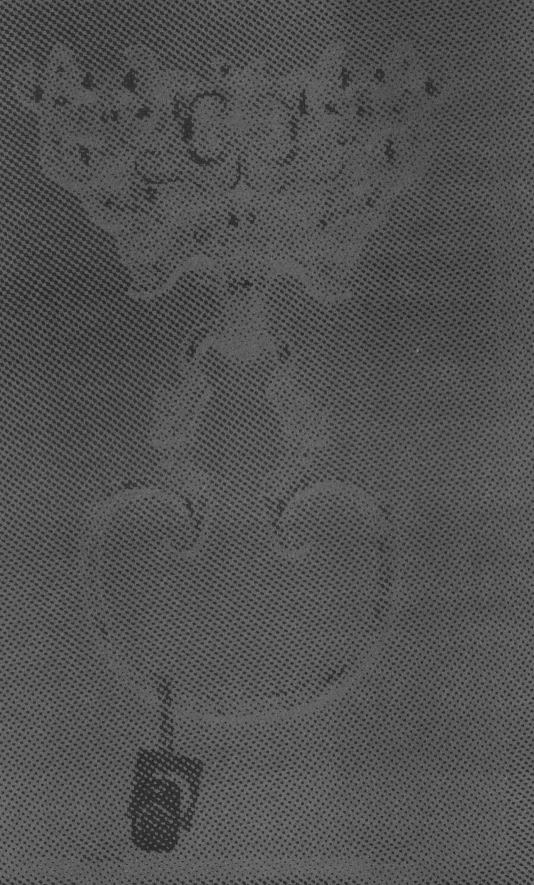

工部

◎本文选自《新元史》卷五十五·志第二十二。

◎文中对于执掌全国土木兴建、水利工程及各项器物制作等事务的工部、诸色人匠总管府、诸司人匠总管府、诸路杂造总管府等及其下属各个部门的功能、官职予以详细说明。

正文

【《古今图书集成经济汇编考工典》云：元设工部，尚书、侍郎统郎中员外之属，掌营造百工之政令，而诸属提举、诸路杂造总管皆属之。】

工部：尚书三员，侍郎二员，郎中二员，员外郎二员。品秩同前。掌百工之政，凡营造之程式，材物之给受，铨注[1]局院司匠之官，悉以任之。中统元年，置右三部，尚书、郎中五员，员外郎五员，内二员专置工部事。至元二年，分立工部，尚书四员，侍郎三员，郎中四员，员外郎五员。三年，复为右三部。七年，始置工部，尚书二员，侍郎二员，郎中三员，员外郎五员。二十三年，定工部尚书、侍郎、郎中、员外郎各二员。明年，又增尚书二员。二十八年，省尚书一员，增主事五员，置司程官四员。正七品。其属附见于后。

右三部照磨[2]一员。从七品。

左右部架阁库[3]，秩正八品。管勾二员，正八品。掌六部文卷簿籍架阁之事。中统元年，左右部各置。二十三年，并为左右部架阁库。

诸色人匠总管府。秩正三品。达鲁花赤[4]一员，正三品。总管一员，正三品。同知二员，正五品。副总管二员，从五品。经历一员，从七品。知事一员，从八品。《元典章》：诸色人匠总管府，照磨兼管勾承发架阁，正九品。提控案牍一员。掌百工之技艺。至元十二年，置总管、同知、副总管各一员。十六年，置达鲁花赤一员，增同知、副总管各一员。二十八年，省同知。三十年，省副总管。后定置诸员，其属：

梵像提举司。秩从五品。提举一员，从五品。《元典章》：工部大仓提举，从五品。同提举一员。从六品。吏目一员。掌绘佛像及土木刻削之工。至元十二年，置梵像局。从七品。延祐三年，升提举司。

出蜡局提举司。秩从五品。提举一员，同提举一员，副提举一员，从七品。吏目一员。掌出蜡铸造之工。至元十二年，置局。从七品。延祐三年，升提举司。

铸泻等铜局。秩从七品。大使一员，从七品。副使一员。从八品。掌铸泻之工。至元十年，置官三员。二十八年，省管勾一员。

银局。秩从七品。大使一员，从七品。直长一员。正八品。掌金银之工。至元十二年置。

镔铁局。秩从七品。大使一员。掌镂铁之工。至元十二年置。

玛瑙玉局。秩从八品。直长一员。从八品。掌琢磨之工。至元十二年置。

石局。秩从七品。大使一员，管勾一员。掌攻石之工。至元十二年置。

木局。秩从七品。大使一员，直长一员。掌攻木之工。至元十二年置。

油漆局。副使一员，用从七品印。掌髹漆之工。至元十二年置。《元典章》：怯怜口皮局、貂鼠局、羊山玛瑙局提举，俱从五品。

诸物库。提领一员，从七品。副使一员。从八品。掌诸物之出纳。至元十二年置。

管领随路人匠都提领所。提领一员，从七品。大使一员，从七品。俱受省檄掌工匠之词讼。至元十二年置。

诸司局人匠总管府。秩正三品。达鲁花赤一员，总管一员，副达鲁花赤一员，同知一员，副总管一员，经历一员，知事一员，提控案牍一员。掌两都金银器皿及符牌等十四局事。至元十四年置。二十四年，以八局隶工部及金玉府，止领五局、一库，掌毡毯等事。《元典章》：仪鸾器物、金丝子、犀象牙、木，大都金银器皿局大使，俱从五品。上都诸色人匠金银器皿，宜德等处打码磁，保定、云南、南宫三织染局提举，俱正六品。其属：

收支库。秩正九品。大使一员。掌出纳之事。

大都毡局。秩正七品。大使正七品。副使正九品。各一员。管人匠一百二十五户。

大都染局。秩正九品。大使一员。管人匠六十三户。

上都毡局。秩正七品。大使、副使各一员。管人匠九十七户。

隆兴毡局。大使、副使各一员。管人匠一百户。

剪毛花毯蜡布局。大使、副使各一员。管人匠一百十八户。

提举右八作司。秩正六品。提举一员。同提举一员，副提举一员，吏目一员。掌出纳内府漆器、红瓮、捎只等，并都城局院造作镔铁、铜、钢、鍮石，东南简铁，两都支持皮毛、杂色羊毛、生熟斜皮，马牛等皮，鬃尾、杂行沙里陀等物。中统元年，置提领八作司。秩正九品。至元二十五年。改提举八作司，升正六品。二十九年，分左右两司。大德二年，以八作司旧制八员，令分左右二司，减去二员。上都八作提举司注品秩与大都八作司同。据此知左右八作司直隶大都留守司，不应隶上都也。

提举左八作司。秩正六品。置官同上。掌出纳内府毡货、柳器等物。《元典章》：诸路金玉人匠总管府达鲁花赤总管，俱正三品；副达鲁花赤、副总管，俱正四品；同知，正五品。

诸路杂造总管府。秩正三品。达鲁花赤一员，总管一员。同知一员，副总管一员，知事一员，提控案牍一员。至元元年，改提领所为提举司。十四年，又改工部尚书行诸路杂造局总管府。其属：

簾纲局。大使、副使各一员。受省劄。至元元年置。

收支库。大使、副使各一员。至元三十年置。

茶迭儿局总管府。秩正三品。达鲁花赤一员，总管一员，同知一员，知事一员，提控案牍一员。掌诸色人匠造作等事。宪宗置。至元十六年，设总管一员……二十七年……诸司局，用从七品印，提领一员，相副官二员。中统三年置。

收支库。提领一员，大使、副使各一员。掌造作出纳之物。

大都人匠总管府。秩从三品。达鲁花赤一员，总管一员，同知一员，经历一员，提控案牍一员。至元六年置。其属：

绣局。用从七品印。大使、副使各一员。掌绣造段匹。

纹锦总院。提领一员，大使、副使各一员。掌织造段匹。

涿州罗局。提领一员，大使一员。掌织造纱罗段匹。

尚方库。提领一员，大使、副使各一员。掌出纳丝金颜料等物。《元典章》：异样、文锦两局，钞局、罗绫锦织染两局，提举俱从五品。

随路诸色民匠都总管府。秩正三品。达鲁花赤一员，总管一员，同知一员，副总管一员，经历一员，知事一员，提控案牍一员，照磨一员。掌仁宗潜邸诸色人匠。延祐六年，拨隶崇祥院。后又属将作院。至顺三年，改隶工部。其属：

织染人匠提举司。秩从七品。达鲁花赤一员，从五品。提举一员，从五品。同提举，从六品。副提举，从六品。各一员，吏目一员。至大二年置。

杂造人匠提举司。秩从七品。置官同上。

大都诸色人匠提举司。秩从五品。达鲁花赤一员，提举一员，同提举、副提举各一员，吏目一员。

大都等处织染提举司。秩从五品。达鲁花赤一员，提举一员，副提举一员，吏目一员。管阿难答王位下人匠一千三百九十八户。

收支诸物库。秩从七品。提领一员。大使、副使各一员。

提举都城所。秩从五品。《元典章》：都城所有达鲁花赤一员，从五品。提举二员，从五品。同提举，从六品。副提举从七品。各二员。照磨一员，吏目一员。掌修缮都城内外仓库等事。至元三年置。其属：

左右厢。官四员，用从九品印。至元十三年置。

受给库。秩正八品。提领一员，大使、副使各一员。掌京城内外营造木石等事。至元十三年置。

符牌局。秩正八品。大使一员，正七品。副使一员，正八品。直长一员。掌造虎符等。至元十七年置。

旋匠提举司。秩从五品。提举一员，从五品。副提举一员。从七品。至元九年置。

撒答剌欺提举司。秩正七品。提举一员，从七品。副提举一员，正八品。提控案牍一员。初为组练人匠提举司。至元二十四年，以札马剌丁率匠人成造撒答剌欺与丝绸，同局造作，改为撒答剌欺提举司。

别失八里局。秩从七品。大使一员，秩从七品。副使一员，从八品。掌织造御用领袖纳失失等段。至元十三年置。

忽丹八里局。大使一员。给从七品印。至元三年置。

平则门窑场。提领一员，大使、副使各一员。给从六品印。至元十三年置。

光熙门窑场。提领一员，大使、副使各一员。给从八品印。至元二十五年置。

大都皮货所。提领一员，大使、副使各一员。用从九品印。至元二十九年置。

通州皮货所。提领一员，大使、副使各一员。用从九品印。延祐六年置。

晋宁路织染提举司。秩正六品。提举一员，正六品。照略案牍[⊙5]一员。其属：

提领所一，系官织染人匠局一，云内人匠东西局二，本路人匠局一。河中府、襄陵、翼城、潞州、隰州、泽州、云州等局七。每局设提领，从七品。副提领从八品。各一员。云州、泽州止设提领一员。

冀宁路织染提举司。秩正六品。提举一员，正六品。同提举，正七品。副提举各一员，照略案牍一员。

真定路织染提举司。品秩置官同上。其属：

开除局。大使、副使各一员，照略案牍一员。

真定路纱罗兼杂造局。大使一员，从七品。副使一员。从八品。

南宫、中山织染提举司。各设提举、同提举、副提举一员，照略案牍一员。

中山刘元帅局。大使一员，从七品。副使一员。从八品。

中山察鲁局，大使一员，副使一员。

深州织染局。大使一员，副使一员，照略案牍一员。

深州赵良局。大使一员，副使一员。

弘州人匠提举司。提举一员，同提举，副提举各一员，照略案牍一员。《元典章》：弘州寻麻林人匠提举司，同提举，正七品。

纳失失、毛段二局。院长一员。纳失失、毛子旋二局。《元典章》均有大使、副使，与旧志不同。

云内州织染局。大使一员，副使一员，照略案牍一员。

大同织染局。大使一员，副使一员，照略案牍一员。

朔州毛子局。大使一员。

恩州织染局。大使、副使各一员，照略案牍一员。

恩州东昌局。提领一员。

保定织染提举司。提举一员，同提举、副提举各一员，照略案读一员。

大名人匠提举司。提举一员，同提举、副提举各一员，照略案牍一员。《元典章》：大名织染局提举司达鲁花赤，正六品。

永平路纹绵等局提举司。提举一员，同提举、副提举各一员，照略案牍一员。

大宁路织染局。大使一员，副使一员，照略案牍一员。

云州织染提举司。提举一员，同提举、副提举各一员，照略案牍一员。

顺德路织染局。大使、副使各一员，照略案牍一员。

彰德路织染人匠局。大使一员，副使一员，照略案牍一员。

怀庆路织染局。大使、副使各一员，照略案牍一员。

宣德府织染提举司。提举一员，同提举、副提举各一员，照略案牍一员。

东圣州织染局。院长一员，局副一员。

宣德八鲁局。提领一员，副使一员。

东平路曈局。直长一员。

兴和路寻麻林人匠提举司。提举一员，同提举、副提举各一员，照略案牍一员。

阳城天城织染局。提领一员，副使一员，照略案牍一员。

巡河提领所。提领二员，副提领一员。

《元典章》：绫锦纹绣、大同织染、弘州锦院、玛瑙、朔州毛子镔铁、云内州织染、唐像、出腊、石局、铜局、大都毡局，别失八里人匠、彰德熟皮甸皮人匠、银局、塑局，大都染局、中山真定杂造等，麻纳失失、缙山毛子旋正局，各局大使三百户下，一百户上，俱从七品。织染局、纹绣局、将作院、帘绞锦杂造别失八里人匠、平阳系官杂造、寻麻林纳失失、弘州锦院、上和大都中山真定铁局、怀孟深州大名路恩州织染局，各局副使俱从八品。上都毡、出腊、彰德人匠、大同织染、顺德织染、浮梁磁、唐像各局，副使俱正九品。

⊙ 注释

⊙1　铨注：对官员进行考核、选拔、登录。

⊙2　照磨："照刷磨勘"的简称，元代的一种官员，主要担任收支审计之职。

⊙3　架阁库：相当于中国古代档案库。始设于宋代。"架"为庋物的用器，"阁"同"搁"，有"载"意。"架阁"为贮存档案的木架，数格多层，便于分门别类存放和检寻。

⊙4　达鲁花赤：蒙古语为"掌印者"，在元代为执掌实权的大员。

⊙5　照略案牍：管理案牍等相关事务。

□ 说明

有元一代，统治者基于自身的出身背景，对各种营造活动的管理与控制更为完善、严苛，从相关官职的设置中即可看出，内容涵盖了方方面面，从材料的管理、收支的监督、档案的使用，到土、木、石、金属、织染、窑场乃至塑像等都有相应的管理机构进行掌控，从而充分反映了这一时期建筑领域的管理面貌。

工典总叙

◎本文选自《中华传世文选》元文类，卷四十二。

◎文中主要记述涉及宫室、官府、仓库、城郭、桥梁、庙宇、道观以及兵器、玉石、陶木、丝织、塑像等各种手工营造技艺的内容。

正文

有国家者，重民力，节国用，是以百工之事，尚俭朴而费适时，用戒奢纵，而虑伤人心。安危兴亡之机系焉，故不可不慎也。六官之分，工居其一，请备事而书之：

一曰宫苑，朝廷崇高，正名定分，苑囿之作，以宴以怡。次二曰官府，百官有司，大小相承，各有次舍，以奉其职。次三曰仓库，贡赋之入，出纳有恒，慎其盖藏，有司之事。次四曰城郭，建邦设都，有御有禁，都鄙之章[1]，君子是正[2]。次五曰桥梁，川陆之通，以利行者，君子为政，力不虚捐。次六曰河渠，四方万国，达于京师，凿渠通舟，输载克敏[3]。次七曰郊庙，辨方正位，以建皇都，郊庙祠祀，爰奠其所[4]。次八曰僧寺，竺乾之祠，为惠为慈，曰可福民，宁不崇之。次九曰道宫，老上清净，流为祷祈，有观有宫，有坛有祠。次十曰庐帐，庐帐之作，比于宫室，于野于处，禁卫斯饬。次十一曰兵器，时既治平，乃韬甲兵，备于不虞，庀工有程。次十二曰卤簿[5]，国有大礼，卤簿斯设，仪繁物华，万夫就列。次十三曰玉工，次十四曰金工，次十五曰木工，次十六曰抟埴[6]之工，次十七曰石工，天降六府[7]，以足民用，贵贱殊制，法度见焉。次十八曰丝枲之工，次十九曰皮工，次二十曰毡罽[8]之工，服用之备，有丝有枲，有皮有毛，各精厥能。次二十一曰画塑之工，次二十二曰诸匠，像设之精，绨绘之文，百技效能，各有其属。

宫苑

国家龙飞朔土[9]，始于和宁营万安诸宫。及定鼎幽燕，乃大建朝廷城郭，宗庙宫室，官府库庾[10]。大内在国都之中，以朝群臣，来万方。又以开平为上都，夏行幸则至焉，制度差矣。中都建于至大间，后亦希幸[11]。其它游观之所，离宫别馆，奢不逾侈，俭而中度，可考而见焉。

官府

国家设官分职，则各有听政之所。故上自省、台、院、部，下而府、司、寺、监，以及乎外郡有司，虽室宇之崇卑不等，然其厅事之设施，与夫始胥之按牍，咸具其所，而上下之等辨矣。

仓库

国之有仓廪府库，所以为民也。我朝仓库之制，以北则有上都、宣德诸处，自都而南，则通州河西务、御河及外郡常平诸仓，以至甘州有仓，盐茶有局，所供亿京师、赈恤黎庶者，其措置之方，可谓至矣。

城郭

国家建元之初，卜宅于燕，因金故都。时方经营中原，未暇建城郭。厥后人物繁夥，隘不足以容，乃经营旧城东北，而定鼎焉，于是埤堞⊙[12]之崇，楼橹⊙[13]之雄，池隍之俊，高深中度，势成金汤。而后上都、中都诸城，咸仿此而建焉。

桥梁

都城初建，庶事草创，其内外桥梁，皆架木为之，而覆以土，凡一百五十六。至大德间，年深木朽，有司以为言，改修用石，都水监计料，工部应付工物，委官董工修理，然后人无病涉之患。

河渠

太史公《河渠》一书，所以载水利者甚悉。盖水虽能为害，然人得其疏导畜泄之方，以顺其润下之性，则为利亦大矣。国家定都幽燕，上决白浮、双塔诸水，导之为通惠河，以济漕运，又为之立闸、坝，以节其盈涸。舟楫既通，而京师无告乏之弊。至导浑河，疏泺水，而武清、平泺无没溺之患；唆治河，障滹沱，而真定免决啮[14]之虞。开会通于临清，以通南北之货；疏陕西之三白，以溉关中之田。泄江湖之淫潦，立捍海之横塘，而浙右之民免垫溺之忧。害既除，利以兴，作《河渠》。

郊　庙

祀，国之大事也。故有国者，必先立郊庙，而社稷继之。我朝既遵古制，而又有影堂[15]焉，有烧饭之院焉，所以致其孝诚也。至如祀孔子为宣圣，太公为武成，推而至于三皇，亦咸为之庙食。若太史司天之有台，城隍岳渎之有祠，其所以答神休[16]、报灵贶[17]之意，则又至矣夫！

僧　寺

自佛法入中国，为世所重，而梵宇遍天下。至我朝尤加崇敬，室宫制度，咸如帝王居，而侈丽过之。或赐以内帑，或给以官币，虽所费不赀，而莫与之较。故其甍栋[18]连接，檐宇翚飞，金碧炫耀，亘古莫及。吁，亦盛矣哉！

道　宫

老子之道，以无为宗虚为祖，知雄白而守雌黑，故能柔强胜坚，安危平险，天下莫能宾，万物不敢臣。执是为右契，以御天下，而天下莫之先。举世崇尚，为之筑宫室，立台榭，固非一日。其教虽有正一、全真大道之殊，而我朝尊宠之隆，则与释氏并。乃若琳宇之穹崇，璇宫[19]之宏邃，皆出于国家经费，而莫之靳，亦岂其道非常之所致欤！

庐帐

我朝居朔方，其俗逐水草，无常居，故为穹庐以便移徙。后虽定邦邑，建宫室，而行幸上都，春秋往返，跋涉山川，遂乃因故俗为帐殿，房车以便行李。其不欲兴土木以劳民之意，亦仁矣哉！

兵器

居安虑危，有国之大戒，安不忘战，有备则无患也。故兵虽凶器，而不可一日废。我朝承平日久，四海晏然，兵器似非所急者，而弓弩戈甲之制，岁为常贡，率有定数，其制作之工，锋刃犀利，视苟安忘战，口不言兵，器械不精，以卒与敌者，盖不侔[20]矣。

卤簿

乘舆之出入，有大驾、发驾，其仪卫森严，警跸清道，非以自奉也，所以敬神明，严祖宗也，岂非为观美哉！

玉工

中统二年，敕徙和林白八里及诸路金玉码瑙诸工三千余户于大都，立金玉局。至元十一年，升诸路金玉人匠总管府，掌造玉册玺章、御用金玉、珠宝、衣冠、束带、器用、几榻及后宫首饰。凡赐赉，须上命然后制之。

金工

攻金之工，以煅炼之职。器以适用，而等威之辨实行乎其间。若符印以示信也，而印纽之制，则有龙、兽、驼、龟之别；金银铜虽异，而又有三台、二台之辨焉；符牌之分金银固也，而有二珠、双箪之异。如此，而后品秩之崇卑，较然有不可紊者矣。其它如祭器以致敬，铜人以验针灸，步占之浑仪，沙门之佛像，与凡器用之需，莫不取给焉。故杂造有府，器物有局，又立民匠总管以总之，其制度亦详矣哉！

木　工

木工之名则一，而其艺有大小；如营建宫室，则大木之职也；若舟车以济不通，几案以适用，此皆小木之为也。故镟[21]匠有局，缮工有司，民匠杂造之有府，岁为定制，以备用焉。

抟埴之工

埏埴[22]，小艺也，而其用至要。宫室以蔽风雨，而瓴甓[23]是需。故为窑场，以埏埴之，煅炼之，而所用备矣。

石　工

夫石之为物，其理粗其质坚，故琢磨之工倍于玉。而我朝攻石之工，制以花卉、鸟兽之像，作为器用，则务极其精巧云。

丝枲[24]之工

国朝治丝之工，始自甲戌年间。有史道安者，精于其艺，遂以御衣、尚衣同为三局。高丽诸工，亦立局焉。如异样、绫锦、纱罗三提举司，又置府以总之。其大都等路诸色民匠及大都人匠、随路诸色民匠，又各立府以督之。其外道行省诸局，虽不与此如御用诸王众用者，亦各有差。常课之外，不时之需，谓之横造。然其染夏之工，织造之制，刺绣之文，咸极其精致焉。

皮　工

制皮为衣，以御寒也，而大祀之用，礼不可废。我朝起朔方，都幽燕，皆苦寒之地，故皮服之需尤急。乃设为寺、监、司、局，以专掌之，而其柔治之方，裁制之巧，则又非昔人之所及也。

毡　罽

毡罽之用至广也，故以之蒙车焉，以之藉地焉，而铺设障蔽之需咸以之。故诸司、寺、监，岁有定制，以给用焉。

画　塑

绘事后素，此画之序也。而织以成像，宛然如生，有非采色涂抹所能及者。以土像形，又其次焉。然后知工人之巧，有夺造化之妙者矣。

诸　匠

国家初定中夏，制作有程。乃鸠天下之工，聚之京师，分类置局，以考其程度，而给之食，复其户，使得以专于其艺。故我朝诸工制作精巧，咸胜往昔矣。

⊙ 注释

⊙1　都鄙之章：国都和边远之地之间的规章。都，国都；鄙，边远的地方；章，规章。是指国都和边远的地方车服尊卑各有规定。《左传·襄公三十年》："子产使都鄙有章，上下有服，田有封洫，庐井有伍。"

⊙2　是正：订正，校正。

⊙3　克敏：快捷便利之意。

⊙4　爰奠其所：以便为自己的统治奠定坚实的基础。爰，为了；奠，稳固地建立。

⊙5　卤簿：我国封建社会的典章制度，专门服务于帝王的重大活动。"卤"在古代通"橹"，即"大盾"，引申为帝王的保护措施；"簿"是册簿的意思。卤簿就是把这些措施，包括"车驾次第"和保卫人员即装备的规模、数量、等级等，形成文字典籍。

⊙6　抟埴（tuán zhí）：是指以黏土捏制陶器的坯。

⊙7　六府：这里指水、火、金、木、土、谷，古人认为此六者为财货聚敛之所，乃人类养生之本。语出《尚书·大禹谟》："地平天成，六府三事允治，万世永赖。"

⊙8　毡罽（zhān jì）：毡和毛毯之类。

⊙9　国家龙飞朔土：国家的统治者来自于北方地区。

⊙10　库庾：粮仓。

⊙11　希幸：侥幸之心。

⊙12　埤堞：城上的矮墙。

⊙13　楼橹："楼櫓"，古代军中用于瞭望、攻守的无顶盖的高台。橹，一种军事防御建筑物。

⊙14　决啮：决口。

⊙15　影堂：指寺庙道观供奉神佛或陈设尊师真影、祖先图像的厅堂之所。

⊙16　神休：神明赐予的福祥。

⊙17　灵贶：神灵赐福。

⊙18　甍栋：屋梁。

⊙19　璇宫：亦作"璿宫"。玉饰的宫殿。

⊙20　不侔：不相等，不等同。

⊙21　鏇（xuán、xuàn）：同"旋"，即"削"之意。

⊙22　埏埴（shān zhí）：埏，以土和泥，糅合；埴，黏土。埏埴，用水和黏土揉成可制器皿的泥坯，即制坯。

⊙23　瓴甓（líng pì）：即砖块。

⊙24　丝枲（sī xǐ）：生丝和麻，实指缫丝绩麻之事。

□ 说明

元王朝在广泛征战的过程中，掳掠了大量有一技之长的手工匠人，在正式入主中原之后，为了满足政治、经济、社会、生活等各方面的需要，发展了规模空前的官办手工业，并实行工匠和匠户制度。当时匠户主要有两种，为军队生产、受军队管辖的是军匠；为各局院生产、受局院管辖的是官局人匠，总称系官人匠。此外，还有受各贵族王公直接管辖的，称投下匠户。匠户的职业是世袭的，非经放免，子孙不能脱籍。官局中的劳役完全是强制性的，这就是所谓的"匠不离局"。这些匠人及所在的部门，所从事的皆为"百工之事"，故统属六部之中的工部管理。从文中可以看出，当时的手工分类极为繁杂，从宫殿、衙署、仓库、城郭、桥梁、河渠、寺庙、道观，直至玉、金、木、石、陶、皮、毡、丝、画等，可谓无所不包；文中也对各行各业的工作内容、性质、作用都给予了大体的描述。本文是研究有元一代手工技艺的宝贵资料，同时也给探究这一时期的建筑技艺提供了很好的参考。

上梁文六则

李俊民

◎本文选自《全元文》（李修生主编，江苏古籍出版社，1999年）卷五。

◎从古至今，我国在营建房屋时都会采取各种方式以趋利避害，上梁文就是其中的一种，是建屋上梁时用以表示颂祝的一种骈文。北魏的温子昇有《阊阖门上梁祝文》，宋王应麟认为其为上梁文之始（《困学纪闻·杂识》）。明徐师曾在其《文体明辨》中言：『上梁文者，工师上梁之致语也。世俗营宫室，必择吉上梁，亲宾裹麪，杂他物称庆，而因以犒匠人。于是匠人之长，以麪抛梁而诵此文以祝之。其文首尾皆用俪语，而中陈六诗，诗各三句，以按四方上下，盖俗礼也。』清汪懋麟《十二砚斋落成自题》诗之二曰：『小试神通移柱法，大夸手段上梁文。好言南北东西合，佳兴风雨月露分。』也是对上梁文的注解。

正文

高平县宣圣庙上梁文

百世大成之教，将丧于天；二丁释奠[1]之仪，欲行无地。庶几[2]见圣，须赖有功。况河东[3]人物之豪，在长平朱紫者[4]半。悯其梁木易坏，仞墙未阙[5]，悉存起废之心，方属未遑[6]之际，而乃度材计费，鸠役募工，于时则咸谓之迂，而为之犹贤乎已。点因言志，必期春暮之风；符欲读书，奚待秋凉之雨。所望人其门见宗庙之美，升其堂闻丝竹之音。今则畚锸具陈，斧斤告毕。谨涓[7]谷旦[8]，爰举虹梁，因采欢谣，式扬善颂。

抛梁东，比屋衣冠似鲁中。二十余年荆棘地，一朝刮目见华风。
抛梁西，水漫城根欲断时。不见向来挑达子[9]，尽为市上买书儿。
抛梁南，谩说中牟异政三。何以此开游学路，流为万古作名谈。
抛梁北，路从辟后无杨墨。琴堂美化及民新，吏事方知有儒术。
抛梁上，吾道随时有消长。迩来门户争相高，要取人闲卿与相。
抛梁下，往日蔬园今学舍。不遇当年董仲舒，谁为后世修书者。

伏愿上梁之后，家家俎豆，处处弦歌。政夸令尹之新，人有君子之行。不独文翁[10]之郡，学亦能兴；抑令子产[11]之乡，校无敢毁。

汤庙上梁文

礼莫重于祭神，所依者人，享以克诚，思戴商者久矣。放而不祀，肯与葛为邻哉？肆坚肃敬之心，爰敞奉安之地。五丁为之戮力，百鬼为之骏奔。奕奕而新，巍巍乎大。庸俟斧斤之毕，具修俎豆[12]之容。不日而成，盖天所佑。今则谨涓谷旦，肇举虹梁。因采民谣，式扬善颂。

抛梁东，人物熙熙乐土中。了却公田无个事，豚蹏[13]豆酒庆年丰。
抛梁西，人事天时一旦回。伫听春雷起惊蛰，世间翘首望云霓。
抛梁南，四面山光滴翠岚。惟有新城嘉润地，休功美利与天参。
抛梁北，宅土茫茫咸仰德。惨舒一气两仪间，无物不资神妙力。
抛梁上，峻宇凌空雄且壮。春祈秋报有常时，灵贶应人如影响。
抛梁下，吹箫击鼓农桑社。百灵受职风雨时，万顷连云看多稼。

伏愿上梁之后，俗化衣冠，人离涂炭。泽被九围之远，礼还三代之初。精意感通，栗栗桑林之事；欢声歌诵，洋洋那首之诗。

神霄宫上梁文

金碧朝真之地，劫火所焚；斧斤起废之人，家风犹在。方图鸠僝[14]，俄[15]覩[16]翚飞。莫不闻风而喜之，未见有力不足者。告成有日，当落霞孤鹜之秋；会集如云，尽佩玉鸣鸾之侣。谨涓谷旦，爰举虹梁。因采欢谣，式扬善颂。

抛梁东，万象咸归道域中。灵宇巍然还旧观，共为鼻祖立玄风。
抛梁西，成坏须知自有时。技痒游人休疥壁，留为君子看花题。
抛梁南，犖土夷荒共结庵。绛帕蒙头多少众，从今剔耳听玄谈。
抛梁北，清高地位仙凡隔。天风吹散步虚声，化鹤时来千岁客。
抛梁上，冠剑登坛环佩响。门外黄尘不见山，致身福地何萧爽。
抛梁下，人物山阴随所化。不须更觅换鹅书[17]，手内黄庭皆自写。

伏愿上梁之后，地天交泰，神鬼护持。徐甲[18]复来，不惮扫除之役；可元再出，一新香火之缘。

锦堂上梁文

德迈于公，素有高门之望；贤如晏子，欲更近市之居。此心所安，乃卜既吉。爰即鸣珂之里，以新衣锦之堂。为天下士，欲得万间。在大丈夫，安事一室。象盖取诸大壮，歌载播于斯干。已许王翰为邻，将见许伯入第。谨涓吉日，肇举修梁。因采欢谣，式扬善颂。

抛梁东，崇构巍巍耸碧空。天际浮云风卷尽，放教远岫[19]列窗中。
抛梁西，落霞孤鹜与齐飞。扶摇万里垂天翼，肯向枝巢借一栖。
抛梁南，百屋堆钱不可贪。何如养取闲中趣，渐渐佳如食蔗甘。
抛梁北，归意浓于山有色。故乡曾见几人还，多少朱门锁空宅。
抛梁上，子子孙孙枝叶壮。不知更有贵甥谁，能与外家成宅相。
抛梁下，壁上尤堪三绝画。更将黄卷教儿童，学取邺侯书满架。

伏愿上梁以后，门阑多喜，家道克昌[20]。鬼神为之护持，民物于此安逸。岂止梁间之燕，咸贺其成；抑令屋上之乌，皆知所止。

崇安寺重修三门上梁文

岁月既迁，久旷庄严之境；家风不坠，大开方便之门。结十方随喜，缘种三生无量福。恃者众力，期于一新。使檀越如此用心，欲衲子有个歇处。谨涓吉日，肇举修梁。因采欢谣，式形美颂。

抛梁东，一旦精蓝扫地空。谁似崇安能起废，圣人门户见重重。
抛梁西，横峰侧岭护招提。却还旧观凌霄汉，气压龙门一望低。
抛梁南，瓶钵生涯共一龛。试问龙蛇今几种，前三三与后三三。
抛梁北，色即是空空即色。有时天女散天花，莫认毗耶居士室。
抛梁上，一榻茶烟小方丈。几年面壁少林师，肯向人前呈伎俩。
抛梁下，山林所在皆莲社。此心安处便宜休，销得盖头茅一把。

伏愿上梁以后，永光法界，不堕劫灰，看取佛堂放光，且为道场，起色。金得长者之布，日日而兴，衣自祖师而传，源源不绝。

高平显真观三门上梁文

瓦砾积年，未敞栖真之地；斧斤一旦，共为起废之人。时然后兴，应者如响。同力莫不相济，下手惟嫌太迟。得助者多，能事将毕。谨差谷旦，爰举虹梁，因采欢谣，式形善颂。

抛梁东，壮观玄门似有功。幽事不妨清净念，便从林下立家风。
抛梁西，看破栖霞不肯栖。别为道场重起本，红尘背镜笑人迷。
抛梁南，杖屦山林处处庵。但结卧龙冈下伴，不须海上觅仙龛。
抛梁北，地位清高风雨隔。一朝白日上清天，得道旌阳人不识。
抛梁上，有作有为俱是妄。问君何处是真游，试向仙翁山下望。
抛梁下，萧爽残年香火社。姓名今已籍丹台，空界时来鸾鹤驾。

伏愿上梁以后，羽衣云集，宗教日崇，不羡陶家隐居，如在壶公谪处。灵宫载肃，盖多星斗之临；历劫长存，自有鬼神之护。

⊙ 注释

⊙1　二丁释奠：二丁，当指三国时期魏的丁仪、丁廙兄弟。二人才朗学博，与曹植友善，后均遭曹丕杀害。释奠，是古代在学校设置酒食以奠祭先圣先师的一种典礼仪式。《礼记·王制》："出征执有罪，反释奠于学，以讯馘告。"《礼记·文王世子》："凡学，春官释奠于其先师，秋冬亦如之。凡始立学者，必释奠于先圣先师。"郑玄注："释奠者，设荐馔酌奠。"
⊙2　庶几：这里指贤者或可以成才的人。
⊙3　河东：代指山西。因黄河流经山西省西南境，则山西在黄河以东，故这块地方古称河东。秦汉时指河东郡地，在今山西运城、临汾一带，唐代以后泛指山西。
⊙4　朱紫者：为官之人。朱紫，古代高级官员的服色或服饰，谓朱衣紫绶，即红色官服，紫色绶带。
⊙5　闚（kuī）：字义同"窥"。
⊙6　未遑：没有时间顾及。
⊙7　涓：选择。
⊙8　谷旦：晴朗美好的日子，古代常用为吉日的代称。
⊙9　达子：古代汉人对金元北方民族的称呼。
⊙10　文翁：公元前156—前101年，名党，字仲翁，西汉官吏，庐江郡舒县人。汉景帝末年为蜀郡守，兴教育、兴贤能、修水利，政绩卓著。尤其在成都兴"石室"，办地方"官学"，招下县子弟入学，入学者免除徭役，以成绩优良者补郡县吏，大大促进了当地教育和文化的发展。故班固在《汉书》中评论说："至今巴蜀好文雅，文翁之化也。"
⊙11　子产：郑国子产不同意毁掉乡校，即古时乡间的公共场所，乡校既是学校，又是乡人聚会议事的地方。子产是郑穆公的孙子，东周春秋后期郑国（今河南省郑州新郑市）人，是当时著名的政治家、思想家，与孔子同时，是孔子非常尊敬的人之一。
⊙12　俎豆：古代祭祀、宴飨时盛食物用的两种礼器。俎，用以盛牛羊等祭品；豆，用以盛食物的器皿。此处泛指各种礼器。
⊙13　豚蹏（tí）：猪蹄。蹏，同"蹄"。
⊙14　鸠僝：筹集工料，实施或完成建筑工程。
⊙15　俄：短时间内。
⊙16　覩：同"睹"。
⊙17　鹅书：指晋代书法家王羲之写经换鹅的典故。

⊙18　徐甲：晋代葛洪《神仙传》中记载，徐甲是老子的用人，追随老子多年，却一直没有拿到报酬，于是心怀不满。有一天，他向老子算账，讨要钱财，老子却一言不发，把徐甲化成一具枯骨。此时徐甲才恍然大悟：原来自己不过是一具枯骨，自己的生命是怎么来的难道还不清楚么？区区人间小事又有何计较的价值？于是忏悔不已。谭嗣同曾有诗引用此典："徐甲傥容心忏悔，愿身成骨骨成灰。"以表达自己愿意为国为民谋福祉而不计较一己利益的精神。

⊙19　远岫：远处的山峦。

⊙20　克昌：子孙昌大，后继有人。

□ 说明

高平宣圣庙位于今高平市石末乡石末村中，坐北朝南，占地面积约1230平方米，为第七批全国重点文物保护单位之一。据碑文记载，该庙创建于元大德八年（1304年），中轴线上建有山门（倒座戏台）、正殿，正殿两侧各存三间东、西配殿，山门两侧各存三间两层东、西妆楼（耳楼），另有东、西厢房各七间。正殿面阔五间，进深六椽，单檐悬山顶，殿顶黄绿琉璃脊饰。正殿平面呈长方形，前檐及殿内均施减柱造。柱头铺作为五铺作双昂重栱计心造，明间出45度斜栱，次、稍间均为五铺作双抄重栱计心造里转出双抄。补间各施斗栱一朵，斗栱里转皆用挑斡和靴契。山门亦称倒座戏台，面阔五间，无廊，布瓦，悬山顶。一层为进出庙宇的通道，二层为戏台。

汤庙，即位于山西省阳城县西南析城山顶的圣王庙，也称汤帝庙，占地面积约2134m^2，现存建筑19座80间，其中正殿广渊殿、拜殿，创建于宋元祐元年（1086年），而位于拜殿南侧的舞楼，则创建于金大安二年（1210年），其他为元明清时期建筑。虽经明清两代增建、重修，但广渊殿、拜殿及舞楼至今仍保持宋金时期遗构。

神霄宫，即天下神霄玉清万寿宫的简称，是北宋末道教神霄派的十方丛林和小庙，宋人亦分称为"神霄上院"和"神霄下院"。神霄宫是历史上规模宏大、威仪庄严的道宫之一，但经宋末兵燹，"往往不复存在"。

崇安寺，位于山西省陵川县境内，为陵川大寺之首，第六批全国重点文物保护单位。寺院坐北朝南，二进院落，具体创建年代已无从稽考，唐初原名为"丈八佛寺"，宋太平兴国元年（976年）敕命为崇安寺，此外还有"凌烟寺"之称。从现存建筑结构看，大部分为明、清遗物，部分构件仍保留着宋、金、元特征。整个寺院占地4380m^2。主要建筑为山门、过殿、大雄宝殿、西插花楼。

白屋

李翀

白屋

◎本文选自《日闻录》。

◎作者：李翀，不见史传。

◎《日闻录》主要记载明代至正甲辰、丙午间（1364—1366年）的事情，可知李翀其人跨越了元明两代。不过书中皆称元为国朝，前代遗老，抱节不仕者也。该书多及历代故事，略如蔡邕《独断》、崔豹《古今注》之体，亦间及元代轶事，可属杂类汇编。不过引据详核，足与史志相参考，数典者固宜有取也。旧本久佚，《永乐大典》编为一卷。

正文

白屋者，庶人屋也。《春秋》，丹桓宫楹，非礼也。在礼，楹天子丹，诸侯黝垩，大夫苍，士黈，黄色也。按：此则屋楹循等级用采，庶人则不许，是以谓之白屋也。后世诸王皆朱其邸，及官寺皆施朱，非古矣。《南史》有一隐士，多游王门，或讥之，答曰："诸君以为朱门，贫道如游蓬户。"⊙1 又主父偃曰："士或起白屋而致三公。"颜注云："以白茅覆屋，非也。古者宫室有度，官不及数，则屋室皆露本材，不容僭施采画，是为白屋也。"是故山节藻棁⊙2、丹楹刻桷⊙3，以诸侯大夫而越等用之，犹见讥诮，则庶人之家，其屋当白屋也。白茅覆屋，古今无传。后世诸侯王及达官所居之室，概饰以朱，故曰朱门，又曰朱邸，以别于白屋也。故凡庶人所居，皆曰白屋矣。

⊙ 注释

⊙1　蓬户：用蓬草编成的门户，是指穷人居住的陋室，泛指贫苦之家。此处当指两晋高僧竺法深的故事，《世说新语·言语第二》载，竺法深在简文坐（成为简文帝司马昱的座上客），刘尹问："道人何以游朱门？"答曰："君自见其朱门，贫道如游蓬户。"（意为各位看到的都以为是富贵之第，但对我来说，与游走于贫苦之家并无二致）。或云卞令。

⊙2　山节藻棁（zhuō）：山节，刻成山形的斗栱；藻棁，画有藻文的梁上短柱。后用以形容居处豪华奢侈，越等僭礼。

⊙3　丹楹刻桷（jué）：楹，房屋的柱子；桷，方形的椽子。柱子漆成红色，椽子雕着花纹，形容建筑精巧华丽。

□ 说明

中国古代对建筑的营造有十分严格的等级要求。正如文中所言，就柱子而言，是"天子丹，诸侯黝，大夫苍，士黄"，不得僭越。对于"白屋"有两种说法，其一是指用白茅覆顶的房子（此说为文中所否定），又一是指不施彩画、露出木材原色的房屋。但是毫无疑问，二者都是指平民所居房屋。所以，王室及官宦之家多饰以朱，故被称"朱门"。

铺首

李翀

◎本文选自《日闻录》。

正文

《通俗文》曰："门，首饰，谓之铺首。"《风俗通》曰："门户铺首。"扬雄《甘泉赋》曰"排玉户⊙1而扬金铺兮，发兰蕙⊙2与穹穷⊙3"是也。《说文》曰："门扇环谓之铺首。"李尤《平乐观赋》曰"过洞房之辅闼⊙4，历金环之华铺"是也。《风俗通》引《百家书》曰："输般见水上蠡，谓之曰：'开汝头，见汝形。'蠡适出其头，般以足画图之。蠡引闭其户，终不可开。设之门户，欲使闭藏如此固密也。"《义训》曰："门饰，金谓之铺，铺谓之鏂，鏂音讴，今俗谓'浮沤丁'者也。"刘孝威诗："金铺玉琐琉璃扉，花钿宝镜织成衣。"江总诗："兔影脉脉照金铺，虬水滴滴泻玉壶。"沈佺期诗："梅楼翠幌教春住，舞阁金铺借日悬。"

⊙ 注释

⊙1　玉户：玉饰的门户，亦用作门户的美称。

⊙2　兰蕙：香草，比喻贤者。

⊙3　穹穷：即川芎，多年生草本，根茎可入药，比喻穷困者。

⊙4　闼（tà）：小门。

□ 说明

铺首，门扉上的环形饰物，大多冶兽首衔环之状。据传，龙生九子，其中之一为椒图，形似螺蚌，好闭口，性情温顺，有点自闭，反感别人进其巢穴，故人们常将其形象雕于大门，且口中衔环，或刻画在门板上。

铺首样式多样。以金为之，称金铺；以银为之，称银铺；以铜为之，称铜铺。其形制，有冶蠡状者，有冶兽吻者，有冶蟾状者，盖取其善守济。又有冶龟蛇状及虎形者，以用其镇凶辟邪。而兽首衔环之冶，商周铜饰上早已有之。它是兽面纹样的一种，有多种造型，嘴下衔一环，作为镶嵌在门上的装饰，一般多以金属制作，作虎、螭、龟、蛇等形。汉代寺庙多装饰铺首，以驱妖避邪。后人民间门扉上应用亦很广，为表示避祸求福，祈求神灵像兽类敢于搏斗那样勇敢地保护自己家庭的人、财安全。

战国立凤蟠龙纹铜铺首
（河北省博物馆藏）

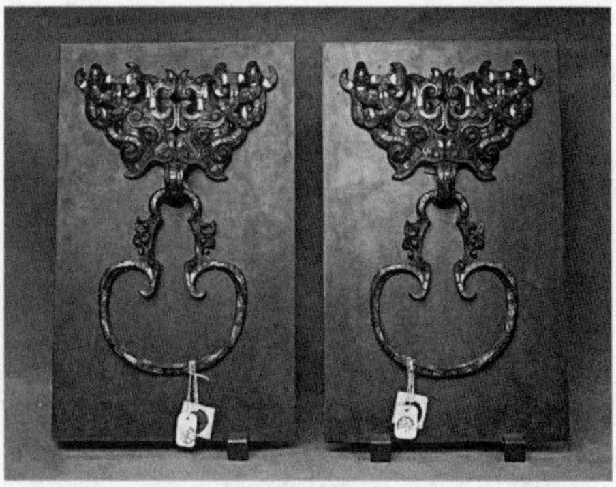

战国错金银饕餮纹铺首（虞坚收藏）

古代铺首（新乡市平原博物院藏）

《梓人遗制》小木作制度

薛景石

《梓人遗制》小木作制度

◎作者：薛景石，河中万泉（今山西省万荣县）人，字叔矩，元初人，生卒及生平事迹皆不详。

◎《梓人遗制》是元代的一部关于民间木工技艺的著作，书前有中统四年（1263年）段成己所作序。据段序可知此书内容包括建筑中的大木作、小木作及其他木工。原书已佚，明焦竑《经籍志》曾有著录。现《永乐大典》18245至18248卷为《梓人遗制》一卷，附图共十五，记叙五明坐车子、华机子、泛床子、掉篗座、立机子、罗机子、小布卧机子七类制造法式，3518至3519卷为《九真门制》部分，记述了格子门、板门两类制造法式，陈明达先生认为是出自《梓人遗制》的内容，本文摘录即该部分内容。

正文

格子门，前门之遗也，与李诫法式内版门、软门大同而小异。上多刻镂牙口、华版、壶门，盖神佛堂殿、富贵之家厅馆亦用之。秦晋亦云，隔截其格子为门，所以隔内外也。非实硬版所为，故云软门。

用材：造格子门之制有数等混。或素通混压边线，或心过双线四混压边线，或混内出边线压边线，或心内素平两下破瓣压边线，或心内平三过线两下破瓣压边线，各撺尖。

其门六尺至一丈二尺，每间分作四扇，如梢间狭促者，只分作二扇。或檐额梁栿下者，或分作六扇。

用双腰串造，桯[1]上下。门高一尺，心串下空广五分[2]（如门高，串内用心柱，小则不用）。下是促脚串，并障水版。每扇各随其长。

除桯及两头，内分作三分，腰上留二分安格眼，腰下一分安障水版[3]。

或分作二分，合心一串[4]。已下[5]双串内腰华版厚六分至一寸，桯四角入池槽，下是障水版。

其名件广厚皆取门桯每尺之高，积而为法。

四斜毬文格子上采出条径重格眼，各撺尖，其条径加素毬文之厚。每毬文圆径二寸，更加毬文二分，桯及子桯亦如之。上混出双线或单线，混内破瓣或丽口绞[6]，准此加减。

四直方格子门，高一尺，条径广一分，厚八厘（或三空一实材，或两空一实材[7]）。或通混不出线压边线，或起心线混内破瓣压边线，各四入尖为之[8]。小口绞。

两绞万字格子，长材夹短材[9]，径广一分一厘米，厚八厘。或通混或出心线压边线，混内破瓣压边线并四入尖合角。卯口绞一寸，材空九分至八分。

两绞艾叶底上材聚四龟嵌合子[10]。艾叶条径广八厘厚六厘，龟背条径广一分一厘至二厘，厚四厘（随空加减约魔[11]）。

三绞格子艾叶间毬文并杂花子[12]，心出双线平绞[13]。或素不嵌龟背，条径加其广之厚。如嵌单龟背、双龟背，嵌六瓣芙蓉合子、出尖瓣合子，底上材造者（比艾叶条径，减其广之厚）[14]。

龟背条径或通混压边线心出单线，或双线内破瓣压边线，混小面在上[15]（以空寸均匀可用为定法）。

两明格子门，其腰华、障水版、格眼皆用两重，桯厚更加二分一厘。子桯及条径之厚各减二厘。额、颊、地栿厚各加二分四厘（其格眼两重，外面者安定。其内者，上开池槽深五分，下深二分）。

桯，门高一尺广三分，厚二分四厘至六厘。脑串、腰串、促脚串，厚皆同桯（桯谓之门扇框）[16]。

子桯广一分二厘至一分四厘米，厚一分至一分二厘。斜割角内破心混向里压边线[17]。广取门桯厚之一半。

腰华版是双串之内，或就版上雕华入池槽，或衬版外别安华版。各随四周之广，华版上压难子。

障水版长广各随其桯，四周入池槽。正面用牙口，或直难子。后使结角罗文福（小则更不用）。

额长随间之广，广八分，厚三分二厘。用双卯下入柱心内。

附柱、立颊长同桯，之余，广五分，厚同额，卯在外。两颊广狭，先量摊壁扇数足，加减，二分中只取一分为心卯。

地袱[18]长厚同额，广则同立颊（广五分至六分）。

壁版（上若长，不安格眼，只用障水版同），其名件并依前法，唯桯厚减一二分。

肘如门高一丈，即肘广二寸，厚一寸四分，长加两襆，搽广二寸，厚一寸五分。高一尺则广厚各加一分，减一如之。

凡造格子门，先量间之广、上下高。依除附柱内向里分作四扇或六扇。大桯及子桯之内约量均摊在平版上。画正样或毬文或万字或艾叶单龟背或双龟背嵌艾叶芙蓉合子。先虚空寸均匀，然后取其条径广厚。解割名件材料不等。随意加减，积而为法[19]。

功限：格子门一间，高一丈，广一丈，四扇，双腰串，表通混方格眼小口绞，额、限、附柱、桯并子桯、障水版、牙口、立搽、手把、壁版事件等物完备，相合成器，八十五功。解割在外。

两绞心过双线内破瓣压边线，小口四入尖全造，九十七功。两绞万字心出线破瓣，长材夹断材全造，一百三十四功。方绞两明出双线破瓣全造更加小口，六十五功。两绞艾叶底上材或串胜或聚四龟背嵌合子金[20]，二百四十三功。三绞艾叶间毬文杂花子全造，一百五十功。三绞单龟双龟背华版，三百四十七功。

梓人遗制用材：造版门之制，高五尺至二丈四尺，广与高不过方停，谓门高一丈，则每扇之广不过五尺。如减广者不过五分之一。谓门扇合广五尺，如减广者不过四尺。其名件广厚皆取门每尺之高，积而为法。独扇造者，高不过七尺，低不过五尺。

门高一尺，桯广八分，厚四分（桯为之门扇框）。

肘板，长视门高一尺则广一寸，厚三分。谓门高一丈，则肘版广一丈[21]，厚三寸，比副肘版长更加两攥。尺丈不得[22]，依此加减。

副肘版广同上，厚二分六厘。高一丈二尺巳上用副肘版。其余小门子随版广狭成造。

身口版，长同前，广厚随副肘版，合缝计数令足一扇之广，如牙缝造者，每缝广加五分有余。

副长随门扇之广，高一尺，广四分，厚三分四厘，约魔加减。三福至一十三福止[23]。

额，门高一尺，广一寸六分，厚四分，长随门扇两颊之外。如额长一尺则颊外引出一寸至一寸二分[24]。

立颊加肘版之长，广八分，厚同额，广则减额之一半。

地栿（亦曰门限）长同额，广厚同颊。若断切，不用长地栿。两颊之下，安短限，下入立柣木之内。

立棡长厚与立颊同，广则加立颊之广，门高一尺则广加立颊一分之广，割角混向里⊙[25]。脑棡广厚与立棡同，长则与门额齐⊙[26]。脑棡、立棡减立颊之厚，不得加其立颊⊙[27]。

鸡栖木（又云管枢）长厚同额，广六分。如门高一丈以上，攥眼内用铁钏（小则不用）⊙[28]。

门簪高与棡同（或高）⊙[29]，方广四分，内栓鸡栖木。两棡之内分为四分，两壁各留半分，合心安簪二枚。如安四枚者，两簪合心内再分为三分，更安簪二枚。

门砧⊙[30]，门高一尺，长二寸二分，广取长之一半，厚八分。地栿木口外各留二分，余并挑肩破瓣，杀向外砧之广⊙[31]。限后顺合心向里鋜臼窝⊙[32]。

伏兔广厚同楅，其手栓广同楅，厚则减广之一半。

凡版门制度，内高一丈以上，所用开楂鏁柱、柱门拐上，攥上安铁锏子。鸡栖木眼内安铁钏子。下攥安铁鏥子，内铁铧臼。用石地栿、门砧、铁鹅台（小门子不用）。

如断切，立柣、卧柣或用石地栿。杂硬木植其地柣，版随立柣。门之广如一丈巳下，只用伏兔、手栓，其无棡门子⊙[33]。随材用之。如是城门寨门院门，宜加其厚。其余小门子随意加减。

功限，独扇版门一座，额、颊、限、棡、伏兔、手栓、砧完备全，高五尺，三功二分。高五尺五寸，三功八分。高六尺，四功五分。高六尺五寸，五功。高七尺，六功六分，解割在外。

双扇版门，额、颊、限、榻、鸡栖木、手栓、两砧并完备皆全造者，高五尺，六功三分。高六尺，七功八分。高七尺，九功二分。高八尺，一十一功五分。高九尺，一十六功。高一丈，一十九功三分。高一丈一尺，二十三功。高一丈⊙[34]二十九功八分。高一丈三尺，三十五功。高一丈四尺，四十一功。高一丈五尺，五十二功。高一丈六尺，五十八功。高一丈七尺，六十五功。高一丈八尺，七十二功。高一丈九尺，八十二功。高二丈，九十二功。高二丈一尺，一百二十功。高二丈二尺，一百四十功。高二丈三尺，一百五十功。高二丈四尺，一百六十功。如是转道破混擶尖夹额华版细造，更加素版门倍功。

⊙ 注释

⊙1　桯（tīng）：门上的短木，即清代隔扇中的抹头或边梃。

⊙2　此处记述了五抹头隔扇的基本构成。心串，即穿心串，也就是腰串，是指位于门中心的横木；心串下空广五分是指双腰串之间的宽度，也即腰华版宽五分。

⊙3　障水版：即清代隔扇中的“裙板”。

⊙4　是为三抹隔扇的比例划分方法之一，具体为上下桯之间按1∶1划分，中置腰串一道。

⊙5　巳下：即“以下”。

⊙6　似指木条边缘两侧出矩形凸线的做法。

⊙7　是指条径与空档的比例，意即四方格眼内的空格边长为三倍条径之广或两倍条径之广。

⊙8　即四向相交均取45°斜角切割拼接。

⊙9　“长材夹短材”指的是“卍”字格的做法，即“卍”字中心十字部分为长材，四臂为短材。互相拼合为四方连续图案时，即为长材夹短材。

⊙10　即以“两绞艾叶”为“底”，其上“采出”聚四龟嵌合子。材，即“采”。

⊙11　约魔：即“约莫”，意为估计。

⊙12　“花子”：应指花朵状的小装饰图案。

⊙13　是指条径表面平直，仅中心出双线。

⊙14　是指若不做龟背图案，则条径的广向尺寸可超出厚度尺寸。与之对应，为了容纳底上材的做法，在嵌龟背、合子时厚度要超出广向尺寸，即“减其广之厚”。

⊙15　是指“混制”中弧形凸起较高，状似山峰，而非一般混的平缓弧形。

⊙16　脑、腰、脚即上、中、下三部分，实为类似清代六抹头隔扇的做法中，除上下桯之外，中部的四根串。

⊙17　即45°斜角拼合，表面单混，中心破瓣压边线。

⊙18　地栿：这里当指“门槛”。

⊙19　记述了格子门的基本设计方法。

⊙20　“金”：当为“全”，意为“全造”。

⊙21　此处有误，“丈”当为“尺”。

⊙22　此处有误，“得”当为“等”。

⊙23　“副”“福”均通“楅”，指门后用以连接门板的横衬。

⊙24　即额长需在两颊间距外另增1/8至1/10，出头部分即为与两侧柱连接的榫卯。

⊙25　所谓“榻”与前述“展”类似，指的是围绕额颊之内另加的一道细长木框。具体做法为脑榻、立榻顺其厚度方向围合，贴于额颊之内，角部45°合拢，向内修整为半圆弧状，即所谓“割角混向里”。

⊙26　指两颊之间的门额长度，而非门额全长。

⊙27　是指脑榻、立榻之厚不可超越立颊之厚。

⊙28 指门高大时，为增加门轴部分的耐磨性和灵活性，于轴眼内增加环状铁圈的具体做法。

⊙29 指门簪定位于门额下沿，与立榻等高。亦可上移，从而高于立榻。

⊙30 门砧：指古时候门下面的垫基石，带有凹槽，用于支撑门的转轴。一般为石刻，露出地表的部分可以雕刻成狮子等形状。

⊙31 即门砧上部除开口外，外砧边沿均做卷杀。

⊙32 限即门限，即在门砧后半部于中心位置凿洞以容纳门轴。

⊙33 其无榻门子：即在门广一丈以下时，前述立榻、脑榻取消，只用门额与立颊。

⊙34 此处有遗漏，当增加“二尺”两字。

说明

全文详细记述了元代格子门及板门的制作手法、用料、用功等，全文行文格式与今天流行的《梓人遗制图说》相同。所记内容如“四斜毬文格子”“四直方格子”“其名件广厚，皆取门桯每尺之高，积而为法”等与宋《营造法式》所述大同小异，可以从中辨析两代木作的差别。格子门格眼图案与《营造法式》差别较大，已近于明清形式；板门中的“转道门”一式则不见于《营造法式》，亦未见有后代实例。由此可知，这一时期的小木作与前代相比既有继承又有创新。更详细的内容可参看张昕、陈捷两位学者所撰的《〈梓人遗制〉小木作制度释读——基于与〈营造法式〉相关内容的比较研究》《〈梓人遗制〉小木作制度考析》两文。

杵歌⊙1

杨维桢

◎本文选自《古今图书集成》经济汇编考工典·第二十九卷·城池部。

◎作者：杨维桢（1296—1370），元末明初著名诗人、文学家、书画家和戏曲家。字廉夫，号铁崖、铁笛道人、铁龙道人、梅花道人等，晚年自号老铁、抱遗老人、东维子，会稽（浙江省诸暨市）枫桥全堂人。与陆居仁、钱惟善合称为『元末三高士』。泰定四年（1327年）进士。历天台县尹、杭州四务提举、建德路总管推官等职。元末农民起义爆发，杨维桢避居富春江一带，张士诚屡召不赴，后又因冒犯丞相达识帖木儿而迁居松江（今属上海市），筑园圃蓬台。有《东维子文集》《铁崖先生古乐府》行世。

◎文中描述的是元代修筑杭州城池的情况。

正文

杭筑长城，赖办章仁令两郡将美政洽于民心，以底不日之成。然役夫之谣，有不免凄苦者，东维子录其辞为《杵歌》。

亟亟城城城亟城，小儿齐唱杵歌声。
杵歌传作睢阳曲，中有哭声能陷城。

自古众心能作城，五方取土不须蒸。
蒸土作城[2]城可破，众心作城城可凭。

叠叠石石石嶅嶅[3]，立竿作表齐竿旄。
阿谁造得云梯子，划地过城百尺高。

罗城一百廿里长，东藩将此作金汤。
旧基更展三十里，莫剩西门一树樟。

杭州刺史新令好，不用西山取石劳。
拆得凤山杨琏[4]塔，南城不日似云高。

南城不日似云高，城脚愁侵八月涛。
射得潮头向来去，钱王铁箭泰山牢。

攻城不怕齐神武，玉壁堪支百万兵。
不是南朝夸玉壁，关西南畔是长城。

⊙ 注释

⊙1　杵：即一头粗一头细的圆木棒，在古代社会主要是一种捣谷用具。另外，“版筑”这种中国传统土木建筑施工技术，是通过把土捣实，来修筑墙壁或打基础，而杵就是把土捣实的工具。

⊙2　蒸土作城：就是把白石灰掺入黄土，进行搅拌，类似今天俗称的“三七土”，以此修筑的城池极为坚固。

⊙3　嶅（áo）：山高的样子。

⊙4　杨琏：即杨琏真珈，又作琏真伽、杨琏真加，元代人，西夏藏传佛教僧人，吐蕃高僧八思巴帝师的弟子，见宠于忽必烈，至元十四年（1277年），任元朝江南释教都总统（后改江淮释教都总统），掌江南佛教事务。次年，在宰相桑哥的支持下，盗掘钱塘、绍兴宋陵，窃取陵中珍宝，弃尸骨于草莽之间。绍兴人唐珏等以假骨易诸帝遗骨，葬于兰亭，植冬青树为识。后杨琏真伽复取假骨，杂以牛马枯骨，在临安故宫中筑白塔镇压，名曰“镇本”。

□ 说明

在古代城池修筑过程中，夯土版筑是一项非常劳累又单调的劳动，为了减轻劳作时的痛苦，工匠们很早就发明了杵歌，杵歌由一人领唱，然后其他工匠在夯起落的过程中齐唱。杵歌的内容复杂多样，但多以现实生活为素材，多为喊歌人的即兴创作，幽默风趣，活泼生动，简单易唱。文中一方面反映了工匠筑城时的苦难，另一方面也反映了筑城的重要性；同时也指出，修筑坚固的城池固然重要，但是人的因素更为主要。

图书在版编目（CIP）数据

元代建筑文献考 / 王运良编著．—北京：中国建筑工业出版社，2023.3
（河南大学考古学研究丛书）
ISBN 978-7-112-25729-4

Ⅰ．①元… Ⅱ．①王… Ⅲ．①建筑学－古籍－介绍－中国－元代 Ⅳ．①TU-092.47

中国版本图书馆CIP数据核字（2020）第258026号

责任编辑：王晓迪　牛　松
书籍设计：张悟静
责任校对：王　烨

河南大学考古学研究丛书
元代建筑文献考
王运良　编著
*
中国建筑工业出版社出版、发行（北京海淀三里河路9号）
各地新华书店、建筑书店经销
北京锋尚制版有限公司制版
北京中科印刷有限公司印刷
*
开本：787毫米×1092毫米　1/16　印张：37　字数：564千字
2023年3月第一版　2023年3月第一次印刷
定价：**168.00**元
ISBN 978-7-112-25729-4
（36423）